GLOSSAIRE ÉTYMOLOGIQUE MONTOIS

OU

DICTIONNAIRE DU WALLON DE MONS

ET

DE LA PLUS GRANDE PARTIE DU HAINAUT.

BRUXELLES. — TYPOGRAPHIE DE J. NYS, RUE POTAGÈRE, 57.

GLOSSAIRE ÉTYMOLOGIQUE MONTOIS

OU

Dictionnaire du wallon de Mons

ET

DE LA PLUS GRANDE PARTIE DU HAINAUT;

PAR

J. SIGART,

Docteur en médecine, ancien Représentant, Membre correspondant de la Société des Sciences, des Arts et des Lettres du Hainaut, Chevalier de l'Ordre Léopold.

Ouvrage publié sous le patronage de la Société des Sciences, des Arts et des Lettres du Hainaut.

Si les patois étaient perdus, il faudrait créer
une académie spéciale pour en retrouver la trace.
CH. NODIER. *Notions de linguistique.*

BRUXELLES ET LEIPZIG

ÉMILE FLATAU, LIBRAIRE-ÉDITEUR

1866

AVANT-PROPOS.

―――

L'ouvrage que je livre au public sera sans doute bien incomplet; on sent qu'il est impossible à une seule personne de connaître les dialectes de toutes les localités, je ne dirai pas d'une province, mais même d'un arrondissement. Il est des mots qui ne sont usités que dans un seul village, d'autres qui changent de signification d'une commune à l'autre ; mais connût-on tous les mots usités dans le Hainaut, il serait bien difficile de n'en point omettre. En effet, aucun autre ouvrage n'est là pour aider la mémoire et cette privation de toute espèce de guide est sans doute cause que beaucoup de mots qui me sont connus auront été oubliés.

Mais si une seule personne ne peut improviser un glossaire complet, le livrer parfait est une tâche bien autrement difficile. Comment traduire une foule de mots qui n'ont point d'analogues en français, comment surtout donner une signification à des expressions dont la valeur est douteuse dans la bouche de ceux mêmes qui les emploient? un pareil travail ne pourrait guère réussir que dans les mains d'une réunion de personnes versées dans la matière ; disons le mot, une académie montoise pourrait seule l'exécuter avec succès. A son défaut, j'ai dans mes loisirs ébauché cet essai que je jette en avant, sans prétention autre que de faciliter le travail de quiconque voudrait parcourir la même voie.

Cependant je crois que mon travail, quelque faible qu'il soit, pourra être utile aux personnes qui n'ont pas une connaissance parfaite du français : elles trouveront ici tous les mots qu'elles doivent éviter ; elles y verront même, comme contre-épreuve, une série de mots français qu'elles pourraient croire wallons. Ces mots, placés à la fin de l'ouvrage, sont bien loin d'être recommandés à l'usage : les uns sont bas, les autres triviaux, quelques uns obscènes ou inusités ; mais s'il est peu convenable d'en employer le plus grand nombre, toujours est-il avantageux de les connaître ; de plus, dans le cours du dictionnaire, à la signification montoise d'un mot j'ai ajouté la signification française, lorsqu'elle est peu connue ou assez peu éloignée pour ne pouvoir être facilement distinguée.

On pourra aussi trouver utilité à se servir de cet ouvrage pour obtenir l'explication de beaucoup de mots qui sont employés dans certains écrits, quoiqu'ils ne soient pas français : c'est ainsi qu'il n'est aucun mémoire d'avocat dans un procès de charbonnage, qui ne renferme les mots de *costeresse, vau-tierne*, etc., que l'on chercherait en vain dans les dictionnaires français.

On pourra encore trouver ici l'origine de certains mots français qu'il serait impossible ou difficile de débrouiller : les mots français sont restés moins fidèles que les nôtres à leur origine celtique, franque ou latine : ils se sont modifiés davantage ; quelques-uns sont disparus et laissent une lacune. v. *gourié, cabot.* Voici comment s'exprime Diez (*dict. étym. p. vij*) : « Les patois offrent des trésors inappréciables et inépuisables aux recherches ; ils donnent des résultats surprenants sous le rapport de la lettre et sous celui de la signification. » Ce livre aura en même temps le mérite d'établir une filiation entre divers patois ; ce sera un trait d'union. Tel mot liégeois devient reconnaissable à Valenciennes ou à Amiens par l'interposition du mot montois.

Enfin il est une foule de choses qui ne sont connues des personnes même instruites que par leur nom patois ; demandez aux neuf dixièmes de la population montoise comment on appelle en français les *craquelins, les vits de velours, les io io campion,* ils ne sauront que répondre. Ils n'ont pas même de moyen de s'en instruire, à moins de s'adresser à un botaniste qui connaisse son patois ; car un ouvrage de botanique n'apprendrait rien ; mais demandez à un botaniste montois ce que c'est que *l'hierbe de feu, el lopin, el tampon,* mots inusités à Mons, mais en usage dans les villages circonvoisins, il y a probabilité qu'il n'en saura rien. Ce que je dis de la botanique peut s'appliquer à la médecine, à l'anatomie, à la zoologie et à une foule d'autres sciences ; mais sans sortir du cercle des choses vulgaires, il serait facile de produire une immense quantité de mots dont presque personne ne connaît l'équivalent français.

Quoiqu'on puisse dans un ouvrage spécial trouver des renseignements sur les poids et mesures du Hainaut, on ne sera sans doute pas fâché de trouver ici la valeur de la lieue, du hotteau, du vassiau, etc. J'ai pensé que ces mots n'étant pas français, au moins dans leur signification rigoureuse, étaient de mon domaine et je m'en suis emparé.

Quoi qu'il en soit de l'utilité de mon travail, je ne puis m'empêcher de penser que tous les cœurs vraiment montois vont s'émouvoir à la seule nouvelle de son apparition: il leur sera doux de retrouver des mots à demi oubliés qui leur rappelleront le souvenir des jeux de leur enfance ; il leur sera agréable de voir fixer, par l'impression, un langage qui tend incessamment à s'effacer (1), et si je ne me suis pas trompé, si je suis sinon utile, au moins agréable à mes compatriotes, je serai bien payé de mes peines.

----

(1) Les patois comme les langues cultivées sont dans un travail constant de tranformation ; cependant je crois ceux-là plus vivaces que celles-ci, comme on voit les costumes et les usages se conserver intacts dans les localités reculées, tandis que dans les villes et les capitales surtout ils sont extrêmement variables. On aura souvent à remarquer que nos campagnards sont restés bien plus fidèles au vieux patois que les montois (v. pour ex.: les mots *rage*, en *rage*) : aussi les savants pour trouver les vieilles étymologies tudesques vont fouiller presque sous le pôle : en Islande.

ORIGINE ET CARACTÈRE

DU

WALLON MONTOIS.

Les patois wallons en général, et celui de Mons en particulier, ne sont autre chose que le vieux français, ou, plus exactement, le vieux patois d'oil un peu nuancé, puis par l'effet du temps un peu altéré.

Ce vieux patois lui-même s'est composé de plusieurs couches : celtique d'abord, latine ensuite, puis tudesque.

Des trois couches, la couche latine domine sans contestation possible. Le tudesque, teuton ou vieux all. forme à peu près un seizième de la langue française usuelle (1). Quant au celtique, on

---

(1) Diez indique sept cents mots germaniques anciens introduits dans les langues romanes parmi lesquels 40 ou 50 douteux. Il estime le contingent allemand à plus du double sans compter les composés et les dérivés. Il attribue la plus grande partie au français, une plus petite à l'italien, une moindre encore à l'espagnol, la plus petite de toutes au valaque ou dacique.

Chevallet attribue, dans la formation du français, 752 mots à l'élément germanique, 231 à l'élément celtique. Il en cite 24 à double racine.

Diez assigne une durée d'environ quatre cents ans à l'existence de l'idiome germanique sur le sol gaulois.

Pendant que les envahisseurs parlaient leur langue sous le nom de *lingua frenkisca*, plus tard *francisca, francica*, les indigènes dits gallo-romains parlaient la langue appelée *romana, gallica, gallicana*. Elle méritait assez le nom de *romana* dans le midi ; car c'était le bas-latin dégénéré. Celui de *gallica* convenait mieux dans le nord ; car même dans les villes assez rares alors, elle devait avoir une forte teinte celtique. Le celtique régnait probablement encore exclusivement dans les campagnes écartées. Lorsque l'allemand francique s'éteignit, son nom

n'est pas d'accord : il y a des philologues celtomanes et des philologues celtophobes. Quelques modernes n'admettent qu'une

---

se transmit à la langue populaire : ce fut le français barbare (langue d'oil). Pendant toute la période franque, le latin fut la langue des légistes.

Le latin a fourni au français et au wallon presqu'exclusivement les articles, pronoms, conjonctions, prépositions, adverbes. L'allemand et le celtique n'ont guère fourni que des substantifs, des verbes et un petit nombre d'adjectifs.

A la quantité de mots germaniques dont parle Diez, il faut ajouter la masse de ceux qui n'ont fait que passer et qu'on ne retrouve que dans les très-vieux ouvrages. Ils y sont fort nombreux, très-curieux. En voici quelques-uns des plus caractéristiques :

v. fr.	fr.	fl., holl.	all.
Déern	fille	deern	Dirne
Stivelle	botte	stevel	stiefel
Tregenier	voiturier	dragen porter	tragen
Schelm	coquin	schelm	schelm
Ebe	reflux	ebbe	Ebbe
Dringuer	boire	drinken	trinken
Hère	armée	heer	heer
Herde	troupeau		heerde
Herdier	berger	herder	hirt
Huve	coiffure de femme	huif	haube
Trose	troupe		Tross
Momme	mascarade	vermommen masquer	mummen, vermummen
Reube	vol		raub

Souvent on peut *ad libitum* augmenter le contingent lat., germanique ou celtique ; car on retrouve à la fois des analogues dans ces trois langues. Diez a adopté pour principe de préférer la source la plus abondante : en cas de conflit il préfère l'all. au celt. et le lat. à l'all.; il a en effet de cette manière plus de chance : il préfère tirer de l'all. *bilch* belette, *iarn* harnais, *habe* hâvre, *helm* heaume, *iwa* if plutôt que du celt. *bele, haiarn, aber, helm, yw.* il aime mieux faire la politesse à l'étranger qu'à l'indigène, quoique la comparaison des formes semble devoir donner l'avantage au dernier.

A la rigueur on pourrait concilier les opinions et admettre qu'il y a eu souvent double origine. On conçoit que quand un mot était à la fois celtique et allemand, les gallo-romains pour leurs relations avec les Germains l'adoptaient ou le conservaient à l'exclusion du mot lat.; d'après cette idée, l'all. des Francs, des Goths, des Burgundes aurait contribué à conserver un peu de celt. dans le fr. et le wallon, ou bien le celt. aurait contribué à l'introduction de l'all.

Voici une petite anecdote :

En 1815 nous avions en logement un capitaine saxon. Un soldat se présente et dit : *Knecht des hauptmanns.* Après bien des débats, on m'appelle pour la traduction, et je dis : domestique du capitaine. Grands transports du soldat en voyant que j'étais compris, et partout il allait conter cette merveille à ses camarades. Sans doute l'all. *domestik* et *captain* est sorti du fr., mais cela ne fait rien à l'affaire. N'est-il pas vrai que si nous avions encore été Gaulois, nous aurions abandonné *centurio*, et que les franks auraient abandonné *Hauptmann* ?

Quoi qu'il en soit, j'évite le plus souvent de me prononcer sur les étymologies ; je me contente ordinairement de citer les mots analogues de forme et de signification.

vingtaine de mots celtiques. A coup sûr le patois d'oil, qui a formé le français, contenait plus d'allemand et de celtique. Notre patois, wallon en contient encore davantage relativement à son vocabulaire moins étendu.

Les mots forment le corps d'une langue ou d'un patois. Leur flexion et leur disposition en forment l'âme, si on ose le dire.

D'après l'opinion la plus répandue, lorsque la langue latine a fourni le corps, a été la mère du français et du wallon, la langue des Francs leur a insufflé l'âme, a été leur père (1).

Il est bien vrai que les inflexions des verbes et des substantifs latins ont été en grande partie remplacées par des pronoms personnels et des verbes auxiliaires dans les conjugaisons, par des articles et des prépositions dans les déclinaisons, et que les allemands emploient les pronoms personnels, les verbes auxiliaires, les articles correspondants et même les prépositions à l'ablatif, quelquefois au génitif et au datif; mais il faut faire une remarque importante, c'est que l'allemand classique actuel n'est nullement en cause : il faut se reporter aux patois tudesques d'il y a quatorze siècles, lesquels possédaient des inflexions terminales analogues aux inflexions latines, et chez qui l'emploi de l'article était aussi borné qu'en latin (2).

Quant à la construction wallonne, elle admet bien quelques tournures allemandes, notamment l'antéposition des adjectifs; elle dit : *blanc gvau, borgne agasse, cronque rue,* mais elle n'admet, de même que la construction française, ni les inversions latines ni les inversions allemandes, sinon dans de rares exceptions. L'ordre de la phrase est en rapport complet et constant avec l'ordre des idées.

On a donc à choisir entre deux hypothèses : ou bien que tout cela est celtique, c'est-à-dire fort antérieur à la conquête romaine

(1) So dass man also gleichsam die deutsche Sprache als den Vater der romanischen Sprachen betrachtet, während die lateinische für ihre Mutter gilt (Fuchs p. 17).

(2) Die damaligen deutschen Mundarten eine ebenso bestimmt ausgeprägte Umendung hatten, wie lateinische Sprache und ihnen der Gebrauch des Einzlers noch eben so beschränkt war wie dort (id., ibid.).

et surtout aux invasions franques, ou bien que tout cela s'est créé au moment de la transformation du langage des Gaules; qu'en tout cas, c'est le produit d'une création sur place.

Peut-être vaut-il mieux encore prendre quelque chose des deux hypothèses.

Nous savons bien peu de positif sur le celtique de l'ancienne Gaule. Nous n'en avons authentiquement que quelques mots que des auteurs latins ou grecs nous disent avoir été employés par les Gaulois (1). Pour le reste nous n'avons que le langage de la Basse-Bretagne, du pays de Galles, de l'Irlande et de la Haute-Écosse qui constitue le neo-celtique : c'est là qu'il faut s'adresser pour conjecturer quelle pouvait être la construction. Si j'ose en juger par quelques phrases traduites, sa construction est la construction logique (2). Un témoignage plus sérieux que le mien est celui de Bullet qui dit expressément (p. 21 de ses mémoires celtiques) que la marche de la phrase est toujours la marche logique.

Pour la seconde hypothèse v. l'art. *suair*.

Cette langue celtique était-elle uniforme? oui et non : les auteurs semblent varier. César dit, dans ses commentaires : *Hi omnes (galli) institutis, legibus, linguâ inter se differunt*. Strabon dit : *eâdem non usquequâque linguâ utuntur omnes, sed plerisque paululùm variatâ*. Peut-être après tout, César a-t-il voulu dire la même chose que Strabon, c'est-à-dire qu'il y avait des dialectes, quoique ce fût la même langue au fond. On comprenait parfaitement les voisins. A certaine distance il y avait plus ou moins de difficulté : ceux des deux extrémités ne se comprenaient plus. Il parait y avoir eu trois principaux dialectes répondant aux trois grandes

---

(1) Je ne sais quelle valeur on doit attacher au fait suivant cité par M. Tell (mécanisme de la langue française, p. 42) ; car il ne dit pas où il l'a puisé.

Quand César, dit-il, s'empara des Gaules, il y avait peu de Romains qui entendissent le celtique, peu de Gaulois qui comprissent le latin. Le vainqueur se fit présenter le druide Giorix, qui, après avoir fait ses études à Athènes et à Rome, était venu diriger les écoles de son pays. Il lui demanda entr'autres choses en quoi le latin différait du celtique. Giorix lui répondit que le celtique exigeait, avant tout, la clarté, la précision, les désinences faibles et la phrase directe, tandis que le génie latin voulait l'inversion, des désinences métalliques et une structure sévère, sans particules détachées.

(2) Voir les dialogues traduits mot à-mot à la fin de la grammaire de Legonidec.

divisions de la Gaule : l'Aquitaine au sud, la Celtique au centre, la Belgique au nord. Le dialecte du midi, (celui des Vascons, Basques) semble subsister dans la langue Escuara qui règne des deux côtés des Pyrénées occidentales ; d'autres disent que cette langue Escuara est celle des Ibères ; le celtique proprement dit parait s'être refugié dans la Basse-Bretagne (Breyzad), le pays de Galles (1). Reste la langue de la Gaule Belgique. Il est à croire que le celtique septentrional était déjà plus germanisé que celui du reste de la Gaule. Je dis que le reste ; car le bas-breton contient aussi beaucoup d'allemand, à moins que ce ne soit l'allemand qui contienne du celtique, soit par l'effet d'invasions antérieures à l'histoire, soit par suite d'une origine commune.

Les belges avaient dû subir plus d'invasions germaniques que les autres Gaulois, à charge de réciprocité.

Tacite (de moribus germanorum chap. xxviij) après avoir parlé du faible obstacle qu'opposait le Rhin à ce que la nation la plus forte occupât un pays sans frontière : *occuparet permutaret que sedes promiscuas adhuc et nullâ regnorum potentiâ divisas*, dit que

---

(1) César nous apprend que les Belges conquirent la partie méridionale de l'Angleterre ; *et bello illato ibi remanserunt et agros colere cœperunt.* Les belges sans doute y auront porté leur langue, dit Pelletier (dict. celt. introd. p. jv) ; on pourrait ajouter qu'elle fut acceptée d'autant plus facilement qu'elle devait différer peu de la langue du pays ; ce qui prouve cette affinité c'est le dialecte celtique connu sous le nom de gaëlique divisé en deux rameaux : l'Erse que parlent les paysans d'Irlande et qui est la langue des poëmes d'Ossian et le Calédonien qui est l'idiome des montagnards écossais. Je dois dire qu'une autre opinion peut être soutenue. On peut prétendre que le Kymrique armoricain est venu d'Angleterre : un peu après l'invasion des Franks dans les Gaules, les Anglo-Saxons conquirent la Grande-Bretagne à laquelle ils donnèrent le nom d'Angleterre(*England*).Les vaincus opprimés passèrent dans la Gaule armorique, s'établirent auprès de Vannes et appelèrent la province : Bretagne.

Tout cela peut très-bien au reste se concilier : le celtique belge transporté dans la Grande Bretagne a très bien pu pérégriner en Armorique et y retrouver un celtique semblable ou au moins fort analogue.

Ce qui est certain c'est que les Gallois qui ne sont pas compris par les Anglais le sont très bien par les Bas-Bretons.

Selon Bullet, cette affinité s'étendrait aux basques. Il rapporte d'après de la Martinière (dictionnaire géographique, art. celte) une anecdote qui semble le prouver : « Un jour ayant chez moi, dit-il, un gentil homme bas-breton, un voyageur du pays de Galles et un Biscayen, chacun d'eux croyait sa langue inintelligible à tout autre qu'à ses compatriotes. Ils en firent l'essai et furent surpris de pouvoir s'entendre et se parler les uns aux autres. »

Je laisse à De la Martinière la responsabilité de l'anecdote.

2

ce furent d'abord les Gaulois qui envahirent la Germanie, puis les Germains qui envahirent la Gaule. Il cite pour ex.: les Helvètes et les Boïens, nations gauloises qui s'établirent entre le Rhin, le Mein et la forêt hercinienne. Puis il dit que les Tréviriens et les Nerviens portaient jusqu'à l'affectation l'orgueil de sortir des Germains, comme si par cette gloire du sang ils voulaient répudier toute ressemblance avec la mollesse des Gaulois (1). *Treviri et Nervii circa affectationem germanicæ originis ultro ambitiosi sunt, tanquam per hanc gloriam sanguinis a similitudine et inertiâ gallorum separarentur.*

Un demi-siècle avant notre ère, César porta jusqu'au nord des Gaules les armes romaines. La politique des maîtres du monde imposait leur langue aux vaincus. La Gaule méridionale dont la civilisation était avancée, qui avait des villes nombreuses accepta la langue des vainqueurs. La Gaule septentrionale encore barbare fut moins docile et cependant on parla latin dans les villes qui s'établirent pour être le siège de l'administration romaine ; mais ce n'est pas chose facile que de changer la langue des paysans. L'ambition dans les villes peut déterminer à renier le langage maternel ; mais on connaît l'opiniâtreté campagnarde. Nous pouvons voir qu'à Dunkerke et à Strasbourg on parle le français ; mais sortez des portes, vous n'entendrez que du flamand d'un côté, de l'allemand de l'autre.

Il est à croire qu'à l'arrivée des Franks on ne connaissait guère de latin dans les villages. Les vieux Kelt-Kymr-Bolg ou Belg (2) (hélas ! tel était le nom que nos ancêtres se donnaient eux-mêmes) se seraient beaucoup mieux accommodés des Franks que des Romains, au moins sous le rapport de la langue ; il y avait bien plus d'analogie.

---

(1) Cette origine germaine des Nerviens et des Trévires n'emporte pas la conséquence que ces deux peuplades parlaient l'all. au temps de César. Selon Diefenbach, les envahisseurs étaient trop peu nombreux pour substituer leur langue au celt. et ils ne firent que lui donner une teinte german. D'ailleurs on parlait celt. sur quelques points de la rive droite du Rhin. Si le pays de Trèves a été tout à fait germanisé, ce n'est que quelques siècles plus tard, comme on va le voir.

(2) Kelt, la classe ou famille. Kymr, le genre. Belg, l'espèce.

A ces considérations nous ajouterons les suivantes extraites
d'un ouvrage de haut mérite, récemment paru (die romanischen
Sprache). L'auteur, Auguste Fuchs, soutient l'opinion que la
langue latine n'a pas pénétré jusqu'aux limites de la domination
romaine et que son influence allait s'affaiblissant d'une manière
décroissante vers les frontières : « A la fin du 3e siècle, dit-il, l'empereur Maximian introduisit dans le nord de la Gaule une peu-
plade germanique à titre de Lète. Le pays wallon en fut environné
formant des îles de langue (Sprach Insel) et on y parlait à la fois
les langues celtique, allemande et romaine, comme on voit aujourd'hui en Hongrie, dans certains petits domaines, le magyare,
le slave et l'allemand se rencontrer et se croiser. C'est dans cet
état que deux siècles plus tard l'invasion franke aurait trouvé la
Wallonie. » A ce sujet il fait une citation (Leo 1,41 f.) : « Au temps de
César, nous trouvons encore partout la frontière belge au bas-
Rhin ; mais, sous Julien, c'est la Meuse et pas encore partout qui
sépare des Allemands. Les frontières dépeuplées par la guerre
furent livrées à des germains et pour la culture et pour la défense
de la contrée. Dans un demi-cercle partant du pays des Trévires,
s'élevant vers le Brabant septentrional, la Zélande et la Flandre
pour redescendre vers la frontière nord-ouest de la France
actuelle, un peuple germain, partie en masse compacte, partie
isolément (mais en foule) fut interné, dans la dernière moitié du
4e siècle, avec divers degrés de dépendance et de droit de possession du sol. Partie auprès d'eux, partie au milieu d'eux se trouvaient des Celtes jouissant comme Læti des mêmes prérogatives.
Le pays wallon a conservé à peu près les mêmes limites. » Après
quelques autres considérations, Fuchs termine ainsi : « Partout
où, dans l'intérieur des ci-devant frontières de l'empire romain,
on parle une langue germanique : en Belgique, en Alsace, en
Suisse, cela n'est pas arrivé parce que l'allemand a vaincu le
latin. Il a succédé immédiatement au celtique et au contraire les
envahisseurs ont abandonné leur langue partout où ils ont trouvé
un pays bien cultivé ; ils ne l'ont conservée que dans les pays
dévastés et dépeuplés dont le latin s'était déjà retiré avant de
devenir langue populaire. Nous devons admettre en général

que les frontières n'ont changé que d'une manière très-insignifiante. »

Ainsi s'explique comment la Gaule septentrionale et orientale fut tout à fait germanisée et pourquoi le wallon contient beaucoup plus de celtique et d'allemand que les patois français de notre voisinage. Bientôt nous verrons d'autres causes nuancer plus fortement notre teinte germanique.

Nous devons rechercher le motif des deux dialectes français d'oc et d'oil dont la limite est la corde de l'arc formé par la Loire, de sa source à son embouchure, puis la raison des divers patois de ce dernier.

La Gaule méridionale était devenue tout à fait romaine. Les Burgondes s'étaient bien établis à l'est, les Goths au sud, mais ils ne le firent pas d'une manière violente comme les Franks. Ce n'était pas tout à fait une conquête. Ces peuples avaient émigré par nécessité avec femmes et enfants ; c'était par des négociations réitérées plutôt que par la force des armes qu'ils avaient obtenu leurs nouvelles demeures. Ils étaient chrétiens, quoique de secte arienne. C'étaient des gens de métier, la plupart charpentiers ou menuisiers ; ils étaient déjà à demi romanisés avant leur arrivée ; il serait inexact de dire que leur premier établissement fut exempt de violences ; mais elles se calmèrent bientôt (1) ; en peu de temps la langue tudesque disparut, le latin triompha de la langue des envahisseurs et, immédiatement de ce latin commença à se former la langue d'oc. Il est bien entendu que par latin il ne faut pas comprendre celui de Virgile et de Cicéron, mais une espèce de patois nommé *lingua rustica, vulgaris, provincialis, usualis, militaris,* ce que Sidonius Appollinaris appelait *celtici sermonis squammœ;* car les patois ne se forment que sur les langues parlées, surtout sur les patois et non sur les langues des livres.

L'invasion des Franks eut un tout autre caractère, elle fut marquée par les massacres et les pillages. Les envahisseurs

---

(1) Lettres d'Augustin Thierry sur l'histoire de France, p. 66 et 67.

entrèrent animés par la féroce religion d'Odin et vécurent dans les désordres de l'oisiveté militaire. La politique de Clovis lui fit adopter la religion chrétienne et il en retira plus d'un bénéfice.

Les Sicambres en courbant la tête pour recevoir le baptême ne se dépouillaient nullement de leurs mœurs féroces ; mais les prêtres seuls étant en possession d'écrire, les moines écrivaient, en latin corrompu, de mauvaises chroniques, où ils jetèrent un voile officieux sur les horribles crimes des *Kunings* et des *Heri-zogs* du temps, parce qu'ils étaient devenus chrétiens orthodoxes.

Après avoir inondé le nord de la Gaule, les Franks pénétrèrent dans l'est et le midi où les Wisigoths et les Burgondes s'étaient fondus avec les indigènes, les Gaulois romanisés ; ils s'en rendirent maîtres et y commirent d'horribles exactions ; mais ils n'y eurent jamais d'assiette ; au temps des rois franks ils ne s'y établirent point en masse.

Ici je copie l'ouvrage déjà cité d'Augustin Thierry, p. 98.

« Au temps des rois franks, de la race de Clovis et de Charlemagne, lorsque ces rois envoyaient des gouverneurs de leur nation dans les provinces, surtout dans les provinces méridionales, il n'était pas rare de voir ces chefs étrangers aider, contre leur propre gouvernement, la rebellion des indigènes. La présence d'un intérêt national toujours hostile envers l'autorité qu'ils avaient juré de servir, excitait leur ambition et quelquefois exerçait sur eux un entraînement irrésistible. Ils entraient dans le *parti des serfs romains* contre la race noble des Franks *Edil frankono liudi* comme elle se qualifiait dans sa langue ; et devenant chefs de ce parti ils lui prêtaient l'autorité de leur nom et de leur expérience militaire. Ces révoltes, qui offraient le double caractère d'une insurrection nationale et d'une trahison de vassaux, se terminèrent, après bien des fluctuations, par le complet affranchissement de la Gaule méridionale ; de là naquirent une foule d'États indépendants. »

La langue d'oc était toute formée et c'est cette langue que choisit Louis le Germanique pour prononcer le fameux serment bilingue de 842 (1) ; car la langue d'oil était trop informe pour être placée dans la bouche d'un souverain. L'autre partie prononcée par Charles le Chauve, est en allemand de l'époque: *alt hoch deutsch* et non en un dialecte voisin du flamand, comme le dit la préface du complément du dictionnaire de l'Académie, erreur qui n'empêche pas que cette préface soit un chef-d'œuvre.

Pendant que la langue d'oc (le patois actuel du Midi) florissait, la langue d'oil était restée à l'état de patois barbare et la raison en est que les chefs ne la parlaient pas ; la langue de l'aristocratie et de la cour était l'allemand. M. Augustin Thierry s'indigne avec raison de la manière dont les auteurs traitent l'histoire de France qu'ils défigurent comme à plaisir : ils font commencer cette histoire à l'invasion des Barbares Franks et à la chûte de l'empire romain dans les Gaules. Il semble à les entendre que les *Kunings* de la 1re et de la 2e race étaient des rois comme Louis XIV et Louis XV. Ils nous disent entre autres choses curieuses que Charlemagne, outre *le français, sa langue maternelle,* savait le latin, le flamand, l'allemand. Il n'y avait pas de français alors et la langue maternelle de Charlemagne était l'allemand. L'allemand a été la langue des châteaux et de la cour pendant cinq siècles et demi, c'est à dire jusqu'à la fin de la seconde race en 987. Jusque là il y a eu un royaume frank *Vrankryk,* qui se divisa en *Osterryk* et en *Neosterryk,* royaumes d'Orient et de non Orient, Austrasie et Neustrie. Ces noms seuls annoncent bien la langue que parlaient les chefs. Pendant que les troubadours faisaient retentir de leurs doux chants les castels de la Provence, les poëtes d'outre-Rhin venaient encenser en idiome tudesque les maîtres de la Gaule septentrionale. Dans le recueil de Wackernagel, se trouve, parmi d'autres, le

---

(1) Quelques uns ont soutenu que la langue des serments était l'ancien italien. Pour expliquer la dissidence des auteurs, Chevallet dit que l'on pourrait aussi bien prétendre que c'est de l'ancien espagnol. Selon lui, à cette époque, toutes les langues romanes se ressemblaient et n'ont pris que peu à peu leurs différences. Faut-il croire que la langue d'oc était sinon parlée au moins comprise par les personnes un peu instruites du pays d'oil et que les souverains s'adressaient aux généraux non aux soldats. Comp. le langage des serments avec celui des lois de Guillaume le Conquérant, avec celui de la trad. de la Bible, œuvres qui sont postérieures de plusieurs siècles.

chant triomphal en l'honneur de Louis iij, fils de Louis le Bègue,
à l'occasion d'une victoire remportée sur les Normands (1).

Si les chefs dédaignaient la langue du peuple, les soldats, en
contact immédiat avec lui, durent bien la parler. Il se forma du
latin celtique déjà barbare (2) un latin celtico-tudesque d'une
horrible barbarie ; les désinences latines déjà altérées disparurent ; elles furent remplacées par des tons sourds, les consonnes rauques dominèrent. Langue de sauvages en rapport parfait avec les mœurs brutales de l'époque ! Le complément du
dictionnaire de l'Académie, représente les Gallo-Romains refusant
noblement de devenir Teutons et la langue des vaincus domptant
les vainqueurs ; ils auraient mieux fait d'adopter tout à fait l'alle-

---

(1) Il commence ainsi :

> *Einen kuning weiz ich*
> *Heisset heer Ludwig*
> *Der gerne Gott dienet*
> *Weil er ihms lohnet.*

> Je connais un roi
> Il s'appelle le seigneur Louis
> Il sert volontiers Dieu
> Parce que Dieu l'en récompense.

(2) On peut se faire une idée de la barbarie du lat. des vieux Gaulois, lors même qu'il n'emprunte rien à l'étranger, si l'on tient pour légitimes les origines qu'assignent les éty-mologistes à une foule d'adverbes, pronoms, prépositions devenues françaises :

> depuis, *de post*,
> à fait, *ad factum*,
> autant, *aliud tantum*,
> oui, *hoc illud*,
> ensemble, *in simul*,
> dedans, *de intus*,
> avec, *ab hoc*,
> lez (auprès), *ad latus*,
> adonc (alors), *ad tunc*,
> dont, *de unde*,
> désormais, *de ipsâ horâ magis*,
> encore, *hanc horam*,
> jamais, *jam magis*,
> maintenant, *in manu tenens*,
> ici, *ecce hic*,
> etc., etc., etc.

mand que d'accepter un mélange adultère. Cet allemand était dur et guttural, j'en conviens ; mais enfin c'était déjà une langue qui a laissé des monuments. Le patois d'oil ne s'écrivait même pas, que nous sachions, et ce qu'on appelle le monument d'une langue devenue presque française, le serment de Strasbourg n'est pas du tout en dialecte d'oil, mais en dialecte d'oc.

Ce n'est qu'à cette date de 987, que la France commence sous Hugues Capet. Ce n'est qu'alors que commence le français ; on le parle à la Cour, dans les assemblées ; dès-lors le patois grossier devient une langue qui se polit ; on écrit dans cette langue : on a des historiens, on a des poëtes ; mais la langue française eut une longue enfance, elle n'atteignit l'âge viril qu'après plusieurs siècles. Son usage dans les actes publics ne fut généralisé que par François 1er (1).

Quelle langue parlaient cependant les Wallons? Ils avaient, à peu de chose près, le même langage que les Parisiens. Le patois d'oil s'était formé simultanément et se parlait depuis la Meuse jusqu'à la Loire avec des différences assez analogues sans doute à celles que nous avons signalées pour la vieille Gaule, à celles que nous pouvons encore remarquer de nos jours dans les patois. Nous avions une teinte un peu plus Celto-Germanique qu'eux ; mais ils ne nous dominaient pas. Jusqu'au xie siècle, les influences étaient réciproques (2).

Ces différences ne tenaient pas aux degrès de germanisation seulement, elles tenaient aussi à la qualité de la germanisation. Les Franks, quoique tous de race tudesque, appartenaient à diverses peuplades dont la langue n'était pas tout à fait uniforme ; c'est le franc Salien, celui des premiers envahisseurs, un dialecte bas allemand assez semblable au flamand qui a laissé le plus de traces partout.

---

(1) Les ordonnances qui défendent d'expédier les actes en latin sont de 1512 et 1539.

(2) Ainsi quand un des mots de notre patois est du v. fr. ou y ressemble, on ne peut pas dire qu'il en provienne. L'un et l'autre ont les mêmes droits à l'ancienneté. Ce n'est qu'un ou deux siècles après la révolution indiquée que l'égalité a été rompue et que le fr. a acquis la supériorité. Il n'y avait pas une langue centrale dont découlaient les patois. Ce sont au contraire les patois qui ont formé la langue centrale.

Les Franks, dit Thierry, établis entre le Rhin et la Meuse et qui s'intitulaient *Ripewares*, hommes de la rive, mot composé, selon toute apparence, d'un mot latin et d'un mot germanique, ne se confondaient pas avec les Franks Saliens situés entre la Meuse et la Loire............ Ils étaient séparés par quelques différences de lois, de mœurs et de langage ; car le haut-allemand, si l'on peut employer cette locution moderne, devait dominer dans le dialecte des Franks orientaux et le bas-allemand dans celui des Neustriens (p. 115 et 116) (1).

De là une des causes de la différence entre le liégeois et le montois. Le liégeois n'a guère plus de mots allemands que le montois, mais ce ne sont pas toujours les mêmes ; il me semble en emprunter plus au haut-allemand, et le montois au bas-allemand (2) v. l'art. *liégeois*.

Quant à la teinte germanique générale, elle devient de plus en plus foncée en marchant du midi au nord.

Indépendamment des causes ci-dessus indiquées, il faut dire que la langue d'oil en cessant d'être patois, en devenant langue française, est devenue envahissante et s'est étendue à nous ; mais il est à remarquer que nous n'appartenions pas à la monarchie française, quoiqu'ayant appartenu à la monarchie franque ; nos comtes de Hainaut ont quelquefois été comtes de Flandre et même comtes de Hollande et de Frise ; de là, des garnisons étrangères. Un moment nous avons été un peu françisés par les ducs de Bourgogne, mais bientôt est venue la domination espagnole, puis

---

(1) On peut, d'après divers indices, présumer que les rois franks de la première race parlaient le bas-allemand et ceux de la seconde, le haut-allemand.

Il y a notamment la grande révolution, qui, au commencement du viii° siècle, transporta la domination des Saliskes aux Ripewares et la royauté des Merowings aux Karolings.

(2) Le bas-allemand dominant partout, comme je l'ai dit, il faut entendre, par cette phrase, qu'il domine un peu plus à Mons sur la masse, un peu moins à Liége.

Je crois pouvoir faire prétérition des invasions normandes. Les Normands ont commis à la vérité d'épouvantables dévastations dans notre pays, mais ils n'ont fait que passer chez nous. Là même où ils se sont assis, en Normandie, leur langue s'est promptement effacée et assez peu de temps après (un siècle et demi) quand Guillaume envahit l'Angleterre, ce n'est pas le normand qu'il y importa, mais c'est la langue d'oil qui se mêlant à l'anglo-saxon forma la langue anglaise.

3

encore une domination allemande : celle de l'Autriche. Il sort de
là que nous suivions le développement du français, mais de loin
et que nous lui prenions ses locutions quand elles cessaient d'être
en usage, comme aujourd'hui nous portons les modes de Paris
souvent quand on ne les y porte plus.

Enfin comme dernière cause, cause toute géographique, nous
sommes les plus rapprochés de la Flandre et les Liégeois les plus
rapprochés de l'Allemagne.

La principauté de Liége toujours isolée, a reçu de la France une
influence encore plus éloignée que nous. Ses mots sont encore
plus vieux. Il en est sans doute qui figuraient dans le patois d'oil
avant qu'il ne fût écrit, à l'époque franque ; d'autres doivent
remonter à la période celtique.

Les couches germaniques superposées à diverses époques, se
confondent souvent ; mais il est quelquefois possible de les distinguer et de dire leur âge en étudiant les transformations qui se sont
opérées dans les langues du Nord. Il est un phénomène très-
curieux, c'est que le même mot a parfois été déposé à plusieurs
reprises dans des temps différents. C'est au moins ce que je crois
pouvoir inférer de l'histoire du mot *chuiner* (voir cet art.). Il est
un autre phénomène linguistique non moins remarquable : c'est
que nous avons assez souvent des mots synonymes dont les uns
n'ont d'analogues qu'en flamand, les autres qu'en allemand :
Dadlard est allemand ou celtique ; *Berdelard, Malot* et *Rélard,* sont
flamands.

Parmi les familles les plus intéressantes de mots montois qui
semblent bien légitimement d'origine teutonique, il en est une
très-nombreuse qui mérite l'attention, c'est celle des verbes en
sk, sp, st :

> *Sklefer.*
> *Skreper.*
> *Spiter.*
> *Skarder.*
> *Striquer.*
> *Stiquer.*
> *Skiter, etc.*

Quelques uns de ces mots appartiennent au haut-allemand, le dialecte qui a formé l'allemand classique, quelques autres au bas-allemand qui a formé le flamand ou hollandais et les patois répandus tout le long de la Baltique ; la plupart de ces mots appartiennent aux deux dialectes à la fois.

Cette famille de mots s'éteint à peu près aux limites du Hainaut, on en retrouve à peine un ou deux individus dans le dict. de Corblet (v. art. *Skou.*) On en retrouve un peu plus dans le liégeois, transformés ordinairement comme il est dit : art. *liégeois.*

Mais quel étonnement, si l'on ouvre le dictionnaire de Ducange, de trouver un grand nombre de ces mots sous forme latine avec une signification quelquefois la même, souvent plus ou moins éloignée des significations montoise et germanique ! représentez-vous, ami lecteur, toute mon extase, quand j'ai vu des mots comme :

> *Esclafare*
> *Stricare*
> *Sticare, etc.*

Comment expliquer l'énigme ? Il est permis de penser que ces mots existaient déjà dans l'antique langage des Nerviens. Quand ils ont parlé latin, ils ne l'ont fait qu'en latinisant leurs mots locaux en les revêtant d'un habit latin : *celtici sermonis squammœ,* pour répéter l'heureuse expression de Sidoine Apollinaire, et à l'arrivée des Franks ils se seront empressés de les dépouiller des désinences latines pour eux très-gênantes et qui d'ailleurs n'ont dû être employées que dans les villes, chez nous fort rares à cette époque. Ou bien ce sont les Franks qui en commençant à parler la langue du pays conquis ont latinisé des mots tudesques. Cette dernière opinion est moins soutenable puisque l'influence germanique a surtout porté sur la forme latine qu'elle a détruite en conservant le squelette de la plupart des mots latins (1).

_____

(1) Ce dictionnaire de Ducange est un ouvrage immense : il a huit volumes énormes ; et

Outre les éléments latin, tudesque et celtique qui ont formé le vieux français et le wallon, la domination espagnole a déposé un

---

cela se conçoit ; car ce sont toutes les langues, tous les patois du monde romain avec des désinences latines.

C'est la tendance de tous les conquérants d'imposer leur langue aux vaincus ; car ce n'est qu'après le changement de langue que la conquête est bien assurée et assimilée.

C'est ce que firent presque tous les envahisseurs ; c'est ce que firent les Gaulois dans les provinces de la Grèce qu'ils soumirent. Saint Jérôme nous rapporte que, de son temps, on parlait encore en Galatie la langue de nos voisins les Trévires : *Ita galli*, dit Ducange, *nostri veteres, expugnatis Græciæ provinciis nomen suum indiderunt ac propriam linguam retinuerunt quam eamdem penè fuisse quâ utebantur sud ætate Treviri, scribit S. Hieronymus, excepto sermone græco quo omnis oriens loquebatur.* (*In proœmium ad libr. ij in ep. ad galat.*)

C'est ce que tenta avec un demi succès en Angleterre Guillaume le Conquérant.

C'est ce qu'avait commencé la France impériale à Hambourg, à Amsterdam, à Turin, à Rome.

C'est ce qu'avait tenté récemment Guillaume I" dans notre pays.

Mais c'est surtout ce que fit Rome sur une vaste échelle. Elle réussit parfaitement sur certains points : dans quelques parties de l'Espagne, la langue nationale, en assez peu de temps, était tout-à-fait oubliée.

Il n'en fut pas de même partout. On pouvait forcer à parler latin dans les rapports politiques ; mais on ne pouvait forcer à parler bien. Déjà Quintilien nous rapporte qu'il était entré dans la langue une foule de mots carthaginois, ibères, gaulois (*libr. j, chap. vj*).

Verba sunt aut latina aut peregrina, peregrina porro ex omnibus propè dixerim gentibus. Taceo de Tuscis et Sabinis et Prænestinis quoque : nam ut eorum sermone utentem Vectium Licinius insectatur quemadmodum Pollic deprehendit in Livio patavinitatem liceat omnia italica verba pro romanis habeam. Plurima gallica valuerunt ut Rheda ac Petoritum. Quorum altero Cicero tamen, altero Horatius utitur et Mappam usitatum quoque circo nomen Pœni sibi vindicant et Gurdos quos pro stolidis accipit vulgus ex Hispaniâ originem duxisse audivi.

Si Horace et Ciceron purent admettre quelques-uns de ces mots, la plupart furent avec une juste indignation repoussés comme barbares et ne sortirent pas du lieu de leur naissance. Quel moyen que l'on accueillit à Rome des mots tels que :

Traugus, trou (*trau*).
Watare, regarder (*Weitier*).
Buctus, Butum, bout.
Colpus, coup.
Broca, broche (*broque*).

Notre langage celto-cymrique fournit un ample contingent au dictionnaire de Ducange, ce serait une chose curieuse que d'y trier ce qui lui revient. Mais ce ne serait pas un travail facile ; combien de mots tordus au passage du celtique au latin, puis retordus d'une autre manière pour entrer dans le patois d'oil, ainsi devenus méconnaissables et perdus. Cependant il est probable que quelques mots latinisés dans les villes ou aux environs des villes, ont été conservés dans toute leur pureté native au milieu des campagnes écartées sans subir de latinisation. Ceux-là durent être retrouvés sains et saufs avec joie et recevoir une hospitalité empressée dans le patois d'oil à la chûte de l'empire romain. Peu de mots de notre

petit nombre de mots dans notre pays. On peut citer et encore
en hésitant *argousille* qui peut provenir d'*alguasil*, lequel est d'o-
rigine arabe. On peut ajouter avec un peu plus d'assurance *Plumion, Escaveche.*

Mais il ne faut pas croire que certains mots espagnols qui ressemblent aux nôtres en soient les pères; ils n'en sont que les frères;
ils ont seulement une origine commune : tels sont : *Serrer* (pour
fermer) *serrar* qui est celtique ou latin, *saquer*, (*sacar*) qui est tudesque (V. ces mots).

Indépendamment du latin qui a servi à former le langage d'oïl,
il nous en est entré quelque peu à une époque plus tardive. Il en
est de lui comme du flamand et de l'allemand reçus par nous, il
a différents âges. Il est à noter que jusqu'à l'époque de
l'empire français toutes les études humanitaires se faisaient
en latin. Dans ma jeunesse, les colléges entre les mains du
clergé imposaient le latin dès, ce qu'on appelait, la grammaire,
c'est-à-dire après deux ans (petite et grande figure). Même en
récréation on ne pouvait parler que latin : au collége dit de St-
Ghislain ce régime dura jusqu'en 1810 ou 1811.

On avait inventé un procédé assez curieux : c'est ce qu'on nommait le *signum* : le 1er surpris en flagrant délit de causerie française ou patoise le recevait, mais avait le droit de le transmettre
à quiconque se rendrait coupable de la même faute. Comme le
dernier détenteur à la fin de la journée était passible d'un *pensum*,
le porteur du *signum* avait hâte de s'en débarrasser et épiait ses
camarades avec le plus grand soin.

On comprend quel latin devait être le latin des *grammairiens*.
Les professeurs eux-mêmes, pour consoler leurs élèves, disaient
en riant ce vers :

Sumus philosophos, possumus forgere verbos.

---

patois antérieurs à notre ère ont dû échapper à la latinisation. Ces privilégiés n'ont dû être
que ceux à l'usage exclusif des campagnards et des gens de la plus basse classe, par ex.: des
mots comme *chĕniau, chiniau*, ont pu rester purs de toute latinité chez les Nerviens, tandis
que *sina* se maintenait de même chez les Eburons et *sanailh* chez les Armoricains (v. *chŭ-
niau, Reinguier, gagot*).

On ne pouvait manquer d'abuser de cette tolérance du solécisme et du barbarisme. On se livrait aux plus grands excès. On ne rougissait pas de dire des phrases comme celle ci : *ille sticat suum digitum in suo naso*, *skafotandi gratiâ* ou même *pro ibi skafotare*. On renouvelait ainsi les procédés des anciens Nerviens venant à Bavai, capitale de la forêt charbonnière, pour payer l'impôt aux fonctionnaires romains ou des paysannes nerviennes, venant au marché, vendre leurs denrées aux matrones romaines.

En sortant des études, on sentait peu le besoin du français : on plaidait à la vérité en français à la cour souveraine du Hainaut, mais la plaidoirie orale n'était pas usitée, on plaidait par mémoires.

Une double conséquence résultait de cet état de choses : triomphe du patois et introduction dans le patois de bribes de latin. Quelques personnes pouvaient écrire le français, bien peu étaient capables de le parler, par défaut d'exercice.

Quant au grec il n'y faut guère penser. A grand' peine peut-on trouver deux ou trois étymologies douteuses. Ce que nous avons de grec, nous est venu médiatement à travers le latin.

On sait que les langues grecque, latine, allemande, slave, magyare, celtique appartiennent à la famille des langues indo-européennes. Les savants vont rechercher dans le sanscrit la racine d'une foule de mots qui se rencontrent à la fois dans plusieurs de ces langues. Nous n'avons certainement rien emprunté directement au sanscrit; mais le sanscrit nous a envoyé bien des mots par des voies souvent multiples. Il n'est pas ordinairement possible de reconnaître laquelle, quand il y en a plusieurs, si c'est la voie latine, celtique, grecque ou allemande. Prenons le mot : *lekier*.

Le latin *lambere*, quoique de même souche, est bien éloigné. *Lingere*, employé par Plaute s'en rapproche un peu, surtout au parfait : *linxi*; mais nous ne pouvons penser au latin, quand nous avons le grec λειχω et l'allemand *lecken*. Quant au français lecher, même lescher et leschier, il doit être beaucoup plus jeune que *lekier*. Nous pouvons, si nous voulons, croire que *lekier* nous vient des établissements fondés sur nos côtes pour commercer

avec l'Angleterre et où l'on parlait grec; sinon nous admettrons
que nous le devons à l'allemand *lecken* et c'est là l'opinion la plus
plausible. A présent *lecken* ne vient pas de λειχω; λειχω vient encore
moins de *lecken;* mais tous deux sont frères, comme je l'ai dit à
l'occasion de l'espagnol; ils ont pour mère commune soit la
langue sacrée des Indous soit quelqu'autre langue antique de
l'orient.

Enfin il est quelques mots qui sont comme un produit du sol
qui les a créés à diverses époques. J'ai en vain cherché une étymologie satisfaisante de bien des vocables. Alors même que j'en
donne d'analogues de langues étrangères, je suis loin d'affirmer
que les nôtres en proviennent. Je ne fais que l'office de rapporteur fidèle. A chacun de juger.

Si le royaume franc avait subsisté plus longtemps, le patois d'oil
se serait uniformisé (à peu près) par les rapports nécessaires entre
les diverses parties d'une même nation et nous avions chance de
faire dominer notre nuance du nord, puisque nous nous rappro-
chions du langage des dominateurs; mais une grande révolution
s'opère; une nouvelle dynastie s'élève. Le patois devient langue
politique. Cette langue politique s'établit sur la nuance du patois
régnant dans l'Ile de France, surtout dans la capitale. Paris a dès
lors une influence prépondérante. Quoique séparés de la France,
quoiqu'appartenant au *Lother-Ryk, Lotharingie* ou *Lorraine,* nous
ne pouvons comprendre des écrits allemands et nous sommes tri-
butaires de la France : nous ne lisons guère, cependant nous
lisons un peu les chroniques de Ville-Hardouin, du sire de Joinville sur les croisades, puis d'autres livres divers; mais nous
sommes toujours en arrière à cause de la difficulté des relations.

Ce qui domine dans notre patois c'est le vieux français. Il est
bien plus facile à un montois qu'à un français de lire les vieux
livres. Nous avons conservé une foule de mots qu'un français non
savant ne comprendra pas, des mots tels que :

Estriver
Reciner
Estouper
Courtil

à plus forte raison ceux qui ont reçu quelqu'altération, par ex. : *einkeuyé, mal en vie, mau ein vie*, mais il ne comprendrait probablement pas mieux le v. fr. accoué, envy.

Le nombre des mots que nous prononçons tels qu'on les écrivait il y a huit siècles n'est pas à dire et il est facile de deviner qu'un grand nombre se prononçaient à la période d'oil, lorsqu'on n'écrivait pas encore, absolument comme nous prononçons aujourd'hui : il va sans dire que nous prononçons : *il alloit, i disoit* (allwa, diswa). Il y a des exceptions, par ex. : anglais, français que nous prononçons *francé, einglé*.

En général nous suivons l'orthographe : nous disons *peinser, conteint*. Nous nous garderions bien de dire : *y deinze* ou *y keinte*. Il est vrai que nous disons *meinger ;* mais *meinger* est un mot un peu bâtard. Le mot légitime est *mier ;* et puis le v. fr. a dit mengier.

Quand un mot vient du latin ou de l'allemand, nous sommes presque toujours plus près de la racine que le français : nous disons *scrire, escrire, spine, espine,* lat. *scribere, spina;* nous disons *arreinger, beinde* ou *beinder,* all. *ringen. binden.* Il est vrai que ces verbes font *rang, band* à l'imparfait. Au reste arranger pourrait bien appartenir au celt. *Ryngh.* (*V. Ringlée*) et le v. fr. disait areger.

Même remarque pour la quantité des voyelles et des diphtongues:

Nous disons : *Paŭl,* latin *Paūlus* Les français disent *Paŭl.*

Nous disons par contre : *Rŏsine,* latin *Rŏsa.* Les français disent *Rōsine.*

Beaucoup de nos mots, quoique français, n'ont pas la signification française : pour le montois le bouffon est un gourmand.

Le mot brave signifie propre, endimanché, en toilette.

»	vaillant *vayan* signifie actif, laborieux.		
»	malin	»	habile, adroit, pénétrant, spirituel, industrieux.
»	cacher	»	chercher.
»	franc	»	hardi, téméraire, audacieux.
»	sage	»	savant, tranquille, instruit, studieux.

»	habile	»	vite, promptement.
»	fade	»	paresseux, nonchalant.
»	ruses	»	embarras, tracasseries.

Quelques verbes n'ont éprouvé cette déviation que dans certains temps :

ej saurai, saurois. Je serai, serais.
ej perdrai, perdrois. Je prendrai, prendrais.
ej verrai, verrois. Je viendrai, viendrais.

Il y a mieux : dans certains villages du Borinage, quelques mots ont une signification opposée : *etle à l'abri du temps*, c'est être exposé aux intempéries des saisons. *Ette fortuné*, c'est être infirme, estropié, impotent.

Des verbes neutres sont actifs et réciproquement.

Des masculins sont féminins, des féminins sont masculins, surtout lorsqu'ils sont tels en latin ou en allemand.

	all.	lat.
Du colophon,		*colophonium* n.
Enne sau,		*salix* f.
Ein boutique,	*ein laden,*	
Del ginette,		*genista* f.
Ein prison,	*ein kerker,*	*carcer* m.
Del came,		*cannabis* f.
Du canelle,	*der caneel,*	*cinnamomum* n.
Ein deint,	*ein zahn,*	*dens* m.
Enne ratte,	*eine ratte.*	

Nous agréons les pluriels étrangers au français : nous disons :

Lés argein,	l'argent,	*die gelder.*	
Lés rougeurs,	la rougeole,	*die* { *masern, rötheln,*	*morbilli.*
Lés poquettes, *Lés boutons,*	la variole,	*die pocken,*	*variolæ.*

4

Sans doute nous avons quelquefois altéré le français ; mais le plus souvent c'est le français qui s'est altéré lui-même. Nous avons été bien plus constants que les français et ce n'est pas un reproche que nous leur adressons : une langue est toujours en mouvement de progrès ou de décadence. Selon l'expression de Varron : *consuetudo loquendi est in motu : itaque solet fieri ex deteriore melior, ex meliore deterior.* La mobilité est l'essence du langage. Un patois, quoique vivant aussi, a des mouvements plus lents. Dans les lieux très-reculés, l'immobilité est à peu près complète. Il est des localités presqu'isolées, presque sans routes dont le langage est comme momifié : telle est la Basse-Bretagne. Les grands centres intellectuels sont les lieux où la langue s'use le plus vite. Les voies rapides et faciles de communication transportent la langue nouvelle par les hommes, par les livres, par les journaux. Les chemins de fer sont les ennemis mortels des patois.

De tous les patois wallons qui se parlent en Belgique, le wallon du Hainaut, particulièrement le wallon des villes est celui qui s'éloigne le moins du français. Assez facile à comprendre par un français à Mons et à Tournay, il devient déjà plus difficile à Charleroy, très-difficile à Namur, inintelligible à Liége et à Verviers. Aussi Walter-Scott, dans son *Quintin Dnrwart*, fait parler flamand aux liégeois. Quelques feuilletonistes français ont récemment commis la même erreur et fait beaucoup rire en Belgique. Le montois lui-même qui arrive à Liége ne comprend pas plus que si l'on parlait sanscrit. Lorsqu'il s'est attaché à étudier la loi de transformation des lettres, autrement dit la prononciation, il s'aperçoit que c'est bien son patois qui se parle à Liége (1).

Et chose étonnante ! en devenant de plus en plus difficile à comprendre, il dépose sa dureté quand il se rapproche de la Moselle et du Rhin, il prend une douceur dont on lui reproche avec raison de manquer vers la Haine et l'Escaut.

Le montois, dans une foule de mots, enchérit sur l'allemand même ; en effet, comme les flamands, il change en *sk*, l'*sch* alle-

---

(1) Pour en avoir la preuve, voyez l'art. *liégeois*.

mand qui se chuinte avec la même douceur que le ch français :
sketter, skarder. Il change en *eu* l'*ü* allemand qui, quand il est
surmonté du tréma ou *umlaut*, a le son de l'u français : comme
dans *skeute, reube*.

Dans les mots français dont il se saisit, il change l's et le ç en
ch comme dans *chavate*, il change le ch en c dur ou k comme dans
capiau. J et g doux en g dur comme dans *guenisse, gartier* ; g dur
en w comme dans *wé, warde, wauffe* (ces deux derniers mots usités seulement dans les villages) et il choisit des désinences extrêmement dures comme *gnié, kié*.

Si je dois confesser la dureté du wallon montois, que dire du
wallon borain? Celui-ci l'emporte sur tout. Ce doit bien être cette
prononciation rauque et gutturale des anciens Gaulois qui faisait
frémir l'empereur Julien, lorsqu'il habitait Lutèce. Il la comparaît
au croassement des grenouilles. Du reste ce défaut est racheté par
bien des qualités.

La dureté du wallon montois et du wallon borain comparés aux
autres dialectes wallons, provient peut-être de ce que les personnes cultivées ne le parlent guère; tandis qu'à Liége le wallon
est parlé par toutes les classes. Là, le gouverneur de la province,
le président de la cour d'appel, s'ils sont nés dans la province,
parlent le liégeois entr'eux et n'abordent le français que dans l'exercice de leurs fonctions, ou lorsque la politesse leur en fait un
devoir en présence d'étrangers.

Le montois n'aime pas la difficulté de prononciation qui résulte
de l'accumulation de consonnes différentes, il préfère en redoubler
une : il dit :

Modesse	pour	modeste.
Masse	»	masque.
Augusse	»	auguste.
Praitte	»	prêtre.
Minisse	»	ministre.
Théâtte	»	théâtre.

La lettre R lui est particulièrement antipathique. On prétend
qu'un montois ne peut prononcer le mot carotte (v. l'art. *cahotte*).

Il l'évite autant qu'il le peut. Outre le procédé général ci-dessus indiqué du redoublement de la même consonne, il en a encore un autre particulier pour échapper à ce son grinçant et odieux. Il consiste à renverser les lettres de la syllabe et à postposer l'R.

Kerver	pour	crever.
Kerson	»	cresson.
Berwette	»	brouette.
Bertelle	»	bretelle.
Persure	»	présure.

Ou bien encore il interpose une lettre comme dans *ouvérier* (1).

Le montois a tous les défauts des langages qui ne sont parlés ni dans les cours, ni dans les tribunaux, ni dans les assemblées législatives.

Faites du wallon la langue politique du pays, répudiez le français, bientôt le wallon deviendra une langue polie qui aura sa littérature. Ce serait même le seul moyen d'en avoir une, à moins encore d'adopter le flamand. L'une des choses est aussi impossible que l'autre, nous devrons donc nous résigner à être privés de littérature nationale. Notre langage restera patois. Le flamand, qui a été autrefois une langue cultivée, qui est déjà déchue, probablement se dégradera de plus en plus, malgré les honorables efforts de quelques littérateurs thiois.

Que mes compatriotes flamands me le pardonnent! ce que je dis ici est général. Tout ce qui n'est que dans la bouche du peuple se flétrit et s'abaisse. La romance gracieuse du salon se souille si elle descend dans la rue. Les flamands et les wallons subissent un sort commun.

Le wallon donc, à l'usage de la populace, en exprime les idées habituellement peu élevées, peu nobles, peu polies. Il abonde en mots bas, il abonde en mots obscènes (2). Rabelais aurait puisé

---

(1) Les Flamands ont aussi peine à prononcer des mots comme ministre, théâtre. Ils disent ainsi qu'ils écrivent dans leur langue *minister*, *theater* (la dernière syllabe fort brève).

(2) A cette occasion, je dois faire une remarque. Dans un ouvrage qui retrace un langage populaire, on doit bien se permettre certaines choses que la bonne société réprouve. Si je

deins lés caches de quoi ajouter à la longue Kirielle du chapitre intitulé : l'adolescence de Gargantua.

Le patois de Mons est aussi éminemment propre à rendre toutes les idées qui se rapportent aux querelles, rixes, combats. Et cependant bien que les wallons en général et les montois en particulier jouissent d'une grande réputation de courage sur le champ de bataille, nous n'avons pas remarqué que le peuple y fut plus querelleur ou plus batailleur que celui des autres pays ; mais, quoi qu'il en soit, toujours est-il qu'indépendamment des mots français, qui ont aussi la plupart un fréquent usage à Mons, un montois peut disposer de la synonymie suivante :

Volée.	coup ou *co.*	coup de pied,	soufflet ou calotte.
Dandine.	*Andoche.*	[*co d' pié*].	*Giffe.*
Danse.	*Maxigrogne.*	*Pilure.*	*Tappe.*
Dégelée.	*Poque.*	*Roulée.*	*Atout.*
Doguette.	*Estaf.*	*Tampon.*	*Chaffe.*
Dosse.	*Gob.*	*Tampon à s' cu.*	*Marnioufe.*
Dossée.			*Morniafe.*
Dossade.			*Gniole.*

---

n'écrivais que pour les philologues, je jetterais bas tout voile ; mais il y a des oreilles que je dois respecter. Il faut dire et ne pas tout dire. La difficulté est de tracer la limite. L'omission des mots tout crus n'est nullement regrettable ; mais pour certaines locutions, c'est vraiment dommage ; car c'est dans le langage obscène que s'exerce incessamment et que réussit le mieux notre basse classe. Il y a des expressions d'une brutale énergie, qui feraient trouver fades les langues cultivées, qu'étiolent, que châtrent les convenances. Notre société un peu élevée n'a pas d'idée de ce langage vivant, imagé ; car nos paysans ou nos pauvres ne produisent pas devant les *monseux*, les trésors de leur verve. Ce n'est qu'entre eux qu'ils les étalent, il faut les surprendre sans qu'ils s'en doutent. Un jour dans une maison de ferme où je séjournais, j'avais pris un livre et j'étais allé à la grange m'étendre sur un tas de foin dans un endroit reculé. Viennent *ein varlet et enne mesquenne à vak* pour prendre *el rafourée dès biettes* (la ration des bestiaux). J'avais bien remarqué qu'ils étaient intelligents tous deux, mais leur langage ne m'avait offert jusque là rien de saillant. La conversation s'engage. Quelle surprise ! jamais je n'avais rien soupçonné de semblable. Du feu, de l'esprit, une brutalité sauvage, cependant mélangée souvent de bien des délicatesses. On n'a pas été à l'université sans entendre des choses fortement épicées. On en revient un peu blasé sur cet article. Eh bien à diverses reprises j'éprouvai de véritables fremissements. Piron eut paru pâle auprès d'eux. J'écrivis immédiatement en cryptographie cet entretien curieux ; mais impossible d'en donner ici la moindre parcelle. Remarquez que c'était un pur jeu d'esprit, une espèce d'assaut d'obscénité et que les deux interlocuteurs ne paraissaient avoir aucun goût l'un pour l'autre.

Doublure.   *Giroflée à chon feuyes.*
Soudure.
Sauce.
Désoudure.
Déguesine.
Rigodaine.
Roulée.
Drogue.
Ranchënée.
Randouyade.
Trique.
Erpassade, répassade, rapasse.
Pile (1).

J'en oublie sans doute et des meilleurs.

Le catalogue des injures est aussi très-étendu. Je ne le présenterai pas ici au lecteur; mais je ferai une remarque qui paraîtra singulière, c'est qu'il est une foule de qualifications insultantes qui ne s'adressent qu'aux femmes. Je citerai les mots de *godau*, *sottrau*, *balou*, *babot*, *babin*, qui, quoique substantifs masculins, ne s'appliquent pas aux hommes, tandis que les appellations injurieuses qui s'adressent à ceux-ci peuvent prendre un féminin. Cette observation n'est pas en faveur de la galanterie montoise; mais on fera attention que le peuple qui fait les patois n'est poli nulle part.

Après avoir humblement confessé les défauts de notre patois, nous pouvons bien en dire les qualités.

Pour qui sait bien le manier, il a une énergie et une précision que l'on chercherait parfois en vain dans les langues les plus riches et les plus cultivées. Aussi voit-on assez fréquemment des personnes très-instruites qui, au milieu d'une conversation française, s'arrêtent tout-à-coup et prennent le patois qui a mieux à

---

(1) Cette liste était écrite depuis plusieurs années, lorsque le glossaire picard de·Corblet m'est tombé en main, j'y ai trouvé l'analogue de ce que je donne ici. En y réfléchissant on est obligé de croire que tout patois doit fournir un pareil catalogue.

leur offrir pour donner à leur pensée l'expression convenable. On
cite un vieux professeur, extrêmement bon latiniste, qui, faisant
remarquer, en latin, les énergiques beautés de Tacite ou d'Horace,
ne trouvait souvent rien de mieux que de latiniser quelques mots
ou phrases montoises pour monter à la hauteur de son sujet.

Disons pour finir un mot de l'accent montois. Il va sans dire
que cet accent déplaît à tous les autres wallons, surtout aux plus
voisins qui ne se doutent pas qu'ils en ont un analogue. Ils ne se
doutent pas que l'accent wallon en général n'est pas trop éloigné
de l'accent allemand ou au moins de celui des provinces rhénanes.
Vus à assez courte distance, tous les wallons sont confondus.
Déjà à Paris on nous confond avec les flamands dont on nous
donne le nom, quoique notre accent soit bien plus ressemblant à
l'accent allemand. Il est vrai que nous avons plus de mots flamands
que de mots allemands.

Un jour que je revenais d'Allemagne, l'oreille pleine de la me-
lopée allemande et que je me trouvais entre Verviers et Liége, j'en-
tendais des paysans parler très-haut entre eux de trop loin pour
que je pusse saisir les mots. En entendant ainsi les sons, j'aurais
juré que j'étais encore en terre germanique.

Il y a une assez notable différence entre l'accent du verviétois
ou du liégeois et celui du montois, et cependant j'ai retrouvé jusque
dans le Palatinat des accentuations montoises. J'ai été servi un
petit temps à Creutznach par une fille qui disait souvent pour
repousser un reproche :

Ich wusste es nicht
ou
Man hatte es nicht gesagt.

J'aurais cru entendre une servante montoise disant :

J'nel savoi gnié
On n'l'avoi gnié dit.

On aurait pu noter presque de même les mots des deux langages.

L'accent trainant et chantant de Mons a sans doute dans certaines bouches quelque chose de fade et de répugnant, mais il
faut bien dire que dans certaines autres qui savent le moduler, il
donne de la grâce au discours et enlève à certains mots leur
dureté.

GRAMMAIRE.

Je donne bien quelques parties du discours, mais je n'ai pas la prétention de faire une grammaire complète ; par ce que ce serait la grammaire d'un patois, qu'on ne s'imagine pas que ce serait œuvre facile. Voici une petite anecdote qui le prouve :

Un jeune flamand, fort instruit, devenu aujourd'hui sénateur, avait le désir d'apprendre le montois. Ses camarades s'en amusaient. Un jour il arrive dans un café et on l'interpelle en entrant : *Eh bé, Dian, pa iu avée v'nu, hon? Pau l'rue dé l'Coupe*, répond Jean. Éclats de rire universels. Mais, malheureux, lui dit un de ses amis, fais donc attention que rue est du genre féminin, on dit sans doute : *pau p'tit marché ou markié*, mais c'est que *markié* est masculin. C'est une barbarie, digne d'un flamand, de dire *pau l'rue*, il faut dire *pa l'rue*. Alors, réplique le flamand, pourquoi vous-même avez-vous dit hier que vous étiez passé *pau grand'rue*. Le petit cénacle de professeurs de montois resta interdit. Faut-il résoudre la question en disant que grand'rue quoique

5

féminin et simple abréviation de grande rue, donne l'impression
d'un masculin? Mais il y a des difficultés bien autrement sérieuses. Pour les aborder il faudrait passer la revue mentale de tous
les cas possibles, alors on pourrait s'élever jusqu'aux règles et
défalquer ce qui n'est qu'exception. Ce serait un travail énorme.

Quelques parties du discours sont variables selon le cas, le
genre, le nombre, le temps, le mode. Nous donnons ci-dessous
quelques déclinaisons et conjugaisons.

ARTICLE.

	Sing.	Masc.	Fém.						
Nominatif	»	EL, L'	EL, L'	*el père,*	*el mère*	le	père,	la	mère
Genitif	»	DU	DEL	*du* »	*del* »	du	»	de la	»
Datif	»	AU	AL	*au* »	*'al* »	au	»	à la	»
Accusatif	»	EL, L'	EL, L'	*el* »	*el* »	le	»	la	»
Ablatif	»	PAU, PA L'	PAL	*pau* »	*pal* »	par le	»	par la	»

PLURIEL DES DEUX GENRES.

Nomin.	LÉS OU LEZ.
Genit.	DÉS.
Dat.	A LÉS.
Accus.	LES.
Abl.	PA LÉS.

PRONOMS PERSONNELS.

Les pronoms personnels varient beaucoup dans les villages autour de Mons, comme la plupart des mots fort employés ; on y dit :
DIÉ, ED, D'I, DIU, DJ' DJU, etc. ; *dié vié, ed vié, d'iu vié, dju vié.* Je
viens ; *d'iai, dj'ai.* Quelques-uns pour les besoins de l'euphonie
s'empruntent aux voisins. Certaines cacophonies sont par là esqui-
vées : on serait regardé de travers si, voulant imiter nos paysans,
on disait : *dj'ai dj'à v'nu.* Je suis déjà venu. Quelquefois sans
doute le choix est arbitraire, mais souvent il est impérieusement

commandé par l'oreille qui veut un mélange de voyelles longues ou brèves, sourdes ou accentuées.

Nomin.	JÉ, J', EJ, MI,	*ej vié, mi.* Je viens, moi.
Gen.	D', DÉ, MI,	*y n'a gnié peu d'mi, peur dé mi.* Il n'a pas peur de moi.
Dat.	A MI, EMME, MÉ, M',	*ç' t'à mi, c'ess' t'à mi.* C'est à moi. *Baye mé lé, bayél mé lé, bay' emme lé.* Donnez-le moi, donne-le moi.
Accus.	MÉ, M',	*tié-mé.* Tiens-moi. *Y m' tié.* Il me tient.
Abl.	PA MI, PAR MI.	

Nomin.	ETTE, TÉ, T', TI,	*viette, est-ce qué t' vié? ti?* Viens-tu? toi?
Gen.	DE TI, D'TI,	*j' n'ai gnié danger d' ti.* Je n'ai pas besoin de toi.
Dat.	A TI, T',	*y t' el l'a bayé, y t' l'a bayé.* Il te l'a donné. *Est-ce à ti?*
Accus.	TÉ, T',	*taitte-té, taige-té, lait-t'.* Tais-toi.
Abl.	PAR TI, PA TI.	

	Masc.	Fém.	
Nomin.	IL, Y, LI.	ELLE.	
Gen.	DE LI.	D'ELLE.	
Dat.	LI, A LI, L'	A ELLE, L'.	*J' li prain.* Je lui prends. *Ç' t' à li s'courtiau là.*
Accus.	EL, L'	ELLE, L'.	*J'el prain.* Je le, je la prends.
Abl.	PAR LI, PA LI.	PAR ELLE, PA ELLE.	

Nomin.	NÓ, NOU, NOUZ, N', NOZ.	*No d'allons, nouz autte.* Nous partons. *D'allon n'.* Partons-nous? *Noz' allon.* Nous allons.
Gen.	DÉ NOUS, D' NOUS.	
Dat.	A NOUS, NO, NOZ.	*I no 'll' a dit.* Il nous l'a dit. *Y noz a dit.*
Accus.	NO, NOS.	*Y noz a buqué.* Il nous a frappé.
Abl.	PA NOUS.	

Nomin. VO, VOU, VOUZ, VOZ.   *Vo d'allé, voz avé.* Vous partez, vous avez. Dans l'interrogation on dit : *Avée? partée?* Avez-vous? partez-vous? C'est une altération du patois campagnard qui dit *avéve.*

Gen. DÉ VOUS.
Dat. A VOUS, VO, VOZ.
Accus. VO, VOZ.
Abl. PAR VOUS, PA VOU.

Nomin. EU, EUSSE, YEUSSE, Y, YZ,   *Y s'ain vont, eusse, il* ou *yz* ont.
     IL, ELLE.   Ils s'en vont eux, ils ont.
Gen. D'EU, D'EUSSE.
Dat. A EU, A YEU, A EUSSE, A YEUSSE, LEUZ.
Accus. LES, EU.
Abl. PA EU, YEU.

PRONOMS POSSESSIFS.

	Singulier.			Pluriel.
Nom.	EMM, M', mon, ma ;	ESS, S, son, sa ;	ETT, T', ton, ta ;	MÉ, MÉS.
Gen.	D'EMM, D'E M' ;	D'ESS, D'E S' ;	D'ETTE, DÉ T' ;	D'MÉ, D'MES.
Dat.	A M' ;	ASS, A S' ;	ATT, *a' t' ;*	AMÉ, A MÉS.
Accus.	EMM, M' ;	ESS, S' ;	ETT, T' ;	MÉ, MÉS.
Abl.	PAMM, PA M' ;	PASS, PA S' ;	PATT, PA T' ;	PA MÉ, PA MÉS.

NOTA. Lorsque le substantif suivant a une voyelle initiale, *emm, ess, ette,* se changent en : EMM' N', ESS N', ETT N' : *emm n'amisse,* mon ami.

Par pléonasme on dit *emme mon père ;* on dit aussi : *ett ma sœur, ess mon onke.*

Nom.	NO,	notre ;	VO,	votre ;	LEU,	leur.	Dans quelques villages
Gen.	D' NO,		D' VO,		D' LEU,		on dit : *noss, voss*
Dat.	A NO,		A VO,		A LEU,		au singulier.
Accus.	NO,		VO,		LÉU,		
Abl.	PA NO,		PA VO,		PA LEU.		

Même remarque que ci-dessus ; on doit dire : *No n'amisse, leu n'amisse.*

VERBES AUXILIAIRES.

AVOI. AVOIR.

Indicatif.

J'AI,	NO Z'AVON.
T'A,	VO Z'AVÉ.
IL A,	IL OU Y Z'ON.

Imparfait.

J'AVOI, NO Z'AVION. Dans quelques villages on dit : *No z'avine.*
T'AVOI, VO Z'AVIÉ. *Vo z'avite.*
IL AVOI, IL OU Y Z'AVION. *Il* ou *yz avinté* (1).

Le parfait manque dans le patois.

Prétérit.

J'AI EU (pron. comme dans feu, jeu), EUWE, YU, YEU. Dans quelq. local. *oyu.*
Prétérit antérieur manque.

Plus-que-parfait.

J'AVOI EU, EUWE, YU, YEU.

Futur.

J'ARAI, NO Z'ARON.
T' ARA, VO Z'ARÉ.
IL ARA, IL OU Y Z'ARON.

Futur passé.

J'ARAI EU.

Conditionnel (2).

J'AROI, NO Z'ARION. *Noz arine.*
T'AROI, VO Z'ARIÉ. *Voz arite.*
IL AROI, IL OU Y Z'ARION. *Il, yz arinte.*

Conditionnel passé.

J'AROI EU, EUE, YU, YEU.

---

(1) Rien n'est plus variable que l'imparfait : selon les localités il se transforme en *j'avo, j'aveu, j'avau, j'au, dj'au, diau,* etc.

(2) Le mot *si* peut se dire avec le conditionnel comme en all.; seulement la redondance n'est qu'une faculté pour le montois, tandis qu'elle est obligée pour l'all. On peut dire : *Si j'avoi* et *si j'aroi.*

Subjonctif présent.

QUÉ J'AIJE, J'AISSE (1),   QUÉ NO Z'AYON.
QUÉ T'AIJE,   QUÉ VO Z'AYÉ.
QU'IL AIJE.   QU'IL OU QUI Z'AYE   ou *ailte* ou *ailté*.

Imparfait.

QUE J'USSE, J'U, J'EUSSE,   QUE NO Z'USSION.   EUSSION.
QUE T'USSE,   QUE VO Z'USSIEZ.   EUSSIEZ.
QU'IL EUSSE, U, USSE,   QU'IL OU QUI Z'USSE. EUSSE, EUSTE, EUSTÉ, USSION.

Infinitif.

AVOI.

AVOI, AVOIR U, EUE, YU.

AYAN.   Dans quelques localités *avan*.

U, EUE.

Par interrogation.

AI-JE, AI-JOU, AI-JTI,   D'AI-JE, D'AI-JOU, D'AI-JETI ;   *ain d'ai-je* ou *d'ai jou*
ATT,   D'ATT ;   *ain d'att*.
ATI,   D'ATTI ;   *ain d'atti*.
AVONNE,   D'AVONNE ;   *ain d'avonne*.
AVÉE,   D'AVÉE ;   *ain d'avée*.
ON T'Y,   D'ON T'Y ;   *ain d'on t'y*.

ETTE.

Ind. présent.

EJ, J'SUE,   NO STON, NOS ESTON, ASTON,
T' É, T' ET, T' ES-T',   VO Z' ASTÉ, VOS ESTÉ, VO STÉ. (*t' et, t' es tain homme*),
IL' É, ET, ES-T',   Y SON.

Imparf.

Dans quelques villages on dit :

J'ETOI,   NO Z'ETION,   *J'estou, j'astou, j'estève, j'esteu, j'etone* ou
T' ETOI,   VO Z'ETIÉ,   *j'etione, no z'etone* ou *etione, vo z'etote,*
IL ETOI,   IL OU Y Z'ETION.   *y z'etonnte, y z'etouinte, y touinte.*

Dans quelques autres on dit :

No z'etine ou *estine* ou *stine, vo z'etite* ou
estite ou *stite, il* ou *y z'etóte* ou *etointe.*

---

(1) Les deux temps du subjonctif sont également facultatifs. On peut dire indifféremment après *y faut, y fauroi*, soit *qué j'aisse* ou *qué j'usse*. C'est l'oreille seule qui doit décider en raison des mots qui suivent.

Le parfait manque.

J'AI STÉ, ESTÉ,   dans quelques villages : *J'ai stu, j'enne n'a stu.*

J'AI EU STÉ,

EJ, J' S'RAI, SARAI, SAURAI,

J'ARAI STÉ,

EJ J' S'ROI, SAROI, SAUROI,   *no s'rine, sarine, saurine.*

J'AROI STÉ,

QUÉ J' SOI, QUÉ NOS SEYON, SEYIEZ, SOITTE, SOITTÉ, SOIVTE, SOIVTÉ,

QUÉ J' FUSSE,

QU' TU FUSSE, QUÉ T' FUSSE.

QU'Y FUSSE.

                    ETTE, ESSE,

                    ETAN, ESTAN, STAN,

                    ÉTÉ, STÉ, ESTÉ.

Par interrogation.

SUE-JOU,

ETTE,

ETI, ESTI, STI,

ESTONNE, STONNE,

ETÉE, ESTÉE, STÉE.

SONT-Y.

Pas plus à cette conjugaison qu'à la précédente, je ne donne toute la forme interrogative. L'imparfait, le futur et le conditionnel se comportent de même.

1ʳᵉ CONJUGAISON.

Indicatif (1).

J', EJ DANSE,   NO DANSON,

TE, ETTE DANSE,   VO DANSÉ,

Y, ELLE DANSE,   Y DANSTE OU DANSTÉ.

La 5ᵐᵉ personne du pluriel se forme bien singulièrement dans la partie orientale de la province : elle se fait en *tnu*. Un étranger entend dire avec consternation : *el jour del ducasse, y danstnu su l' place.*

_____

(1) Les verbes en IER sont souvent irréguliers : *coukier, rakier* font *j'em couke, j'em coukie* et *j'em coukeye; ej rake, ej rakeye* et *ej rakie.* Les verbes en *ler* font à l'indicatif *ej chufelle, ej roukelle, ej ronfelle, ej jouguelle.*

Imparfait.

J', EJ DANSOI,	NO DANSION,	
TE, ETTE DANSOI,	VO DANSIÉ.	
Y, ELLE DANSOI,	Y DANSION.	

L'imparfait est le plus variable de tous les temps. Il fait selon les localités *danseu, danso, dansou.* Au pluriel, *nos dansine.*

Le parfait manque dans toutes les conjugaisons comme en allemand. Mais en allemand il se remplace par l'imparfait, tandis qu'en wallon, il est suppléé par le prétérit. Il y a pourtant quelques exceptions, surtout dans les villages voisins de Mons : on peut dire par ex. : *ej preindis*, je pris ; *ej vequis*, vécus ; *ej constraindis*, je serrai.

Prétérit.
J'AI DANSÉ.

Prétérit antérieur.
J'AI EU, YU DANSÉ.

Plus-que-parfait.
J'AVOI DANSÉ.

Futur.
J, EJ DANSERAI.

Conditionnel.

J', EJ DANSEROI,	NOS DANSERION,	NOS DANSĔRINE,
TE, ETT, TU DANSEROI,	VO DANSERIÉ,	VOS DANSĔRITE,
Y DANSEROI,	Y DANSERION.	Y DANSĔRINTE.

Subjonctif présent.
QUÉ J' DANSE.

Imparf.

QUÉ J' DANSISSE,	QUÉ NOS DANSISSION,	NOS DANSISSE.
QUÉ TU OU QU'ETTE DANSISSE,	QUÉ VO DANSISSIÉ,	VOS DANSISSE.
QU'Y DANSISSE,	QU'Y DANSISTE OU DANSISTÉ.	

Notez que, quoique ces deux temps du subjonctif existent, ils n'ont cependant pas l'emploi qu'ils remplissent en français. Ce n'est pas le temps précédent qui les détermine, c'est l'arbitraire chez le plus grand nombre, c'est l'oreille pour les mieux organisés. On peut soutenir que le subjonctif n'a qu'un seul temps et que le second temps n'est qu'un emprunt fait à une commune voisine pour pouvoir varier le discours.

Les subj. qui diffèrent de l'indic. n'ont guère de flexions dans les personnes et les nombres : *qué j'aimisse, qué nos aimisse, qué j' boisse, qué no boisse.* Cependant le son du T se fait sentir à la 3ᵉ personne du pl. : *qu'il aimiste, qui boitte ou boiste.*

QUÉ J'AI OU QUÉ J'AYE DANSÉ,
QUÉ J'EUS OU QUÉ J'EUSSE DANSÉ,

Infinitif.

DANSER.

Dans quelques localités on dit : *dansé, dansi, dansie.*

Participe.

DANSAN,

DANSÉ, féminin, DANSÉE et DANSÈTE.

Les verbes réguliers ont une forme interrogative comme les auxiliaires, mais l'euphonie ne permet pas toujours de l'employer. On la remplace alors par *est-ce qué? est-ce qué c'est qué?....*

2ᵉ CONJUGAISON.

Indicatif.

J', EJ PUNI,   NO PUNISSON.
ETTE PUNI,   VO PUNISSÉ.
Y, ELLE PUNI,   Y PUNISSE, PUNISTÉ.

Imparfait.

J', EJ PUNISSOI,   NO PUNISSION.
ETTE PUNISSOI,   VO PUNISSIEZ.
Y', ELLE PUNISSOI,   Y PUNISSION.

J'AI PUNI.
J'AI EU PUNI.
J', EJ PUNIRAI.
J'ARAI PUNI.
J'ARAI EU PUNI.
J', EJ PUNIROI.
J'AROI PUNI.
J'AROI EU PUNI.

6

Impératif.

PUNI.

Subjonctif.

QUÉ J' PUNISSE.

QUÉ J'AYE PUNI.

L'imparfait manque.

Plus-que-parfait.

QUE J'EUSSE PUNI.

Infinitif.

PUNI.

Participe présent.

PUNISSAN.

Participe présent.

PUNI, féminin PUNISE et PUNITE.

3e CONJUGAISON.

Indicatif.

J'ERÇOI,   NO R'CEVON OU NOZ ERCEVON.

TÉ R'ÇOI, VO R'CÉVEZ OU VOZ ERCÉVÉ.

IL ERÇOI OU Y R'ÇOI,   Y R'ÇOITTE R'ÇOITTÉ OU IZ, IL ERÇOIVTE, Y Z'ERÇOIVTÉ.

Imparfait.

J'ERCEVOI,	NO R'CÉVION OU NOZ ERCÉVION.
TÉ R'CÉVOI,	VO R'CÉVIEZ OU VOZ ERCEVIÉ.
IL ERCEVOI OU Y R'CEVOI,	Y R'CÉVION OU IL, IZ ERCÉVION.
J'AI R'ÇU OU J'AI ERÇU.	
J'AVOI R'ÇU » ERÇU.	
J'AI EU » »	
J'AVOI EU » »	
J'ERCÉVRAI.	
J'ERCÉVROI.	NOS ESCEVRION. NOZ ERCEVRINE.
J'ARAI R'ÇU.	
J'ARAI YU »	
J'AROI »	
J'AROI YU »	

ERÇOI.

[QU'IL ERÇOIVE, ERÇOISSE.

QUÉ J'ERÇOISSE.

QU' J'ERCÉVISSE.

ERCÉVOI,   R'CÉVOI.

ERCÉVAN,   R'CÉVAN.

ERÇU,   R'ÇU,   ERÇUTE, R'ÇUTE, ERÇUSE, R'ÇUSE.

4e CONJUGAISON.

Indicatif.

J', EJ REIN,	NOS REINDON.
ETTE REIN,	VO REINDÉ.
Y, ELLE REIN,	Y REINTTE, REINTTÉ.

Imparfait.

J', EJ REINDOI,	NO REINDION.
ETTE REINDOI,	NO REINDIEZ.
Y REINDOI,	Y REINDION.

J'AI REINDU.

J'AVOI   »

J'AI U   »

J'AVOI EU »

EJ, J' REINDRAI.

J' REINDROI.

J'ARAI REINDU.

J'ARAI YU »

J'AROI   »

J'AROI YU »

REIN (1),   RAINDON.

---

(1) Dans toutes les conjugaisons l'impératif est remarquable par ses contractions avec les pronoms : *Lé, mi, a mi : bayemme, bayell. bayemme lé* ou *bayelle mé lé*, donnez-moi, donnez-le, donnez-le-moi. *Bayonle*, donnons-le. Au singulier la contraction n'a pas lieu dans la première conjugaison ; il faut dire : *baye mé lé*, donne-le-moi.

Dans les trois autres elle a lieu au singulier comme au pluriel : *finille, erçoille, preinle, preimme*. Finis-le, reçois-le, prends-le, prends-moi.

Il y a quelques exceptions : faites, dites n'acceptent pas la contraction ; il faut dire : *faites-mé, dites-lé*. Mais si on rend le verbe régulier, la règle reprend ses droits : *disemme es qué vo savez.*

QUÉ J' REINDE et QUÉ J' REINSSE,   QUÉ NOS REINDION, REINSSION.

> REINDE.
> REINDAN.
> REINDU, REINDUSE, REINDUTE.

Il n'est pas possible d'énumérer tous les verbes irréguliers. En voici quelques exemples :

ALLER : *Qué j' vasse, qué j' vausse, que j' allisse.*
BOIRE : *Ej buvrai, que j' boisse, qué j' buvrisse, buvisse.*
SAVOI, SAVOIR : *Qué j' seusse, qué j' savisse, sachisse, saisse, ej sarai.*
V'NI : *J' vérai, qu'y viesse, qu'y v'nisse.*
D'VOI, DÉVOI : *Y doitte, y doitté.*
LEVER : *Ej lième, ej yève.*
SOUTENI : *Ej soutérai.*

Par contre il est des verbes irrégulières en français qui deviennent réguliers pour les montois :

POUVOI : *Pouvu.*
PLAINDE : *No plaindon.*
VOIR, VIR : *No voiron, no viron.*
PRAINDE : *No praindon* et *perdon.*

Beaucoup de verbes émigrent d'une conjugaison à une autre :

Osoi (oser).
Rascoyer, ercoyer (recucillir.)
Crouper.
Toussi, tossi.
Seki (sécher).
Vessi.
Plainder, plander. On dit également : *Plainde* et *plande.*
Bainde (bander).
Poner. On dit aussi : *Ponde.*

Beaucoup aussi changent leur auxiliaire :

Il a v'nu.
Y s'a leyé keï.

SUBSTANTIFS.

Les substantifs en général ne reconnaissent pas de nombre. C'est l'article ou le pronom qui le détermine. On dit : *lés homme cyé leuz ainfan ont 'sté....* et non *lés hommes eyé....*

Les substantifs eu *al* qui eu fr. font le pluriel en *aux,* font au en montois dès le singulier : *el kévau, ain gvau, marichau, il a mau s'panse* ou *à s'panse.* Il a mal au ventre. On dit, mais assez rarement, *ain animau.* On se sert plus volontiers du mot : *biette.*

Caporal, général, confessionnal, arsenal, tribunal font aux deux nombres : *caporâle* ou *corporâle, générâle, confessionâle, arsendle, tribunâle.*

Les substantifs en *ail* prennent aux deux nombres le son d'aye : *baye, aÿe, travaye.* Ce dernier mot est peu usité. On dit plus volontiers *ouvrage, ouvrache, ourvrache.* Soupirail fait *soupiruelle* aux deux nombres.

Dans quelques villages les subst. masc. fr. en *eur* font le féminin en *esse :* docteur, *doctresse.* Mayeur, *mairesse.*

Dans d'autres vers la frontière de France ils le font en oire : *avaloire, baïjoire, crachoire, criioire.* Alors le masc. wallon est toujours en *eu :* avaleu, *baïjeu* (baiseur), *cracheu* (cracheur), *crieu* (crieur).

VISIN   fait *visenne.*
COUSIN   *cousenne.*

MUAU, MUYAU, MOUYAU (muet),	*muelle, muyelle, mouyelle.*
BORGNE,	*borgnette* et *borgnesse.*
LEU,	*louvesse.*
RIOU (réjoui, rieur),	*riourte.*
PICHOU (pisseur),	*pichourte.*

ADJECTIFS.

Les adjectifs ne paraissent pas au premier abord plus privilégiés que les substantifs, sous le rapport du nombre : on dit : *Y son égâle l'un avé l'autre.* Ils sont égaux. *Elle sont laite et sale* et non *laites et sales.*

Mais quand l'adjectif précède immédiatement un substantif commençant par une voyelle, il peut prendre la marque du pluriel : *ein michan einfant,* DÉS MICHANS EINFANT, il faut dire : *dés michan et laids einfan,* parce que *einfan* ne suit pas immédiatement *michan.*

Il est une remarque à faire, c'est que si le montois a le pouvoir d'accentuer au pluriel certains E selon son caprice, ce pouvoir lui est ravi au singulier ; il peut dire : *dés laite biette* ou *dés laité biette*, il ne pourrait pas dire : *enne laité biette*. L'accentuation convient toujours mieux au pluriel ; ce ne serait pas une faute de dire : *dés monvaise gein*, mais il est plus correct de dire *dés monvaisé gein*. Il faut toujours dire : *enne monvaise gein*.

On dit par exception : *il a bons et cau, ein lit bons et cau* (plus rarement *bonne et cau*), mais il faut remarquer *que bons et cau* ne signifie pas bon et chaud, mais convenablement chaud, d'une température agréable. On dit de même : *ein biaux et gros, ein bons et gros*.

Quand l'adjectif se termine par un *s* au singulier, on supprime ce *s* et ne on le reprend qu'au pluriel : *ein gro einfant*, *dés gros einfants*.

Quant au genre, il diffère souvent des analogues français :

MEUR (mur),	*meurte.*
SUR (acide),	*surte. seur* (certain) est régulier.
BLEU,	*bleusse.*
NOIR,	*noirte.*
GUÉRI,	*guérite* et *guérise.*
POURI,	*Pourite.*
MEYEUR, MIEUR, MIEU,	*meyeurte, meyeuse, mieusse.*
CONTEIN,	*conteinse.*
MALIN,	*maline* et *malenne.*
CHAGRIN,	*chagrenne.*
BLANC,	*blanke.*
FRANC,	*franke.*
SEC,	*seke.*
PRETTE (prêt),	des 2 genres.
NETTE,	id.
MOLLE,	id.
LENTE,	id.
LIGÈRE,	*ligerte.*
FLAMAIN,	*flamainke.*
DUR,	*durte.*

Pour tous les villages entre Mons et Quiévrain, même remarque quant
aux adjectifs que quant aux substantifs :

    IL EST CAQUETEU (bavard), *elle est caquetoire*.

    » MOULINEU (qui travaille au treuil), *moulinoire*.

Tous ceux en *able* ont conservé la vieille forme française en *aule* :

    LOGEAULE,   *logeable*.

    HABITAULE,   *habitable*.

C'est une règle de syntaxe wallone que l'adjectif doit précéder son
substantif. Mais elle n'a toute sa rigueur all. que dans nos villages et
même elle ne s'applique pas aux participes ; on dit : *ein preincheu skoité,
del morve dessekie*. Il y a aussi quelques adjectifs privilégiés ; on dit :
ei tché rispeux, ein einfant cachiveux. A Mons on est encore moins
sévère ; on se permet de dire : *el cat noir, dés grouseyes vertes*, ce qui
ne serait pas toléré au village. Mais cela doit être moderne, témoin le
nom des rues : *dés blancs Mouchons, d' borgne Agasse*, etc.

ORTHOGRAPHE.

Ce serait ici le cas de déterminer les bases de l'orthographe.
J'en aurais bien le droit, car venu le premier, je puis poser les
jalons de la route.

    Avia... peragro loca non priùs ante
    Trita solo.... (LUCRÈCE).

Mais c'est une tâche que je n'ose entreprendre.
Je dois dire pourquoi.
Les bases de l'orthographe d'une langue sont l'usage, l'étymo-
logie, la prononciation.
L'usage pour notre patois est nul. Tous nos anciens documents
sont en vieux fr., non en patois. Notre ancien camarade d'étude

Delmotte a fait en patois quelques chansons charmantes, quelques
dialogues gracieux. Les *Fauves* du curé de Wasmuël sont
pleines de grâce, de finesse. Quelques autres Montois ont publié
de petites pièces remplies de mérite. (Je regrette de ne pas connaître leurs noms). Mais ces essais ne sont pas assez nombreux.
D'ailleurs les auteurs ne sont pas d'accord entr'eux, pas toujours
avec eux-mêmes et ce n'est pas un reproche que je leur adresse;
car il retomberait sur moi : quand un mot est écrit deux fois, je
ne puis pas toujours la seconde fois me souvenir comment je
l'ai orthographié la première. Ainsi cette base de l'usage est
nulle dans l'espéce.

L'étymologie serait une base solide si la source était incon-
testable. On pourra voir dans cet ouvrage combien il est difficile
de s'assurer de l'origine des mots. J'ai déjà dit que les migrations, que les simples communications des peuples avaient tout
confondu. Toutes les langues indo-européennes sont parentes.
Il est des mots (j'en cite plusieurs) qui appartiennent à toutes
les langues. Quelle est l'origine? Ce qu'est l'origine de bien des
choses, elle se perd dans la nuit des temps. Mais admettons que
la langue mère soit bien reconnue, on n'en sera pas plus avancé :
les divers dialectes écrivent différemment : le Breton écrit qest
catoire ruche, le Gallois écrit cest, puis dans le même dialecte
les auteurs différent : Rostrenen, à la vérité écrit qest; mais
Pelletier écrit kest. Vous pouvez donc écrire *catoire, katoire,
qatoire*. Ainsi j'ai le droit de conclure que l'étymologie ne peut
souvent servir de base.

La prononciation prise pour base a bien des défauts dont on
peut l'accuser, et d'abord l'exécution ne serait pas commode,
il faudrait inventer cinq ou six lettres nouvelles, plusieurs
accents et esprits à la manière des Grecs; puis, nous ne devons
pas oublier que la principale étoffe de notre patois, c'est le français. Il faudrait donc écrire tous nos mots français ou presque
français comme on les entend, par ex. : écrire om pour hommes.
Si nous voulions imiter les all. qui écrivent comme ils prononcent ou à peu près, nous serions inintelligibles, nous révol-
terions nos habitudes françaises.

Que faire donc si les bases exclusives manquent? Le plus sage est sans doute de s'appuyer quelquefois sur l'une, quelquefois sur l'autre. Mais c'est une chose d'appréciation. C'est de l'arbitraire, c'est le règne du bon plaisir qui durera jusqu'à ce qu'un pouvoir académique montois ait édicté ses décrets.

Pourrait-on promulguer ces deux lois?

Respect pour l'étymologie lorsque la prononciation est désintéressée; orthographe française, quand l'étymologie et la prononciation ne la proscrivent pas. L'arbitraire règnerait provisoirement en cas de conflit.

LITTÉRATURE.

J'aurais voulu terminer par quelques pièces en patois ancien ; mais, je viens de le dire, tous nos anciens documents sont en v. fr. de la langue d'oil. Je n'ai rien trouvé en patois qui eut quelque ancienneté; les pièces citées de Delmotte, etc., sont récentes : on peut se les procurer facilement. Ce que j'ai trouvé de plus ancien ne remonte qu'au temps de l'empire : c'est la parabole de l'enfant prodigue.

L'idée heureuse vint alors à Paris de colliger des spécimens de tous les patois français : un thème uniforme : la traduction française sur le texte Syriaque de la parabole de l'enfant prodigue fut envoyée à tous les préfets avec ordre de translater cette traduction en patois local.

On franchit même les limites de la France de l'époque et on alla puiser jusque dans la haute et basse Engadine du canton suisse des Grisons. Les patois suisses ne sont pas trop étranges pour nous (même le vieux rhétique de la vallée de l'Inn). Ils le sont bien moins que les patois basques et bas-bretons. Ceux-ci pour un Montois sont du vrai Syriaque comme le texte lui-même.

Cette collection est des plus intéressantes en ce qu'elle nous

7

montre comment tous ces patois se touchent, se fondent l'un dans l'autre par teintes successives, sous la réserve ci-dessus du bas-brèton et du béarnais, qui tranchent et crient sur leurs voisins. Quelque précieuse qu'elle soit, on ne m'aurait pas pardonné de la copier et de la transporter ici. La seule pièce qui ait rapport direct au présent ouvrage est celle que le préfet de Coninck envoya en 1807 pour le département de Jemmapes. Hélas! on peut voir au premier coup-d'œil que ce n'est pas du montois. C'est pourtant bien du Hennuyer, il n'y a pas à s'y tromper. De quel village? Probablement celui du traducteur. Mais où? Elle contient trois mots que je ne connaissais pas.

Rekeu
Assilié
Rawarde

Je les ai déposés pieusement et de confiance dans ce dictionnaire.

Mais je n'ai pas voulu introduire ici la pièce elle-même que l'on trouvera dans plusieurs ouvrages de philologie, entr'autres dans celui de Richard. Schnakenburg, qui donne une partie de la collection, omet l'œuvre Hennuyère.

Il y a bien quelques chansons anciennes. Dire leur âge est chose impossible; mais les unes sont trop épicées pour trouver place ici (il en est de fort spirituelles), les autres transmises par tradition ont perdu quelques pieds de vers à chaque génération de nourrices et ne nous sont arrivées qu'en tronçons. J'en ai enfoui quelques lambeaux dans le glossaire. Je pense qu'elles offrent quelqu'intérêt pour un ouvrage comme le mien; mais elles n'ont pas assez de mérite ou sont trop mutilées pour être mises en relief dans un chapitre spécial.

GLOSSAIRE.

A

A (l') prend quelquefois à peu près le son de l'ᴇ, surtout dans les mots en ar : *Erguer l'ernair ;* regarde le renard. L'ᴀ se transforme franchement en ᴇ au passage de beaucoup de mots du vieux français dans le patois : *carue* fait *Kerue, Carreton* fait *Kerton.* etc., ᴀ se prononce dans pays, payer, haïc, assayer, tandis qu'en français on prononce peys, etc.; la quantité de l'ᴀ montois diffère fort souvent de celle de l'ᴀ français et reste ordinairement fidèle à l'origine : nous disons *Basile,* quand les français disent Bāsile.

Abacher. v. a. abaisser.

Abatte. v. a. t. de charb. faire tomber, détacher la houille du toit de la mine.

Abatue. s. f. en indiquant ce mot, le complément du dict. de l'acad. renvoie à l'art. retombée du diction.; là, retombée est définie.... portion de voûte qui porte sur le mur ou sur un pied droit. Notre — est un petit toit portant sur des piliers et adossé à un mur; à Liége on dit *abat-tou,* appentis, *tou=*toit.

Abausà. profit que les fripiers de connivence dans une vente publique font en revendant ensuite la marchandise entr'eux. Diez cite le provençal : *abauza*, tromperie ; *bauzar*, tromper.

Abe. s. m. instrument au moyen duquel on *hauspèle* le fil. v. *haspeler*. (*abe* est une corruption du mot arbre), v. *hâpe*.

Abiette. adv. en bête : *kervé à biette*, complétement ivre.

Abistoquer. v. a. arranger, accoutrer : *comme té vla abistoqué.*

Ablo. s. m. morceau de bois, de pierre qui sert à *abloquer*. v. all. bloc (cippus). Vieux français, abloc, ablot, ablogs. Gaël. bloc. Bret. bloc'h.

Abloquer. v. a. fixer, affermir (une pierre, une poutre). Vieux français, abloquier, ablochier.

Abon. adv. tout de bon, vraiment ; ne s'emploie guère que dans la forme interrogative. *à bon? est-ce à bon?* c'est-il vrai, cela est-il sérieux?

A bon droit. s. m. profits particuliers d'une place, d'une charge ; il diffère de tour de bâton en ce que ce dernier profit n'est point légitime ; d'ailleurs, tour de bâton est français, quoique peu usité.

A bonne heure. adv. de bonne heure, tôt.

Aboner. v. a. aborner ; le mot aborner est fr. mais vieilli ; on dit aujourd'hui, selon l'acad.: placer des bornes à un champ. v. fr. bonne. bas-lat. bonna.

Abouler. v. n. venir, accourir ; c'est un terme d'argot ; selon M. Francisque Michel, ce mot dérive du verbe gascon *aboula (advolare)* v. *bouler, tribouler.*

Abourser ou **s'abourser.** se former en abcès ; se dit du gonflement particulier qui se forme dans un phlegmon, lorsque la suppuration succède à l'inflammation ; à Liège, *abosé*, abcèder. Le mot montois provient sans doute de la forme de bourse que présente *l'aboursémain* ; le liégeois serait une corruption ; mais on peut soutenir qu'abcèder a formé *abosé* d'où serait venu *abourser.* v. *pourciau.*

Abre. s. m. arbre.

Abri. s. m. exposition. On a donné à ce mot précisément le contraire de sa valeur française : ainsi on dit qu'on est à l'abri du temps pour exprimer qu'on est exposé à ses intempéries, qu'on est sur la rue ; au figuré cela signifie avoir de quoi vivre. M. Grangagnage explique ce mot en remontant au vieux français aubère, âbère, v. all. âber, âpir repondant à l'expression latine : in aprico, in aperto. Menage est du même avis ; ce sont donc les français qui ont renversé la signification du mot abri. Je dois dire que dans l'appendice de Monet, abri est défini : douce température de l'air.

Abroki. v. a. mettre en perce ; littéralement *embroeher* (arrondissement de Charleroy).

Abrunoque. v. *habrunok*.

Abuvroi. s. m. abreuvoir.

Acater. v. a. acheter ; bas latin *accaptare*.

Accideinté, ée. adj. atteint, affecté, malade de... *accideinté d' l'estoumac, dés gouttes, dés hémoruites*.

Accrochage. s. m. t. de charb. lieu où l'on accroche les *cufat*.

A celle fin de. conj. afin de ; locution tirée du vieux français.

Acètheure, asteur. adv. à cette heure, à présent. François 1er dans la lettre par laquelle il annonce à sa mère la victoire de Marignan emploie le mot ASETEURE.

Ache. s. f. espèce de corniche sur laquelle, au village, on pose en étalage, les ustensiles de cuisine et de table dont on ne se sert pas usuellement.

Achelle. s. f. assemblage de courtes planches en forme de petite bibliothèque et dans lequel se posent des ustensiles de ménage, On trouve dans le dict. cambrien ou gallois de Davies : Ais, qui est traduit par assula, assiculus, asserculus, puis astel asser, assula. Le v. fr. aisselle, petite planche et le wallon *achelle* ont certainement été contemporains ; ce n'est qu'une différence de prononciation. Mais que dire de l'antiquité relative du celt. ais et du lat. assicula? étaient-ils aussi contemporains, ou bien l'un est-il né de l'autre? le radical aïs est demeuré fr., mais peu usité.

Chaque fois que l'ancien curé de Quaregnon Godart entendait prononcer le mot —, il ne manquait jamais de conter l'anecdote suivante :

Un jour une femme vient tout éplorée lui dire : *qué s'n homme d'allo mori*, le curé s'empresse, et en entrant dans la maison ne voit pas le malade ; il s'étonne : *eh bié, monseu, il est d'allé pourmener ein avée d'sus lés camps avant qué d'mori*. Et moi, dit le curé, qui suis venu en hâte au bout du village, et lui apportais le Seigneur. — *Meint!* répond la femme, *i n'a rié d'mau fait. Leyel là d'sus l'ACHELLE : quand l'homme erveira, j'ly barai*.

Aci. s. m. acier. b. lat. aciarium.

Aclaircit (*l' temps s'*). le temps devient beau.

Acommoder. v. a. faire la toilette de la tête : raser, arranger la queue, les faces, poudrer. Je n'ai pas entendu ce mot depuis peut-être quarante ans, et il va nécessairement se perdre, puisque la mode a détruit ce qu'il représentait.

Aconduire. v. a. amener. puisqu'on disait amener, on a pensé pouvoir dire : *aconduire*; cette espèce de combinaison se retrouvera fréquemment. voyez *flani, foêre*, etc.

Acoré. adj. avare, ladre, vilain. en v. fr. acorer signifie arrâcher le cœur. Gall. angor, anghawr avarus (Davies).

Acoufter (s'). v. ref. se blottir, se garantir, se tapir. v. fr. acoveter, couvrir, garantir, abriter ; de acoi, abri.

Acoutumance. s. f. habitude, coutume. à l' — comme d'habitude.

Acruï. v. a. mouiller (v. cru).

On raconte que l'infante Isabelle ayant frappé la houille d'un droit élevé, les borennes se rendirent en députation auprès d'elle; arrivées à l'audience, elles s'écrièrent que : *c'ée ein biau gran èfant, qu'elle ée toute à mariaiwe*; puis elles lui débitèrent une harangue en vers commençant ainsi :

> *tt' aussi impossipe, Dame Zabia,*
> *d' payer c' drou là,*
> *qu'à vous d' picher conte el veint d' biche*
> *san* ACCRUI *vo k' miche.*

Actioner. v. a. interpeller vivement, interroger brutalement.

Acuri. adj. fort sale, qui doit *curer* longtemps ou qui a grand besoin d'être *recuré*, v. ces mots.

M. Grangagnage explique son liégeois Ecuri, encrassé, par : rendu comme du cuir (cur) à force de saleté.

Adon alors, ainsi. v. français adonc, tiré du latin *ad tunc*.

Adrem. adv. convenablement, d'une manière appropriée à la circonstance. du latin *ad rem*; selon la chose (connu en France).

Adresser, aderser. v. a. toucher, atteindre (un but). J'ai tiré d'sus, j' l'ai adersi. En liégeois, adiersi, réussir. v. fr. adercier, adrecier. dérivé du lat. directus.

Adviner. v. a. deviner. Esp. advinar.

Advinette. s. f. énigme. v. f. adevinal (à deviner). voici une — montoise : *boule boule su l' keyere, boule boule par terre ; y n'a nu z' homme cin Eingléterre pou l'er faire.* le mot est : œuf.

Afaire. *dé ou pou,* va pour, passe pour, soit pour.

A fait. fait à fait, au fur et à mesure. c'est du v. fr. provenant du lat. *ad factum.*

Afaiti (s'). v. p. s'habituer. v. fr. afaiter.

Afilan, ante. adj. ne signifie pas effilé, pointu ; mais taillant, qui a reçu le fil. Le fr. affiler veut dire donner le fil.

Afilet. s. m. cordon attaché à la bride d'un cheval et dont les divers mouvements lui indiquent de quelle manière il doit marcher. En fr. mener au filet, est se servir du filet, espèce de bride, bridon.

Afique. adj. adroit ; ne se dit guère que d'une petite fille.

Afique ou **Affique** (affiquet) : porte-aiguilles à tricoter. Pl. parures, petits ajustements de femme : A la *Bénotte affique* de Ste-Waudru étaient attachés certains fiefs dont les comtes de Hainaut devaient faire le relief en leur qualité d'abbé séculier du chapitre de cette sainte.

Afistoler. v. a. arranger. v. fr.

Africane. s. f. œillet d'inde, tagète. fl. africaen, même signif.

Aforain. s. m. habitant d'une commune voisine. v. fr. venant du b-lat. a foris, du dehors.

Afrèriation. s. f. acte par lequel on mettait filles et garçons, aînés et cadets sur la même ligne pour la succession, avant l'égalité devant la loi.

Afronté. adj. effronté. v. langage fr.

Afronter. v. a. suborner. en fr. vieilli, affronter signifie tromper.

After. v. *hafter.*

Afuter (s'). v. a. s'arranger, s'accommoder : *qui s'afute comme i poudra.* fr. vieilli, affuter, disposer (un canon).

Agambée. s. f. enjambée.

Agasse ou **Agache** est un mot fr., mais aujourd'hui à peu près inusité en France et remplacé par le mot *pie.* Le savant étymologiste Ménage prétend qu'on disait autrefois — pour agathe en changeant Th en ch, comme Macieu pour Mathieu, Macé pour Matthias ; or on a nommé les pies, agaces, ainsi que les geais, margots : les étourneaux, richards ; les ânes, martins ; les moineaux, pierrots.

Mais le savant n'a pas de mémoire : il oublie qu'il a déjà l'art. Agace et qu'il lui a donné. pour origine l'inusité acax, acacis formé de aceo.

Diez invoque le vha. agalastra, bas-all. aglaster, pie.

Agès. s. m. plur. êtres, disposition intérieure d'une maison. v. fr. qu'on a tiré du bas-latin aggestus ; mais aggestus signifie amas, monceau, entassement. Ducange le fait venir d'agéa : via in navi dicta ; on peut invoquer le prov. aizi, demeure, le goth. azets, commode. le celt-gall. azev, est très proche, le celto-irl. asaid, demeurer, adhbadt, habitation, sert de transition au sanscrit ad'ivisa, habitation.

Agein. adv. (littéralement en gens) convenablement : *attaule-té agein*, par opposition à : *à bielte*. Comportez vous à table en personne qui a l'usage du monde.

Agligner (s'). s'agenouiller. b.-lat. geniculare. fl. knielen. bas-bret., glin, genou.

Aglouti. v. a. rendre *glou*, v. ce mot.

Agobille, agobye. s. f. vieux meuble, mauvaise guenille, ‖ personne d'une santé ruinée : *no guernié est tout reinpli dé vielé z' agobyes.* Ce mot n'est autre chose que le fr. la gobille, boule de terre cuite, que nous nommons *kénik* ou *courtiau*, y. fr. agobille, outil.

Agon, hagon. s. m. fleuret. coin de fer, outil pour briser la pierre, le roc, instrument de fer des houilleurs. Ago : mendosé, pro ligo. Angon : *hastae quibus franci utebantur, Belgae, haeken, nos galli* hâche *appellamus*, aichou et achou *scurriculus vocant Arverni* (Ducange).

Agoni. v. a. (*d' sottise*) accabler d'injures. il est fr. mais pop.

Agrape. s. f. agraffe.

Agraper. v. a. agrafer, accrocher, saisir, v. fr. agraper. all. greipen, saisir, vha krapfo crampon, Kymr. crap, crochet.

Agréation. s. f. convenance, acceptation, agrément, v. fr.

Agriper. v. a. voler, attraper, enlever. Fr. gripper, agripper. all. angreiffen, mettre la main sur quelque chose. Greipen, dans cette dernière langue, signifie prendre, attaquer. En flam. grypen, empoigner.

Agroyer. v. a. même signification. v. *grau*.

Aguisteyer, Aguistiller. v. a. arranger, habiller, décorer, accoutrer. Ce verbe de même que *rachemer, goder*, ne s'emploie qu'ironiquement ou avec un adv. tel que *droldémeint : comme t'é co aghisteyé. Ess fiye là est toudi droldémeint aguisteyée.* — n'est autre chose que le fr. ajuster, avec une terminaison diminutive comme qui dirait ajustiller, le j remplacé par le g dur. L'un et l'autre sont formés du lat. *ad juxta* (v.fr. Jouxte, juste, contre, auprès ;) ils n'ont dû signifier dans l'origine que poser auprès ; ils ont un peu dévié dans leur signif. pour arriver à celle d'adapter, arranger ; alors ils ont pris des dérivés : le fr. ajustement, le montois aguistyage. Le fr. en avait déjà pris sur sa valeur propre : ajustage, ajusteur, le v. fr. avait passé par ajouster, attacher.

Aheuré. adj. accoutumé à manger, travailler, etc., à heures fixes.

Ainsimin. conj. ainsi (Borinage) (1).

Aire, Aide de feu. âtre, v. fr. aistre, lat. area, b. lat. astricus, v. all. astrich, plancher carrelé.

Aire du soir (*su l'*). vers le soir. gall. or, lat. ora, bord.

Airette. s. f. arroche, plante.

Aisile. adj. aisé, facile ; combinaison d'aisé et de facile.

Aiweu. s. m. évier (petit puisard) égout. A Liège et déjà vers Charleroy, aiwi. *trau d'* — trou par lequel s'écoulent les eaux, lorsqu'on lave les maisons. Ce mot n'est conservé dans toute sa pureté que dans les villages écartés ; ailleurs on dit *trau d'ai yeu, trau d'ein yeu.* J'ai même entendu dire, ô monstruosité ! *trou d'un lieu* : c'est que nos paysans disent *ai* et *ein* pour un, *yeu* pour lieu ; voilà comment un mot wallon passe souvent pour du français moderne altéré ; or s'il y a altération, c'est une altération du très vieux français : l'ancien français disait aigue, ève, aive, iauve, eau. Éveux, marécageux. Yawier, évier. lat. aqua. goth. ahva. On décompose en celt. ancien le mot Genève, ville de Suisse à l'angle du lac Leman, Gen+ev pointe, sortie de l'eau, Avignon (Avenio) ville sur les eaux. gall. wysg et gwysg, celto-irl. abh et uisge, sanscrit ap et vis'a. Avant que le patois d'oil ne fut écrit, les paysans gallo-

(1) Je ne dis pas toujours où un mot s'emploie : c'est d'abord pour une bonne raison, c'est que quelquefois je ne sais pas moi-même où un mot se dit, bien que je sache positivement son existence ; ensuite les mots émigrent par l'effet des changements de domicile, des relations de famille, et quand je mets en parenthèse Borinage, je ne veux pas dire que le mot n'est connu que là, je veux dire seulement que c'est là que je l'ai entendu.

romains (nos ancêtres en étaient) ne disaient-ils pas *aiwe* comme les liégeois le disent encore? cet *aiwe* est la prononciation wallone de aigue.

Cette supposition était écrite depuis trente ans lorsque j'ai trouvé : *espucher le eawe*, puiser les eaux, dans l'antique traduction de la bible, chap. xxjv, verset 11e; le mot fr. eau aurait donc passé par des transformations successives avant d'arriver à son état actuel, et il y a au moins autant de raison (pour la forme) de rattacher son origine au celtique et au gothique qu'au latin; aussi y a-t-il bon nombre de philologues qui soutiennent qu'il n'y a pas de langue mère en Europe, qu'il n'y a que des langues sœurs toutes nées du sanscrit. Il vaudrait mieux dire, pensons-nous, que la langue sacrée de l'indoustan est l'aïeule ou la bisaïeule; que les langues gothique, latine et celtique, sont sœurs ou cousines, que dans le cas présent, le wallon et le v. fr. sont frères, et que la mère est inconnue, mais que les probabilités sont en faveur de la langue latine. La même racine a causé une seconde erreur toute pareille. v. *saiwé*. voir, en outre, les mots *eau* et *évier*, pour leur historique, dans le *Dictionnaire de la langue française*, par E. LITTRÉ.

Ak (*fai d'sés*). mot-à-mot : faire de ses actes. Commettre une incongruité, une inconvenance, une faute, un délit, faire une espièglerie, une incartade, des frasques, des extravagances, des étourderies : *el ca a co fait d'sés* — le chat a encore enlevé un morceau de viande, il a encore fait ses ordures.

Aklaper. v. a. acculer, adosser, appliquer (arrond. de Charleroy), all. klappen, fermer, pousser avec violence.

Akoiti. v. a. poser, reposer, coucher, étendre (Frameries). s'akoiti. rester coi, v. *coyette*, v. fr. quatir et acoitir.

Alain. s. m. veau de dix-huit mois à 2 ans.

Alant. adj. valide, bien conservé : *bé alant pou s'n' âge.*

Albaudeu. s. m. menteur, trompeur, fainéant, museur. ital. badare, regarder. b. bret. al bader (le) badaud, bada, badoui, badauder. racine, bâd, badauderie. v. fr. bade, badise, baliverne, bêtise, d'où fr. badin qui a signifié imbécille.

Albute. v. *halbute*.

Alever. v. a. élever, nourrir. v. fr. alever, lat. aiere.

Aleze. s. f. vêtement de femme pour négligé. A Fleurus où ce mot est usité, on croit qu'il signifie *à l'aise*; ne vient-il pas plutôt du fr. alèze, toile pliée en quatre pour soulever les malades? mais voilà que M. Scheler croit que le fr. alèze pourrait bien provenir d'à l'aise.

Alierpe. adj. alerte, vif. Ne se dit guères que des hannetons.

Alinger (s'). se dit du linge qui s'est un peu usé et qui alors paraît plus fin. Ce mot est aussi français: il signifie se fournir de linge; alinger veut dire donner du linge.

Aller avek ou **avè.** accompagner. Fig. courtiser.

Si m' n' homme d'iroi avec Dedeffe, n'é pas, j' l' i ainrache ses i, eyé j' kie dain lé tro. Remarquez le pléonasme germanique : Si, avec le conditionnel d'iroi.

Almoile, armaile, ormoire, ormoile. s. f. armoire. lat. armarium. gall. almari, abacus. v. fr. almaie, almarie.

Alonge. s. f. action de chanceler, mouvement rapide d'un ivrogne pour rétablir son équilibre. || Pièce servant à allonger une table, etc.

Alou. s. m. alouette. L'origine du celtique ancien n'est contestée par personne: avis galerita quæ gallicè alauda dicitur, Sextus empiricus c. 39, Pline x, 37: Les auteurs latins donnent au mot une terminaison conforme à leur langue; mais les Gaulois disaient sans doute alaud ou alau peut-être alauw dont alouette n'est qu'un diminutif. Le v. fr. disait aloe, aloue. Le cymr. dit alaw-adar, littéralement oiseau d'harmonie. Bret. alc'houeder.

Amagn. excl. gare, prenez garde (à vos mains).

Amberquin. v. einberquin.

Amdé ée. adj. châtré (Borinage) v. hamder.

Amicieu. adj. affectueux, caressant.

Aminer. v. a. dépenser complétement une somme d'argent, || consommer du bois, du charbon || vaporiser: d'sus cin avée c'los là a tt' aminé n' pièche de chon francs. No mekenne a aminé tout no carbon; lat. imminuere.

Amolition, amonition. s. f. munition. v. fr. amonition.

Amourette. s. f. thlaspi, plante. En fr. on donne ce nom à une graminée et à une solanée.

Amouscaye, amouscade. s. f. noix muscade.

Ampniau. s. m. jeune mouton, v. antniau.

Amusette. s. f. personne qui s'amuse d'une vetille, qu'un rien détourne de son travail. En fr. il signifie bagatelle, etc.

Andaches. s. pl. quand un enfant gourmand et importun demande à sa mère quel ragoût elle prépare, elle répond : *c'est dés — qué lés grand mères machent*. Mais qu'est-ce proprement que des —? dans l'ignorance de la valeur du mot, il est hasardé de produire des vocables de langues étrangères : quel rapport possible avec le b. lat. andasium, chenet? avec l'all. andacht, dévotion? avec l'esp., port. endecha, complainte, chant funéraire?

Andoche. s. f. coup, blessure légère : *bayer, attraper enne —*. v. *andocher*.

Andocher, adocher. v. a. toucher, atteindre, heurter, cogner. s' —, se cogner.

De même qu'*erducher* vient du fl. herdoen, — vient de aendoen, attaquer, aborder. On doit prononcer andoun, mais les fl. et surtout les enfants ont coutume d'appliquer leur diminutif je ou tje, ce qui fait andounje, andountje, lequel mal saisi par les oreilles wallones a pu facilement dégénérer en *andoche* (v. *erducher*). On pourrait encore prendre aenbotsen, heurter contre; cependant je ne dois pas omettre que le v. fr. avait andosse, endosse, épaule : Je te donnerai sur l'endosse.

Andoriom. v. *Landoriom*.

Andouin. s. m. gouffre (Jemmapes, St-Ghislain).

Andu. s. m. échoppe. ‖ guenille. ‖ vieux meuble. ‖ vieille feraille. v. fr. landier, andier, foyer de cuisine, chenet, b. lat. andena, instrument de fer du foyer. b. bret. lander. Jura, andin, chenet.

Anduteux. s. m. qui étale ses marchandises sur une échoppe.

Aneau. s. m. p. debris de lin après le teillage qui servent en place de poils pour le plâtrage.

Anges. s. m. pl. onglée. Il ne se dit guère que dans cette phrase : *avoi lés anges à lés doigts*, avoir les doigts engourdis par le froid. On pourrait faire provenir ce mot du latin angor, v. fr. anger, incommoder.

Angon. ad. et subst. tricheur, joueur qui querelle volontiers. ‖ trompeur. En fr. un angon est une demi-pique pour pêcher les crustacées. Nous avons un jour entendu donner à ce mot une origine grecque que nous osons à peine rappeler : on disait que par une métaphore semblable à celle qui donne à *Crombin* la valeur de fripon, αγκον coude, qui n'est pas droit, avait donné naissance à *Angon*.

M. de Reiffenberg l'orthographie *Engon*, et le fait dériver de l'italien Ingannare et de l'espagnol Enganar : il approche certainement de la vérité ; mais nous n'avons rien emprunté aux italiens, et nous avons quelque chose plus près de nous : le v. fr. nous offre enganer, enganner, engeigner (La Fontaine) plus anciennement, engigner, tromper ; d'où peut-être le fr. guignon. Il nous offre encore l'adj. gane, traitre, parjure et le s. ganelon, traitre. Le complément du dict. de l'acad. fait venir gane de ganelon, personnage odieux des romans de chevalerie ; c'est peut-être le contraire : gane m'a bien la tournure d'un radical celt.; la circonstance qu'on retrouve le mot en Italie et en Espagne sans le voir dans le lat. ni l'all. me l'avait déjà fait croire tel a priori. J'ai trouvé en effet dans Pelletier qu'on disait ganas en cornwaille, ganés en Léon pour traître, fourbe, fripon ; cependant Davies n'a rien d'analogue. Ducange explique ainsi le b. lat. ganelo : Sic dictus a Walipole seu Guanilone archiepiscopo senonensi qui, beneficiorum a Carolo Calvo acceptorum immemor, ad partes transiit Ludovici Germanici.

Angoner. v. n. tricher ; d'où le s. *angonerie.*

Ania. s. m. anneau, bague : *d'aller à z'ania,* aller chez l'orfèvre acheter des bagues de mariage. ‖ se disposer à se marier. v. fr. aniax.

Anie. s. m. pièce de bois qui se passe en dessous d'un sommier dont le bout est pourri et qui s'attache au dit sommier par un boulon de fer qui le traverse.

Anqlre. s. f. aunaie, lieu planté d'aunes. La terminaison provient, selon quelques uns, de la teinture noire qu'on retirait de l'écorce des aunes.

Ansenne. s. f. fumier (arrond. de Charleroy). *mori su l'* — mourir sur la paille. v. f. ansenne, v. fr. ensainer, engraisser, sain, graisse. (v. *sayain*) bret. sam. lat. sagina.

Anspec. s. m. perche armée d'un crochet dont se servent les bateliers. En fr. t. de marine, Anspect, levier. celt. bret. spec levier. An est l'art. le. Irlandais, spakigs. All. spake.

Antille (*taque d'*). tâche de rousseur, éphélide. De lentille.

Antilliette, antyette. s. f. targette, petit crochet de fer pour fermer une porte, une armoire. Ducange définit anaclita : cardo qui in foribus circumstantibus vertitur, v. *bilbot* pour l' — de bois.

Antniau. t. de boucher. agneau déjà vieux. C'est comme si l'on disait entr' agneau. v. fr. antenois, agneau d'un an, ante annum.

Antomië. (*st' ain*) c'est un squelette, une personne très-maigre. Corruption d'anatomie.

Anziner. v. n. n'être pas ferme, branler. || tourner autour. || hésiter: — *à l' porte*, chercher à ouvrir ou à fermer la porte. L'all. ansinnen signifie prétendre, exiger, rechercher.

Aouteu. s. m. moissonneur. Août (moisson, temps de moisson) est fr., mais se perd en France, tandis qu'il gagne à l'étranger et a pénétré jusque dans les patois allemands.

Apā. s. m. perche pour le tir à l'arc (Borinage, comme les deux suivants). v. fr. appast, appât, appau (ad pastum), amorce. A Liége, *hapá*, volet d'un pigeonnier.

Apă. s. m. pas, enjambée.

Apasser. v. n. marcher, faire des pas, mesurer par le nombre des pas. fl. afpassen, mesurer. Passer, compas. All. abpassen, compasser. lat. spatiari, passus.

Apeler *toutes sortes de noms*. injurier.

Aplaidié. v. a. annoncer (sa marchandise). Borinage.

Aplotin. s. m. v. *haplopin*.

Apoin (*mette*). panser une blessure.

Apotager. v. a. arranger, accommoder. S'emploie surtout par dérision. Ressemble un peu à hypothéqué, dont on se sert dans le même sens en fr. pop.

Appe. s. f. v. *happe*.

Appiette. s. f. v. *happiette*.

Aprés (*demander*). Idiotisme all.. demander quelqu'un, quelque chose; le régime est souvent sous-entendu : *tu né l' vois gnié, eh bé! cache après*. tu ne le vois pas, eh bien ! cherche le.

Apreintié. s. m. apprenti.

Aprouver. v. a. éprouver.

A qué resse, à quoi reste, à quoi manque qué. à quoi tient que, pour quel motif. v. *resse*.

Aragne. s. f. araignée. v. fr.

Aragnie. s. f. toile d'araignée. v. fr. araiugnie.

Aragone. s. f. estragon. v. *dragone*.

Arai (*j'*). j'aurai, v. fr.

Araskié (*ette*). rester en *rage* ou en *rache*, être arrêté, être embourbé. v. *rage* et en *rage*.

Arayer. v. a. enrayer.

Arayoi. s. m. ce qui sert à enrayer.

Arbalette. s. f. s. martinet, hirondelle qui a les 4 doigts en avant. Le martinet a sans doute reçu ce nom de la rapidité de son vol qui l'a fait comparer à un trait d'arbalette.

Archelle. v. *harchelle*.

Arder, darder. v. n. menacer de mordre ; se dit des chiens. Ardre, arder en v. fr. signifie brûler. v. *darder*.

Arener. v. n. vanner, séparer le grain des petites pailles qui y sont mêlées. En fr. arener est un terme d'archit.

Arestation. s. f. station de chemin de fer (dans quelques villages).

M. Corblet dans son excellent livre sur le patois artésien se plaint du défaut d'oreille de ses compatriotes comparés aux hommes du midi. L'oreille dans le Hainaut est peut-être encore moins délicate que dans l'Artois ; cependant ce n'est souvent pas pour avoir mal entendu, mais parce qu'il croit devoir reformer ce qu'il a entendu, que le bas peuple fait subir aux mots les transformations les plus singulières.

Lorsque l'armée française entra en Belgique en 1831, les soldats en marche chantaient le refrain de Casimir Delavigne : *courons à la Victoire*. Le nom de baptême Victoire étant très-connu, nos paysans n'ont pas douté qu'il y avait là invitation à Mlle Victoire de courir, et ils chantaient en accompagnant les Français : *courons, allons, Victoire*.

Pour revenir à *l'arrestation*, disons que nos paysans ont cru qu'on se trompait en disant station. Il s'agit d'un lieu où l'on arrête, c'est donc arestation qu'il faut dire ; ils ne sont pas tenus de savoir qu'il existe un mot latin : stare, et ce que signifie ce mot.

La remarque de M. Corblet n'en est pas moins applicable aux Montois, et je pourrais la confirmer par des exemples curieux ; mais il ne faudrait pas l'appliquer à notre Borinage. Cette contrée populeuse est remarquable par sa délicatesse musicale, ce qui n'empêche pas que son langage ne soit le plus rude du Hainaut.

J'ai entendu bien des fois les ouvriers montois rentrer chez eux en chantant en chœur le soir des jours de fête. Je n'ai pas souvenir d'en avoir jamais entendu chanter autrement qu'à l'unisson ; heureux quand ils n'adoptaient pas chacun un ton particulier. Il en est tout autrement au Borinage : sans avoir reçu d'éducation musicale, les borains procèdent harmoniquement. Ceux de Frameries sont surtout remarquables (et c'est ce qu'il y a de plus borain). Je me suis plus d'une fois arrêté dans les cabarets écartés *del Bouverie* et du *cu du gvau* pour entendre le sconcerts des ouvriers charbonniers qui organisent leurs chants en raison de leurs voix, attribuant la basse à l'un, la haute-contre à l'autre.

Après cela on peut faire, si l'on veut, une distinction entre les sons musicaux et les sons articulés ; il est sous ce dernier rapport très curieux d'entendre les borains chanter un air d'opéra fr.

Argot. s. m. articulation des doigts avec le métacarpe. ‖ doigts disposés pour lancer *l'courtiau*. métaph. ongles. — *d'cuinche*, vilain, mauvais argot. *D'avoi d'su sés argots*, être puni ; *r'kéi su sés argots*, retomber dans les mêmes habitudes, les mêmes fautes. Le mot patois provient du fr. ergot ; car argot, quoique fr. aussi, a des significations trop éloignées de celles qui sont ci-dessus indiquées.

Argoter. v. a. soutirer, escamoter, voler avec adresse. En fr. l'argot est le langage des voleurs : on dit le royaume argotique, les finesses argotiques, etc. Les étym. sont fort embarrassés par le mot argot. Ne peut-on pas penser au lat. argutus, subtil, adroit ?

Argousille. s. m. homme de police, gamin ; peut-être de l'espagn. alguazil, peut-être du fr. argousin.

Arlaque. v. *harlaque*.

Arna, Arniskure, Arnichure. v. *harnas, harniskure*.

Arnaise (*fai dés*). se dit au propre d'un cheval qui s'emporte, au fig. d'un homme qui se livre à des écarts (Borin.). Ce mot peut se lier à *argnaga* par le namurois *Ernauje*. (v. *arniaga*) Cependant je hasarde le v. fr. arnauder, tourmenter, et le t. d'argot arnache tromperie. Pourrait-on invoquer l'esp. et l'it. arnèse, équipage ? le fr. a bien équipée. M. Grandgagnage soupçonne une parenté entre *reniaga, ernauje* et le liég. *rené*, courir, tracasser. all. rennen, courir.

Arniaga, Ergnaga, Reniaga. s. m. pétulant, espiègle. A Namur *ernauje* (v. *arnaise*). Diez cite une série de mots espagnols auxquels il assigne une origine ibère : Arriaga, arnaya, anaya, arteaga. Ce sont des noms de famille. Le seul devenu nom commun, qui se trouve dans les dict. espagn. est sans rapport de signif. avec notre —. On peut croire qu'à l'époque de la domination espagnole, il y a eu un individu nommé — remarquable par sa pétulance, et qui est devenu terme de comparaison (v. *magrite*). On trouve dans le basque arraya, poisson. En forçant un peu, on interprèterait —: vif comme un poisson !! La forme *reniaga* pourrait induire à penser à renégat ; mais c'est la première opinion qui est la plus soutenable.

Arnitoile. toile d'araignée.

Arnu, Arneu. s. m. orage, temps orageux. On m'assure que ce mot d'origine celto-bret. est employé dans quelques communes du Hainaut. Je ne l'ai jamais entendu en Belgique, mais je l'ai entendu dans le Hainaut français. Bret. arneu, temps d'orage. Gall. erniw noxa, damnum.

Arok. s. f. chose qui arrête, accroche : *Lés bellé fiye, lés vieyé loque, trouve-té toudis dés arok.*

Arokier, aroker. v. n. et a. arrêter, accrocher. v. fr. ahoquer, ahoquier, accrocher. Le v. fr. aroquer, arocher, signifie mettre en pièces. Diez rattache ces derniers mots à roche, roc. Jusque là pas trop de difficultés ; mais quand le docte germain essaye ensuite de tirer roc du lat. rupes, je ne puis m'empêcher de m'insurger contre son autorité, quelque respectable qu'elle soit ; roc a bien la physionomie celt.: on trouve en effet dans le bret. roc'h, dans l'écossais roc. Quant à ahoquer il se rapporte au lat. hoccus, picard, hoc, crochet de tanneur.

Aromain. s. m. sillon qui sort de limite à deux champs. A Liége, rainure d'une bure pour arrêter les eaux et les conduire au *carihou*. *roye*, raie. prov. arrega, aussi raie. basque, arroila, rigole.

Arotte. s. f. mauvais cheval, mauvaise vache, mauvais âne. En liégeois, *harotte*, haridelle. v. all. hreinno.

Arpeyant, arpillant, harpiyant. adj. v. *harpeyant*.

Arpoi. s. m. poix. En all. harz. en holl. et en fl. hars, resine. *Arpoi* serait un mélange d'un mot fr. et d'un mot german.; il signifierait mot-à-mot poix-resine. En holl. harpuis est la courée, mélange de suif, de soufre et de résine pour calfater. En liégeois, *harpih* et *haurpih*. On peut soutenir que l'*arpoix* n'est autre chose que la poix au moyen de l'art. avec addition d'un R.

Arsouille, Arsouye. s. m. vagabond, vaurien, va-nu-pied, gamin ; usité dans les patois bourguignon, normand, comtois, picard. Selon Corblet (glossaire Picard) c'est une apocope du v. fr. garsouille. Il se trompe : fl. aers,cul (prononcez ars) hol, trou...mais c'est un peu cru à dire.

Artayer. v. a. admirer, regarder, contempler. Ce v. ne s'emploie qu'à l'impératif : *artaye ein pau! qué c'est biau!* tailler a été employé en v. fr. pour estimer, compter.

Artichaud sauvage. s. m. Joubarbe, *sempervivum tectorum* (L.).

Artoile. s. f. orteil. v. fr. arteil et ortoile. bas-lat. ortellus et ortillus. Lat. articulus. — *de princheu*, fève de marais, ainsi nommée parcequ'elle a quelque ressemblance avec les sales orteils des carmes déchaussés qui allaient prêcher de village en village.

Asbayi. adj. ébayi. v. fr. abayi.

Asca. exçl. pour chasser un chat.

Asconsé. adj. garanti, caché, à l'abri (Jemmapes). v. fr. esconsé, absconsé, caché. lat. abscondere.

Ascouter, acouter. v. a. écouter, *ascouter lés aveine lever*, écouter pour en faire profit, avoir l'ouïe assez délicate pour entendre les moindres bruits (même celui que pourrait faire l'avoine en germant). *Vir lés aveine lever*, signifie tout autre chose : c'est attendre les événements. Bret. scoüarn, oreille. lat. auscultare. gr. ἀκούω. Petrarque se sert du verbe ascoltare (sonnet 217). Ascouter et acouter appartiennent au v. fr.

Askeï. v. n. arriver, écheoir. v. *keï* et *atomber*. v. fr. eskeïr.

Askiublot, takinblo. en bloc et en tâche, sans compter. v. fr. ensembl'od. Od signifiait auprès, avec. Du latin ad : puis sont justez par amour et par feid ensembl' od els tels XX mille Français (chanson de Roland).

Aspergette. s. f. goupillon, aspersoir, aspergès.

Aspert. s. m. et adj. expert.

Aspirail. s. m. spirale (de montre).

Aspouyer. v. a. appuyer. bas-lat. appodiare. podium, appui.

Assayer. v. a. essayer. On ne prononce pas comme en fr. esseyer; l'A se fait sentir. Bas-breton, æczaëa. dialecte de Vannes açzai. Italien, assagiare. Basque Enseiatcea. v. *sayi*.

Assazin. s. m. assassin. *fai ain* —, commettre un assassinat.

Asselet. s. m. t. de charp. pièce de bois placée en dessous d'un sommier, afin que par son poids il n'écrase pas la maçonnerie, fr. aisselier, t. de charp.

Assez. adv. nous ne parlons de ce mot que pour mentionner sa syntaxe empruntée à l'all.; on dit : *bin-aise assez d'ain ette quitte.* Il est assez content d'en être débarrassé. *Du mau et dés ruse —*, à peine, difficilement. *I n'sait temps —*, il lui tarde.

Assi. s. m. essieu, latin, axis. All. achse. fl. as. ‖ acier; dans la dernière signification v. *aci.*

Assilier. dépenser (n'est usité que dans quelques villages. v. l'art. littérature) essillé est un v. mot fr. qui signifie ravagé. On trouve dans Perceval : l'agent et la terre essillée, qui fut tondue et pareillée.

Assire. (s'). *ej m'assis, ej m'assisoi, ej m'ai assi, ej m'assirai, qué j' m'assise, qué j' m'assisse.*

Astakier. v. a. attacher, appliquer. bret. stag, staga, provenant de tach, gaël. tac, clou (v. *tachette*) d'où l'it. tacco, l'esp. tacho, le port. tacha, le v. fr. tassel (v. *tassiau*). basque, estequatcea, attacher. Pour rendre attaquer, le bret. se sert de taga au lieu de staga. Nous aussi, nous nous gardons de rendre attaquer par —.

Astarge. s. f. retard.

Astarger. v. n. et a. retarder, s'attarder. Liégeois, *astargi.* v. fr. atarger. Du lat. tardare.

Astoker, Astokier. v. a. fixer, arrêter, dresser, étayer. ‖ figur. étouffer : *esse biette là est astokie*, cet animal a mangé un trop gros morceau, il ne peut l'avaler, ‖ s'—, se tenir, se mettre debout. v. *stokié.* All. stock, bâton. V. fr. estoquier, boucher.

Astroner et **stroner.** v. n. et a. recouper les branches (*ketrons*) d'un arbre, d'une haie. fl. stronk, tronc, lat. truncus.

Astruc (*à l'*). en étançon. se dit de la position d'une barre de fer fixée d'une part dans le sol, de l'autre au milieu d'une colonne pour la soutenir, de celle d'une poutre étayant une maison qui menace de s'écrouler. v. *strukié.*

Ataque de moulin (*fort comme enne*). Gall. atteg fulcrum, fulcimentum.

Ataquier. v. a. appliquer, porter. — *enne calotte*, donner un soufflet.

Ataquoi. s. m. rondelle de cuir mouillé dont les enfants se servent pour soulever les pavés.

Atauler (*s'*). se mettre à table.

Atchéner. attacher comme un chien l'est à son maître; ne se dit guères que dans les parties du Borinage, où un chien s'appelle *tché*.

Atchit. éternuement. Onomatopéé. Les Romains par une espèce de jeu de mot disaient : tibi Jupiter adsit, comme nous disons : Dieu vous assiste.

Ateiri. v. a. attendrir. v. *ter*.

Atlevée, antlevée. v. *hatlevée*.

Atomber. v. n. écheoir, arriver, coincider : *ça s'roi bé atombé*, ce serait une nécessité bien singulière, une coincidence bien remarquable. *Esse raindage atombe au saint-André*, son fermage écheoit à la St-André.

Atout. s. m. soufflet, coup. Ce mot est français, mais peu usité pour signifier TRIOMPHE (au jeu de cartes).

A tous les jours. chaque jour : *c'est s' casaque d'à tous lés jours*,, c'est son habit ordinaire, par opposition à : habit de fête.

Atriau. v. *hatriau*.

Atricaye. s. p. attirail, bagage. lat. tricæ, bagages.

Aü, Ayu. adv. où : *ayu d'allée*, où allez-vous? les écoliers s'amusent à écrire ainsi l'appel d'un enfant égaré dans un bois : E, P, A, U, S, T. ch! père, où êtes-vous?

Quand *Ayu* est suivi de *est-ce*, il se contracte en Ayuss : *Ayuss qué vo d'allez, hon?* où donc allez-vous?

Auber. s. p. argent, fortune, écus : *c' t' enne coumère qu'a bramein dés* —, ce n'était pas, comme on pourrait le croire, une monnaie frappée à l'effigie des archiducs Albert et Isabelle; car le mot existait dans le v. fr. avant leur règne. Il existe encore dans l'argot fr., il se traduit dans le fourbesque (argot ital.) par albume (1).

Aubun, aubin. s. m. aubier. ‖ fig. fraude, de mauvais aloi. En fr. c'est l'allure qui tient le milieu entre l'amble et le galop.

Aule. ce suffixe fort fréquent dans le langage borain : *logeaule, habitaule*, etc., est une vieille forme fr. changée plus tard en avle, able, pour se rapprocher du lat.; c'est un reste de la prononciation celt. : awl est extrêmement fréquent en gallois. Avl est commun en basse-Bretagne :

_____

(1) Un *Aubert* (ou plutôt *haubert*) était une cotte de mailles dont se revêtaient à 21 ans les fils des barons possesseurs d'un fief, nommé *Aubert* dans le moyen-âge. Voilà, sans doute, l'origine de l'expression patoise : *il a des auberts*, en parlant d'un homme qui a de la fortune.

lès mots taol, staol, diaol, sont, selon Pelletier, la bretonisation de tabula, stabulum, diabolus.

Aumaie. s. f. genisse (Charleroy). Liége, amaie. v. fr. amaille, au-
maille. Lat. animal. Barbazan cite le lat. aumeus, qui serait plus rapproché ; mais je ne connais pas cet aumeus.

Aune (de Mons). mesure de deux pieds et demi Hainaut. v. *pied.*
L'aune se divise en demie, quart, huitième, taille ou seizième, demi-taille
ou trente-deuxième ; elle égale 0ᵐ. 73424.

Aunelle. s. f. aune qui n'est pas encore arbre.

Au preum. adv. seulement. Les Liégeois disent a *preum* ou a *prum.*
On ne l'emploie que par rapport au temps, tandis que *foque* se dit du
nombre etc. *y fait au preum brun. Y n'est qu'au preum temps de r'ciner.*
au prisme est un mot du v. langage français. prima sous-entendu hora.

Avaler. v. n. et a. t. de charb. creuser un puits d'extraction. En v.
f. avaller, signifie abattre, abaisser, enfoncer. lat. vallis.

Avaleresse. t. de charb. bure que l'on creuse.

Avalon. s. m. gorgée de boisson.

Avalon-tout. s. m. goinfre.

Avau. prép. sur. *avau lés camps,* sur la campagne. dérivé du v.
français. On dit encore à présent, à vau l'eau, au gré, selon le cours de...

Avau-ci, avau-là. adv. ici, là, aux environs.

Avec, avé, aveu, avou, avu. adv. aussi. I *d'a avec,* il en a aussi. v.
fr. avoec, aveuque. lat. ab hoc. Quand avec est prép., il a la signification
fr., et prend un régime. Alors on prononce souvent avé : *vié avé mi.*
Selon le génie des langues du Nord, ce mot vient en composition avec
les verbes et sans régime : *aller avec,* fréquenter, rechercher en
mariage ; *v'ni avec,* accompagner. *Em capiau est tout neu ; pau monvai
temps, jé n' peu gnié sorti avec.* mon chapeau est neuf, je ne puis le porter par le mauvais temps. *avec* ou *avé* s'emploie pour outre : *avé ça
qu'elle est laide et vieille.*

Aveni. v. n. venir, y venir. *avié co,* viens-y encore.

Aveine. s. f. avoine. Je ne donne ici ce mot qu'à cause de sa prononciation. Nos campagnards prononcent *avaine* ou à peu près ; mais les
Montois donnent à la diphtongue un son difficile à représenter : c'est à
peu-près comme *avouaine* ou *avuaine.* Il en est de même pour d'autres
mots comme Antoine.

Averlu. adj. résolu, guilleret, sémillant. Le v. fr. averlant signifie au contraire lourd, grossier, et vient de l'all. haverling, selon le complément du dict de l'Acad.; je ne connais pas cet haverling.

Avertance. s. f. avertissement. v. fr.

Avetu. adj. couvert de récoltes. Latin, vestitus.

Avetues. s. f. p. récoltes sur pied.

A vierge. s. f. madone, représentation de la Mère du Christ. *Filets d'a vierge*, fils d'araignée qui volent dans les champs en automne. *A l' pourcession il avoit bramein dés bellé z avierges.* Il est clair que c'est : l'avierge substituée à : la vierge ; mais on ne colle à vierge une portion de l'art. que quand il s'agit d'une statue : ainsi on dit par exclam. : sainte vierge !

Aviné ée. adj. vif, remuant, frétillant.

> *J'ai n' petite fiye qui n'a qu' dix-sept mois ;*
> *Mé j'ai bé du bonheur :*
> *Elle s't* AVINÉE *comme enne marcotte.*

Aviner. Ce mot en français signifie imbiber de vin. Figurément, l'homme aviné est celui qui boit beaucoup. La jambe avinée est celle de l'homme ivre. Le patois donne à ce mot une valeur plus étendue : il l'emploie pour étrenner, commencer, pénétrer, imbiber, mettre en train. On dit *aviner n' pipe.* — *enne fiye* (obscène).

Aviser. v. a. Ce verbe qui a en fr. moderne diverses significations, a entr'autres celle de : voir de loin. En patois il a conservé la valeur de l'ancien langage gaulois ; c'est-à-dire qu'il signifie : voir de loin ou de près indistinctement, ou plutôt regarder, contempler. bret. Arvest, regarder un spectacle. lat. videre, visere.

Avisse. s. f. invention, idée, moyen subtil, procédé ingénieux. fr. avisé, s'aviser. Avisse en fr. signifie fer, cuivre, etc., à vis.

Avissieux. qui a de l'*avisse.*

Avoir, avoi. v. a. aimer mieux, moins, autant. *J'aroi mieux eù* (en quelques villages *oïu) stici que stilà,* j'aurais mieux aimé celui-ci que celui-là. On peut croire que la confusion a eu lieu à cause du peu de différence qui se trouve dans la prononciation entre j'ai et j'aime ; cependant il faut savoir que les all. disent lieber haben, trad. litt. avoir mieux. *J'ai mieux ein voleu qu'ein meinteu.* ‖ *Avoi kier,* chérir, aimer

(Borinage); celui-là bien décidément est un germanisme : lieb haben, traduit littéralement. Comme en all., les deux mots se séparent : on ne dit pas : *j'ai kier es n'ainfant là*, mais *j'ai s' n'ainfant là kier*. v. *kier*. Au reste le v. fr. a usé de ce germanisme : que si voisin orent molt chier. (fabliau du boucher d'Abbeville, par Eustache d'Amiens).

Avron. s. m. folle avoine. Le v. fr. écrivait avron et havron. La 1ʳᵉ orthographe lui assigne une origine latine : avena ; la seconde une origine german.: all. haber, hafer. fl. haver.

Avruelle. s. f. espèce de filet pour la pêche, ableret. Les Liégeois disent *havroul*. En fr. havenet, est un petit filet en forme de sac adapté à deux perches croisées. v. fr. haver, prendre, saisir. gothique, haban.

Axixie. interj. pour exciter les chiens à se battre.

Aye. interj. de douleur. v. f. hay.

Ayie, Ayié, aillé. s. m. narcisse des prés, *narcissus pseudo-narcissus*. Ce nom d'*ayé* lui vient de celui d'ayaut qu'on lui donne quelquefois en fr.

Ayer. adv. hier. Espagnol, ayer.

Ayon, aillon. s. m. v. *hayon*.

Azau. adj. qui est sans travailler, les bras croisés. fr. oisif. lat. otiosus. Namur. *auje*, aise. *à-z'auje*, à l'aise ? v. *naw.* goth. azet, commode, v. fr. azaut recréatif, prov. azautar, réjouir. irl. azaids, s'asseoir. Dans cette accumulation de mots, je ne vois rien de très-satisfaisant. Il ne faut pas confondre le liégeois *adjau* avec notre — : *esse adjau* signifie au contraire être en train, en mouvement ; corruption probable d'être en jeu, et non, comme le veut Diez, dérivation de ad. aptus.

Azouil, Azouye. interj. pour annoncer que l'on confisque. *Fai azouye sur lés courtiaux*, saisir les marbres.

M. Grandgagnage compare ce mot au v. fr. oule, oulle, esp. olla (pron. olia), gouffre.

B

B se change quelquefois en P : *hierpe*, herbe, *garbe*, gerbe.

Babagne. s. f. amas d'eau trop petit pour mériter le nom de flaque.

Babak ou **minton babak**. menton saillant, menton de personne ayant perdu les dents. En all. kinn backen, signifie machoire. Kinn isolément signifie menton et backen, joue.

Babiches. s. f. p. grandes lèvres, || pattes d'une cornette. fr. babine, lèvre des vaches, des singes.

Babin. s. m. imbécille. se dit des femmes. fr. babouin, espèce de singe; babouiner, en fr. signifie faire le bouffon. Cymr., irl. baban, enfant, poupée.

Bablutte, babuse, faflutte. s. f. bagatelle, basse carte. Les Liégeois donnent à une basse carte le nom de *faflotte*. *Bablutte* à Tournay est la melasse cuite que nous nommons *tablette*. v. fr. baboie, fr. babiole.

Babot. s. m. femme bonasse. En fr. babeau signifie fantôme, ombre, en v. fr. sot, niais (babulus l.) fl. babok, lourdaud, rustre.

Bac. s. m. auge, mangeoire. *biette à boire au bac*, bête à manger foin. Flam. bak auge, jatte. All. back, plat de l'équipage, gamelle. En fr. grande cuve de pierre.

Bacher. v. a. baisser. De: bas, qui lui-même est celt.: gall. bàs. Basbret. Baz (en parlant de l'eau).

Bacon. s. m. pièce de lard. En v. fr. lard salé. b. lat. baco. gall. bacewn lardum, tudesq. bache, porc.

Baffe. s. f. gueule, gourmandise, goinfrerie. dialecte d'Aix-la-Chapelle Baef, gueule.

Baffer. v. n. bouffer, manger avidement. J'ai donné ce mot que l'on peut pourtant entendre en France avec bâfrer, brifer et bouffer. En v. fr. baufrer, signifiait manger goulument. Armor. brifa, manger avidement.

Baije, baise. s. f. baiser. — A PINCHETTE, c'est-à-dire en pinçant les joues.

Baije-cu, s. m. **baijoire**, s. f. barrière.

Baijer. v. a. baiser. A Namur, bauji. A Liége, bàhi.

Baijure. s. f. jonction, baisure.

Baille, bàye. s. f. barrière, clôture de prairie. v. fr. baille, holl. balie, garde-fou, balustrade.

Bajour. s. m. abat-jour.

Bakter (*s'*). se courber (en parlant du bois). irl. bàc, gall. bac'hu, sanscrit, bak, courber.

Balau, balou. s. m. sotte, étourdie. A Fleurus, balouche, à Liége, ba-

low, hanneton, b. bret. balaven, papillon. Comparez notre mot MOU-
CHETTE. v. fr. baloyer, voltiger.

Balayette, baliette. s. f. petit balai.

Balle-à-capiau. jeu d'enfants. On place l'un près de l'autre les
chapeaux ou bonnets des joueurs. On cherche à loger dans l'une des
coiffures une balle jetée d'assez loin. Si cela réussit, celui à qui appartient le chapeau, la ramasse prestement et la jette contre l'un ou l'autre
de ses camarades qui s'enfuyent. Celui qui est atteint doit venir offrir
son dos et chacun lui lance la balle à assez courte distance. Si personne
n'a été touché, c'est le maladroit qui doit subir la punition.

Baller. v. n. se précipiter. Se dit surtout des *sclons* qui ont rompu leur
frein et que l'ouvrier ne peut arrêter sur le plan déclive qu'il parcourt, etc.
ϐαλλω en grec signifie lancer, d'où le fr. balle; cependant il est permis de
douter que le grec soit pour quelque chose dans le mot *baller*. Le mot
balle y aurait plutôt donné lieu en servant de terme de comparaison :
partir comme une balle. En v. fr. baller signifie danser les bras pen-
dants, etc.

Ballon. s. m. cerf-volant. En fr. ballon signifie aérostat.

Balouche. hanneton (Fleurus).

Baloufle. s. f. p: joue (on ajoute presque toujours : grosse).

Balusse. balustrade. Celt. bret. balusd.

Balzin. s. m. tremblement, défaut de fermeté, surtout chez les vieux
ivrognes. Il ne se dit pas du tremblement par la crainte, par le froid,
par la fièvre; alors c'est *trianage, trianer*.

Balziner. v. n. hésiter, trembler. *Avoi l' balzin* et *balziner* ne sont
pas du tout la même chose; le second n'est que le figuré du premier.
Balzin doit avoir la même origine que l'italien balzare, bondir, balzillare,
sauter, sautiller. On serait tenté de rattacher balziner au fr. balancer.
Celto-breton, balançzi ; mais tous ces mots se rapportent à la racine bal.

Balzinage. s. m. hésitation.

Bamboche. s. f. orgie, fête, ivresse, ribote.

Bambocher. v. n. riboter, se divertir, s'enivrer.

Bambocheur. s. m. qui aime à *bambocher*.

Bancal. s. m. sabre. En fr. pop. personne à jambes tortues.

Banni (*au*). poisson qui n'est pas frais. v. *pichon*.

Banse. s. f. manne (arr. de Charleroy). C'est un vieux mot fr., encore

10

employé en langage commercial, pour désigner une grande manne carrée.
Gall. bancyr, corbeille, bas-lat. bansilla, cista, corbis.

Bansli. s. m. vannier, fabricant de *banses*.

Baour, Paour. s. m. paysan, rustre, lourdaud. fl. boer, all. bauer,
paysan, fr. balourd.

Baquet. s. m. bateau servant à la navigation de Mons. Indépendamment de la partie réservée à l'habitation des bateliers qui se nomme
rouf, il est divisé en 7 compartiments qui se nomment *kise, maclaire,
parmilan en avant, parmilan en arrière, overgan, pied de derrière*, et
derrière.

Baquĕtĕrie, bactrie. s. f. lieu ou l'on fait les *baquets*.

Baquĕteur, bacteu. s. m. ouvrier qui travaille à confectionner
des *baquets*.

Bar (*elle à*). t. du jeu de *gueriam*, qui s'emploie au figuré pour désigner : être en lieu de sûreté. C'est la locution fr. toucher barre. Le dict.
de l'Acad. définit le jeu de barre : jeu de course entre des écoliers ou des
jeunes gens qui se partagent en deux camps opposés, marqués ordinairement par un sillon ou une branche d'arbre.

Le mot avec ses dérivés pourrait bien, d'après cela, provenir du
celto-bret. bar, branche. Il n'existe pas, que je sache, en fl.; mais en
all. on trouve barren.

Barbette. s. f. peau qui pend en dessous du bec des gallinacés. Ce
mot en fr. signifie guimpe, grelin, batterie, etc.

Barbillon. s. m. péricarpe des fruits à pépins ‖ opercule des poissons. En fr. espèce de poisson, ses moustaches.

Barbouyeu. s. m. peintre en bâtiment. En fr. barbouilleur, mauvais peintre, etc.

Barbusette. s. f. fleur mâle du noisetier. En v. fr. berbigeotte.

Barette, barrette. s. f. bonnet. Celto-breton, barret, all. barrett,
b.-lat. birretum, lat. birrus. En fr. barrette signifie bonnet rouge
de cardinal, petite barre, etc. *Y fait dé conte à tuer dé beu à cau
d' barette*.

Barguette (*al*). cri de menace des bateliers en grève. En t. de navigation, barguette est une sorte de bac pour passer les rivières.

Bari. s. m. t. de ch.. somme donnée au maître du jour pour obtenir le
payement d'une créance.

Barioteu. s. m. percepteur de la taxe des barrières.

Baron. s. m. fleur des champs, *githago segetum*. ‖ Marron, fruit.

Barot. s. m. tombereau ; il est singulier que baroter et barotier soient français et que ʙᴀʀᴏᴛ ne le soit point, au moins dans le sens montois ; car barots signifient les pièces de bois qui soutiennent le pont d'un navire.

Barquette. s. f. barque. Celto-bret., gall., fl. bark. bas-lat., ital., esp. barca. all. barke.

Barre du cou. s. f. nuque.

Barre à canettes. s. f. planche attachée à une muraille et que l'on arme de clous ou de crampons pour suspendre divers ustensiles et notamment les *cannettes*. v. ce mot.

Barliau. s. m. école buissonnière. À Liége, *barette*. *Barĕtiau* et *Barette* sont bien de même souche, sont bien frère et sœur ; mais quel est le père commun? v. *debarté*.

Bas de sang. exsangue.

Basilic sauvage. s. m. plante, *euphorbia helioscopia*.

Basse-cambe. s. m. et f. latrines, lieu d'aisance. v. fr. basse-chambre. Esp. baxia, b-.lat. bacia, bassia, gall. siambr, camera, conclave. v. fr. cambrois.

Bassée. s. f. horizon, partie du ciel qui semble toucher à la terre. *el bassée est kierkiée*, l'horizon est chargé de nuages.

Basse-note (*al*). loc. adv. secrètement ‖ sans bruit ‖ sans éclat ‖ modestement.

Basser. a. bassiner, étuver. En fr. ce mot signifie tremper la laine de colle.

Bassiner. v. a. faire un charivari. De bassin. V. all. bechi, bechin.

Bassinet. s. m. 1/12 d'Hotteau. v. ce mot.

Bastié. s. m. Sebastien.

Baston. s. m. bâton. Esp. baston, ital. bastone, bas-lat. bastonerius et bastonicum, d'où l'on peut conclure que la forme primitive est basto. v. *batte*.

Batante. s. f. contrevent.

Batard (*reinde*). déshériter.

Batiau. s. m. homme heureux ‖ sot. En fr. bateau, signifie personne étourdie, troublée. *El paroisse du — de St Julien patron des fous.*

On représente St Julien dans une barque. On nommait St Julien ou St Juyé, la maison des fous à Mons.

Batonnier. s. m. bedeau.

Battée. s. f. pierre cubique de 8 pouces de coté dans laquelle on scelle les pièces de fer qui servent à suspendre les portes, fenêtres. Le mot est fr. pour désigner, en t. de menuis., l'entaille faite à une porte, fenêtre, afin qu'elle joigne mieux. En fr. c'est aussi le papier battu en une fois.

Batte lés iau. t. de ch. vaincre, dompter, maitriser les eaux, en débarrasser une mine.

Chose assez remarquable ! ni *batte* ni ses composés *abatte, s' combatte, débatte*, quoiqu'empruntés au fr., n'ont la signification fr. On donne pour origine à battre, un mot inusité dans la latinité classique : batuere ou battuere, employé par Plaute dans la signific. de s'escrimer, faire des armes.

Ceux qui aiment les origines celt. trouveront satisfaction dans l'irl. bata, l'arm. baz, bâton, le gall. baeddu verberare. Le lat. et le celt. ont une origine commune dans le sanscrit bat, battre (Pictet, p. 115).

Battes. s. f. p. compagnie, accointance, rendez-vous : *avoi ses battes*, avoir des sociétés particulières. Ce mot provient sans doute du v. français bast, ébat, ou du v. fr. bade, frivolités, v. cependant *Albaudeu*.

Batt-feu. v. *tap-feu*.

Bati monnoye. battre monnaie.

Bau. s. m. arbre abattu et ébranché. Allemand baum, arbre, bauen, bâtir, bau-holz, bois de charpente. En fr. solive mise en travers pour affermir le bordage d'un navire.

Bauchelle. s. f. jeune fille (Charleroy). Liége, *bacelle*, fr. un peu vieilli, bachelette. V. fr. bace, bacelle, bachelle, vacelle, baiselette, v. fr. bassier, baissier, jeune garçon, fr. bachelier, b. lat. baccalarius. M. Grandgagnage croit que la racine est le holl. baas qui signifie maître et garçon. Chevallet le rapporte au celt. : gall. baçgen garçon, écoss. beag, petit.

Baudesse. s. f. ignorante.

Baudet. s. m. instrument dont se servent les personnes qui filent au rouet, pour dévider leurs bobines. — est français quand il signifie âne. *Baudet de nature, qui sait gnié lire es n'écriture. El baudet* partage avec *el pourciau, el ca, el kié* le privilége de fournir le texte d'une foule de proverbes :

> *Raindez service à n'ain baudet*
> *y vo fai ain pé à vo nez.*

Pu vo kierkrez vo baudet, pus qu' il ira rade.

Baudi. v. n. mettre à prix. *Qui baudit?* demandent les officiers publics préposés aux ventes. En fr. c'est un terme de chasse, qui signifie exciter les chiens à aboyer. v. fr. baud, it. baldo, insolent, joyeux, v. h. a. bald, goth. balths, hardi, à cœur ouvert.

Baume, baune. s. f. on donne ce nom aux diverses espèces de menthes qui croissent sans culture et même à des genres qui y ressemblent comme le lamium — en fr. subst. m. dont la signif. est peu différente : herbe odoriférante, espèce de menthe, etc. Gall. bawm melissa apiastrum (Davies). Ce gallois est probablement emprunté.

Bayard. s. m. brancard ne servant qu'à porter les morts. En fr. on donne le nom de baillard au brancard des teinturiers pour égoutter les soies. Le bayard est une civière pour porter toutes sortes de fardeaux. Namurois *bayau*, liégeois *baie*, bas-lat. bajanula (lectica) ; bajulus dans Ammien Marcellin semble signifier porteur de morts. All. bahre, civière, bière, fl. baer, brancard, bière.

Bäyer. v. a. donner, v. fr. bailler. Bayer, v. n. signifie en fr. regarder bouche béante — après : désirer. Le v. fr. disait comme nous au fut. Je barrai. *C'est si bon qu'ain kié n'ain bâroi gnié à s' mère.*

> *Bellé fiye à marier*
> *Rié à leu bäyer.*

Bazenne. s. f. tarte commune, grossière ‖ peau de mouton tannée.
Bazou. s. m. imbécille, esprit bouché.
Bé, bie, bié, bin. adv. bien ‖ s. m. plaisir, bien-être, satisfaction.
Béau, beyau. s. m. imbécille ‖ bègue. Ce doit être la même chose que badaud ; mais badaud répond surtout au bret. bader, tandis que — se rapporte plus particulièrement à l'écoss. baoth, même signif. peut-être, pourtant n'est-ce que le fr. béat malgré la différence de signif.

Bébête. s. f. viande (enfantin).

Becbot. s. m. pivert, oiseau. Espagn. bequebos.

Beche. s. f. habit d'ouvrier, habit, veste.

Bechuron. s. m. bec d'un pot pour qu'on verse plus facilement.

Becot. s. m. baiser. Ce mot provient sans doute de bec. Selon Suétone (vitell. 18) les Latins ont emprunté aux Gaulois leur mot beccus qui a ensuite formé l'italien becco. bas-bret. beg.   —

Bedot. s. m. mouton (enfantin) ‖ vers des noisettes, des poires.

Diez cite ce mot avec le fr. bidet et le berrichon Bide, vieux mouton. Il leur donne pour origine commune le gaël. bideach, très-petit, bidein, petite créature. Il compare le kymr. bidan, être faible, bidogan, petite arme.

Bëgbot. s. m. bègue. A Liége *bábo, bekteu*. v. *bot.*

Begne. appellation d'amitié usitée à Quaregnon ; elle ne s'adresse qu'aux enfants. On dit aux très-petits enfants *bebegne*, aux personnes de certain âge *chegne*. La terminaison en *egne* est chère aux habitants de Quaregnon. Ils prononcent ainsi tous les mots terminés en *in* ou *ain* et lui donnent à peu près le son de *eugne*. La remarque peut s'appliquer à une grande partie du Borinage. Selon d'autres personnes, *begne* doit s'appliquer aux petits garçons, *chegne* aux petites filles. v. *chegne.*

Beguer. v. n. begayer.   —

Beguinet. s. m. grand beguin.

Bek. excl. de dégout.

Belande. s. f. sorte de *baquet.* v. fr. bilandre, tiré du fl. byland, all. beyland, by, près, land, terre, qui cotoye ou ne va pas à la mer.

Belisse. s. f. osier blanc.

Belle. s. f. lune. A Liége, *batté.*

Belle-belle (*fai*). caresser, flatter. Comp. l'all, schônthun, cajoler.

Belot. s. f. isabelle.

Benjamine, beljamine. s. f. balsamine.

Benion. s. m. tombereau (Fleurus); *de benne.*

Benne. ouvrage de vannerie pour garnir un charriot ‖ paniers portés par les ânes. *Empli sés* — se restaurer, manger et boire beaucoup. Benne est un v. m. fr. qui signifie panier. Les Latins avaient emprunté leur mot benna au celtique. Selon Festus : linguâ gallicâ benna, genus vehiculi appellatur. Gall, ben, voiture. En fr. on appelle benne la hotte des vendangeurs; on donne le même nom à un espace clos pour arrêter le poisson; c'est aussi une mesure; banne est une grande manne faite de branchage.

Berbotte. s. f. brebis, vieille brebis. B.-lat. berbex, lat. vervex. v. f. berbix.

Berche, berce. s. f. berceau. On lit dans la vie de St Parduf qui doit avoir été écrite au 3e siècle ʃ et in agitatorio quod vulgô barciolum vocant pannis constrictum imposuit. C'est évidemment la latinisation d'un mot celt. : berk ou bark, à cause de l'analogie du balancement de la barque sur l'eau. v. fr. bers, lat. versare.

Berdacher. v. n. patauger, patrouiller, faire du gachis, épancher de l'eau ou un liquide quelconque.

Berdacherie. s. f. action de *berdacher*, résultat.

Berdakier, bardakier. v. a. bâtonner. Namurois, *bardachi*, liégeois, *bardahi*. v. fr. bardacher, gauler, bas lat. bargus, rameau, kymrique, bar, branche d'arbre, bâr hampe de lance, bas breton, écossais, irlandais, barr branche. v. art. *maton* pour un ex. de son ancien emploi.

Berdaf, bérdif, berdouf. excl. lorsque quelqu'un ou quelque chose tombe.

Berdeler. v. n. marmotter, gronder. Fl. bedillen, critiquer. v. *verseler*.

Berdeleu, euse, Berdelar, arde. s. et adj. qui *berdelle*. Flam. bedilal, qui critique tout.

Berdik, berdak su l' pont de Jumape. manière de faire taire les enfants raisonneurs.

Berdouille, Bedouye. s. f. pl. boue : *laver avé dés* — excuser maladroitement. Fl. dooijen, all. bethauen, dégeler. En Picardie on dit badrouille. Dans les Vosges, bodere, all. bod sol. v. fr. bray, bar fange (Chevallet).

Berlafe. s. f. balafre. v. fr.

Berlik-Berlok. adv. de travers, brelic-breloque.

Berloque (*batte la, el*). perdre la tête. Fr. berloque, batterie de tambour qui annonce le moment de nettoyer les casernes.

Berloquer. v. n. brandiller, pendiller. *No kié a yeu n' gambe cassête, i keurt métnant su tois pattes, el quatième berloke.* Fr. locher, que Chevalet place dans l'élément celt. : bret. lusqa, éc. luaisg, irl.

luaisgaim, gall. lwygaw, branler, remuer. D'après M. Grandgagange le *barloké* liégeois, vient du scandinave lokr pendulum quid, bar, ber, brc, signifierait de travers, en biais.

Berlongeoire, birlongeoire. s. f. balançoire, escarpolette. A Liége, *birlance.*

Berlonger. v. n. balancer. A Valenciennes on dit balonger.

Berlu, ue. adj. louche. Ital. berlusco pour bi-lusco. En fr. berlue, sorte d'éblouissement qui fait voir les objets autrement qu'ils ne sont.

Bernatié. s. m. vidangeur, gadouart.

Bersau. s. m. cible pour tirer à la flèche. v. fr. bers, bersail, bersault; berser, bersailler, tirer des flèches. It. bersaglio, b. lat. bersare. Le radical est le scandinave beria, frapper, atteindre. Pour arriver à l'idée de chasser dans un parc, Diefenbach rapporte le bas-lat. bersa, cloture de haie et le bas-bret. berz, berc'h, défense, enclos (c'h=kh=le χ des Grecs, le ch all.) d'où berceau (de verdure). v. fr. bercil, fr. bercail, s'il ne vient de berbix sur un type berbicale.

Bersing, bersink. adj. enivré, égaré, la tête perdue, en balançant. Ce mot, selon M. Grandgagne, provient de baij besin à demi-ivre (dialecte de Bayeux).

Berwette. s. f. brouette. v. fr. barouest diminutif de barot, lequel vient du gothique baira, all. baeren, porter. Diez tire le mot de bi-rouette, mais la brouette n'a qu'une roue.

Berweter. v. n. pirouetter, degringoler.

Berzi (*sec com*). sec comme Brésil. All. brezel, craquelin, sorte de pâtisserie qui craque sous la dent.

Besoins (*faire sés*). chier, aller à la selle.

Bétiem, bethléem. s. m. théâtre d'enfants où primitivement on ne représentait que la nativité du Christ. *El—Roubé* a eu une grande célébrité. C'était le théâtre aristocratique : on payait un sou (neuf centimes) d'entrée. On prétend qu'un de nos préfets a assisté, avec Mᵉ la comtesse d'Yve, à une des représentations. Si le fait est vrai, on peut croire que la représentation a eu lieu pour eux seuls. Roubé passait pour l'auteur de ses pièces (ou plutôt de sa pièce) qui était en vers. Quels vers ! c'est égal, cela était bien beau.

Voici un échantillon de sa poésie : le prédicateur capucin s'élevant contre les vanités du siècle, s'écriait dans un élan d'éloquence :

Y gr.ia pas jusqu'à lés marchandes d'allumettes
Qui portté dés toupé à la Grecque
Et on voit lés marchandes de chabots
Qui ont dés farbalats jusqu'au meyeu d' leu dos.

Bétsole. s. m. p. argent. All. bezahlen, payer.

Bette. s. f. poirée. v. fr.

Beubeu. s. m. ombre, fantôme. Fr. babeau. Babau est le croque-
mitaine des Languedociens. Ce mot existe dans les vieilles langues et
patois étrangers; le celt. bw, kimrique, bwbach, le bas Saxon et
le patois d'Aix-la-Chapelle, bumann, boemann. Cela provient, comme le
remarque l'idiotikon, ouvrage sur le patois Rhenan, de ce que partout
on se sert du son beu, bou, pour effrayer les enfants dans l'obscurité.

Beuter. regarder, en épiant.

Beutin. s. m. glaçons, qui selon l'opinion des bateliers, s'élèvent
du fond des rivières dans les fortes gelées. Les anciens physiciens con-
sidéraient une pareille opinion comme erronée, mais quelques modernes
l'admettent comme fondée (Foissac, météorologie).

Béziers, bésie, bsie. s. m. pl. charbon de terre de la plus mauvaise qualité, mélangé de rognons pierreux. A Liége, *bézi*, partie inférieure de la mine de houille. *Einvouyer au bsi, au bsit ou à mebsit,*
envoyer se promener; en disant : *va-t-ein au bsit,* un montois ignore ce
que signifie *bsit.* Il faut considérer que *mebsit, mebsi* égalant *mecouye,*
bsi doit égaler *couye,* or *couye* en terme de charb. est aussi synonyme
de *bezie, bsi* ou à peu près et d'ailleurs concorde bien avec l'opinion de
Diez, rapportée à l'art. *bsi. Beziers* ne doit être qu'une francisation.

Bézin. s. m. indécis, irrésolu, qui réfléchit beaucoup sans savoir se
décider. Holl. bezinnen, réfléchir. all. sich besinnen, hésiter.

Béziner. v. n. agir en *bezin*, lanterner.

Beyer. v. n. ne pas serrer, ne pas coller. *Tés solées beyte* ou *beyté*
ou *bettété.* Vos souliers sont trop larges, ils ne collent pas au pied.
Fr. bayer, béant, bâiller.

Biau. (*fai*). flatter. *Vos verrez co — d'lée mi.* Vous viendrez encore
vous humilier devant moi. *L'avoi biau* ou *belle*; avoir bon temps. *Il l'a*
— comme ein kié d' madame. v. belle.

Biblette. s. f. bagatelle. v. fr. bibette, bluette, étincelle.

Biblot, bilbot. s. m. petit morceau de bois attaché par un clou et

11

au moyen duquel on tient une armoire, uue fenêtre fermées ‖ petit objet dont on ne peut ou ne veut pas dire le nom. Le sens de *bilbot* me semble plus restreint et être seulement le synonyme de targette en bois : bille-+-*bo* (bois). *Biblot* serait le mot bibelot usité en France, quoiqu'exclus des dictionnaires.

Bidé. as, au jeu de dés. M. Hecart le donne comme celto-breton : bid. v. *bedot.*

Bidon. s. m. ustensile, chose. ‖ imbécille. En fr. vase. *Lourd bidon.* Rédondance. De même origine que *bidé, bedot, etc.*

Bié. s. m. plaisir, bien. Ce mot est aussi un adv., alors il a pour synonyme *bé* et dans certains villages *bin* et *bie. Qui preind prumier preind bié.*

Bief. s. m. partie étroite d'un canal, par opposition à large. En fr. bief est un conduit élevé et biaisé menant l'eau au moulin.

Biette. s. f. bête. dans les villages on dit aussi BIESSE.

Biette du bon Dieu. moine dévot, imbécile.

Biette du paradis. insecte, scarabée. Coccinella septempunctata, la plus commune des coccinelles.

Biette d'orage. s. f. éphémère, petit insecte qu'on ne voit que dans les chaleurs précédant les orages.

Bijoutière. s. f. Mᵈᵉ de modes. En fr. bijoutier signifie qui fait, vend ou aime les bijoux.

Bilboter. v. n. et a. chanceler, cahoter, vaciller, ne pas être ferme, comme si on n'était tenu que par un *bilbot.*

Bille, biye. s. f. morceau de fer rond et plat que l'on pousse, avec une queue de billard, sur une table sablée.

Billëter, bilter. v. n. jouer gros jeu. En fr. ce mot signifie étiqueter. Le mot *billëter* provient sans doute de bille. Les Hollandais disent : Zyn goet door de billen lappen, pour : manger, consumer sa fortune au jeu. Ce qui confirme cette étymologie, c'est que les Liégeois qui disent *beieté* ont leur radical *beie* (bille). M. Scheler tire bille du mba bikkel, osselet, dé.

Billeteur, bilteu. s. m. et adj. qui aime à *billëter. A l' bourse d'in billeu y n' faut gnié d' loquet.*

Biltié, biyĕtié. oscraie (Borinage). v. *bīyette, belisse.*

Binaisté, Bin-aiseté. s. f. contentement, satisfaction, joie, aise.

Binbin, binbingne. s. m. petit enfant. (Quaregnon).

Binchou. s. m. boucher qui étale sa viande sur le marché. Autrefois les bouchers de cette espèce étaient presque tous de Binche.

Binde. s. f. bande. All. binden, lier, imp. band, imp. du subj. bände (prononcez bende) band, ruban et lien, bund, alliance, d'où là famille des mots fr. bande, bandit, bandage, banderolle, bandelette, etc.

Binder. v. a. bander.

Binoi. s. m. espèce de charrue particulière au pays. Les beaux parleurs le traduisent par binette ou binet. La binette est un instrument de jardinage assez semblable à la houe et dont on se sert à la main. Le binet est un instrument pour brûler les bouts de chandelle, un *profit*. Biner est fr.

Bique. s. f. mauvais cheval. En fr. ce mot exprime une chèvre pendant qu'elle allaite.

Biquet. s. m. traverse en fer ou en bois à laquelle sont attachés les fils qui supportent les plateaux d'une balance, ou autrement fléau armé de son aiguille. — en fr. est synonyme de trébuchet ou de chevreau. v. fr. buquet, balance, trébuchet.

Biscote. s. f. espèce de friandise. Tranche de *couque* (v. ce mot) sucrée et séchée au four. All. biscotten, biscuit, latin, biscocta.

Biser. v. n. partir ‖ sauter ‖ voler ‖ jaillir ‖ être en rut ‖ *aller al ducasse de Messine*. En fr. ce mot signifie devenir bis, reteindre, etc. En patois de Liége, *biser* signifie enlever une fille, commettre un rapt et quelquefois courir comme le vent. *Enne vake qui bise*, est une vache qui, au moment de rut, franchit les fossés. Ce mot, selon M. Grandgagnage, est une onomatopée : aussi le verbe all. bisen ne vient pas de biscwurm. Celui-ci, au contraire en provient, parce que c'est un insecte qui fend l'air avec bruit. Mha bisen, vha pison, courir, queue levée, comme les bestiaux piqués par le taon (Bise Wurm). Autre vha : pison avec i long, bruire, en parlant du vent, d'où le fr. bise.

Bisé. s. m. et adj. batelier qui ne fait pas partie de l'association.

Bisette. adj. qui n'a que le fémin. Bissextile. *Ce sera l'année bisette quand lés pouye iron à crochette*. Ce sera aux calendes grecques. Bisette en fr. est une espèce de dentelle inférieure. v. fr. bissêtre, bissestre. On désigne aussi par *année bisette*, une époque merveilleuse : écoutez la chanson :

Il a tout rué pa l' fernielte
Ça a keyu dessu l' tiette
Dessu l' tiette d'ain marichau
    Oh !
Ej cois qu' c'ést l'année bisette
Y kée du brain al place dé l'iau
    Oh !
Ringuinguelte, oh ! ringuingo, etc.

Bistoquer. v. a. fêter, offrir des vœux, un bouquet, un cadeau. Cela semble équivaloir à *bousqueter* qui se dit à Liége. Bouquet paraît venir du Scandinave Buskr faisceau. Bas-bret. boqet, bouquet, boqeterès, bouquetière, irl. bad, bouquet, fascicule, sanscrit, bad, lier.

Bitte. s. m. infusion de café, peu chargée.

Bitte. Penis, mentula, membrum virile. Hujus modi verba referre me pudet, piget que. Sed quod illustribus philologis licuit, mihi semel licebit : hœc enim vox ob indigenam et antiquissimam originem prætermitti nequit.

Converto in latinum sermonem quod in libro excellentissimo clarissimi Diefenbach germanicè scribitur :

Fr. vit, forsitan etiam fr. veille (=nerf de bœuf), Pott componit cum Brz. Piden, Biden=penis, Cy. Pid m=a point ; what tapers to a point ; pidyn=a pintle. Hæ voces sunt forsan cum πέοσ et penis cognatæ ; sed credimus vit formam et capitalem formam gallicæ vocis : Vis cf MLT. vitis, vis=cochlea, scala annulata. Vitus=flexura, probabiliter eâdem propinquitate quàm vitta et plures aliæ voces. cf. Brz vics=vis (probabiliter derivatio) ; biñs=scala cochleæ in modum structa. Gael. bidhis f.=screw.

Ceux qui savent le latin auront peine à comprendre encore le langage scientifiquement obscur de Diefenbach. Je devrais, pour être bien clair, donner la clef de tous ses signes et abréviations. Mais cette obscurité entre ici dans mes vues. En toute autre circonstance, je l'évite autant que je le puis, non que je ne rende tout hommage à sa savante méthode ; mais c'est un travail que je veux épargner à mes lecteurs.

Ce n'est pas tout : Voici ce que dit Pictet, p. 78. Je ne traduis plus que quelques mots :

La racine sanscrite b'id diviser, fendre, forme, sans changer sa consonne finale, les dérivés b'eda, division, b'edana, fissure, b'idaka, épée, etc., auxquels répondent l'irlandais bid, bidean, haie, séparation, bideog, poignard, et le Gallois bid, haie, et bidawg, épée courte; en prenant les suffixes ti et ta, le d de la racine se change en t et il en résulte b'itta, b'itti, fragment, morceau, mur de terre, fente, fissure. Les formes analogues de ce changement en irlandais, sont bith, blessure, bith (erse bithis) cunnus et par extension, femina, mulier, etc.

En ayant égard à brz biñs, cité dans cet art., on trouvera, je pense, l'origine et la valeur propre de *begne* ou *bin*, surtout en le comp. à celles de *chegne*, *chin*.

Biyette. s. f. osier. v. fr. bims, vime, osier, fl. wilg, saule, bret. bezo, bouleau, lat. vimen.

Blåge. adj. pâle. All. blass, pâle.

Blague. s. f. bavardage, loquacité, *avoi n' bonne* — avoir la langue déliée. — *au toubak*, sac à tabac. Le dict. de l'Académie admet le mot *blague* pour sac à tabac, mais n'accueille pas *blaguer*; cependant on s'en sert populairement en France.

Blaguer. v. n. bavarder ‖ se vanter. All. blackerie, pedanterie.

Blagueur. s. m. et adj. qui *blague*.

Blamuse. s. f. plaquette. Fl. blamuser. En Westphalie, il y a une monnaie d'un huitième de thaler (environ 46ᶜ) qui a reçu le nom de blamüser ou blaumuser, blau, bleu (à cause de l'alliage) et münze, monnaie.

Blan. Ce mot n'est usité que dans cette phrase : *leyer ain blan*, laisser dans l'embarras. v. *plun*.

Blanc-bonnet, blan-bouné. s. m. femme.

Blanchisseur. s. m. ouvrier qui badigeonne. En fr. ouvrier qui blanchit la toile.

Blan-bo. s. m. bois blanc, peuplier blanc.

Blau-do. s. m. flatteur. Lat. blandus. Les Liégeois disent *blan-cou* (cul); ce qui peut faire croire que blandus n'est pour rien dans l'affaire. Au reste blandus avait donné plusieurs mots au v. fr.: blande, blanditeur, flatteur, blandices et blandie, caresses pour tromper, blandir, caresser, flatter.

Blan-doi, doigt-blanc. s. m. panaris simple où l'inflammation est légère et superficielle. On réserve le nom de *doigt-d'olive* (v. ce mot) pour les panaris où le travail inflammatoire a lieu profondément, au-dessous de la gaine des tendons.

Blâsé. s. m. variété de froment dont le grain est plus blanc que celui du froment ordinaire. All. blass, pâle. Peut-être même origine que blé : B.-lat. bladum, fl. blading, proventus agrorum, ags blad, sclavon plod fructus.

Blé (*pris comme din ain* —) locution commune qui répond à celle : pris comme Henri IV sur le pont-neuf.

Blé (*salade de*). mâche, boursette, doucette, blanchette, valeriana locusta. L. Exclam. négative. A d'autres, non pas, néant, point du tout.

Bleffar, Beffiar, Bleffou. adj. et s. qui *bleffe*.

Bleffe. s. f. p. bave, salive. *Mier à bleffe dé kié*. Manger à discrétion, sans discrétion, avec excès, en goinfre. v. fr. beffe, bave, baffard, qui bave : et encor estoit-ils tiex que les beffes qui-lor chaoit d'entier le bouche li terçoit et l'ordure ausi de lor vis. De saint Ysabiel. Esp. befar, remuer les lèvres, befo, lippu, dialecte de Thuringe, bâppe, gueule, bouche, fl. baffen, blaffen, aboyer. C'est probablement là l'origine de la double forme fr. et montoise, malgré une différence de signification.

Bleffer. v. n. baver.

Bleffou. s. m. bavette.

Bleti. v. n. devenir blet. (Blet et bletissure sont fr., mais peu usités). En dialecte bavarois, blätteln, commencer à se pourrir en parlant des viandes. En v. all. bleizza, tache bleue d'une meurtrissure.

Blon. s. m. bond. Bon — 1er bond, terme de jeu de balle. BLONKIÉ, v. *erblonker*.

Blouk. s. f. boucle. Celto-breton, bloucq. *Fai l'*— *dé t'gueule*. Tais-toi. Mets un frein à ta langue.

Blutte. s. f. sabot, espèce de toupie (Tournay). v. *bablutte*.

Bo. s. m. bois.

Bo d'erculisse. racine de réglisse. — *d' pouye*. Érable. It. bosco, b.-lat. buscus, fl. bosch.

Boche. s. f. bosse. Fl. bochel.

Bochu. adj. bossu.

Bodé, ée. adj. gonflé, tuméfié, œdématié. En liégeois il signifie courtaud, trapu, nabot, ragot. Ce mot semble provenir d'une racine celtiq. both, rotondité.

Boder (*s'*). v. r. devenir *bodé*. Ce verbe est défectueux et n'admet guère que l'infin. : *Emme mau s'ra bétô outte, emme diau coumainche à s' boder.* Mon mal (de dents) sera bientôt passé, ma joue commence à se tuméfier.

Boëtte. s. f. soupirail ‖ très-petite armoire en mur ‖ excavation pratiquée dans une muraille pour en marquer la mitoyenneté. v. fr. boëste, bas-bret. boëst, b.-lat. buxtula boite, quia e buxo conficitur. Cette étymologie ne me semble pas fort satisfaisante au point de vue de la signification. J'aime mieux prendre le v. fr. baie, ouverture, fenêtre, bouette, trou, ouverture, liégeois, *bawette*, jalousie, sarbacane, *bawi*, regarder furtivement, b.-lat. bayeta, sentinelle, v. all. bûton, attendre.

Boïne, Boïme. s. f. pièce de charpente qui s'assied entre les jambes de force.

Boire (*es*). s'enivrer fréquemment. On employe *boire* d'une singulière manière : *es cœur boit del graisse.* C'est une curieuse altération de : son cœur bat d'allégresse. On dit aussi : *boit du lait.*

Boitiau. s. m. s. mesure de Tournay pour les moules.

Bolusse. s. m. sorte de terre rouge.

Bôme. s. f. bombe ‖ gros *courtiau.* v. ce mot. Fl. bom, lat. bombus.

Bondi. s. m. rempli. Fl. binden, bond, gebonden, lier, all. binden, band, gebunden.

Bondié. excl. mon Dieu !

> *Bon Dié! qué voz asté candjé !*
> *Dju vos r' counoi, v'nez m'ainbraché ;*
> *Voz avez en tout m' n'amitié ;*
> *Quintin, quand vos vourez,*
> *Dju sue prette à m' marié.*
> (Chanson de Quintin. v. *fourderaine.*)

Bonjot. s. m. **Bonjette.** s. f. botte de lin, d'allumettes. Liégeois, *bonge*, holl. bondel, all. bündel, paquet.

Bonne. s. f. borne. v. fr.

Bonnier, bougnié. s. m. s. mesure agraire qui, à Mons, se divise en trois *journels* ou *journaux* ou *journeu.* Le journal se subdivise en

quatre quartiers ou quarterons et le quarteron en 36 verges. v. *verge.*
Le bonnier = 1 hect. 266151.

Bonzé. adv. *bonz et caud, bonz et gros,* signifie bien chaud, bien
gros.

Boquet. s. m. écureuil. Ce nom vient sans doute de *bo,* séjour habituel de l'animal. Dans les villages on dit : *bosquet, bosquetiau.* Dans les
plus éloignés on dit *spirou.* ‖ morceau. En fr. boquet signifie pelle,
outil de serrurier, écoppe. Dans sa dernière signif. *boquet* peut être une
corruption de bouchée.

Borain, borenne. s. et adj. habitant du Borinage. Ce mot provient selon les uns de l'all. bauer, qui signifie paysan, selon les autres
de bure ou bore, qui signifie puits d'extraction. Boren en holl. signifie
percer un trou. Bohren en all. a la même signification.

La tradition nous rapporte que les premiers Borains vinrent à Frameries, du pays de Liége, pour l'exploitation de la houille, plus anciennement connue dans ce pays. On explique par là la différence qui existe
fort notablement entre le langage borain et les autres dialectes wallons.
Je ne trouve pourtant pas de ressemblances bien frappantes entre le
framěrizou et le liégeois. Le meilleur argument se trouverait dans la
prononciation de quelques lettres, par ex. : j et g doux qni se changent
en dj, dg. (et encore les Liégeois changent j et g en tch). La plupart des
mots borains inusités dans nos autres villages, sont inconnus à Liége.
Quant aux termes de mineurs, quelques uns sont les mêmes, beaucoup
sont différents.

Borinage. s. m. pays comprenant les villages de Jemmapes, Frameries, Pâturages, Quaregnon, Hornu, etc., et dans lesquels on s'occupe
principalement de l'extraction de la houille.

Boscayer. v. n. travailler du bois. Bas-lat. boscaieare, lignum
cædere (Ducange), fl. bosch.

Boscayěries. s. f. p. vieux morceaux de bois.

Bosquet. s. m. pivert. Fl. bosch, bois.

Boss, Bozinne. ss. m. et f. chef, maître, maîtresse d'un établissement et surtout d'une auberge ou d'un cabaret. Ces deux mots sont
fl.: baes et baezinne.

Botquin. s. m. petite barque. All. boot. Chaloupe. Chen est le
diminutif all. v. fr. botequin.

Bot. ne s'employe qu'avec court. *Ein court ét bot, enne courte et botte,* nabot, nabotte. Je ne connais le mot fr. qu'uni à pied. Fl. bot, émoussé. v. *eilbotte* et *niambot.*

Boucan. s. m. lieu de prostitution. Boucan, employé pour tapage, est français; boucaner l'est aussi, mais pour signifier faire sécher à la fumée, aller à la chasse des bœufs sauvages, etc.

Boucancouque. s. f. galette (v. *coukebak*). Fl. boekweitkoek, litt. gâteau de sarrasin. v. *bouquette.*

Boucaner. v. n. faire du bruit, tapager. Suivant Menage, le boucan était originairement une sorte de danse, du nom d'un maître à danser qui vivait encore en 1645.

Bouchon. s. m. buisson. Les philologues font venir buisson de buxus. Ital. bosco, esp. box, all. buchs, buis. Notre terme s'accommoderait mieux de l'all. busch, buisson ; mais voilà que M. Scheler dit que l'all. paraît être emprunté aux langues romanes. A défaut de l'all. on a le fl. bosch, dont l'antiquité n'est pas contestée, que je sache.

Boudenne. s. f. ombilic, nombril, tout le ventre. Fr. bédaine, v. fr. boutaine, dérivé du gall. poten, boyau, bogail, umbilicus, lat. botulus, boyau. On lit dans Froissart : Jusques à la boudine.

> *Dian!* (ter) *vo boudenne kéra;*
> *Si elle né kié gnié, on vo l' coupera*
> *Dian, etc.*
> *Dian* (ter) *vo boudenne* (bis)
> *Dian* (ter) *vo boudenne kéra.*

Boudiniau. s. m. compresse pour soutenir l'ombilic des nouveaux nés et qui est serré contre lui par le *stringiau.* v. ce mot.

Boudinoir. s. m. instrument pour faire les saucisses, etc.

Boufa. s. m. canonière (Fleurus). À Liége, bouhal. M. Grandgagnage compare ce mot à notre *buquau* (*bukoi*), toutefois il trouve aussi régulier de le rapporter à *bouhe* (*buque* fétu) ou même à *bouhe,* forme wallone inusitée de *buse.*

Bouffe. s. f. réprimande. Ce mot en fr. désigne une race de chiens.

Bouffon. s. et adj. gourmand. — en fr. signifie plaisant, comédien.

Bouffonnerie. s. f. gourmandise — en fr. plaisanterie.

12

Bouga, Bougar. s. m. animal fantastique inconnu ou peu connu à Mons, mais dont on parle beaucoup dans plusieurs villages. Lorsqu'à Quaregnon et dans quelques autres lieux, les enfants effrayés demandent ce qu'est ce *Bouga*, on le leur définit : *enne biette qu'a des deints d'aci, qui miu du fier et qui kie du fie-d'arcau.* Un animal qui a des dents d'acier, qui se nourrit de fer et ch... du fil d'archal.

Bouge, Bougette. s. f. sac, bourse. C'est du v. fr. derivé du celt. ancien dont les Romains avaient fait bulga.

Boujon. s. m. traverse ronde de chaise, de ridelle. — *d'eskielle* échelon. Ce mot est français, mais dans une autre signification et il n'est employé que par les manufacturiers ou par les anciens auteurs. V. Hugo cependant l'emploie dans Notre-Dame de Paris. All. botz, javelot, holl. pols, bâton ferré, bouille.

Boulache, Boulage. s. m. eau sans ou avec cendres de bois, dans laquelle on fait bouillir le linge, la vaisselle.

Boulan. s. m. terrain mouvant, sable mouvant. En liégeois *boulá* (t. de mineur) est le bouillonnement causé par le refoulement d'une eau d'areine, en bas-breton on appelle boüilhen-dro la fondrière, la terre molle et tremblante. Boüilhen, plur. boüilhennou isolément signifie boue, bas-norm. bougue.

Boulancer. v. a. pousser quelqu'un avec mépris, insulte. Ce mot semble une combinaison de balancer et de bousculer.

Boulduc. s. m. personne épaisse, enfant très-fort. Ce mot est une corruption de boule-dogue.

Boule. s. m. bouleau, arbre : betula : gallica hæc arbor (Pline). Corn. bedho, b.-bret. bézô, gall. bedw, b.-lat. boula, v. fr. boul, boulel.

Bouler. v. n. et réfl. tourner, se rouler, partir. *Va-t'bouler*, va te promener. En fr. bouler se dit du pigeon enflant sa gorge et du pain qui se gonfle. En t. d'argot il signifie aller.

Boulet. s. m. briquette. FAISI (v. ce mot), mouillé et battu dans une forme de fer.

Boulette. s. f. fricadelle. En fr. petite boule.

Boulot. s. m. boule, peloton. V. fr. bourlot.

Bouloter. v. a. pelotoner.

Bouquette. s. f. plante, sarrazin, la farine qu'il fournit ‖ jeu de pe-tites filles, osselets de mouton pour jouer à ce jeu, morceau de cuivre de la forme de ces osselets. Flam. boek-weyt sarrazin, all. buch-weizen signifient littéralement froment de hêtre, à cause de la forme de la graine qui ressemble à la faine. ‖ Fl. bikkel, jeu d'osselets.

Bouquiau. s. m. boule de terre cuite, de fer, pour jouer au jeu de *bouquette* ‖ — *d'sorcière.* Cailloux siliceux qui y ressemblent et ont pris une forme à peu-près ronde en roulant dans les fleuves ou dans la mer ‖ biscayen.

Bourbotte, Berbotte. s. f. brebis. En fr. bourbotte ou barbotte est un poisson d'eau douce.

Bourceler. v. a. bossuer, déformer, faire des bosses à un vase métallique. M. Grandgagnage tire ce mot du dialecte bavarois, du verbe borzen faire saillir, projeter en dehors. Il donne la même origine au *boursai* liégeois qui est notre *pourciau,* v. *pourciau* et *abourser;* mais peut-être — est-il un dimin. du v. fr. bouer, marteler.

Bourdon. s. m. on donne ce nom à diverses espèces d'ophris, dont les fleurs ressemblent à des mouches; on le donne aussi à quelques orchis et à la jacée, centaurea jacea.

Bouriauder. v. a. tourmenter, vexer, faire souffrir, martyriser.

Bourique. s. f. grosse balle. En fr. âne.

Bouriquer. v. a. froisser, meurtrir. *Il a leyé keï lés puns, i sont tout bouriqués.* Peut-être, comme *bourseler,* dimin. du fr. de techn. bouer, marteler.

Bourler. v. n. filer, couler : *y bourle court.* Il est trop faible, trop court, trop mince, l'argent lui manque.

Bourlette, bourlotte. s. m. boule, tête, tumeur arrondie, renflement au bout d'un bâton. En v. fr. espèce de massue.

Bourre. v. *goure.*

Boursette. s. f. petite bourse. — en français est la bourse à pasteur, plante.

Bousie, bouzi. s. m. chute du rectum, sortie de l'intestin par le fondement. A Valenciennes on dit bouzine. V. *debouzinner.* En gall. poten, en bas-breton bouzelleñ, boyau. v. *boudenne.*

Bousin. s. m. lieu de prostitution ‖ amas, réunion désordonnée ‖ saillie qui en est le résultat. *S' kemiche fai ein bousin dain s' marone.* Sa chemise est ramassée sur un point. En fr. on se sert aussi du mot bousin ou bouzin; mais il exprime un amas de glace spongieuse. On donne encore ce nom à la croûte tendre de la pierre de taille.

Dans le sens de saillie, *bousin* semble provenir du fl. boesem ou de l'all. busen sein, mamelle.

Bouter. v. a. et n. agir, mettre, faire ‖ continuer ‖ chier. En v. fr. verbe act. signifiant mettre ; il est encore employé comme neutre dans quelques significations appartenant aux métiers, arts, etc. Esp. botar, v. all. bozen.

Boutique. s. m. lorsqu'il a la signification française : *ain biau, ain gran —, au boutique !* Ce mot est féminin pour signifier événement, accident. *Là n' boutique !* dans quelques villages on dit *vende, veinte —* pour tenir —.

Boutisse. s. f. pierre ou brique dont la partie étroite se montre à la façade. En fr. c'est le contraire. Boiste en effet la définit une pierre placée en long dans un mur, la largeur de face ; c'est notre *panneresse.* v. ce mot.

Bouton d'or. s. m. comme pour les fr. c'est une espèce de renoncule double. C'est de plus le seneçon commun, senecio.

Boutrane. s. f. tartine, beurrée. all. butter, beurre, fl. boterham tartine.

Boutriau. s. m. t. de charb. pièce de bois placée dans les galeries pour empêcher l'éboulement des terres.

Boutrie. s. f. t. de charb. milieu du tirage, époque où la houille extraite est de la meilleure qualité.

Boutrouye. nombril, ventre. v. fr. bouteril et boutreil. A Namur et à Liége *botroul* nombril, b.-lat. botulus.

Bouveau, bouviau. s. m. galerie de communication dans une houillière. Est-ce boyau, terme militaire ? est-ce un dimin. de *bove* ? Un bouveau en fr. est un jeune bœuf.

Bouveler. v. n. tracer des *bouveaux* ‖ se dit aussi du travail de la taupe.

Bouyau. s. m. boyau, cra —, rectum.

Bouzette. s. f. faute, ânerie, maladresse ‖ t. de jeu de *tourpie.* On fait — quand le sabot s'échappe de la corde sans tourner ou quand il tourne sur le dos. A Liége on fait berwette quand on manque son coup à la chasse, aux quilles. v. *loutte.* fr. bousiler, faire mal.

Bove. cave (Frameries). bas-lat. Bodium, crypta, caveau. Bova, cella vinaria : Comme Robert Fuscien eust d'aventure trouvé une *bove* ou cave ouverte. (Ducange.)

Brachie. s. f. brassée.

Brader. v. a. dissiper, gâter : *brader l' métier*. Gall. brâd proditio, bradwr proditor. Ainsi *brader l' métier* serait le trahir.

Braderie. s. f. dépense folle, action de *brader*.

Bradeu. s. m. qui *brade*.

Brailler, brayer. v. n. perdre du temps — en fr., parler beaucoup.

Braillard, brayard. adj. et s. traînard, personne lente. En fr. bavard.

Brain. s. m. bran, matière fécale. Rabelais disait bren. *Parrain au —* celui qui est peu généreux. *C'est comme ein — d' vein n' lanterne*. Cela est fort inutile ou cela montre la saleté. Celto-bret. brein, pourri, gall. brynt, ordure, pourriture, gaël., cymr. bran, bret. brenn son.

Brain d'agassè. s. m. gomme des cerisiers, pruniers, abricotiers.

Brain d'oreye. s. m. cérumen.

Brain d' viau. s. m. coup que se donnent les enfants de quelques villages, en portant un doigt dans une extension forcée et le lâchant violemment contre le front. Ce jeu dangereux fait souvent jaillir le sang par les narines.

Braine. s. f. bréhaigne, bourg. braime. B.-bret. braben, femme stérile.

Braire. v. n. pleurer; se plaindre incessamment de son peu de succès au jeu, aux affaires, etc. — En v. fr., pic., norm., prov. pour pleurer, b.-lat. braiaire, irl., breas cri, bragaim crier, bret. breûgi, gall. bragal crier, brai ou bret en v. fr. signifie cri ou pleurs.

> A chaque avé
> El kié piche et el feimme brait.

Brairie. s. f. *nos arons co del* — nous aurons encore des cris, des lamentations.

Braiyard ou plutôt **bréyard.** s. m. qui *brait.*

Braiyou, Braiyourte ou **breyourte.** Au Borinage Bréyoire. pleureur, pleureuse.

Braiyou, bréyou (*avoir el*) être en disposition de pleurer. *L'ein-fant a co l'—*, il est encore maussade, pleureur.

Braizettes, s. f. pl. t. de M^d de charbon. Houille menue.

Bramain, branmain, brafmain. adv. beaucoup. De bravement.

Brandi, brandir, v. a. t. de charb. calfeutrer, boucher les fentes du cuvelage. — est fr. dans d'autres significations.

Branke. s. f. branche. Bret. brank, brenk, lat. bracchium.

Braqué. s. m. pois à cosses larges, souvent tortues. Mangeons-tout tardif.

Braquelin. s. m. gros clou servant aux *baqueteurs*. Le *demi braquelin* est plus petit. Braque en fr. signifie pince d'écrevisse, etc.

Brave. adj. propre, endimanché. || *Com ain brav'*, s'il vous plait, je vous prie. Fandricisme. On dit de même : *com enne belle fiye, com ain biau fieu*. Vous serez un aimable enfant si..... Le mot brave a signi-fié en français paré, jusqu'au xviie siècle. Il est d'origine probablement celtique et a passé dans diverses langues en prenant des significations différentes. Autrefois un bravo en Italie était un assassin à gage, au-jourd'hui c'est un artiste-peintre ou musicien. V. Amperre : formation de la langue française, p. 204. Il est venu en All. vers l'époque de la guerre de 30 ans, selon Diez. B.-bret. brav, breau, brao, beau, joli, gentil.

Bray. village du Hainaut. V. fr. boue, fange, limon. Écoss.-irl. brogh, même sign. bret. pri, gall. priz, argile.

Brayette. s. f. pan de chemise qui s'échappe par un trou de la culotte. Les enfants poursuivent de leurs huées ceux dont la chemise passe de cette manière; ils crient : *al —*. En fr. c'est la fente de haut-de-chausse. Braie, braye, brague, braguette, sont parmi les mots les plus incontestablement tirés du v. celtique, d'où s'est formé le latin braccæ et (gallia) braccata, aussi βραχαι (Diodor.). En bas-breton bragez, bracs, en gallois bryccan, esp. bragas, ital. brache, gaël. briogis.

Brelle. s. f. ciboulette, civette, plante || bagatelle. || T. de jeu : carte basse; le contraire de carte marquante. *N' vénez gnié co avé dés —*. Fl. préel. babiole, bagatelle.

Brette. s. f. assez long espace de temps, de lieu. Inusité à Mons, mais fort usité au Borinage : *du Pasturage à Mon y gnia n' bonne brette.*

Y gnia n' brette qu'on n' l'a oyu. Il y a assez loin de Pâturages à Mons ;
Il y a assez longtemps qu'on ne l'a eu. Flam. breedte largeur, étendue,
espace. A Mons on se sert de *brette* pour discussion, dispute. Dans
ce sens, il vient de bretter, lequel mot dérive, selon certains auteurs,
d'une espèce d'épée de Bretagne, et d'après M. Scheler, du nord. breta,
sabre.

Briak, s. m. gâchis, fange, margouillis. V. fr. brai, brak, brabie,
irl.-écoss. brogh, boue, bas-bret. brais, fange.

Briay, brihaye, s. m. petit *mouquet*, épervier, buse. V. fr. bru-
hier, épervier bâtard.

Briber. v. n. mendier, gueuser. En fr. briber signifie manger avidement. En espagnol bribar mendier. Dans le v. fr. on s'est aussi servi
du mot briber pour quêter des bribes. Mais d'où vient ce mot : bribe?
est-ce du gall. briw qui signifie fragmentum?

Bribeu, euse. s. m. et fém. celui, celle qui *bribe*.

Bribouzer. v. a. salir, tacher. V. *brouzer*. Gall., corn. brith, bas-
breton, briz, tacheté, maculé, bigarré.

Brichauder. v. a. gaspiller, dépenser follement, laisser perdre, ne
pas soigner.

Brichaudeu, brichaudeur. adj. et subst. qui *brichaude*. Bri-
faud, en v. fr. signifie glouton, gros mangeur. Brifauder veut dire dissiper. Bas-bret. brifa, manger avidement.

Brin. s. m. bran. Brin, en fr. signifie morceau, fétu. Rabelais se
sert souvent, comme les Montois, du mot bren, excl. pour refuser, bret.
bren matière fécale, fumier. V. *brain*.

Briquer, en quelques villages BRIQUIÉ, v. n. aller de travers, être raide, *Tes cheveux briquété*, vos cheveux sont mal arrangés.
De bric et de broc est fr. pour signifier de travers et de pièce et de
morceau. All. brechen, gebrochen, er bricht, changer de direction,
briser.

Briquet. s. m. grosse tranche de pain. All. brechen, er bricht,
briser.

Brisac. s. m. brise-bouteille, qui brise, qui détruit, qui use beaucoup. Comme le fr. briser, l'italien sbrizzare, de l'all. ou du celt. :
v. all. brize éclat, chicot, écharde, esquille, all. brechen rompre, néerl.
brijselen mettre en pièce, armor. brisa, gall. briwsioni, irl. yung brisigh

rompre, briser. D'après Pelletier, b.-bret. breta; dans Davies, briwo terere, irl. brw broyer.

Briscander. v. a. briser sans sujet, détruire follement, agir en brisac ou en brichaudeu, fig. user beaucoup. Bas-lat. brischiare, frangere, perforare: perforabantur enim monetæ quarum cursus prohibebatur. (Ducange.)

Brocar. s. et adj. pleurnicheur ‖ qui parle avec difficulté. En v. fr. bricar signifie bègue. V. broquer.

Brochon. s. m. dépression au bord d'un pot, d'un poëlon, pour faciliter l'écoulement du liquide qu'on en doit verser. Brochi, ribrochi en namurois et liégeois signifient regorger, en parlant d'un liquide et brochon la partie liquide qui a jailli. M. Grandgagne fait un rapprochement avec le v. all. brësten, brosten et l'all. moderne brechen, rompre, bersten, crever. Mais notre — n'est-il pas lié au fr. broc, pot, dont il est une partie.

Brod, broud. s. m. pain. Flam. brood, all. brod, norwégien braud, tudesque brôt.

Brodiau (rester ein). rester court, être embarrassé. D'imbroglio ou de l'esp. brodio, all. brodem, fr. brouée, nuage ou enfin du gall. brudiaw, raconter, lequel remonte au sanscrit brû, dire.

Brohon. s. m. arbre rabougri, tortueux.

Brokali. s. m. boîte aux allumettes. A Liége on nomme les allumettes brokales. A Namur on les nomme brokales et broquettes.

Bronbiyes, bronbilles. s. f. pl. broussailles. ‖ choses de menue valeur. Fl. brommelbezie, all. brombeer mûre de ronce.

Bronche (l' cayau fait). fait reculer.

Broncher. v. n. reculer. En fr. broncher signifie échapper, faillir.

Bronspott, bronchĕpotte. s. f. cruchon, espèce de bouteille en poterie très-dure. Ce mot est fl. et peut se décomposer en BRONST, chaleur, ardeur + POT, et il s'expliquerait en ce qu'à la vérité l' — sert à contenir de la bière et d'autres liquides, mais par ce que souvent on la remplit de sable brûlant et qu'on en use dans les lits en guise de bassinoire. Ainsi pot de chaleur.

Broque. s. f. broche ‖ il a n' — à s' cu. Il a une attitude raide, orgueilleuse. V. fr. broc, b.-lat. broca, brocca broche, b.-bret. broch alène de cordonnier. En fr. broque signifie dent courbe, défense du sanglier, lat. brocchus dent aiguë. *Rester ein —* être arrêté court.

Broque. morceau. All. brocke, brocken morceau, miette.

Broques. s. m. pl. argent. *Il a bramient des —.* V. fr. broque, double liard. Il peut provenir de même que le v. fr. du mot all. brauchen, servir, comme le mot liégeois *aidan* liard vient du fr. aider. Il y a encore l'all. brocken petit morceau, miette.

Broquemar. s. m. braquemart.

Broquer, en certains villages BROQUIÉ. *Ej brokeye, y brok.* Beugler, mugir. Fig. chanter mal et fort, gémir comme un animal. Bret. breûgi, gall. bragal crier, all. blöcken beugler. *Il a aintaindu broquer. Y n' sai gnié à quē stol.* Il a entendu quelque chose, mais il ne sait ce que cela signifie ou d'où cela vient.

Broqueteur. s. m. ouvrier brasseur.

Broquette. s. f. petite broche.

Brouche. s. f. brosse. En angl. brush, fl. borstel, all. bürste, v. all. borste. *Ça li fait —.* C'est pour lui un espoir deçu.

Brouchĕter. v. n. manger beaucoup, se panser. Corruption sans doute de brouter, manger en bête. V. fr. brouster, manger. ‖ V. a. brosser; de *brouche*.

Brougner. v. a. écraser; provient sans doute de broyer. Moins usité qu'*erbrougner* qui a une signification un peu différente. V. ce mot.

Brouillasser. v. imp. bruiner.

Brouskaye. broussailler. Bas-lat. bruscia, all. brüsch, breusch.

Broutchi. cri des bergers pour exciter leurs chiens.

Brōuter. v. a. brouetter, voiturer.

Brōutĕu. s. m. voiturier des brasseurs. En fr. un brouetteur est un homme qui traîne les personnes en brouette. Un brouettier est celui qui dans une brouette conduit des terres. *Boire comme ein —.* Les Liégeois qui n'ont pas — ont dû l'avoir; car ils disent brouwté boire abondamment, *comme ein —.*

Brouyere. s. f. bruyère. B.-lat. bruarium, bruera, gall. brwg, bas-bret. brûg.

Brouzer. s. a. salir, mâchurer. *On n'est jamais brouzé qu' pa n'ain noir pot.* Il n'y que ceux qui ont un défaut qui le reprochent aux autres. Brz, kymr. briz, bariolé, bryk, tache.

13

Les rois —. Ce que l'on nomme, en quelques provinces de France, les rois mâchurés; c'est l'octave de la fête des Rois.

Bruant. s. m. hanneton.

Brûler (*s*). tomber dans l'eau très-froide. || *Brûler s' payasse*. Lorsque, dans nos villages, certains maris ont surpris leur femme en conversation criminelle, ils ne trouvent rien de mieux que de porter leur paillasse dans la rue (quelquefois vis-à-vis de la maison du séducteur) et d'y mettre le feu en criant pour attirer les voisins et rendre leur infortune bien publique.

Brûlin. s. m. linge à demi brûlé pour recevoir l'étincelle du briquet.

Brune. s. f. soir; à la brune est une vieille expression fr. encore usitée en langage d'argot.

Brunelle. s. f. scabieuse, plante.

Brunion. s. m., brugniolle, s. f. pêche sans duvet.

Bsi. v. BEZIERS. A l'art. besi Diez rapporte que c'est une poire sauvage et que le mot est signalé par l'Académie comme celtique, mais qu'il faut porter un regard sur le néerl. bezie, baie. Quoi qu'il en soit de l'étymologie peut-on comparer une poire sans valeur à une houille sans valeur?

Bu (*ette*). être ivre, enivré.

Bucher. v. *buquer*. En fr. bûcher signifie faire des bûches; il doit dans quelques localités avoir la signification montoise. Les mots bûche, bûcher, bûcheron me semblent venir de l'all. buche, hêtre, fau. Il en est de même peut-être du mot patois *bucher*. On a pu transporter l'objet avec lequel on frappe à l'action de frapper. Du reste on trouve dans l'all., poken, dans les patois allemands, boken, baschen, bauschen, buschen, frapper, heurter. V. fr. busquer, bousser, bussier, ital. bussare, flam. beuken.

Buchoi, s. m. heurtoir.

Bué. s. m. bœuf. Esp. buey.

Buée. s. f. lessive. V. fr. buée, all. bauchen, laver.

Buer. v. n. faire la lesssive.

Buf. s. f. souvent pl. réprimande, rebuffade. V. fr. buffe, coup.

Buisse. souche, étoc.

Bulok. prune (arrond. de Charleroy). A Liége et à Namur *bilok*. V. fr. belloche, belloce, beloce. Irl.-écoss. bulos, prunelle.

Bulter. v. a. bluter.

Bultoi. s. m. blutier. Lat.-barbare blutellum, fl. buil, all. beutel. Diez indique le v. fr. buretal, venant de bure, équivalent à étamine

Buotte. s. f. tuyau de chanvre dont on fait des allumettes, des chalumeaux, etc. (Thulin.) En fr. de technologie buhot, tuyau (de plume, etc.).

Buque. s. f. bûche ‖ petit morceau de paille, etc., dans l'œil, corpuscule. Liégois *bouhe*, corpuscules, d'où *bablotte* (v. *bablutte*). V. fr. busque, buque : tout petit corps étranger qui s'attache au drap, italien busco, v. fr. buche, brin de paille ou de bois, all. busch. Comparez *busquette*.

Buquer, busquer, busquié, bucher. v. a. frapper ‖ battre ‖ heurter ‖ faire du bruit ‖ avoir de l'importance. *Ça buque haut*. La somme est importante. V. fr. bussier, ital. bussare, all. bossen, holl. botsen, frapper à une porte. ‖ v. *biquet*.

Buquoi, buquau. s. m. feuille de papier disposée de manière à ce qu'en se déployant, elle fasse du bruit (*buque*).

Bur. s. m. beurre. *Y promettion pu de bur que d' pain*. Ils faisaient de belles promesses. *Y n'y a feimme si dure qui n'eusse pitié dé s' bur*. Les femmes même prodigues deviennent économes quand il s'agit de beurre.

Buré (*lait*). lait de beurre, portion de crême qui n'est pas convertie en beurre lorsqu'on le bat.

Buresse. s. f. lavandière ; de buée, v. m. fr. armor. bugadérez.

Burg. s. f. pompe qui fonctionne au moyen d'un lévier et qui épuise les eaux d'une mine.

Burgué. s. m. t. de charb. réservoir des eaux d'une houillère qui se remplit pendant le *trait* (v. ce mot) et que l'on épuise quand le dit *trait* est terminé. Il sert à épargner une machine à feu dans les houillères où l'eau n'est pas très-abondante.

Burguier. v. n. agiter la vase d'une rivière avec une perche pour forcer le poisson à sortir de sa retraite. V. fr. burguer, pousser, heurter.

Bŭrie. s. f. buanderie, arm. bugaderie.

Bŭrin. s. m. petit pain de beurre.

Burjet, porjet. s. m. porche, tambour.

Buse. s. f. tuyau, gouttière. Holl. buis, conduit, tuyau. Ce mot en fr. a une signification un peu différente et plus spéciale : c'est le coffre qui conduit l'eau au moulin, etc.

Busĕler, Buslé. v. n. couler comme par une *buse. Il a l'courante qu'y buselle.* Il a une diarrhée très-liquide. Cp. *bouzi.*

Busette. s. f. petite *buse*, par ex.: d'une théière, cafetière, bouilloire.

Busiau. s. m. tuyau (de pipe, de plume); busio en italien signifie trou.

Busier, businer, buseler, busié. v. n. hésiter, balancer, réfléchir. (Borinage) *ej busie* ou *busiye;* flam. beuzelen, vétiller, baguenauder, lanterner; on écartera sans doute, à cause de sa signification, le gall. busiaw, profiter; mais de là probablement l'angl. business, affaire. cp. *bésiner.*

Busquer, busquier. v. n. heurter, toucher. En fr. busquer signifie tenter, mettre un busc.

Busquette. s. f. courte-paille. *Tirer al* —. Est-ce l'espagnol buscar, chercher, se donner du soin pour trouver ou bien un dimin. de *buque?* v. ce mot.

C

C. Je ne donne pas tout les mots commençant par un C ou un K qui ont ch en fr. Si l'on a fait attention à la remarque p. 21, on peut les deviner : *catiau, camp, canter, canger, capelle, etc.*

Le c doux, *ç* et *s* se chuintent souvent au contraire : *chucher, garchon.*

Le c se change souvent en *g : gazerne, glaude, gardinal.*

Ch se prononce *tch* dans beaucoup de localités.

Cabas. s. m. panier. — en fr. panier à figues, etc.

Cabée, Cabète. s. f. trou pratiqué dans la muraille, près d'une cheminée, pour y déposer les allumettes ‖ niche ‖ trou dans une maison de paysan pour y placer un lit ‖ alcôve ‖ caméline, plante crucifère, dont la graine produit une huile improprement nommée de *camaminne* (camomille) et dont les tiges servent à faire des balais blancs (*ramons d' cabée*).

Cabot. s. m. têtard de grenouille. All. quappe, grenouille à tête globuleuse. En fr. cabot, chabot sont des poissons à grosse tête : cobus a pour racine caput, comme têtard a pour racine tête. ‖ sommet de la tête, vertex. Fr. caboche, lat. caput. ‖

Cabot, chabot. s. m. sabot. Ces mots ont l'air, au premier abord, de n'être qu'un des nombreux exemples de notre manière de transformer le s en ch, puis le ch en c dur et paraissent mériter peu l'honneur de figurer dans cet ouvrage : en effet, sugere a produit sucer, *chucher*, sibilare sifler, *chufler*, etc., mais ici la transmutation semble avoir eu lieu à rebours et peut présenter l'explication du fr. sabot, qui a causé tant d'ennuis et de vaines recherches aux étymologistes. Notre mot *chaboter* est un dérivé de —. Il a dû signifier faire des sabots et n'est plus guère employé que fig. pour saveter. Le liégeois, *chabolé*, est tout autre chose, il veut dire faire un petit creux, piquer légèrement comme font les vers dans le bois : *aveur inne deint chabotaie*, avoir une dent cariée, c'est-à-dire légèrement creuse. Ce *chabolé* est le diminutif d'un autre mot liégeois, *chavé*, creuser = caver = lat. cavare. On dit également *deint chavé*, dent creuse ; d'où, me semble-t-il, on peut légitimement conclure que sabot est une altération commise par les fr. L'analogie indique une semblable origine pour savate, *chavate*, l'intermédiaire *cavate* seul manque. L'ital. ciabatta est probablement tiré du fr. les Liégeois ont bien le s. *chabot*, mais il signifie *jabot*.

> *J'ai l' débout dé m' cabot trové tout outte.*
> (Refrain d'une chanson.)

Tuer deux mouches d'ein cau d' cabot (ou *d'chavate*), faire d'une pierre deux coups.

Caboulie. s. f. soupe de vache (Givry, Harmignies).

Cabus. s. m. graisse dont on enduit l'essieu des charriots, cambuis (en fr., adj. pommé).

Cabusette. s. f. laitue pommée. Cabus est fr.

Cacage. s. m. ordure, merde (enfantin). Lat. cacare, fl. kaken, gall. et brz. cach, stercus, fimus, grec, κακκη, merda. Caca est fr.

Cache. s. f. Dans l'origine, les mots bas-lat. cacia, cassa etc., signifiaient enclos pour garder les animaux. Ils proviennent du gall. cac, cac, du bas-bret. kaé, ké, cloture, haie. De là armor. chaçzeal, corn. chacy (le ch prononcé à la manière française).

Jusqu'ici le mot n'exprime que l'enceinte réservée à la chasse, mais la chose se complique et *cache* signifie aussi l'action de chasser (venatio)

v. *cacher*. — veut dire encore ruelle, rue des quartiers pauvres, alors on ne l'employe qu'au pl.: *lés gein dés* —, la lie du peuple. All. gasse, rue, petite rue. Enfin — est un t. du jeu de balle, chasse, marque indiquant le lieu où la balle s'est arrêtée. Fl. kaetz, holl. kaatz.

Le mot sorti du celt. a pénétré, soit directement, soit à travers le bas-lat. dans toutes les langues romanes : Rhetique caccia. esp., port. caça, etc.

Je n'ai pas à rechercher les confusions qu'il y a amenées.

Cache-kié. s. m. chasse-chien.

Cacher. v. n. aller à la chasse. à Liége, *chesi* ‖ chercher. Dans cette dernière signification le mot se construit souvent avec, après, et il n'a pas toujours de régime. *Cache bé après*, cherche bien. *Cacher* pour chercher n'est autre chose que le mot fr. chasser avec l'altération de lettres dont nous avons l'habitude ou plutôt c'est la conservation de l'ancienne forme fr.; car le v. fr. disait : cacher ou quacher. La double signification de chasser et de chercher est naturelle : l'idée de chasser emportant celle de recherche. Nous rendons le fr. : cacher par *mucher* et le fr. chasser (pellere) par *eincacher, ercacher, racacher, fourcacher*; le fr. cacher peut bien aussi se lier à chasser, car, dans la chasse à l'affût, on se cache. Enfin chasser (venari) et chasser (pellere) se touchent, car le chasseur (venator) chasse (pellit) le gibier.

Le mot fr. chercher a, selon les uns, une origine latine quæricare, circare, quæritare, fréquentatifs de quærere. Selon Diefenbach, il aurait une source celtique : en gall. carc, sollicitude, irlandais caircheac, avide et remonterait au sanscrit carca, recherche. Je dois indiquer une autre forme : v. fr. cierkier, irl. searc, aimer, gall. sirch, désir, amour, sanscrit sarg', chercher. M. Scheler indique encore cymr. kyrcha, bret. kerchat. Diez tire cacher (abdere), de coactare, et chasser de captare (captiare).

Il me semble que les mots latins se rapportent plus particulièrement à *cacher* (chasser) et les mots celtiques à chercher.

Certains auteurs indiquent bien des origines german. : all. hatz, chasse à courre, hetzen, poursuivre, donner la chasse, v. fl. ketzen, bas-all. hissen, etc., mais elles me semblent infiniment plus hasardées C'est aussi l'avis de Dietz, mais il omet le fl., le moins sujet à objections.

Le mot *cacher* a encore une signif. que je dois mettre à part. Il se dit pour garder, surveiller les bestiaux : *c'est l' gaspiau qui cache nos vakes*, ou *nos pourciaux ;* c'est notre gardeur de vaches ou des cochons. Le mot se rapporte non à *cache*, action de *cacher*, mais à *cache*, enceinte réservée pour la chasse. V. *cache*. C'est peut-être à cette source commune qu'on devrait rattacher le mot *cacher* dans ses trois significations.

Cacheu. s. m. chasseur. ‖ — *d' pourciau*, porcher.

Cachimai. Ce mot ne se dit que dans cette phrase : *i ri, i brait, i fait comme lés* — il rit, il pleure presqu'en même temps. On est tenté d'interpréter *ca d' Chimai ;* mais les chats de Chimai ressemblent à tous les chats du monde. Je trouve dans la Jobsiade, petit poëme all.: crier comme chat en mai (temps supposé du rut) *Kater in Mai*. On se rapprocherait encore davantage de —, si selon la préférence all., on s'était servi du fem.; on aurait eu alors *Katze in Mai*. Si l'un se dit, l'autre doit se dire ; mais je ne l'ai jamais lu.

Cachive. s. f. p. chassie.

Cachiven, euse. adj. chassieux.

Cacouye. plaisanterie. v. *couye* et *carabistouye*.

Cacornu. s. m. chat huant.

Cadave. s. m. cadavre, plus souvent corps.

Cadot. v. GADOT.

Cafama. s. m. jeu de colin-maillard. Arm. kafout, trouver, dont, selon Pelletier, la racine est kaf.

Café. s. m. lupin bleu. On a donné ce nom à cette plante parcequ'au temps du blocus continental on avait voulu la faire servir de succédané au café.

Cafiot. s. m. café fort léger.

Cafoter. v. a. envelopper en général, mais plus particulièrement dans un *cafotin*, former en cornet. Quelques personnes confondent *cafoter* avec *escafoter*.

Cafotin. s m. cornet de papier.

Kaf en fl., kaff en all. sont la balle d'avoine, l'enveloppe des grains d'avoine. Kaf peut-il bien être l'origine de *cafotin*? Pour faire voir la difficulté des étymologies, j'ajouterai que caf en b.-bret., caph en hébreux et en chaldéen signifient creux., kaf en runique signifie profondeur.

C'est là qu'ont puisé les savants pour trouver l'étymologie du lat. cavus, du fr. cave.

J'ajoute, pour ne rien omettre de ce qui intéresse l'étymologie du mot, que les Liégeois appellent *cahotte*, non-seulement le rouleau d'argent, mais encore le cornet des épiciers et l'oublie en forme de cornet. Or, ils aiment à changer en h, l's, le c, le ch, l'f.

Cafouillage, cafouyage. s. m. ordure retirée en *cafouyant* dans le nez, une serrure, etc. ‖ bagatelle, chose peu importante. A Liège *cafu*, que M. Grandgagne rattache à la racine kaf citée ci-dessus. Je le crois un dérivé de *cafouiller*, et *cafouiller* n'est que le fr. fouiller avec un préfixe *ca*.

Cafouille, cafouye. *Marie* — femme, fille qui *cafouye*.

Cafouiller, cafouyer. v. n. travailler à des *cafouyages*, s'occuper de niaiseries. ‖ faire mal une chose, saveter. ‖ introduire le doigt dans une ouverture naturelle pour en extraire des mucosités durcies ou y appaiser un prurit. Dans cette dernière signification souvent obscène, quelques personnes pensent que le mot vient de farfouiller. Je ne crois pas que *cafouiller* vienne de farfouiller, mais l'un et l'autre, ainsi que *trifouiller*, sont provenus de fouiller et se sont fournis des préfixes *ca, far, tri. Cafouyné* en liégeois signifie chiffonner, user, friper.

Cafouilleu, cafouyeu. s. m. maladroit.

Cahotte. s. f. rouleau d'argent ; de carotte, à cause de sa forme. *cahotte* est employé à Liège et dans la province prussienne du Rhin. Nous avons déjà dit que les Montois ne pouvaient prononcer le mot carotte. Ils prononcent à peu près comme *cawotte* ou *cahotte*.

Cahoute. s. f. citrouille, potiron (Fleurus). v. fr. cahourde, courge, fr. cougourde, calebasse, v. fr. gouhourde, courge, lat. cucurbita, holl. kauwoerde, all. gurcke, concombre.

Cahute. s. f. cabane, hutte. Du fl. kajuite, chambre du capitaine ou mieux peut-être de la combinaison de cabane avec hutte. Du reste, *cahute* est quelquefois employé en fr., il est même au dictionnaire de l'Académie.

Cahuler, cayuler. v. n. v. *huler*. Les Namurois disent chahuler, bahuler, les liégeois chouler.

Caillé. s. m. cahier ‖ courcaillet, instrument imitant le cri des cailles.

Caîne. s. f. chaîne. v. fr. caeines, caine.

Calaude. s. f. bavarde.

Calauder. v. n. caqueter, bavarder. Flam. kal, babil, kallen, babiller, kaller, babillard.

Caler. v. a. parer, orner. En gr. καλος, beau, en fr. terme de marine, etc., en v. fr. se taire.

Calfâte. s. m. paresseux (Borinage). En fr. le calfat est l'ouvrier qui calfate ‖ son outil ‖ son ouvrage. En liégeois, le calfac est un butor, un fainéant, un grossier, un saligaud.

Câlin. s. m. t. de ch. ouvrier des houillères, espèce de chef d'escouade, surveillant; en fr. indolent, niais, flatteur. En Liégeois, méchant, malicieux, fripon.

Calinger, calingié, v. a. déclarer en contravention. Holl. calange, délation, dénonciation, accusation; calanger en fr. signifie quereller, louer, flatter. En v. fr. chalanger, accuser, calangier, attaquer, reprendre, lat. calumniari.

Câlot. s. m. charlot ‖ commissionnaire, crocheteur, goujat. Latin calo, goujat, valet d'armée; en t. d'argot, teigneux. M. Francisque Michel tire ce mot de la calotte, emplâtre agglutinatif employé comme remède de la teigne et avec lequel on arrache les cheveux.

Câlotter. v. a. donner des calottes. Calotte est fr., prov. colata, coup donné sur le col, lat. colaphus, soufflet.

Calou. se dit d'un chien peu attaché à son maître. Se dit fig. aussi d'un homme dissipé.

Camamine. s. f. camomille. On trouve dans le gall. camamil, chamæmelum, anthemis (Davies); mais il doit être emprunté.

Cambron. village du Hainaut. En esp. ce mot signifie nerprun et en général arbuste épineux. Je ne conclus pas que l'origine du mot est espagnole. Certains disent que, comme celle de Cambray, elle est celt. avec la signification de pont d'arc.

Cambrouche. s. f. fille de mœurs faciles. T. d'argot cambrouse, servante, chambrière.

Came. s. m. chanvre. Fl. kemp, lat. cannabis, irl. can'aib, sanscrit s'ana.

Camĕduise, canĕduise. s. f. chènevis, graine de chanvre. Lat. cannabis.

i4

Camělote. s. f. avantage ‖ bonne fortune ‖ opération lucrative. En fr. ce mot signifie mauvais ou petit ouvrage, mauvaise impression, v. fr. camelotier, fripon, gueux.

Caměloter. v. n. faire des *camělottes*. En fr. cameloter signifie imiter le camelot.

Camerluche. s. m. camarade, ami.

Camion. s. m. charrette à trois roues. En fr. c'est une charrette longue, sans ridelle, pour les tonneaux; c'est aussi une petite tête de chardon. V. fr. chamion.

Camomine sauvage. s. f. bourse à pasteur.

Camousses. s. f. p. marques de petite vérole.

Camoussé, ée. adj. gravé de la petite vérole.

Camousser. v. n. moisir. Les Liégeois disent *chamossé, chamassé*, flam. kaem (qui se prononce kam), moisissure. N'omettons pas de dire que chez les Picards *camousser* est remplacé par camoisi. Kaem regardé plus haut comme radical, pourrait bien n'être qu'un préfixe : *ca*, comme dans *cafouiller, capougner, cahuler*. v. ces mots. V. fr. camoissié, couvert de plaies, meurtri, bas-lat. camocatus, taché, souillé, ciselé, v. fr. camoisier, préparer la peau de chamois. Le fr. moisir vient de mucere et M. Grandgagnage explique son liégeois par canus mucere, moisir blanc. *Camousse* et *camoussé* doivent se séparer de *camousser*. Ils se rapportent au bas-lat. et au v. fr., tandis que le verbe se rapporte au fl. ou au latin, peut-être même aux deux à la fois par un pléonasme analogue à ce qu'on trouve dans *primo d'abord, arpoix*.

Campe. s. f. souvent pl. boîte pour les réjouissances publiques ‖ départ subit ‖ pet. En fr. c'est une espèce de droguet.

Campénaire. s. m. habitant de Stambruge ou des environs, parcourant le pays en colportant des bas de laine, des chaussons, etc.

Camper, scamper. v. n. jaillir, sauter, éclater, se briser. Bas-lat. scampare.

Campier, campié. v. n. pâturer, paître.

Camposse. s. f. expédition, échauffourée, écart de conduite. Habere campos, avoir la clef des champs. En fr. campos, congé, qu'on prononce campo.

Can. s. m. champ, angle saillant, bord. *Du* — adv. de champ. *Mette du* —

thésauriser. Bas-lat. cantellus, v. fr. cant, coin, cymr. caut, fl. kant, all. kante, bord, gr. Κάνθος, coin de l'œil.

Candĕlée, chandier. s. m. chandelier ‖ s. f. et m. chandeleur.

Candeye. s. f. chandelle. Candeille est un v. mot fr. — dé leu, bouillon blanc, verbascum thapsus. Les mots fr. en eille faisant *eye* en patois, il en résulte que le Montois parlant fr. ne manque presque jamais de dire *chandeille*.

Candlette. s. f. comptoir de boutique (Charleroy). A Liége *candĕliette, cangliette*. Pour composer ce mot on peut prendre le liégeois cande, chaland, fl. kalant, all. kunde et y joindre layette, all. lade, holl. laade, fl. laede, laedje, laey. M. Grandgagnage portant son attention sur la forme *cangliette*, lui assigne son origine de *cangé*, proprement changeoir. On peut tourner ses regards encore d'un autre côté : le v. fr. canche désignait le droit exclusif de vendre du vin. Le diminutif devrait, d'après cela, s'écrire *canchĕlette*.

Cange. action de *s' canger* ‖ lieu où on *s' cange. Metté à cange.* Range-toi.

Canger (*s'*). se ranger, se placer sur le côté du chemin. Celt.-bret. ceing, changer.

Canne. s. f. grand pot de cuivre des laitières. All. kanne, pot d'étain, fl. kan, bret. cann, bas-lat. canna; en lat. classique canna signifie tuyau.

Cannette. s. f. mesure de capacité, moitié du pot. V. ce mot.

Canole. s. f. tribar, instrument composé de trois bâtons ou grand collier pour empêcher les cochons de traverser les haies. Figur. entrave, empêchement. *J'ai toudi m' canole avé mi.* Ma femme me suit partout, m'ôte toute liberté. Peut-être de là vient le mot liégeois *canoye*, femme parésseuse. Le nom de l'instrument lui est sans doute venu de la partie du corps qui le portait, car canola en bas-lat. est, dit Ducange, pars colli, nostris canole et canule, fistula spiritûs accipiendi et reddendi. Canol est employé en basse-Bretagne pour tuyau, conduit.

Canter. v. n. et a. chanter. Gall., arm. kan, lat. canere, cantare.

Cantiau. s. m. croûte de ain. ‖ bas du dos (système fessier). En fr. chanteau est un morceau de grand pain. V. can.

Cantourner. v. a. rendre courbe, tortueux. (*s'*) v. pr. se contourner ; chantourner en fr. signifie évider du bois, etc.

Cantuaire. s. m. bénéfice ecclésiastique ‖ obit.

Cape. s. f. partie du mur d'un pignon qui dépasse le toit. En fr. manteau à capuchon, fl. kap, sommet, lat. caput.

Capëlé. adj. attaqué de *capëlure*.

Capëlure. s. f. fente, défaut, pourriture dans un arbre. Fr. chapelure (de pain), bas-lat. capulare, all. kappen, trancher. V. dans Boiste le mot fr. champlure.

Capëner. v. a. chaponner ‖ en parlant des plantes, féconder. V. *capëlure*.

Capiau, capia. s. m. chapeau, ‖ homme. Le fr. a adopté cette synecdoche. Le mot a même de là émigré en allem. Die chapeau walzen schlecht, dit Gœthe dans son fameux roman de Werther : les hommes sont mauvais valzeurs. ‖ — d' sot. Iris, fleur ‖ *balle à* — espèce de jeu ‖ *rester, d' morer au* — t. du jeu de balle. Gall. cap pileus, lat. caput, tête.

Capon. s. m. vaurien, mauvais sujet. En fr. capon a à peu près la même signification, mais il désigne plus spécialement un joueur rusé, un hypocrite, un lâche.

Capotin. s. m. vêtement de femme.

Capougner. v. a. masser, manipuler, paiper, tâter, patiner, chiffonner, caresser de la main; *kpougnté*, en liégeois signifie jouer des mains indécemment. On peut induire de là que la racine du mot est *pogn, pougn*, poing, comme patiner vient de patte, et comme confirmation on trouve un second mot liégeois *kipoti*, dont la racine est le fl.-holl. poot, all. pfote signifiant patte. De même source, mais de signif. autre est le fr. chipoter.

Capoutt. mort, tué. Ce mot, quoique non germanique, était souvent dans la bouche des soldats allemands. Les Allemands le croient emprunté au fr. capot. On ne le trouve pas dans les dictionnaires. Les Allemands traduisent le mot fr. capot, terme du jeu de piquet (ital. capotto), par matsch.

Caprié. s. m. genêt d'Espagne. Spartium junceum ; le câprier en français est le capparis, arbuste qui porte les câpres.

Capron. s. m. fruit de l'églantier. En fr. espèce de fraise.

Capuchin. s. m. capucin. Lé — n' vont jamais tout seu. Excitation à boire un second verre, une seconde bouteille.

Caquer. v. n. chier. En fr. caquer veut dire mettre en caque, fl. kaken, lat. cacare.

Caqueue. s. m. prêle, plante, équisetum. Chaqueue est le nom vulgaire de la prêle.

Car. V. *kar.*

Carabistouille. s. f. plaisanterie.

Caracole. s. f. escargot. En fr. mouvement en rond, esp. caracol et carocola. Voici la chanson des enfants qui croyent par là exciter l'escargot à sortir de sa coquille :

> *Caracole, misé molle,*
> *Fais sorti tés cornes.*
> *A Chimai, à Cambrai,*
> *Ous qu'on sonne lés clokes.*
> *Berlin bonbon lés clokes de Mon.*

Carafon. s. m. bouteille longue contenant près d'un litre. En fr. grosse bouteille ‖ 1/4 de pinte de Paris ‖ petite carafe. *Poire carafon.*

Carbéner. v. a. et n. méditer, discuter sur un travail de charbonnage. Au fig. méditer, raisonner. (Borinage.)

Carbon. s. m. charbon, houille. Les Français ne désignent sous le nom de charbon que celui de bois.

Cardon. s. m. chardon. En fr. plante dont la tête et les feuilles ont beaucoup de piquants.

Cari. V. *kari.*

Caribou. s. m. t. de charb. rainure en hélice établie le long des parois d'un puits pour recueillir les eaux qui transsudent et les empêcher de mouiller la houille et de lui faire perdre de sa qualité.

Carillon. s. m. fleur en cloche, campanule.

Carlier, carli, carrié. s. m. charron.

Carnéval, carnevaye. s. m. carnaval. all. carneval.

Caroche. s. f. carrosse. En fr. mitre chargée de figures de diables sur la tête des victimes de l'inquisition. Carrosse a été f. en fr.; c'est, dit-on, Louis XIV qui l'a masculinisé. Les courtisans se sont empressés d'adopter le changement de genre; car on ne pouvait admettre qu'il eut fait une faute de fr.

Carogne. s. f. paresseuse, cheval usé, etc. En fr. femme méchante, débauchée.

Carolle. s. f. galerie autour du chœur d'une église. Ce mot est employé par Montaigne, pour révolution, marche circulaire des astres ; mais le plus souvent il désignait les chœurs, non d'église, mais de danse et de chant. Ital. carola, kymr. carol. Diez tire le mot de chorulus, dim. de chorus.

Carpeintier, carpeinti. s. m. charpentier. Lat. carpentarius, charron, carpentum, charriot.

Carreau. s. m. boîte pour serrer les aiguilles, le fil, etc., et qui est couverte d'une pelote.

Carrière. s. f. ornière. Ce mot a été probablement substitué à ornière, à raison de la cause productrice (*kar*) ‖ chemin de charriot, chemin de campagne. V. fr. quarrière, prov. carriéra, chemin. Il est probable que, dans le sens de chemin, le mot a la même origine que dans celui d'ornière; cependant on pourrait à la rigueur s'adresser au gall. kareg, au brz. karrek, v. fr. quarrel, pierre, et faire répondre *carrière* à voie empierrée, comme chaussée répond au fl. kassie, pavé. V. *cauchie.*

Cartabelle. s. f. directoire, indicateur des offices religieux.

Cartage. s. m. V. *Kartage.*

Cartelle. s. f. quart de barrique de savon.

Carton. s. m. charretier. V. fr.

Caruche. s. f. prison. En t. d'argot on dit carton, cartuche et caruche. C'est le v. fr. chartre (carcer), d'où le fr. chartreuse et l'all. carthause.

Casaquin. s. m. espèce de casaque. *D'avoi su s'* —. recevoir une volée de coups ‖ éprouver une perte d'argent. — est fr.

Casse. s. f. Etui. *Casse à lunettes, casse à pipe. C'est à mette ein casse.* De caisse ou plutôt de châsse. Flamand kas, armoire, caisse, all. kasse, kapsel, ital. cassa, lat. capsa, grec κάψα, caisse, cassette.

Cassemain d' tiette, fatigue par application d'esprit trop soutenue.

Cassine. s. f. cabane. v. fr.

Castigniole. s. f. t. de charp. chantignole, petite pièce de bois enchâssée dans une jambe de force et sur laquelle reposent les ventrières.

Cat. s. m. chat. C'est un mot qui, comme *kar* et bien d'autres, appartient à tous les patois et à toutes les langues. Ang. cat, all. katze et katter (la femelle et le mâle), gall. cath, armor. caz, arabe chatul et kitt, pol. cot, suédois katt, géorgien katta, b.-lat. cattus, grec καττης, vr. fr. cas.

Catégiss. s. m. cathéchisme. Les beaux parleurs disent : *cataigimse.*

Catoire. s. f. ruche ‖ forme dans laquelle on place les pains avant de les cuire. V. fr. chatoire. A Liége *cheteu, cheteur,* bret. qest, plur. qestou (Rostrenen), kest (Pelletier), cest (Davies). Il est à remarquer que nos mots celt. se forment souvent sur le pl. V. *gagot.*

Catouye (*avoi, fai*). éprouver, causer du chatouillement. V. *skau.* Les beaux parleurs disent : *faire chatouille.* Fl. ketelen ou kittelen, all. kitzen, v. fr. catiller, catouiller.

Catpuche, cadpuche. s. m. crochet à une corde de puits, mot à mot chat de puits.

Cau. s. m. coup. On trouve ce mot dans nos vieux documents. Le mot colpus se trouve dans la loi salique : si quis voluerit alterum occidere et colpus ei fallierit. Bas-bret. sko.

Cauche, causse. s. f. chaux (Borin.). Lat. calx, all., flam. kalk, gall. calch, calx, creta.

Cauchĕnié, cauchnie. s. m. faiseur de bas. v. fr. cauchetier.

Cauches. s. f. pl. chausses, bas. *I preind sés — pou sés maroncs.* Il ne sait rien distinguer, il confond tout. V. fr. cauche, b.-lat. hosa, hosella, heuse, houseaux, b.-lat. cauces, fl. kous, all. hose, bret. bosan. Chevallet tire le fr. de l'all. hose, culotte. Cette étymologie est contestée par M. Scheler, pour des raisons phonétologiques et la préférence est donnée par lui au lat. calceus. Je ne veux pas trop intervenir dans cette discussion sur la possibilité ou l'impossibilité de transformation de l'h aspirée en c ou ch, cependant la comparaison des divers mots cités semble nous faire connaître que l'h des v. all. et v. celtes, n'était pas une simple aspiration et se rapprochait du ch de l'all. actuel, faisant à peu-près comme kh : remarquez l'orthographe ancienne des noms de chefs ou premiers rois franks Hilderik, Hlodwek, dont on a fait Childeric, Clovis. Puis si l'on ne peut se servir de hose, hosan, rien n'empêche d'user du fl. kous, où l'on trouve la transformation toute faite.

Cauchiache. s. m. chausséage, droit de barrière.

Cauchie. s. f. chaussée. Nous avons dans le Hainaut un village nommé *Gœgnies-Cauchie.* V. fr. cauchiée et cauchie, fl. kautsije, kaussije, kassije, chaussée, kassei, pavé, rac. kai, caillou. Dans la pensée sans doute que tout cela vient du fr., M. Scheler invoque un part. lat. calceata, dérivé de calx.

Cauchĕtier. chaussetier. v. fr.

Caude, chaude (*avenez preinde enne*). venez vous chauffer un instant.

Cauderlié, caudérié. s. m. chaudronnier. V. fr. chaudrelier.

Caudron. s. m. chaudron ‖ à cause de sa forme, c'est ainsi qu'on appelle, dans beaucoup de villages, ce que l'on nomme à Mons *fleur au bur,* en raison de sa couleur. V. ce mot.

Caufier. s. m. v. tisonnier.

Caufinée d' *mon froumage.* s. f. quantité de fromage mou préparée en une fois. ‖ espèce de panier servant de mesure pour le fromage blanc. Lat. cophinus, grec κοφινοσ, panier. Le mot cofin, panier, est usité en Picardie; cofin et cofinet sont du v. fr.

Caufour. s. m. chaufour, grand four à chaux.

Caufourner, chaufourner. (*s'*). v. pron. se décomposer sans putréfaction, par la fermentation sèche, par érémacausie. V. fr. chaufourer.

Caukié. s. m. rêve effrayant.

Caukmar. s. m. cauchemar. Coquemar pour bouilloire est fr.

Caupoi. s. m. mange-tout, pois de la Madeleine, espèce à cosse grosse, épaisse, blanchâtre.

Caurer. v. n. et a. donner un complément de désiccation, faire faner lentement en monts sur la prairie — ne se dit que du foin. Ce mot a été employé peut-être pour donner du corps. (Jemmapes.) Bullet dit que du celt. gwair ou goair foin on a fait gor, cawr, cor; en Franche-Comté le regain s'appelle recor.

Cauveni. v. n. venir avec ardeur, empressement. Lat. convenire.

Cavalier, cavayié. s. m. morceau de pain avec un morceau de viande.

Cavin, au bor. CAVAIGNE, CAVAGNE. s. m. ravin. En fr., terme militaire, défilé.

Cayau. s. m, caillou. Fl. kai, lat. calculus, kymr. callestr. L'— *fait bronche.*

. **Cāye, cāille**. folie, sottise, exaltation, enthousiasme particulier aux Montois : *el — monte, vié, prein à n'ein Montois quand il einteind l' doudou.*

- **Cayé**. s. m. caillot.

Cayēcayot. s. m. caille et plus souvent cri de la caille; par onomatopée. C'est aussi le courcailler.

Cazée. s. f. animalcule aquatique qui sert d'appât pour la pêche, le casèt. C'est la larve d'une espèce de phrygane. On donne encore en France, aux *casées*, les noms de charrées, porte-faix, galias.

Celtique. Les langages celtiques encore vivants, sont désignés et classés de manières diverses par les auteurs. J'ai emprunté les désignations telles que je les ai trouvées dans différents ouvrages et il pourrait en résulter une confusion. Pour l'éviter, je donne la classification de Pictet avec quelques annotations :

GROUPES DES LANGUES CELTIQUES.

Branche gaëlique (1).	Branche bretonne (5)
Irland. (2). Manx (3). Erse (4).	Cymrique (6). Cornique (7). Armor. (8).

(1) Appelé aussi gadhélique, parlé en Irlande et en Haute-Écosse (Highland); la basse-Écosse (Lowland) parle l'anglo-écossais. (2) Ou Eirionnach. (3) Dialecte de l'île de Man. (4) Écossais, albanach. D'autres appliquent le nom d'Erse à l'irlandais (ne pas confondre l'irlandais ou erse, langue d'Ossian avec l'islandais, langue germanique). (5) Brython. D'autres donnent à cette branche le nom générique de cymrique. (6) Gallois, cambrien. (7) Dialecte de la Cornouaille (il n'était plus parlé que par les vieillards à la fin du dernier siècle et n'existe plus aujourd'hui que dans quelques ouvrages). (8) breton, bas-breton, celto-breton, breizad, bretoun, brezonek (brz).

La plupart des auteurs pensent que la race celtique, de même que les races germanique et slave (celles-ci plus tardives), est sortie de l'inde et s'est étendue en diverses fois vers l'Occident, pour couvrir toute l'Europe, sauf la Grèce et la partie méridionale de l'Italie. On fait remonter à 2000 ans avant notre ère, l'établissement dans la Grande-Bretagne d'une horde celtique, celle des Gadhéles. Leur dialecte serait le plus ancien ; c'est celui qui se rapproche le plus du sanscrit. Dix siècles plus tard ils auraient été refoulés vers le nord et l'ouest (Écosse et Irlande) par les Kymris. Le langage de ceux-ci serait arrivé en Angleterre un peu altéré par le séjour plus prolongé sur le continent. Les Belges n'auraient envahi le midi de l'Angleterre que deux siècles avant les conquêtes de César, en apportant un dialecte encore un peu différent. La différence entre le gadhélique et le cymrique serait assez grande. On l'estime plus grande que celle qui existe entre le haut allemand et le scandinave ; Diefenbach la compare à celle qui se trouve entre le lettique et le slave, Pictet à celle qu'on remarque entre le grec et le latin ; mais la différence entre le cymrique et le langage des Belges devait être assez faible ; c'est ce dialecte cymrique qui ressemble le plus à notre patois.

Ceindrin. s. m. tablier (Fleurus). Ce mot usité seulement dans l'est de la province est extrêmement difficile à prononcer. V. l'art. sur la lettre *N*. Il provient probablement de ceindre *cingere*. Il y a cependant le v. fr. cendrier, linceul, linge.

Ceinsémeint. adv. *il est — bon,* il est censé bon.

Cémeintière. s. f. cimetière.

Ceu, cieu, cien, cié (*el* ou *l'*), pron. celui. El celle, cienne, cielle, celle. Lés ceux, lés celles, ceux, celles.

Chaboter. v. a. saveter.

Chacun (*ein*). chacun. Traduction littérale de l'all. : ein ieder, et du lat. unus quisque.

Chaferlique. s. f. petite babillarde, inconsidérée, impudente. || Jeune fille de mœurs suspectes. La tournure de ce mot invite à chercher une origine germanique, mais on le trouve dans le v. fr. et il existe encore dans l'argot. Une saffre et une safferlique, dit Oudin, dans ses curiositéz françoises, c'est-à-dire une friande et une desbauchée. Gall. sawr et safre, armor. saour, sapor. V. *sayi*. Le lat. et le néo-celt. ne dérivent pas nécessairement l'un de l'autre. Ils n'ont probablement tous deux qu'une origine commune dans quelqu'antique langage.

Chaffe. s. f. soufflet. All. schlappe, ital. chiaffo ; en b.-saxon kalf, b.-écoss. chaft, mâchoire.

Chaffeter. v. a. saveter.

Chalé, éc. s. et adj. boiteux. A Liége *halé*. M. Grandgagne le fait venir du mba schellen, prétérit schal, se fendre, v. fr. chaler, gauler, mettre bas.

Chalotte. s. f. échalote. J'ai souvent entendu le mot dans cette phrase : *Caude, amoureuse comme enne chalotte.*

Cham. s. m. banc, escabeau (Charleroy). A Liége ham, v. f. cham, escame, lat. scamnum, v. h. a. scamal, schamilo, all. mod. Schemel, escabeau.

Cham. s. m. A Liége comme à Charleroy : Jante de roue. Dans cette signif. on doit lui chercher une autre origine : arm. kamm, kammed, gall. kamed, sanscrit kamar, être courbé, en v. fr. cambrer signifiait voûter, lat. camera, voûte.

Chambot. s. m. nom borain du *maquet.* Cham + bot. Comparez la racine bot (v. *bodé*) avec la rac. Mak (v. *maquet*).

Chambourlette, chabourlette. s., primitivement f., aujourd'hui m. et f. Autrefois on nommait *chabourlette* les petites filles vêtues en paysannes (fl. boer, prononcez bour) qui faisaient le *lumeçon* (limaçon). Cet accessoire est aujourd'hui supprimé, ainsi que la *pucelette*, qui ne se retrouve plus qu'à la cérémonie commémorative de Wasmes. V. *lume-çon.* A présent on nomme *chambourlettes* les étrangers invités à la kermesse de Mons.

Chambre, champe, campe. s. m. Une maison de village se compose de deux pièces principales. La première s'appelle *el maison :* elle sert de cuisine, de chambre à manger ; la seconde se nomme *el chambre*, c'est l'appartement réservé aux jours de fête, c'est là que le lit du chef de famille est placé. Celto-bret.cambr, gall. siambr, lat.camera.

Chaou. s. m. hibou. A Liége *chawe*, à Namur *chauwe*, choucas, corvus monedula. En divers patois all. kauke, fl. kauw. A Liége chawe-sori, chauve-souris, v. all. chouch, hibou, fr. chouette, v. fr. houette. Chauve-souris ne serait pas souris-chauve, mais souris-choucas ou plutôt souris-hibou. Chat-huant n'est pas non plus chat, mais chawe-huant, v. *queue d' soritte.* Bas-bret. kaoen, kaoan, hibou, v. f. chouant, huet, languedoc. chauana, b.-lat. cauanna, cauannus.

Champette. s. m. garde-champêtre.

Chap-chap. espèce de grive, ainsi nommée à cause de son cri.

Chaque. chacun. *Il aron ain yard chaque* ou *chaque ain yard* ou *chaquénun ain yard.* Chacun aura un liard.

Char. s. m. viande, chair. On le trouve dans Lesaige. *Avoi del char pourrite dézou sés bras*, être paresseux.

Chasse. s. f. v. *caché*.

Chassereau, chassĕriau, cachriau. s. m. registre des propriétés. Ital. scarso, v. fr. eschars, néerl. schars, économe, avare. Diez offre, comme source de ces trois mots, le m. lat. excarpsus et scarpsus, part. d'excarpere pour excerpere, qu'il traduit en all. par l'équivalent de concentrer, rassembler. Je crois devoir produire le liégeois karsel, gousset, et lé fr. escarcelle; j'ai tout lieu de supposer que notre mot en était autrefois le masculin, sous la forme de *scarsériau*, qui s'est conservé à Mons comme nom de famille.

Chaud, kau. adj. amourèux, ardent, en rut.

Chaude. s. f. action de se chauffer; *prainde enne chaude*, se chauffer un moment. *D'avoi enne chaude*, courir des dangers. En fr. chaude signifie feu violent de forge.

Chaudeau, kaudiau. s. m. lait de poule. En fr. bouillon, brouet chaud donné le matin aux nouveaux époux; holl. kandeel. M. Scheler croit ce mot né d'un type lat. caldellum.

Chegne, chin. appellation d'amitié usitée à Quaregnon. Ce n'est, je pense, qu'une manière de prononcer *quin*. V. ce mot et *begne*.

Chénance. s. f. semblant. On ne dit pas, comme les Fr., *faire* — faire semblant, mais on ajoute l'art. et on dit *faire el* — V. fr. quanse, fl. kwanswyz, en faisant semblant (wyze, guise, manière). Les Liégeois ont le mot *ckuance* et le mot *sonan*.

Chéner, chaner. v. n. sembler, paraître. Au village on dit : *Y m' chéne a vir*, mot à mot il me semble à voir. A Mons on dit *y sampe à vir*. Les beaux parleurs disent : *il semble à voir*, il paraît. Liég. *soné*, all. scheinen, paraître. Les étymologistes donnent une origine lat. à sembler et à ses composés : similis, etc. V. *einchenne*.

Chenna. s. m. panier (Charleroy). A Liége *chena* et *chinia*. Dauphiné chanistella, lat. canister, canistrum.

Chĕnu, ue. adj. bon, distingué, transcendant. C'est un terme d'argot. On dit en fr. tête chénue pour blanchie par l'âge.

Cheraine. Serenne, baratte. Angl. chern. v. *serenne*.

Cherfué. s. m. cerfeuil, lat. chærefolium, cerefolium, fl. kervel, all. Kerbel.

Chibre. s. m. mentula. All. schieber, pousseur.

Chicage. s. f. action de manger.

Chicaye. s. f. chose à manger.

Chige. s. f. veillée (Charleroy). A Liége *siz*, v. fr. scerie, serée, veillée, v. fr. sise, action de s'asseoir. V. *sisitte*.

Chimchim. (*fai dés*) faire des façons, des simagrées.

Chimer, chamer. v. n. partir, s'enfuir. En picard s'échamer. Échamer, dans le même patois, a la signification d'essaimer. v. *samer* et *kémin*. Ne s'emploie guère qu'à l'infin. et à l'impér.

Chinchin. s. m. personnages du *lumeçon* montés sur des chevaux de carton ou plutôt les portant et figurant les compagnons de Giles de Chin attaquant le dragon.

Chiniau, chniau. s. m. grenier au-dessus d'une étable, d'une écurie pour remiser le foin. Ordinairement il n'y a pas de plancher, il n'y a que des perches. *D' aller coukié au chniau*, aller coucher dans le foin au-dessus de l'étable. Être traité comme un mendiant, comme un vagabond qui réclame l'hospitalité dans un village.

A Charleroy, à Liége *sina*. V. fr. sinal, sinault, dessus d'une étable. Cegnail, chambre haute, cellier, office. Celto-bret. sanail, plur. sanailhou, grenier à foin, fenil. Ce mot, dit Pelletier, provient de san qui a eu la signification de foin. De là est venu sainfoin qui n'est pas sanum fœnum, mais qui, à cause de son excellence, est représenté par des mots de deux langues. Pelletier ajoute qu'à la vérité Davies ne donne pas ce mot dans son dict. gallois, mais qu'il donne saen, plaustrum, charriot destiné à transporter la paille, le foin.

On pourrait ajouter sainegrain, nom vulgaire du fenugrec.

Chinque. n. de nombre cinq. s. m. déchirure en forme du chiffre romain cinq.

Chipie. s. f. tracassière dans ses achats, *vieille —*. C'est ce que les harengères de Paris nomment vieille morue.

Chipoteur. adj. et s. chipotier, vétilleur.

Chique. s. f. ivresse. Chiquer, manger.

Chiquet. s. m. morceau, surtout de pain. Esp. chico, basq. chiquia, petit, lat. ciccus, grec. κικκος, peu de chose, au propre pellicule qui sépare les pépins de grenade. De là le fr. déchiqueter, chicot, chique, chiquer (du tabac), chiquet à chiquet.

Chiquĕture. s. f. écorchure, blessure légère. Fr. déchiqueter, all. schinden, écorcher. fl. schichte, flèche, dard.

Chirlotage. s. m. petit ouvrage, petit racommodage. A Valenciennes chirloter signifie flatter, amadouer.

Chiviron, cheviron. Mesure de bois de charpente. 908 chevilles de 9 pouces sur un pouce d'équarissage.

Chivot, chiveau. s. m. oignon replanté, qui ne l'est pas pour la semence. Angl. shiver, morceau, éclat, fl. schiften, séparer, liég. *hive d'a* gousse d'ail, v. fr. chive, oignon.

Chlag. s. m. et f. coup. *bayer du (ou del) schlag*, battre. All. Schlag, coup, schlagen, battre, frapper.

Chlang. excl. en frappant, en lançant qq. chose. All. sich schlingen, s'élancer, qui fait schlang à l'imparfait.

Chlier. s. m. cave (Dour). Fr. cellier. Les Picards appellent chiés ou chéiés, une cave sans maçonnerie. v. fr. chelier, lat. cella.

Chlik, chlak. excl. en frappant. All. schlagen, frapper.

Chlinker *n' calotte.* flanquer un soufflet (Borin). All. schlenkern, lancer.

Chlip. interj. pour se moquer. *Eh ! s' mere l'ia bayé à s'cu —! —! é—!* L'all. le joint comme une note d'infamie, ex : schlippsack, fille publique. *Chlip* se répète en traînant les doigts indicateurs l'un sur l'autre et provient peut-être de schlippen, traîner les pieds ou de schlappen, traîner.

Chlouk. excl. en buvant et mangeant. All. schluck, gorge, schlucken, avaler.

Chlop. v. *slop.*

Chloup. excl. en faisant entrer quelque chose, en glissant. All. schlupfen, se glisser.

Chlutte, schutte. s. f. espèce de clous sans tête.

Chnap. s. m. genièvre. All. schnapps, coup d'eau-de-vie.

Chnik. s. m. genièvre.

Chnikeur, chnikeu. s. et adj. buveur de *chnik.* Cheniquer est connu dans les ports de mer de France.

Chnouf. s. m. tabac en poudre. All. schnupf, tabac à priser.

Chnoufer, v. n. priser. All. schnupfen.

Chonq, chon. Cinq.

Chouaner, chuiner. se presser, se dépêcher, y avoir urgence. De l'all. geschwind, vite. J'ai vu naître ce mot : lors de l'entrée des alliés en 1814 on entendait à chaque instant le mot geschwind sortir de la bouche des soldats impatients. On regarda ce mot comme un impératif *gechuine*. Le g all. étant d'une articulation difficile pour un gosier montois, on dit d'abord *dechuine*, plus tard on supprima la première syllabe, resta *chuine* dont on fit *chuiner*. Les paysans des villages voisins de Mons en firent *chouaner*, *chwaner* employé le plus souvent comme impersonnel dans le sens des mots latins urget, instat. Je dois dire pourtant que des vieillards m'ont assuré que *chouaner* comme impersonnel était déjà usité dans les villages au siècle passé. Serait-il bien possible que les Montois auraient formé de nouveau un mot que nos paysans auraient conservé d'une invasion antérieure de quatorze siècles, (que sait-on) peut-être même un mot autochtone?

Choise. s. m. vesse fort puante. A Liége *quase* rot, bas-bret. c'houes, odeur, chuesa, sentir, flairer, all. scheissen, chier, foirer, venter.

Choler. v. *crocher*.

Cholette. v. *soule*.

Choque. s. f. souche d'arbre. All. schock, tas, v. fr. chouque, souche.

Choumak. r. m. cordonnier, savetier. All. schuhmaker.

Choune. appellation d'amitié usitée parmi les bateliers du canal de Mons à Condé. V. *chegne*.

Christiane. s. f. chrysanthème, fleur.

Chucher. v. a. sucer. Fl. suigen, all. saugen, lat. sugere. — *Enne feuye, enne fuèye*. Mot à mot sucer une feuille, attendre. *Erveni chucher l' tette dé s' mamére*. Mot à mot revenir prendre le sein de sa mère, rentrer sous le toit paternel, revenir visiter ses parents.

Chuchette. s. f. suçoir, sucette.

Chufler, chifler. v. n siffler ‖ souffler : *ej chufelle*. V. fr. chifler, fl. schuifelen, lat. sibilare.

Chuflot, chiflot. s. m. sifflet ‖ gorge. Esp. chiflo.

Chufloter. v. n. jouer du fifre, du flageolet.

Chufloteu. s. m. qui *chuflote*.

Chuiner. v. *chouaner*.

Chuquer. v. a. choquer, cogner, heurter. De là on est venu à dire : *attraper ain pau d' chuk, ein morciau d' chuk* (sucre) ; pour : se cogner la tête. Comme le fr. choquer, de l'all. Schock, fl. schok. Cependant le terme ne s'appliquant qu'aux coups à la tête, je dois mentionner le v. fr. suque, sommet de la tête. Langued. assuca, assommer.

Cimaite. s. f. tablette de cheminée (Jemmapes, Jéricho). Fr. cimaise, moulure.

Cision. s. f. incision.

Citte. s. m. cidre.

Clabot. s. m. grelot au cou des bestiaux.

Clair-lait. s. m. petit lait fait à chaud pour les malades ; il est moins acide que le *sur*. V. ce mot.

Clamme. s. f. crampon, lien de fer pour attacher. All. Klammer, crampon, agraffe. *Clamme* est usité à Liége.

Clappe. s. f. douve. All. Klappe ; racine, klaffen, fendre.

Clavette. s. f. petit morceau de fer placé de chaque côté du manche d'un instrument, par exemple d'un marteau pour empêcher la tête de s'échapper. Du latin clavis. Ce mot se trouve dans Boiste pour exprimer la valeur du mot goupille et on le retrouve pas à sa place alphabétique.

Claya, caya. s. m. espèce de treuil employé dans les *fosses* de *droit* pour modérer le mouvement de la descente. On a récemment appliqué le mot aux plans inclinés des chemins de fer. Est-ce le fr. claydas, barrières, portes treillissées ou clayer, grosse claie ?

Cleiner. v. n. pencher, gauchir. V. fr. clincher, clinger, pencher, clinsser, clider, chanceler, lat. inclinare, erse cliob, vaciller, chanceler, irl. clibhead, chancellement, sanscrit kliv, être impuissant, gall. corn, cledd, b.-bret. cleiz, gall. cli, all. link, gauche.

Cleir. s. m. sacristain. En fr. le clerc est celui qui est entré dans l'état ecclésiastique en recevant la tonsure, le commis d'un notaire, avoué.

Cliche, chichette, cliquette, s. f. clinde, clenche, targette, bouton, crosse de porte. Les deux derniers s'appliquent particulièrement à la détente des armes à feu, gâchette, que Corneille dans le *Menteur*, nomme déclin. Gall. cliccied, vectis. Nos Bretons, dit Pelletier, nomment le loquet, cliket ; et loquet vient probablement du bret. loc'h, levier, all. die Klincke, le loquet. D'après Rostrenen, bas-bret. cliqet, licquet, clinche de porte, v. fr. clinke, basque, crisqueta, loquet.

Clinquan. ne se dit que dans cette phrase : *tout — neŭ* ou *nué*.

Clipet. s. m. voix aiguë. *Sn einfant là a ein — qui vo perche.* Cet enfant a une voix qui vous déchire les oreilles. V. *klaper*.

Clipot. s. m. gaule (Glin).

Clipoter. v. a. battre.

Clique. s. f. claque.

Cliquer. v. n. donner des *cliques*.

Cliquiage. lieu où on verse le charbon.

Cliquié. v. a. verser, décharger (Borinage). Ce mot doit avoir du rapport avec *clikette ; descliquier* comme — signifie décharger. Seulement le premier s'applique aux armes à feu, le second à des véhicules.

Cliquoter. v. n. faire des cliquetis. *Lés guerzins cliquotté dain les villes* ‖ battre. All. klingen, sonner.

Cliver. v. n. l'académie donne cliver : t. de lapid., fendre un diament selon les joints naturels. Chez nous, — s'applique aux chistes feuilletés dont les couches offrent peu d'adhérence et qu'on détache facilement. Fl. klieven (pron. klīvĕn), all. klaffen, fendre.

Clō, clau. s. m. clou ‖ t. de taill. de pierres, *limet* blanc ou veine blanche des marbres ou pierres bleues, ainsi nommée à cause de sa dureté. En bret. claw.

Cloer. v. n. clouer ‖ fermer. *Clo l' huche*, ferme la porte. Dans la première signification ce verbe vient de *clō*, dans la seconde de clore. Lat. claudere.

Cloque. s. f. cloche ‖ ampoule, vésicule, par exemple : en suite de brûlure ‖ terme de charb. partie de la roche en forme de cône tronqué qui se détache du toit des galeries. C'est une cause d'accidents très-fréquents et très-graves. Ces *cloques* proviennent souvent de ce qu'il se trouve dans nos houillères de grands arbres restés debout, fougères arborescentes, équisetacés, etc. Ces troncs qui sont de la houille dans la veine perdent ce caractère en perçant le toit et en prennent la minéralisation, tantôt *roc*, tantôt *kwairière*, sauf l'écorce qui reste houille.

16

On conçoit qu'il doit y avoir une faible cohésion entre le toit et l'arbre-perforateur. Cet arbre se brise au moment du *fardiau* et alors tombe. Gall. klocke, b.-bret. clok, fl. klok, all. Glocke.

Cloquette. s. f. clochette.

Cloquette de grangrène. s. f. cloche, ampoule remplie de sérosité noirâtre. Elle est quelquefois l'indice de la gangrène, mais le plus souvent n'est qu'une irritation causée par l'eau des houillères.

Cloisoi. s. m. t. de maçon. Petit morceau de pierre ou de brique pour boucher un trou, bouche-trou.

Closure. s. m. prairie close de haies ou de murs ‖ Enclos. N'est pas inconnu en quelques provinces de France.

Clouche. s. f. p. soupe au lait battu avec des pommes. All. Kloss, boulette de viande. Boulette, comparée aux grumeaux du lait battu.

Co. Les beaux parleurs disent cor. conj. encore. ‖ Subst. coq. *Lés pouye (glenne) enn doitté gnié canter pu haut qu' lés co.* La femme ne doit pas l'emporter sur son mari.

Cocardeau. s. m. violier double, espèce de giroflée, matthiola fenestralis.

Cocher, cochi. v. a. blesser. (Borin.) All. quetschen, holl. kwetsen, lat. quatere, quassum, meurtrir, écraser. En Picardie, écoacher. A Namur *quachi*, à Liége *quahi*, couper. v. fr. esquachier.

Cochure. s. f. blessure; à Liége *couaheur*, blessure légère.

Cochonié. s. m. Md de viande de cochon ‖ personne sale, dégoutante.

Cocoche (*momau*). blessure insignifiante (enfantin).

Co d'aoutt. s. m. grande sauterelle. Littéralement coq d'août.

Codar. s. m. œuf (enfantin); onomatopée.

Cœur. s. m. estomac. *M' cœur tire.*

Cœur honnète. euphemisme qui signifie pauvre.

Cognet, cougnié. s. m. coin ‖ tranche de pain en forme de coin. Bas-bret. guen, coin de fer, lat. cuneus.

Cognolle, cougnolle. s. f. gâteau de forme allongée que les enfants reçoivent à Noël et croyent tenir du petit Jésus. Lat. cuneolus; celto-bret. cuign, gâteau.

Coi (*au*). à l'abri. *au — du veint* (Bor.). Fr. coit, lat. quietus.

Colâ. s. m. pie, corbeau.

Colâ-gerau. s. m. geai.

Colau. s. m. coq ‖ imbécille.

Colau-pouye. s. m. idiot : *Va-z-ein, colau pouye, méner tés pouyes picher.*

Colée. s. m. collier ‖ collet. V. fr. coler, lat. collum.

Colidor. s. m. corridor.

Cœlo. s. m. réprimande ‖ sermon. On peut supposer que ce mot vient de ce qu'un sermon célèbre commençait par Cœlo.

Colophon. s. m. colophane. En fr. c'est une espèce de héron. V. fr. colophone, lat. colophonium.

Combatte (es). v. r. se débattre. A Liége *s' kibatte* (*ki=de*).

Combiau. s. m. grosse corde pour maintenir le foin sur les chariots. On peut s'étonner de la termin. *iau* qui est dimin.; car c'est la plus grosse corde connue de nos paysans. On a sans doute voulu exprimer par là ce qui assure le comble (cumulus). Le fr. d'art. combleau, est une corde pour la manœuvre des canons; à moins qu'on n'en fasse le dimin. du fl. kabel (cable) que beaucoup de fl. prononcent kobel.

Comble, combe. s. m. chevron, soliveau de deux pouces et demi environ d'équarissage ‖ t. de charb., inclinaison des couches de houille. Au flénu il y a deux inclinaisons que l'on nomme *combe du nord et combe du midi.* Ces deux inclinaisons opposées forment véritablement une vallée. En v. f. combe signifie vallée, plaine entre deux montagnes, en bas-bret. combant, vallon. Davies, dans son dict. gallois, le décompose en cwmm vallis et pant vallicula. Gaël. camb et com, cambr. kwm, brz komb. Ce sont les beaux parleurs qui disent *comble.* Les Borains disent *comb.*

Combler. v. n. mettre les *combes* sur un toit.

Comme. *y pleut, y ramatit* —. espèce d'exclam. terminale pour exprimer l'étonnement de ce qu'il pleut, de ce que le temps devient humide, etc. v. *ramati.*

Commerce. s. f. Je ne donne ce mot qu'à cause de son genre.

Compagnon. s. m. lichnis des jardins.

Comparaitte. v. a. comparer.

Comparchonier. s. m. t. de prat. copartageant.

Comperdure. s. f. intelligence. *Il est dur dé* — il a l'intelligence lente.

Compreinte. v. a. comprendre. conjug. comme *printe: comperdée ?* comprenez-vous ?

Concours. s. m. ressource, recours : *n'avoi que l' concours, pou s'ain sauver, qué d'....*, n'avoir d'autre moyen de salut que....

Condœuvre, conduèfe. s. m. confiture, ce qui n'est pas croûte dans une tarte, un pâté. Lat. ova condita, conditum ovorum. Certaines personnes traduisent par condit. Cela n'est pas toujours exact, parce que condit est une confiture au miel ou au sucre et qu'*el condeufe* peut être au fromage, au riz, etc.

Confanon. s. m. gonfanon ou gonfalon ; v. all. kundfano, étendard ; v. fr. gondfanon et confanon.

Confonde (*s'*). se morfondre.

Conséquenee. s. f. importance.

Conséquent. adj. important.

Constrainde, constraign, constrande. v. a. serrer ‖ vexer. De constringere ; les Liégeois n'ont pas *constrainde* (que je sache); mais ils ont *distrainde*, déserrer. Quoique de même origine que le fr. contraindre il n'en a pas la signif., il veut dire presser, serrer (physiquement): *il est constran deins sés solées*. Ses souliers lui serrent le pied.

Consulle, consulte. s. f. consultation.

Conte, contre. adv. auprès : *léyer l'porte —, mette el porte —*, entre-bailler, entr'ouvrir la porte, ne pas la fermer complètement. Germanisme, traduction de an lehnen.

Conte de. prép. contre, près de. *conte dé li*, près de lui.

Contois. s. m. ruse. *batt el —* user de finesse ‖ concerter ; en t. d'argot, battre comtois, dissimuler, faire le niais.

Contraire. s. et ad. contrariant : *faut-i elte ein —* faut-il être d'humeur contrariante. v. fr. harier, importuner, all. härnen, chagriner, fl. harrewaren, chicaner, lat. contrarius.

Contrefaire, conterfaire. v. a. peindre, faire le portrait; all. conterfeien. Cet all. est évidemment emprunté. A qui? probablement à nous; au moins je n'ai pas connaissance que contrefaire ait jamais été employé en ce sens par les Français.

Contrefaisant. s. m. oiseau chanteur qui imite les autres, espèce de fauvette.

Contremeinti. v. n. mentir en accusant de mensonge.

Cõquěnage. s. m. beurre et fromage. *El — d'enne kierté d' l'aute monde*.

Coquier. v. a. cocher, exercer le coït; en Bourgogne, cauquer, || croquer, briser, v. fr. caucquier, lat. calcare.

Coquiet. s. m. petit vase pour manger les œufs.

Coquille. s. f. petit *rondelin.* v. ce mot.

Corbisier, corbusier, corbisué, s. m. cordonnier. Mot aujourd'hui à peu près perdu. A Namur *coipejī*, à Liége *coipehi.* v. fr. cordouanier, corvesier, corvoisier. bas-lat. corvesarius. Ducange parait avoir fait fausse route, en disant : qui corio veteri utuntur. Il fallait prendre le b. lat. cordebisus, peau de Cordoue, maroquin ; d'où *cordebisier* et par syncope *corbisier.* Cordonnier a la même origine et ne vient pas de cordon mais de cordouan, cuir de Cordoue.

Corde. s. f. mesure pour le bois de chauffage. Il y en avait plusieurs pour le Hainaut : la corde ordinaire était de six pieds sur 5 buches de 5 pieds et demi = 2 stères 65278. || t. de jeu de balle. s. f. p. lignes qui déterminent le jeu.

Cordelles. s. f. p. *peinde à ses cordelles,* être toujours pendant à ses côtés. en fr. petit cordeau. flam. gordel, ceinture.

Cordiau. s. f. cordon. Gall., armor., kordyn, kord, funis, grec, χορδα, lat. chorda.

Cordié. s. m. t. de jeu de balle. Joueur placé près de la corde du milieu.

Corée. s. f. mou, nom vulgaire du poumon de certains animaux.

Corette. s. f. fruit d*u corettier.*

Corette muchie. nom donné dans le Borinage au jeu de climusette. *Muchie* et musette doivent être la même chose. En fr. la corette ou corète est la spirée du Japon, corchorus Japonicus.

Corettier. s. m. sorbier des oiseleurs, sorbus aucuparia. A Namur *cori* est le coudrier, du lat. corylus et on nomme *sauvage côre* ou *corette* le sorbier. Notre — serait donc un dimin. de coudrier. v. fr. caurette, gall. côll, grec κορυλος, coudrier.

Cornue. s. f. tarte grossière de forme demi-circulaire.

Coron. s. m. bout, morceau, fin. *Ça n'a ni queue ni coron,* cela n'a ni commencement ni fin. Cela n'a pas le sens commun. *Coron* est namurois et liégeois. On le trouve dans Froissart. Gall. cwr ora, limbus, coryn, summitas.

Corporal, coporal. s.m. caporal. All. Corporal. Cet all. est emprunté,

Corrompe. v. a. par antiphrase purifier, améliorer, corriger : — *de l'iau avé du vin, du brandëvin.* Couper du vin, aiguiser l'eau d'eau-de-vie.

Corse. s. m. corporation des bateliers; corruption de corps.

Cossette. s. f. étui.

Cossiau. s. m. cosse, s. p. pois goulus. All. Schote, cosse, Schoten-erbse, pois en cosse, bas-brct. coss, gousse, pise coss, pois en cosse, plur. cossou, bas-lat. cossæ.

Cossonneresse. s. f. revendeuse de légumes. Ce mot vient-il du précédent? On dit à Liége *cotèresse*, qui vient de *cotiege*, jardin à légume. Angl. cottage; en Picardie on appelle coconnier ou cocognier le coquetier qui revend des poulets, des œufs. v. fr. kok, poulet, bret. coc.

Costĕresse. s. f. galerie principale d'une houillère pratiquée horizontalement, en suivant la côte; probablement par opposition à *vau tierne*, qui va de *vau* (val) en *tierne* (v. ce mot), c'est-à-dire en montant.

Cotcodrille. s. m. crocodille : *i d' cotcodrille*, yeux brillants, rouges.

Cotcoroco. s. m. coquerico, chant du coq.

Coté. (*mette de* —), serrer, amasser, thésauriser.

Cotte. s. f. toison. V. fr. cotte pour toison, all. Kutté, froc. *I keurt lés courté cottes.* Il aime le cotillon, les grisettes.

Couche. s. m. cochon. **Couche-couche**, cri des porchers.

Coucou. excl. cri des enfants au jeu de cache-cache pour annoncer qu'on doit chercher. ‖ *faire* — se cacher, ‖ cacher la tête (enfantin). Basq. cuculcea, se cacher, disparaître. En lat. cucullus était un capuchon pour se cacher la tête. Un vers de Martial annonce que ce mot était emprunté aux Gaulois :

Gallia santonico vestit te bardocucullo.

En bas-lat. cuculla, capuchon de moine, en v. fr. cucul, manteau de voyageur, capuchon, cagoule, robe de moine cachant la tête comme celle de nos confrères de Miséricorde, b.-bret. kougoul, manteau grossier pour se préserver de la pluie, gall. cwcwll, corn. cugol.

Coucouche. s. m. petit cochon. Namur *couché*, Liége *cosé*, patois d'Aix-la-Chapelle, küsch, cochon, v. fr. coche, truie, gall. cwch, bret. hoch, grec hus (ὗσ), lat. sus.

Coné, kewé, s. m. pot de terre. Fr. couvet, chaufferette.

Cougnier. va cogner. ‖ v. n. t. de jeu de *courtaud*, lancer le *courtaud* en avançant la main. *Gougnté* en liégeois signifie coudoyer.

Couïasse. s. m. imbécille.

Couïe. s. f. mensonge. *Quée* —! ‖ t. de charb. cailloux dans la houille.

Couïé. s. m. gaillard. — *d' sée* adroit, madré. A Liége on dit *cau d' sai*, coup d'essai. N'est-il pas à croire que — *d' sai* a la même origine et qu'il signifie proprement gaillard mis à l'essai, éprouvé. On dit, mais plus rarement *ga d' sai*.

Couïon. s. m. Coïon.

Couïonnade. s. f. mensonge. **Couïonerie**. s. f. raillerie.

Couïu. s. m. cheval entier.

Coulant. s. m. égout, évier, ruisseau d'une cour, d'une rue, synonyme de *richot*. *Goulant* est aussi quelquefois synonyme, mais tient plutôt de *goulot*, extrémité du *coulant*.

Couline. s. f. balle livrée fort bas. ‖ vesse.

Coulisse. s. f. mortier fort clair que l'on verse sur la maçonnerie pour qu'il pénètre dans toutes les cavités et les remplisse. En fr. rainure.

Coulon. s. m. pigeon, v. f. ; du lat. columba.

Couluêfe. s. f. couleuvre.

Coumaincher, coumainchi, kmainsi. v. a. commencer. Brét. coumançz, probablement emprunté. Diez tire commencer de cuminitiare.

Coumère. s. f. commère ‖ femme. *Cacher à —, vir voltié lés —.* A Liége *kimère*.

Counoître. v. n. connaître. Lat. cognoscere, grec γινωσκω, irl. gnia, science, sanscrit g'na, savoir. *Nos counichons, ej counichois*.

Coupater (croupe à terre). Sale farce de petits polissons : quand ils ont affaire à quelqu'enfant niais, ils lui proposent de *cacher à nids d' —. el* — est représenté comme un oiseau merveilleux, mais qu'on ne peut approcher que les yeux bandés parcequ'il cherche à aveugler. On conduit le petit nigaud au lieu convenable ; à un signal convenu, il porte la main à terre et vous *sentez* ce qu'il saisit.

Coupette, toupette. s. f. faîte, sommet. *Pun d' coupette*, espèce de pomme, *c'est ein pun d' coupette, c' n'est gnié pou vo bec*. C'est trop élevé pour vous. Les Liégeois disent *copette*. En all. Kuppel signifie dôme, en v. all. houbet signifie tête, en fl. top signifie faîte, sommet, en

all. moderne, Haupt, Kopf, en fl. kop, hooft signifient tête, gall. coppa,
faîte, sommet, basque copa, cime d'un arbre, hébreux goph, phrygien
cuba, fr. coupeau, v. fr. couplet, coppe.

Coupille, coupiye. s. f. goupille.

Couque. s. f. petit pain. De l'all. Kuchen, fl. koek, gâteau. Les Liégeois donnent ce nom au pain d'épice. — *à la reine,* variété de —.

Couque, couille, couye dé nounette. s. f. espèce de bonbon.

Couque, couille, couye dé Suisse. s. f. pâte cuite à l'eau,
assaisonnée avec du beurre et de la cassonnade.

Couquéback; coucabaque. s, f. espèce de crêpe que l'on prépare
dans des échoppes. C'est le synonyme de *boucancouque,* mais *boucancouque,* quoique d'origine bien flamande, n'est pas connu à Bruxelles,
tandis que *koukébak* y est fort en usage. J'ai souvent demandé à des
Flamands l'explication de ce mot et tous m'ont répondu que c'était
couque cuite (gebakken). Lorsque je leur objectais d'une part que toutes
les *couques* possibles étaient cuites et que d'autre part il faudrait inter-
vertir les mots pour suivre les règles flamandes et dire gebakken koek,
ils ne savaient que répondre; mais on peut invoquer un gebak qui signifie pâtisserie et alors on est en règle, on a *couque-pâtisserie.*

Couri. v. n. *ej keur.*

Course. s. f. ordinairement pl., intérêt d'argent, revenu. *Mette
sé yar à —.*

Courtau, courtiau. s. m. boule de terre cuite, chique, marbre ‖
jeu d' —. Il y en a de diverses espèces : *linche au yar, tois à nous quatte à
nous, aller d' six,* etc. All. Gurke, concombre, fr. gourde, courge;
Koulourdren, plur. koulourdrennou, courge, gourde en b.-bret., cucurbita en lat. v. *cahoute.* La comparaison de forme ne laisse rien à désirer, il n'en est pas de même de celle de volume. Je rappelerai
toutefois que l'on donne le nom de *bôme* (bombe) à un — très peu plus
gros que les autres; d'ailleurs *iau* est un dim. montois (*buse, busiau, moye,
muyau*), v. *iau.*

Courieresse. s. f. pénurie, manque, insuffisance.

Courtil, courti, corti. s. m. verger. *Vos répasserez pa no corti,*
locution de menace signifiant : je saurai vous retrouver, j'aurai occasion de revanche. — est un v. mot fr. En b.-lat. curtile, cortillum, basq.
gortea, bret. cor, cort, angl. court, ital, corte, enclos, lat. hortus, gr.

χόρτος, jardin, lat. chors, cors, cour de ferme, étable à bœufs. Il est évident que la provenance immédiate de — est le b.-lat.; mais ensuite? Si on adopte la règle de Diez, pas d'hésitation : il faut accepter le lat., malgré la différence de signification, et admettre que le bret., le basq., l'angl. proviennent aussi bien que l'ital. soit du b.-lat., soit même du v. f. Si l'on prend égard à la tendance à latiniser les mots locaux déjà signalée, on pourra admettre que le b.-lat. a été forgé dans la Gaule. On ne puisait pas moins dans le v. langage german. Voici quelques mots de source tudesque arrivés au fr. par le b.-lat. :

Scura, skiura,	==	scuria,	==	écurie.
Smaltjan,	==	smaltum,	==	émail.
Stront,	==	strontus,	==	étron.
Quakele,	==	quaquila,	==	caille.

Je pourrais grossir considérablement la liste.

Cousse. s. m. cousin.

Coutance. s. f. dépense, frais, valeur, prix. V. fr. constance.

Couture. s. f. division d'une commune rurale, désignation de situation d'un champ. Le nom de chaque — est le plus souvent dû au genre de végétaux qui y croissait, avant qu'elle fut tout entière livrée à la culture : *couture d'aulnoi, du quesnoi, du jonquoi, du genestroi, du frasnoi*. Le mot provient sans doute d'une corruption de culture. v. fr. costure.

Couverte. s. f. couvercle. *Y n'a si laid pot qui n' treuve es* —. la plus laide femme trouve un mari ‖ couverture.

Coyer, keuyer. v. a cueillir. Au village *coyer* signifie aussi récolter. — *petote*, faire la récolte de pommes de terre. Lat. colligere.

Coyette (*à s'*). en particulier, à son aise, en secret, entr' amis : *ain mariache par amourette, on s'ain r'pint tout à s' coyette*. On se repent tout à l'aise d'un mariage d'amour. V. fr. quoete, tranquillité, repos. Quiente, lit de plume, lat. quietus.

Cra, crache. adj. gras. *Par'er* — tenir des propos obscènes. v. fr. cras, lat. crassus, épais. *Elle — assez dé* : être assez satisfait. *Elle sara crache assez dé r'preinde ess galant*. Bien heureuse de reprendre son amant rebuté. On dit en fr. : en serez vous plus gras?

17

Cra-cu. s. m. (*avoir el*). avoir une inflammation entre les fesses, une échauffaison, un entrefesson,

Cra-bouyau. s. m. rectum.

Crabot. s. m. t. de ch. Boîte où l'on dépose les bouts de chandelles ‖ boîte aux allumettes. C'est souvent un sabot troué. De là peut-être son nom, peut-être aussi de *cra* + *bo*.

Crache. s. f. graisse.

Crache marone. s. m. charcuiter.

Craché. s. m. lampe de terre. Les archives du nord de la France et du midi de la Belgique font dériver ce mot du tudesque krachen, pétiller. Nous croyons plus naturel de le faire provenir de *crache*. v. plus haut. *Bal au* — bal du plus bas étage.

Cracher feu. lancer du feu, des étincelles. Traduction littérale de l'all. feuer speien.

Crachotié. s. m. épicier. v. *gressié*.

Crachoulé, ette. adj. et subst. sale, malpropre.

Craintise. s. f. timidité.

Cramion. s. m. crémaillère. Bas-lat. crammale; bret. croumal, anse, v. fr. cramal, bourguign. cramail; néerl. kramm, croc de fer.

Cran renforcé. locution qui se trouve dans les anciens actes et qui signifie que l'on s'oblige au besoin à donner des nouvelles garanties.

Crane. s. et adj. propre, élégant, fier. En fr. subst. seulement, écervelé, tapageur.

Cranerie, s. f. élégance; en fr. témérité.

Crape. s. f. crabe ‖ grappe. ‖ croûte, croûte-laiteuse, pellicules qui se détachent du cuir chevelu, des dartres sèches. V. fr. grappe, ulcère qui se sèche. Ce mot vient peut-être du fl. krap, égratignure à cause de la croûte qui en est la suite; mieux de skrapsel, râclure.

Crapé, ée. adj. couvert d'un enduit d'ordure. v. fr. grappeux, sale.

Craper. v. a. enduire d'ordures.

Crapion. s. m. grapillon. Ital. grappo; all. Grapp et Krape, garance. Il est remarquable que quand il existe deux formes germ., souvent le fr. en adopte une et nous l'autre; ou a déjà pu noter cette singularité à l'art. *bleffe*. On aura plus d'une fois encore occasion de renouveler l'observation.

Craquelin. s. m. airelle, myrtille, vaccinium myrtillus; en fr.

pâtisserie qui croque, crabe qui a quitté son test, etc. Le mot liégeois *caquelinche* peut aider à trouver l'origine de *craquelin* (*kake l'inche*), (l'encre). On peut contester le mérite de cette explication donnée par M. Grandgagnage et se retourner sur le patois fl. de Bruxelles : là le myrtille se nomme croquebase et on retrouve crakebeys, dans les horæ belgicæ. Or, dans les langues germaniques on ajoute à tous les mots de l'espèce : fraises, framboises, groseilles le mot qui traduit baie (en all. Beer, en vrai flamand bezie, en patois bruxellois baze). Dépouillé de ce mot additionnel, crokébase, crakebeys deviennent crok, crak, dont le dimin. est *crokelin*, *crakelin* (ex. *rondĕlin*, *crottĕlin*).

Craspeu. s. et adj. ladre, vilain. Fl. krapsel, ràclure, schrapen, ràcler.

Crastinom, crachĕtinomme, crache matinée (*faire*). se lever tard. Lat. crastinum.

Crauye. s. f. craie.

Crayon. s. m. màchefer, houille vitrifiée, etc. La scorie est un produit volcanique ou une substance vitrifiée nageant au-dessus des métaux fondus ; ce n'est donc pas précisément un synonyme de màchefer. Liége *crahai*, dialecte d'Aix-la-Chapelle krei, màchefer, irl. creug, pierre.

Créaule, créyaule. digne de foi, croyable.

Crecher, cresser. v. n. croître, augmenter (Bor.). v. fr. creistre, crestre, arm. kreski, kriski, lat. crescere.

Crechon, cruchon. s. m. boni accordé aux marchands de charbon.

Cremone. f. f. ferraille pour la fermeture des fenêtres, espagnolette.

Crener (*s'*). se gercer, se fendiller. v. *crin*.

Crepe. s. f. crête.

Crepiau, cripiau. s. m. souricière. Bas-bret. griped, pluriel gripedou, piége, goth. greipan, all. greipen, saisir, attraper, prendre.

Crever. v. *kerver*.

Crevure, kervure. s. f. crevasse de la peau, gerçure; combinaison de crevasse et de gerçure.

Crichon, cruchon. s. m. t. de ch. surcroit, excédant de mesure, v. *surjet*.

Crin. s. m. fente, crevasse, ouverture ; *crin del porte*. ‖ t. de charb.

lieu où la mine est brisée par un affaissement du terrain. En ce sens crain est devenu français. Fr. cran, armor. kran, all. Krinne, bas-lat. et ital. crena. Pline est le seul lat. qui se serve du mot crena.

Criquèlion, criquion. s. m. grillon, criquet ‖ personne maigre, délicate, chétive. Fl. krekel, grillon, holl. kriek, de krieken, craqueter, cym. cricell, lat. grillus.

Croche, crosse. s. f. instrument armé d'un fer pour jouer au jeu du même nom.

Crocher, crosser. v. n. jouer *al croche*. A Liége *crawé, crauwé*.

Crochette. s. f. béquille. Fl. kruk, béquille, v. all. chrucka, étai, appui, b.-lat. croca, bâton d'estropié, potence, b.-bret. crok, gall. crog suspendium, suspensio, v. fr. et liégeois, cros, béquille.

Crocheter. v. a. pousser en glissant sur la glace. Crocheter est fr. quand il signifie ouvrir avec un crochet. En liégeois un *croketeu* est un chicaneur.

Crochon. s. f. t. de charb. ligne de séparation entre les *droits* et les *plats*, à cause du brisement de la mine qui est *croquée* (brisée).

Croisé. s. m. t. de boucher. côte de bœuf.

Croisette, crougette, creuzette. s. f. alphabet en tête duquel se trouve une petite croix. Lat. crux, all. Kreutz, holl. kruis.

Croix. s. m. deux lustres, dix ans ; à cause que le chiffre romain dix se représente par une croix.

Crolle. s. f. boucle (de cheveux), frisure ‖ s. f. p. copeaux. Flam. krol qui a les mêmes significations.

Crollé. adj. crépu, frisé.

Croller. v. friser.

Crombir, crombi. v. a. courbe, plier, fléchir.

Crombissage. s. f. action de *crombi*, état de ce qui est *crombi*.

Crombissure. flexuosité, courbure.

Crompir. s. m. pomme de terre. Beaucoup moins usité que *petote* (v. ce mot); on s'en sert surtout pour désigner les pommes de terre de forme longue. Très-usité à Liége. All. Grundbirn, holl. grondbeer, poire de terre.

Cron. s. et adj. bancroche, tortu, de travers, tortueux. *I n'y a gnié après ein — pou vouloi couri*. All. Krumm crochu, tortu, Krümme, courbure, krümmen, krumbiegen, plier, courber. Flam. krom. Il est remarquable que le v. all. écrive crump; le B et le P se confondant dans les langues du nord, le V. *crombi* a pu s'en former, bas-bret. *croumm*, courbé, crochu, gall. crwmm, curvus, recurvus. Selon Diefenbach et Pictet, la racine primitive est le sanscrit crunc, être courbé.

Croquant. s. m. cartilage.

Croque. s. f. t. de jeu de *courtiau*. *Bayer enne —* atteindre la bille. Le mot employé seul en manière d'interjection annonce qu'on vise *el courtiau*. Figur. coup, chiquenaude, atteinte. Croc est du langage fr. familier : cela fait croc sous la dent (Acad.). — est l'impér. du verbe bret. creghi, attraper, saisir, accrocher, de sorte que quand nos enfants disent —, c'est comme s'ils disaient : attrape.

Croque-gaye, croque-noujette. s. m. casse-noix, casse-noisette.

Croquer. v. n. et a. donner n' *croque*. || briser.

Crotte ou **crotte de brain**. excrements durcis. — *à vos deint!* manière brutale de refuser, répondant à l'héroïque et ordurière exclamation de Cambronne que l'on a noblement et poétiquement traduite par : la garde se meurt et ne se rend pas. — DÉ BURRE. appellation d'amitié. Kiliaen dit que le fl. krotte vient du fr.; mais il y a en fl. klot, boule. All. Koth, boue, lat. crusta, croute.

Crottelin. s. m. petite boule formée d'excrements durcis laquelle reste attachée aux poils qui environnent l'anus. Crottin n'a pas la même signification, il se dit seulement des excréments durcis des chevaux, moutons.

Croupe-cinde. s. m. demi-cercle en fer ou en cuivre pour arrêter les cendres. Fig. personne casanière, qui ne quitte pas le coin du feu, qui croupit dans les cendres.

Crouper. v. n. croupir, stagner. *Dé l'iau croupante.*

Cru, crue. adj. humide, mouillé. En fr. vert, qui n'est pas cuit. Cru est employé par Froissart dans le sens d'humide. A Namur on dit *crueu*, à Liége on dit *cruou*.

Cruesse. s. f. humidité.

Cu (avoir ça à s'). perdre au jeu. *peter pu haut que s' cu*, avoir plus de prétention que de mérite. *Cu d' zeur, cu d' zous*, sens dessus dessous. *Ça va, ça vié comm el cu d' ein vieux gvau.* Il y a des alternatives de bien, de mal, de froid, de chaud. *C'est comm l'homme qui rake au cu dé s' kévau, ça n' fait nie d'bic, ça n' fait nie d' mau. Faire danser* *sur l' — du four*. Se dit d'une cadette qui se marie avant son aînée.

Cuefe, cueve. ind. du v. couvri. On trouve cuevrent pour couvrent dans l'ouvrage du sire de Joinville, qui se croisa avec St Louis.

Cuer. s. m. cœur. V. fr. cuer, quoer.

Cufat, cufar. s. m. grande tonne par laquelle on amène la houille du fond de la mine au jour. Liégeois *coufade*, v. all. chuoffa, all. moderne Kufe, cuve. lat. cupa. Ce mot, aujourd'hui spécialisé, a du avoir cours, dans le patois usuel, pour désigner généralement une grande cuve ; car quand on a commencé à tirer la houille, la désinence en *a* avait disparu depuis plusieurs siècles. Le lat. cupa était devenu coupe, le v. all. était devenu Kûfe, Kübel, Kûpe.

Cuesmes. village du Hainaut. Peut être du v. fr. cuens, cuems, comte.

Cuinche, coinche. s. m. gamin. *Veux-tu d'aller, sale —* pars, vilain gamin. *Argot d' —* t. de jeu *d' courtiau*. irrégulier, de travers. Fr. guinguois, fl.-schuinsch, v. nord. kingr, oblique, v. fr. guenche, déviation, tromperie. fr. de technol. guinche, outil de cordonnier.

Cuitie. s. f. cuite.

Culot. s. m. coin. Les significations fr. de ce mot sont nombreuses : il désigne le dernier né d'une famille de petits animaux, d'une couvée, le dernier reçu d'une compagnie, le bout inférieur d'une lampe suspendue, etc.

Curage, curache. s. m. action de *curer*.

Curer. v. n. étendre le linge sur l'herbe pour le faire blanchir. Espagnol curar. v. *recurer*.

Cureur, cureu. s. m. blanchisseur. En fr. nettoyeur d'un puits.

Curiau, cruáu, cruyiau, criau. s. m. mauvaise herbe. On peut chercher l'origine de ce mot dans le fr. curer, dans le latin crescere, croitre ou l'all. Kraut, herbe. Les Liégeois nomment les sarclures *krouwen*. V. fr. cuauldre, faire la récolte. M. Grandgagnage dit qu'en all. krauten signifie sarcler, c'est possible. Je ne connais pas ce mot.

Curiauder. s. f. sarcler.

Curiaudeuse. s. f. sarcleuse.

Curie. s. f. femme dégoutante. V. fr. corie, lat. corium, cuir; qui ne vaut que le cuir. A Liége cureie, charogne. On dit de même *piau*. Le lat. scortum signifie à la fois peau et prostituée.

Curoir, curoi. s. m. blanchisserie ou blanchérie. En fr. bâton pour nettoyer la charrue de la terre qui s'y attache.

Cutourniau. s. m. culbute. Usité à Maubeuge, comme à Mons.

Cuvelle. s. f. cuvette, cuveau.

Cuvělot, cuvlo. s. m. cuveau, baquet.

D

D se change quelquefois en T : *preinte*, T en D : *eindamer*.

D' remplace le pronom en quand il est suivi d'une voyelle : *ej d'ai mié*. J'en ai mangé. Quelquefois on fait pléonasme et on dit : *j' ein d'ai yeu*, j'en ai eu, *ell ein d'a*, elle en tient, elle est enceinte.

Da. particule employée pour affirmer, promettre, recommander, ordonner. *Y fau v' ni, da*, il faut venir. En fr. on n'emploie guère da qu'avec oui : oui-da.

Dachette. v. *tachette*.

Dadlar, dadleu, dadlot. s. et adj. babillard, bavard, censeur. All. Tadler, censeur, qui critique, dahlen, babiller. gall. dadl, controversia, lis, contentio, dadleu, litigare. b.-bret. dael, contestation.

Dadler. v. n. critiquer ‖ manier, tâter, surtout les aliments : *n'v' énez gnié co dadler més grouseyes.*

D' allage (à). en train, en marche, en danse.

D' aller, s'ain d'aller. v. très-irrég. *J' m' ain va, no d'allon, no sain dallon. No d' alline, j' d' irai, d'allon, d' allonne? qué j' vasse, vausse, aye, qué j' d' allisse, vausisse*, s'en aller, partir. Je ne dis pas tout et j'omets les nombreuses variantes des villages. Rabelais disait deualler.

Conformément à une règle de grammaire générale, ce sont les verbes les plus usités qui sont les plus irréguliers; conformément à une loi des patois, ce sont ceux qui varient le plus de commune à commune. Quand j'apprenais l'all., je m'indignais contre un peuple qui semblait l'avoir fait exprès, pour géner les étrangers, de rendre difficiles justement les verbes qui reviennent le plus souvent; cela provient, dans toutes les langues, de ce que les verbes, à force d'être répétés, s'usent en quelque sorte et ont besoin de recevoir une nouvelle empreinte.

Dămă. s. m. julienne de Damas, fleur. En fr. étofle de soie à fleur, prune, acier très-fin (sabre ou lame) venant de Damas.

Damage. dommage. || On donne encore ce nom à une partie de terrain entourant une houillère. V. fr. damage, b.-lat. damagium et damnagium. lat. damnum.

Dande. roseau. (Masnuy).

Dandine. s. f. volée.

Danger (*gnia pas d'*), **dangie, dantgie.** il n'y a pas de mal, c'est mérité. *Avoi* — avoir besoin. *Quand enne fiye n'a gnié* — *d' ein homme, l'homme n'a gnié danger d'elle.* B.-lat. dangerium. — a eu, eu v. fr., la signification de dommage, damnum.

Dangereux, dandjereu, dandiereu. adj. probable. Peu usité à Mons, mais beaucoup aux environs. Il est aussi adv.; si l'on demande : *verrée?* viendrez-vous? on répond : *dangereux*, probablement. On peut aussi répondre : *hazard.*

Dank. merci. En all., fl., holl. danken signifie remercier.

Danse. s. f. volée.

Dard. s. m. aiguillon, épine.

Darder, arder. v. n. s'élancer, fondre impétueusement comme un dard. A Liége *daré, dauré.* Gall., armor. dart, telum, jaculum. ags. daroth.

Darue. s. f. chasse de nuit aux oiseaux (vers Ath) : *einvouyer à* — envoyer se promener, se débarrasser d'un auditeur gênant. A Mons où l'on ne connaît pas — on dit *einvouyer à rue, su l' rue.* Voilà comment le wallon s'altère et se perd. A Liége *cori al dahir, dauhir*, courir çà et là, fréquenter les mauvais lieux. V. fr. derroi, déroute, desruer, égarer, détourner; lorrain daurne, adaurné, adarlé, étourdi.

D'avoi, d'avoir. verbe très-irrég. en avoir, y en avoir. *Y d'a* signifie il en a, il y en a, le but a été atteint. Le D se supprime dans quelques circonstances : *a-t-y des geins bielle assez pou croire à cés contes-là.*

Daye (*à*). à gauche. Dia en fr. signifie gauche, selon l'Acad., droite, selon le dict. de Trevoux. Gall. armor. deau, dexter, irl.-écossais deas, sanscrit daxa.

Dazette. s. f. DAZOT. s. m. dent (enfantin).

Débagager, débaguer. v. n. déménager. V. fr. bague, baguer (empaqueter), bas-lat. baga. Le liégeois a le simple *bagué.* M. Grandgagnage lui donne l'étymologie gaëlique de bac (impedimentum), ancien scandinave, baqqi, fardeau, bagn, être encombrant, embarrassant. Il fait observer à ce sujet qu'il n'y a guère d'étymologie celtique qui n'ait un correspondant germanique, mais qu'il n'y a pas réciprocité, c'est-à-dire que souvent la racine german. seule existe. Le premier fait s'expliquerait par cela que les deux familles ont une origine commune et le second en ce que les dialectes parlés par les Celtes belges et gaulois ont laissé une famille moins nombreuse que les dialectes franks, en même temps que cette famille nous est devenue étrangère depuis un grand nombre de siècles.

Débarté. adj. et s. égaré, en désordre, désorienté. V. fr. débareter, décontenancer, vaincre, dissiper, affliger. *Débareté* viendrait-il de *sans barette? bartiau* serait-il dans le même cas? On connait les locutions mettre sa barrette de travers, la jeter par dessus les moulins.

Débatte, débattre. v. a. t. de jeu de *courtaud;* quand on dit : *jé l' débats* c'est comme si on disait : si j'abats, le coup sera réputé nul. *Si j'ai stici j' débats l'autte croque et déba yard.*

Débattu. s. m. matière fécale.

Débaucher. v; a. désoler.

Déberdouiller. (*se*). Ce verbe picard qui signifie se dépêtrer, n'est pas de notre patois (que je sache). Je ne le donne que pour montrer la filiation des patois. Il est assez curieux que les Picards, à leur tour, n'aient pas notre subst. *berdouye.* v. ce mot.

Déberlafé. adj. ayant une balafre ‖ débraillé.

Débéyé. adj. qui ne serre pas. v. *beyer.*

Débiller, debiyer. v. a. déshabiller.— en fr. signifie détacher les chevaux du trait.

Débiser, débisi. v. a. peu usité, *s'* — v. pronom. très-employé. Irriter, être irrité par la bise. Se dit de l'érythême, de la rougeur, des gerçures que le froid produit sur la peau. Namurois *disbiji,* v. all. pison, v. *biser.*

Déblâye. s. m. désordre ‖ malpropreté. Figure tirée du mot fr. déblai.

Débloquer. v. a. faire sortir du bois. En fr. faire lever le blocus.

Déblouke (*al*). autant que possible ‖ de toutes ses forces ‖ bride abattue (Borinage). v. *blouk.*

Débouler. v. n. rouler, filer, partir.

Débouloter. v. n. et a. dérouler, développer.

Débouziner. v. n. sortir précipitamment ‖ s'élancer ‖ déguerpir ‖ jaillir. *Y skitte que ça li débouzine,* il a une diarrhée violente. V. *Bousie, Bousin, Rabouziner.*

18

Débroqué, desbroki. adj. détraqué. ‖ brisé. ‖ démonté : *enne kéyēre —.* Est-ce l'all. brechen, gebrochen, rompre? n'est-ce pas plutôt le contraire d'embroché?

Débruisié, débrisi, dbrisi. (Bor.) v. fr. débruiser. A Mons on dit *débriser.*

Décafoter. v. a. défaire *el cafotin.*

Déclaquer, desclasquier. v. a. décharger, décocher, lancer. V. fr. décliquer.

Déchirée. s. f. échappée.

Déchokter. v. a. dédosser, diviser, séparer les touffes des racines, éclater, œilletonner. V. *choque.*

Décrottoir, décrottoi. s. m. lame de fer placée près des portes pour ôter la boue des souliers. En fr. brosse pour décrotter.

Dédans. dédain, d' dain. prép. dans. (*l'—*) s. l'intérieur. *Mette —* tromper.

Dēdée. v. n, promener. (enfantin).

Dédef. s. f. Marie-Josèphe.

Défacher. v. a. ôter les *fachots.* V. ce mot. Se défâcher est fr., il signifie s'apaiser.

Défalismain del leunne. décours de la lune. Fr. faillir, all. fallen tomber, lat. deficere. On dit aussi *defayance* et *descréchance.*

Défaufiler. v. a. éfaufiler.

D' effé (*comme*). en effet.

Défichant. adj. contrariant, tourmentant.

Défigurer. v. a. refuser, nier. Ne s'emploie guère qu'avec une négation : *on n' peu gnié défigurer qué st' enne belle fiye,* on ne peut contester la beauté de cette fille. Ce verbe est plus usité au Borinage qu'à Mons.

Définition (*del balle*). conclusion, décision (du jeu de balle). V. fr. deffiner, mettre à fin.

Définissemain (*su l'*). vers la fin.

Défouttre, défoutte. v. a. et pers. désoler, décourager, contrarier, abattre, décontenancer.

Défriser. v. a. contrarier. En fr. ôter la frisure.

Défunquier. v. n. mourir. Fr. défunt, lat. defunctus, mort.

Défuter. v. a. ôter le fût.

Dégagoter. v. a. faire sortir du *gagot*. V. ce mot. Fig. faire sortir en surmontant des difficultés.

Dégartelé, ée. adj. personne dont les jarretières sont dénouées, qui n'en a jamais. V. *gartier*. Fig. plus usité. personne dont les vêtements sont en désordre.

Dégauvier, desgauvié.vomir || fig. évacuer, || accoucher (Quaregnon).V.*gave*.Dégobiller est un dimin.; c'est dégauviller avec changement du v en b; à moins qu'il ne soit le contraire de gober et encore gober diffère-t-il de *gauvier*, inusité?

Dégelée. s. f. volée de coups || grand nombre.

Dégletter, gletter. v. n. dégoutter, sourdre, baver, rendre de l'humidité, surtout une humidité gluante. *El matière deglette, tout a vau li*. V. fr. glete, ordure, corruption, all. gleiten, glitschen, fl. glyden, glisser, angl. to gliet, rendre du pus, couler lentement, dégoutter. Quand au bret. glaouren, baver, au gall. glafoerion, glyfoer, on peut bien croire que c'est l'origine du mot fr. glaire, mais comment arriver jusqu'à —. On peut penser à glu, au b.-lat. gliteus, gliceus.

Dégonder. v. a. décontenancer, faire sortir de son caractère. En fr. dégonder signifie ôter de dessus ses gonds.

Dégoter (*s'*). v. p. se dégourdir. se décrasser, se distinguer. En fr. dégoter veut dire surpasser.

Dégouline. s. f. pente, descente. S'employe surtout au jeu de *courtiau. Juer tt' al* —, laisser aller la bille doucement en suivant la pente du terrain. Bret. goular, doucereux.

Dégouliner. descendre, glisser doucement. V. fr. couler, tomber goutte à goutte.

Dégraviner. v. a. gratter autour, dégarnir. Se dit surtout des plantes dont on prive les racines de la terre qui enveloppe leur chevelu. Fr. grafiguer, fl. graving, fouille et graven, creuser, all. graben.

Dégrézlé, ée. adj. blasé, dégouté, qui a usé à satiété. N'est nullement synonyme de *nactieu*. On trouve avoir ses degraz, pour être repu, dans le roman du Renard T iij p. 307. Fl. gretig, avide, désireux, esp. desgraciado, funeste.

Dégribouler. v. n. dégringoler. Combinaison de dégringoler avec *bouler*.

Dégriffer. v. a. égratigner.

Dégrimoner. v. a. égratigner. Comparez, dit M. Grandgagnage, l'expression bavaroise : es grimmt mich im Bauch, j'ai mal au ventre. Grimmen, pincer, tiré de Grimm, furie.

Dégrivaler. v. n. dégringoler. Combinaison de dégringoler avec *avaler*.

Déguesine. s. f. volée de coups. On ajoute souvent de *vandag*. Cela a l'air bien fl.; mais il est difficile d'y rattacher un sens; car gesien (prn. guesīne), signifie vu et vandag, aujourd'hui.

Déhoper. v. n. partir, sortir. V. *oper*.

Déhoter. v. a. ébranler, faire sortir, déboiter. En bas-breton divoestla, déboiter, tirer d'une mortaise; de + ôter? A Liége *déhoté* signifie rendre le dernier soupir.

Deï ou **manter Deï.** excl. abrév. ou corruption de Mater Deï. *Eh! Déi! qué touz lés biettes.* Ah! mon Dieu! combien d'animaux.

Dein. s. m. dent. *Avoi tous sés —*, avoir bec et ongles. Lat. dens, gall. dant, irl. dend, dead, sanscrit, danta.

Deiner. v. a. dîner. V. fr. deigner, disner, disgnier, digner.

Déjointer. v. a. déjoindre, disjoindre. Les mots oindre, joindre viennent bien du lat. ungere, jungere; mais leur son odieux semble bien celt. Remarquons que le celto-irl. a ong remontant au sanscrit ang, oindre et le celto-irl. iodt, chaine, le celto-gall. yau, joug, sanscrit yug, joindre, yuga, joug.

Délandrer. v. a. diviser, soustraire, détruire en partie (Masnuy). — *n' maison*, en faire plusieurs demeures, en changer la distribution. Fr. d'archit. délarder, enlever une arête.

Dě long et d' lair. adv. mot à mot, de long et de large; à petits pas, avec précaution.

Del longue. adv. lentement. *D'aller, tirer —*, gagner du temps.

Déloqueté, ée. adj. couvert de loques, de haillons.

Démanevé, ée. adj. courant des dangers ‖ compromis ‖ avarié ‖ gâté ‖ démantibulé ‖ égaré ‖ mort. *El bur fondu n'est gnié pierdu, mé il est fō —.* Est-ce démanœuvré?

Déméfier (*s'*). v. p. se défier, se méfier. Combinaison des deux mots fr.

Démêlé. s. m. matière fécale.

Démettre, démette (*es kémiche*). v. a. ôter sa chemise.

Démigraine. s. fr. migraine.

Démiseler. v. a. émietter. v. *misĕlin.*

Démitan. s. m. moitié. Mitan est fr., mais v. et pop., v. haut-all. mittamo, lat. dimidius. Peut-être est-ce une combinaison de demi avec mitan ; on dit aussi *démointié.*

Démonter. v. a. faire perdre patience.

Démoulquiner. v. a. mettre en pièces, en morceaux, battre, écraser, pulvériser. Ce mot employé à Mons et inusité dans les environs, n'est que le figuré du mot *démulquiner* employé au propre dans les villages voisins et inconnu à Mons.

Démucher. v. a. mettre à jour. — *Sé yar.*

Démulquiner. v. n. défaire *lés mulquins.* V. ce mot.

Démutiernoi. s. m. instr. d'agric. pour aplanir les *mutiernes.* V. ce mot.

Dépéler, déspeler. v. a. enlever l'écorce, la peau ‖ peler. (s') — v. p. se desquammer.

Dépier. v. a. effeuiller ‖ faire sortir les grains de l'épi. En fr. dépié signifie démembrement d'un fief.

Déplayer. v. a. réduire en plaie. V. fr. déplayer, gall. pla, lat. plaga.

Déponter. v. a. t. de jeu de cartes, dégarnir des atouts ‖ ôter la force ‖ obtenir le fermage en mettant une enchère ‖ l'emporter sur un rival ‖ gagner des points sur ; d'où est venu sans doute le mot, s'il ne vient du fr. ponte, t. de jeu. Dans le Santerre on dit dépointer dans le sens d'enchérir. Il y a là entre les fermiers une espèce de contrat tacite qui interdit de le faire ; c'est l'analogue de notre *maugré* v. ce mot.

Dépourer. v. a. époudrer, épousseter.

Dépoutner (s'). se démener, se mettre en quatre, s'échiner, s'évertuer (Tournay). Compar. s'évertuer et se tuer à.

Déprende, dépraïnde. v. n. désapprendre. En fr. déprendre signifie détacher, etc.

Déqu'à, d'qu'à. Jusqu'à.

Déqué, déquoi? Quoi? comment?

Déquitter. v. a. ôter. Selon le plus grand nombre, le fr. quitter provient des vieilles langues du nord. On le trouve dans le suédois qvitt, l'irlandais qwittur, l'angl. quit, le holl. quyt, le neders. quiet, quitt, bret. quytu : il signifie libérer, affranchir; selon d'autres au contraire tout cela viendrait du fr.

D' quoi. *es n' homme là a d' quoi.* Cet homme a des ressources, de la fortune.

Dérain, adj. dernier. V. fr. et prov. derrain.

Dérané, ée. adj. éreinté, moulu de fatigue, de coups.

Déraner. v. a. éreinter ‖ *s'*— V. p. se briser les reins, faire tous ses efforts, bas-lat. erenare, renes frangere, v. fr. esrener.

Déraquer. v. n. S' DERASKIER. v. p. sortir d'un mauvais pas. v. *rage.*

Dérée. s. f. denrée : *avoi sés* — avoir ses menstrues.

Derne. s. f. dartre sèche, furfuracée (Cambron-Saint-Vincent). A Namur diele, v. fr. derre, cymr. tarwden, sansc. dardru.

Déroder. v. n. détruire une forêt, pour la livrer à l'agriculture, défricher, essarter. All. popul., roden, extirper en sarclant, essarter.

Dérompre (*s'*). v. p. prendre une rupture, une hernie.

Dérompure. s. f. rupture, hernie. A Liége rompeure, rompar.

Deroyer. v. n. t. de prat., changer la culture, changer un pré en terre labourable ou vice versà.

Derrière. s. m. partie du *baquet.* v. ce mot ‖ joueur de balle placé au fond du jeu.

Désaluré, ée. adj. sans allure, qui a perdu sa fraîcheur, en désordre, brisé, pourri par le temps.

Desbanci. adj. réchauffé. (Charleroy.)

Desbiner, débiner. v. n. se sauver, partir, fuir. En fr. débiner signifie : donner un léger labour aux vignes. On dit à Paris, dans une espèce d'argot, s'esbigner, pour s'enfuir. Peut-être s'esbigner est-il tiré du patois wallon. Il ne se trouve pas dans le dictionnaire de l'Académie.

Desca, déka, duska. jusqu'à. En v. fr. tresqu'à, dusqu'à, lat. de + usque.

Descafier. v. a. faire sortir du *skafion,* plus souvent faire sortir le *skafion* du brou.

Descau, décau. adj. déchaux, déchaussé ; v. fr. descau.

Descliquer, décliquié, desclaquer, desclaquié. v. a. décharger, décocher ; de *cliche* ou *clique* d'un fusil. Les Liégeois disent *cligté,* armer un fusil. Décliquer est employé par Froissart et autres vieux chroniqueurs, mais, comme verbe neutre, pour détoner, partir : le canon déclique. v. *cliquié.*

Descloné, ée, adj. déhanché. Lat. clunis, fesse, gall. clun, hanche, sanscrit s'lon, accumuler, amonceler ; le sanscrit a une seconde forme s'ron, qui a produit s'ronc, hanche.

Desclumain. s. fin, terminaison, conclusion. La syllabe *clu,* commune à — et à conclusion, doit faire croire à une origine également commune : claudere, cludere, clusum.

Desconquaner. v. a. disloquer, harasser.

Descoutailler, descoutayer. v. a. couper par petits morceaux, dépecer, taillader, surtout du papier avec des ciseaux. J'avais d'abord supposé que c'était une combinaison de couper avec tailler ou bien une racine *cout* avec préfixe *des* et suffixe *ayer*, racine qui est dans le lat. culter, cultellus, le gall. cwt, couteau, cwtaw, raccourcir en coupant et qui remonte, au sanscrit kut, couper. Le liégeois *kuteï, kiteï,* même signif. que —, m'est revenu en mémoire et m'a suggéré une explication bien moins savante, mais qui me paraît beaucoup plus plausible. *Ku, ki* est un préfixe extrêmement fréquent qui répond au lat. cum ou de. *Teï=* tailler, en somme détailler. Cela est confirmé par le liégeois *veinde al kuteié,* vendre en détail ; pour former — nous avons ajouté un nouveau préfixe *des* qui forme redondance.

Descracher. v. a. dégraisser. v. *crache.*

Deseuler. v. a. abandonner, essculer, isoler. *C' t'enne belle fiye et et avé ça, elle resse tout déseulée.* Malgré sa beauté, cette fille n'est pas recherchée.

Déshabillé. s. m. espèce de robe du matin.

Deskeï. v. n. déchoir. v. *keï.* V. fr. decaïr.

Deskeinde. au Bor. et aux environs d'Ath on dit *diskenne,* lat. descendere. *L'amitié deskeind chon cau pus qu'elle né r'monte.* L'affection des parents pour leurs enfants est bien plus grande que celle des enfants pour leurs parents.

Deskeutte, descoude. v. a. découdre.

Deskierkier. v. a. décharger. v. fr. desquerquier.

Deskirer. v. a. déchirer. Fl. scheuren, v. all. scëran. v. *skirer.*

Deskirure. s. f. déchirure. v. fr. descireure.

Desnafié. adj. déguenillé, en désordre, éraillé, déchiré, dépourvu d'agrafes, de moules de boutons, en parlant des personnes ; démonté, dérangé, détraqué en parlant des serrures, des montres. Fl. naef, holl. naaf, all. Nabe, moyeu, all. Nabel, clef de voûte, mensale, ombilic, dan. navl, suéd. nafle.

Désoulure, désoudure. s. f. volée, défaite, déroute. V. *souture.*

Despue, du despue, du depuis. prép. et conj. depuis. Esp. despue ; lat. de + ex + post.

Despéché, ée. adj. déchiré (Bor.), v. fr. despecier, mettre en pièce.

Despené, ée. adj. déplumé ‖ déguenillé ‖ dépouillé. Ce mot pourrait venir dans sa première signification de penna, aile, gall. pinn ; mais dé-dépenaillé dérive du v. fr. despané, lequel, vient du lat. pannus. v. *pniau.*

Despiter. v. a. dépiter. Fl. spyt, dépit. lat. despectus, mépris ‖ éclabousser. V. *spiter.*

Dessorti. v. n. sortir, t. de jeu de balle ‖ saillir.

Dessus d'sus, prép. vers. *Elle va d'su* 15 *ans. I tire désus s' mon père. I buque désus* 12 *heures.* Elle a près de 15 ans. Il ressemble un peu à son père. Il sera bientôt midi.

Destakier. v. a. détacher. Bas-bret. distag, détaché, stag, attaché, staga, attacher, basque estequatcea, attacher. v. *tachette* et *tassiau.*

Destein (y). il s'éteint, cri des enfants jouant à cligne-musette pour indiquer à celui qui cherche qu'il s'éloigne de l'objet caché. V. fr. des-tainct, éteint.

Desteinde. v. a. éteindre.

Desterminé. adj. violent, audacieux. fr. déterminé.

Desterminer. v. a. briser, rompre, rouer ‖ s' — se fatiguer, s'é-reinter, s'échiner. fr. exterminer.

Destiker. v. n. ôter, arracher. v. *stiker.*

Destombi. v. n. et a. déchoir, s'amoindrir ‖ s'apaiser ‖ s'affaisser ‖ s'attiédir ‖ attiédir. Inusité à Mons, fort usité dans les villages ; à Liége *distoumé.*

Destouper. v. a. déboucher. v. *stouper.*

Deswave, dessouave. s. f. limite de deux terres labourées, sillon qui les sépare.

Détasser. v. a. faire le contraire d'entasser.

Détomber. v. n. déchoir, décroître; plus usité à Mons que *deskeï*. V. plus haut.

Détouyer. v. a. débrouiller, démêler. *Voz aré déz estoupe à —*.

Dévain, d'vain, dédain, d'dain. prép. dans: *stikel Dédain l'trau*. adv. dedans. *Stike lé d'vain*. v. fr. devens.

Dévanture. s. f. façade. En fr. ce mot ne signifie que devant d'une chaise d'aisance, d'une mangeoire; pourtant l'Académie autorise — de maison: *Là n' fiye qu'a n' belle —*. Voilà une fille qui a une belle gorge.

Dévise. s. f. conversation. *Ette al bonne —*, être en conversation animée, intéressante.

Déwaner. v. n. sortir comme d'un *wan*, (v. ce mot.) lentement, péniblement, comme un ver de son trou, comme un escargot de sa coquille (Borinage). *Dewaner* pourrait bien être une corruption de dégainer. Les Liégeois qui ne connaissent pas le composé *dewaner* employent le simple *waignî* (*s'*) ou *waimî* qui signifie se traîner lentement, pesamment, se couler. Or *waignm* signifie gaine, étui de couteau.

Dézeur. s. m. partie supérieure: *El — dé s' tiette*. Prép. sur. *Il est prope — li*. Adv. On dit alors plus volontiers *d' zeur* ou *au d'zeur*, au-dessus. *Faite enne croix d'zeur*, n'y comptez plus, n'y pensez plus. On dit aussi *désur*, *dessus*, comme prép. On combine la prép. avec le subst. On dit *su* et même, quoique plus rarement, *dessus l' dezeur*, il faudrait *là-dessus* tout un traité.

Di. *Il a s' — eyé s' dédi*. On ne peut se fier à sa parole.

Diable, diale-volant. s. m. machine pour vanner.

Diaco. s. m. Jacques.

Diale, diape, diaule. s. m. diable ‖ personnage figurant au *lumeçon*, on ne sait trop pourquoi. Pendant le combat, les *diapes* sont traînés sur le dos par les *chinchins* qu'ils frappent de la vessie pleine de pois dont ils sont armés. Il y a une nuance entre *diape* et *diale*, à peu près comme entre bigre et b...., fichtre et f.... *El — kie toudi su lés gros monciaux*, l'eau va toujours à la mer. *On n' saroit peigner ein — qui n'a gnié d' kéveux*, on ne peut rien tirer d'une personne sans ressource. *El diape va marier s' fiye*. Se dit quand il pleut en même temps qu'il fait du soleil.

Dian. s. m. Jean. *Dienne*, Jeanne. Presque partout aux environs de

Mons on altère le son du j et du g doux pour le prononcer comme dj,
dg. Même le ch se trouve changé en tch : on dit d' *jaloux*, d' *généve*.
Le montois placé entre la prononciation villageoise et la prononciation
française répudie souvent l'une et l'autre et change le j consónne en i
voyelle, en retenant le d.

Dian, dian nik et nak compére a-t-y des doigts. cheval
fondu, jeu d'enfants.

Dianbot, djambot. s. m. Jeune garçon travaillant aux houillières.
V. *Nianbot.*

Diape d'allemand. s. m. diamant faux. Ne se dit que par plaisanterie.

Diau. joue. Angl. jaw, ital. gota, v. fr. jau, joe.

Diaune, djaune. adj. jeune. subst. petit, nouveau-né. Le Saige
se sert du mot josne. Les All. disent aussi junge, jeune pour petit,
gall. ieuange (Davies), ieuank (Pictet) juvenis, sanscrit, yuvan.

> *Dj'enn vos trahirai gnié m' pinsée,*
> *Dj' vourrou bié ette etou mariée ;*
> *Despue (depuis) qué vos asté parti,*
> *Ein v'là chonq, sans meinti,*
> *Mariées pus djaunes qué mi.*
>
> Chanson de *quintin* (v. *fourderaine*).

Didiche. s. f. viande (enfantin).

Dief. s. f. terre argilleuse et un peu calcaire qui se trouve entre la
forte toise et le terrain houillier. A Liége *Dièle*, à Namur *Dèle*, terre
glaise. V: fr. derlière, lieu où l'on tire la terre, fr. de techn, derle, terre
à porcelaine, fl. derrie. tuf.

Diérain. dernier.

Diffigulté (*s' prinde dé*). avoir une querelle.

Dik et dak (*pleuvoi, ein keï à*). pleuvoir à verse. Dick regnen, en
all. signifie pleuvoir fort. Dach, signifie toit. Cependant le *dik é dak* n'est
probablement qu'une onomatopée, mais toujours dans la manière chère
aux Allemands : ils disent : risch und rasch, vite. Mit Sing und Sang,
en chantant. Mit Kling und Klang, au son des cloches.

Voyez les belles ballades de Bürger, notamment celle de Lenore et du Wilde Jäger.

Dimeinche, dimeigne. s. m. dimanche. V. fr. dimaigne et dimane.

Dindin. s. m. clochette : *einterrer au dindin*, faire un enterrement mesquin. Cette espèce d'enterrement s'annonce par une petite cloche.

Dindonner. v. a. tromper, attraper.

Dioker. V. *Joker.*

Dire (*avoi à*). être en mauvais état, endommagé, détraqué. *Emm monte a à dire.* ma montre ne va pas bien. *Il a à dire à ç' serrure là,* cette serrure est dérangée. Cette locution était usitée dans le v. fr. pour : avoir à regretter quelque chose qui manque ; on la trouve dans Montaigne ; mais il y a un autre wallonisme, c'est : *s' leyer à dire* que l'on francise par *se laisser à dire.* Cela signifie consentir, céder : *i s'a leyé à dire,* il s'est laissé persuader, convaincre, séduire. *A dire* serait-il alors une corruption du dernier mot : séduire? Il y a enfin un 3ᵉ wallonisme : *s'avoi leyé dire* : avoir ouï dire.

Disconte. s. m. escompte. V. fr. discompte, esp. discuento, lat. dis+computare.

Discoboroutchi. adj. brisé, rompu de fatigue ‖ disloqné (Charleroy).

Discreche. v. n. décroître (arrondissement de Charleroy). A Liége *discreh.* V. *crecher.*

Diskenne, deskeinte. dékeinte. v. n. descendre. On ne dit *diskenne* que dans les villages écartés. C'est absolument la manière de dire des Bas-Bretons.

Dispierti. adj. vif, éveillé, gai, espiègle. Lat. experrectus, espagnol, despertar, v. fr. espérir, éveiller.

Dissime. adj. abréviation de grandissime.

Distö. adv. tantôt, bientôt. Inusité à Mons, fort usité au village. De isto (die), dès ce jour.

Djaunler. v. n. mettre bas, accoucher. (Eugies, Sars). Flam. jongen.

Djobin. s. m. tourbillon. Inconnu à Mons, usité au Bor.

Dju. V. *Ju.*

D' lée, dlai. près. (de lez v. fr.) Lesaige emploie la préposition de lez. V. f. dalès. De + ad + latus.

Dodiner. v. a. choyer, caresser, festoyer, dorloter ‖ soigner, mitonner. En fr. le v. est pr.

Dodore. s. m. Isidore.

Dog, dok. s. m. s. morceau de fer scellé dans la pierre. La forme de ce mot semblerait annoncer une origine tudesque; cependant en anglais dock, en holl. dok signifie bassin, darse. Docke en all. signifie poupée, dogue.

Doguer. v. a. sceller, fixer, affermir ‖ battre. En fr. se doguer se dit des moutons qui se heurtent.

Doguette. s. f. volée de coups.

Doigt d'olive. s. m. panaris avec accidents graves. V. à l'art. BLAN-DOIGT en quoi il en diffère.

Dominée. s. m. Les Fl. donnent ce nom aux ministres protestants. Les Montois l'ont adopté. Le mot étant né en Flandre on lui a cherché une origine fl. : on a indiqué dom, cathédrale, on a eu tort : domine est le voc. lat. de dominus ; au reste dominus, comme le fl. ou all. dom, se rattache à domus. Domus, de même que l'irl. daimh, provient du sanscrit dâman, maison, racine, d'a, avoir, selon Pictet, de dama, maison, racine, da, construire, selon Chevallet.

Don comme don. dans tous les cas, de gré ou de force. A Liége *adon comme adon*, alors comme alors.

Dona. s. m. imbécille, dupe. *Il a sté dona del farce.*

Donte. adj. honteux, maté, triste. Bret. don, apprivoisé, lat. domitus, domté, espagn. dundo, patois esp. donde, prov. dómde, apprivoisé. *D'honte* (notre manière de prononcer de honte).

Dor. s. m. or.

Dormen. s. m. opium, sirop de pavot blanc.

Dos. s. p. t. de jeu de *bouquette*. Par opposition à *fó*, parceque c'est la partie saillante de l'osselet.

Dos (*avoi à*). avoir pour adversaire, pour ennemi.

Dos et vainte. partout sur le corps. Mot à mot, dos et ventre.

Dosse, dossée, dossade. s. f. dose ‖ volée de coups. En fr. grosse planche. V. fr. dossée, coup donné par derrière.

Dosser. v. a. battre. Fl. dossen, habiller.

Dou. art. du. V. fr.

Doudou. s. m. *Dragon*. v. ce mot. ‖ Titre de la chanson nationale montoise. Les choses sérieuses dans leur origine deviennent burlesques avec le temps en passant par la bouche du peuple. C'est ainsi que la Palisse et Marlborough, guerriers célèbres, sont devenus ridicules. Les anciens serments ou compagnies bourgeoises de Mons marchaient au combat sur l'air du *doudou*.

Doublure. s. f. défaite, volée de coups.

Douillet, tte. adj. tiède. En fr. délicat.

Doutance. s. f. doute. V. fr. doubtance.

Doxal. s. m. jubé. Bas-lat. doxale. En fl. docksael, salle élevée, mot composé de docke, cage et de sael, salle en forme de cage.

Drache. s. f. drèche. Liégeois, *drahe*, v. fr. drasche, bas-lat. drascus, drasca, dauphiné, drachi, grappe pressée, prov. draco, marc de vendange, v. all. drascan, all. dreschen, battre en grange. Cela peut faire admettre aux mots *drache*, drèche, le sens de ce qui a été foulé, battu.

Dragon. s. m. libellule, demoiselle, insecte ailé. ‖ cerf-volant. En all. Papierdrache, litt: dragon de papier ‖ monstre que la tradition rapporte avoir été tué à Wasmes par Giles de Chin et dont la tête se trouve à la bibliothèque de Mons. Cette tradition est regardée comme mensongère par quelques personnes qui croyent que la tête de la bibliothèque est celle d'un crocodile rapportée par quelque seigneur croisé. Ce n'est pas le lieu de discuter cette question et d'établir, par les ouvrages de Cuvier et autres naturalistes, qu'une foule de races d'animaux se sont perdues; mais cette tête plate et large comme celle d'une grenouille n'est nullement semblable à celle d'un crocodile, qui est très-allongée. Quoi qu'il en soit, chaque année aux fêtes communales ou kermesses, on représente le combat de Giles de Chin contre le *dragon* par une cérémonie nommée *lumeçon*. V. ce mot.

Dragonne. s. f. estragon. Ital. targone, esp. taragona, arab. tarchum, all. Dragun, fl. dragon, lat. dracunculus.

Drefe. s. f. allée d'arbres. Holl. dreef, allée.

Dresse. s. f. petite armoire de village.

Dreuber, déreuber, reuber. v. a. Mots inconnus à Mons, mais usités dans quelques lieux circonvoisins et qui signifient voler. Ils proviennent du teuton reuben qui a la même signification. De là rober, v. mot fr. d'où s'est formé dérober, qui est resté en usage. Rober semble formé de l'all. moderne rauben.

Dringueille, dringueye. s. f. pour boire. Flam. drinkgeld, all. Trinkgeld, argent pour boire. On dit quelquefois *drinkmouche*. *Mouche* dans le dialecte de Malmedy signifie sou, monnaie.

Dro, drau. brome, plante graminée. Holl. ou fl. dravik, coquiole. Le père de Rostrenen, dans son dict. celt., donne dréaucq, dréeucq, ivraie qu'il fait dériver de l'adj. dréau, un peu ivre ; gall. drewg, nigella ; droc, selon le complément du dict. de l'Acad., est le nom vulgaire de l'ivraie.

Drogue. s. f. volée de coups.

Droguer. v. n. s'arrêter, perdre du temps. En fr. droguer est un v. a. qui signifie médicamenter.

Droi. s. m. p. partie d'une veine qui est presque perpendiculaire (V. *pla*).

Droite, doitte. s. f. jeu de guiche ou de bâtonnet ; parcequ'avant de frapper, on crie : est-elle —?

Drola, droula. adv. là, mot à mot, droit là.

Droldémain. adv. drôlement, singulièrement.

Drolle. adj. singulier. *S' senti —*, être indisposé, all. drollig, gall. droll.

Drouci, drouchi. adv. ici. V. *drolà*. C'est ce mot *drouchi* qui a formé le mot Rouchi, partie du Hainaut français où l'on dit *drouchi* pour ici et afin de le distinguer du pays de Lauvau (celui de Maubeuge et Avesne) où l'on dit *Lauvau* pour là-bas.

Drouille, drouye. s. f. prostituée. En fr. les drouilles sont les droits de mise en possession. Le mot *drouille* provient sans doute du fr. druc, femme galante. On le trouve dans la précaution inutile du théâtre italien de Gherardi. Gaël. drûth, meretrix.

D' sai. V. *couié*.

Ducasse. s. f. kermesse, fête communale ; contraction de dédicasse. On fêtait autrefois l'anniversaire des dédicasses d'église. *On vos invite al ducasse, à l'église éié su l' place.*

Durance. s. f. durée. *Em tourpie a n' bonne —.*

Durer. v. n. qui ne s'emploie qu'avec la négative, être impatient, n'y pas résister. *Despue qu'on l'a d' mandé à marier, elle ne dure pus.* On trouve dans Gérard de Roussilion : tu n'as peü durer contre le roi de France.

Duresse s. f. dureté. V. fr.

Durmené. s. m. mari dont la femme porte le haut-de-chausse ‖ peinture sur les murailles le 1er mai dans quelques localités, le jour du solstice d'été dans quelques autres ‖ farce grotesque par laquelle on promène, le dernier jour de certaines *ducasses* de village, ceux que l'on peut saisir. On les juche sur un âne dont ils doivent tenir la queue.

E

E. Le montois n'accepte pas l'e muet avec le son d'eu faible, comme dans les monosyllabes de, te, le. Il l'accentue ou le supprime tout-à-fait; dans ce dernier cas, je le représente quelquefois par une apostrophe, quelquefois par le signe ˘. Il n'accepte pas non plus l'e ouvert avec accent grave, il prononce accès, succès comme accé, succé, de même pour le son ouvert d'ai dans français, anglais et dit francé, einglé.

E ne prend jamais le son de l'a comme en fr. : on dit *einterpreindre, eimporter, veinte*. Il se transporte pour les besoins de l'euphonie : *r' preinde, erpreinde, s' cuer, escuer*. Avec l'accent aigu il se change souvent en es : *responde, desplouyer*. Dans les mots en re, outre les leçons en *er, r'* on a souvent encore les leçons *ra* et *ras* : *r' keutte, erkeutte, rakeutte, raskeutte*. Je crois cependant saisir une différence : *r' keutte, erkeutte* signifieraient simplement recoudre, tandis que *rakeutte, raskeutte* signifieraient raccommoder les vêtements.

E se change souvent en ie : *hierpe, pierte, fier, vier*, En i : *ligère, michant, striner*.

Dans melon il prend un accent grave, dans empereur il prend un accent aigu : *mèlon, eimpéreur*.

Ecar. s. f. état d'un animal épointé.

Echauffement, ainscaufmain. s. m. pleuresie, gastrite, pneumonie, surtout lorsque ces inflammations sont chroniques. — négligé, phtisie pulmonaire. En fr. action d'échauffer, ses effets.

Eché, éké. s. m. écheveau. V. fr. eschet, escaigne, liégeois *cki*, écoss. sgein, irl. sgain.

Ecisiau. s. m. ciseaux.

Eclachoire. s. f. mèche d'un fouet. Namur, *scasoire*, Liége, *cheseute*. En v. fr. chassoire, cachoire, fouet de charretier.

Eclicotte. s. f. p. cliquette. Jouet formé de deux os dont les enfants font des castagnettes. A Liége *claquette*.

Ecole dé crotte. s. f. école pour les pauvres.

Ecole maitresse. s. f. école pour les très-jeunes enfants dirigée par une femme.

Ecorie, escorie, scorie. s. f. fouet, escourgée. Les Liégeois disent *corie* ou *corite*. L'*escorie* est pour : *les cories*. V. fr. corgie, écorgie, lat. corrigia, courroie, fouet, de corium, cuir, bret. scourgez, irl. sciurza, écoss. sgiurza.

Ecour. s. f. genoux, giron. Ce mot ne se dit qu'à la ville. Au village, selon qu'on a plus ou moins de rapprochement avec la ville, on dit *escour, scour, scou*. Une Montoise dit : *vié d' sus m' n' écour, emm fieu*. Une paysanne dit : *vie* (ou *vin*) *à skou, m' gwarchon* (ou *p' tit valet* ou *valton*) viens sur mes genoux, mon enfant. V. *skou* pour l'étym.

Eclo. V. *esclo*.

Ecumette, escumette, scumette. s. f. écumoire, — en fr. est une petite écumoire. A Charleroy *chimresse*, à Liége *homresse*.

Éfan, cinfant. s. m. enfant. *Éfan d' cat miu voltié sorite.* Éfant se dit aussi en Provence.

Egreuser. v. a. égruger. V. *greuse*.

Egreusoir, egreusoi. s. m. égrugeoir.

Eguisset. s. m. pièce carrée qui se trouve dans une chemise à l'endroit correspondant à l'aisselle, afin de donner de la facilité aux mouvements des bras.

Eilbotte, cilbutte, heilbotte. s. f. espèce de poisson de mer voisine du turbot. Fl. eelbot, turbot, heilbot, barbue. Bot, s. limande, bot, adj. plat, émoussé. All. Butt, s. poisson plat à tête obtuse, barbue; butt (popul.) adj. corps large et oblus, avorton, bout d'homme. D'où pied-bot, nabot, s'ils ne viennent du celt. V. *boder, nianbot*. Pris en entier Eilbote en all. signifie courrier, Heilbote, messager de bonheur et limande.

Ein, enne. art. indéfini : *ein kié, enne biette*. Il est assez singulier que le féminin puisse se contracter avec le s. ou l'adj. suivant, à condition qu'ils ne commencent pas par une voyelle. Cette contraction est toujours interdite au masculin : on peut dire *j'ai rincontré n' viéle feimme* ou *enne vielle feimme*. On ne pourrait pas dire : *j'ai tué n' agasse*, pas plus que *j'ai tué n' corbeau*.

Il ne faut pas confondre l'art. indéfini *ein*, *enne* avec le pronom *l'eun*, *l'eune* ni avec l'adj. numéral *iun*, *ieune*. (V. ces mots).

Einaudé, ainnaudé, ée. adj. affairé, empressé, embarrassé, vif, ardent. Les Liégeois disent *énondé* et *éhiodé*, ils disent aussi *hion*. Les Montois n'ont pas su conserver le subst. comme les Liégeois, mais ils sont restés plus près qu'eux de la racine qui est le celto-gall. hawd et qui remonte au sanscrit haud, mouvement rapide. Le v. fr. a bien enheudé; mais il ne peut convenir par sa signif. : pedicis implicatus, entravé par des heudes.

Einbarrassée, einbarrassete. adj. f. grosse, enceinte.

Einbausumé, ée. adj. engourdi, étourdi, abasourdi. *J'ai m' tiette toute einbausumée*, j'ai la tête lourde. V. fr. abosmer, chagriner, abattre, accabler ; embalsaner, embaumer ne convient guère par sa sign. Serait-ce une combinaison d'abasourdir et d'assommer?

Einberdacher. v. a. couvrir de boue.

Einberlafer. v. a. couvrir de *berlafes* de graisse, de mélasse, etc. v. ce mot. Embarrasser, embarbouiller.

Einberlificoter. v. a. embarrasser, empêtrer, enchevêtrer. Rabelais a dit emberelucoquer, que le Duchat définit : S'occuper de chimères, semblables à celles que les moines ont coutume de loger sous leurs capuchons de bure.

Einberner. v. a. couvrir de matière fécale, d'ordures. Figur. on dit : *ein coutiau — d' bure, ein pot — d'huile*. Le mot fr. ébrener qu'on pourrait regarder comme sa traduction signifie au contraire ôter les matières fécales, mais embrener a bien la même signification qu'—.

Einberquin. s. m. villebrequin, vrille. Esp. berbiqui, port. berbiquim, fl. boreken, petit foret. racine, boren, percer.

Einbêter. v. a. tromper. Embêter est fr. mais trivial dans la signif. d'ennuyer.

Einbeuvrer. v. a. entailler, faire entrer jusqu'à fleur, encastrer. Se dit des ferrures que l'on enfonce dans les pièces de bois qu'elles garnissent, afin de n'en pas rendre le coup d'œil désagréable. En fr. embrever signifie faire entrer le bout d'une pièce de bois dans une autre. V. f. embeurer, embêvrer, remplir, pénétrer, lat. imbibere.

Einblave. s. f. embarras.

Einblaver, ainsblaver. v. a. embarrasser ‖ préoccuper ‖ con-

20

traindre. Emblaver, en fr. signifie semer de bled. V. fr. emblaer, embarrasser.

Einblouïte, éblouïte. s. m. éblouissement, étourdissement, vertige. *Fai vir des éblouïte,* tromper par des paroles éblouïssantes, fasciner.

Einbouquié. v. a. introduire. Embouquer est fr. pour signifier entrer dans un détroit.

Einbrouille, einbrouye. s. m. embarras ‖ gêne ‖ confusion ‖ trouble ‖ tumulte ‖ querelle ‖ brouillamini.

Eincacher. v. a. chasser, mettre en fuite. V. f. enchausier.

Eincatarrher. (s'). s'enrhumer.

Einchenne, ainchane. adv. ensemble. Liégeois, *essonne.* Les étymologistes font venir ensemble, v. fr. ensement de in simul. On disait en effet, in simul en basse-latinité; cependant je ne puis m'empêcher de noter, ne fusse que pour comparaison, que *ainchane* ressemble bien plus à l'all. einsammeln, assembler, fl. samen, ensemble qu'à in simul. La racine remonte au sanscrit sam avec, sama, similis; indépendamment du lat. et de l'all., elle a produit le gall. saine, l'irl. samail et une foule de composés emportant l'idée de Juxtaposition, saimnigh, accoupler, samhluigh, comparer, etc., de là aussi le grec συν.

Eincorner. v. a. faire boire de force. C'est au moyen d'une corne qu'on faisait avaler des médicaments aux bestiaux.

Eincouri (s'). s'enfuir.

Eincracher. v. a. engraisser. — *lés bottes,* administrer l'Extrême-Onction. S' —, s'engraisser, fig. s'endetter.

Eincuriner. v. a. v. *acuri.*

Eindamer. v. a. entamer. On le fait souvent venir du gr. εντεμνειν. Diez préfère le comparer au lat. taminare, blesser, b.-lat. intaminare= contaminare. Diefenbach tient pour une origine celt.: gall. tam, boucher, bret. tamm, pièce. Eñtammi, entamer.

Eindevé. adv. beaucoup. *biau* — très-beau. M. Scheler croit que le fr. endever=endiabler. Angl. devil. — Serait ainsi l'équivalent de diablement.

Einfardeler. v. a. envelopper, entourer. V. fr. fardeler, italien, fardello, paquet. v. *farde.*

Einfarfouyer (s'). v. a. s'embarrasser.

Einfilade. s. f. tromperie.

Einfiler. v. a. tromper.

Einfileur. s. m. trompeur.

Einfonce. s. f. foule, cohue. *A c' boutique là c' t' ain ainfonce*.

Einfondrer. v. n. enfoncer ‖ embourber ‖ crever ‖ (*s'*) v. r. s'ouvrir (se dit surtout des abcès). V. fr. enfondre, briser, rompre, v. fr. affondre, affonder, affronder, abymer dans l'eau.

Einfournasquer. v. a. rendre stupéfait, stupide, décontenancer ‖ envelopper ‖ enfoncer.

Einfrouillé, ée. adj. étourdi ‖ accoutumé ‖ très-affairé ‖ en émoi ‖ excité, surexcité ‖ troublé par trop d'empressement.

Einfrouiller, cinfrouyer. v. a. et r. mot très-énergique qui manque en français. Mettre vite dans l'eau jusqu'au cou, fig. faire faire le 1er pas ‖ précipiter ‖ lancer. *Pou n' gnié avoi froi dain l'iau, y fau s'ainfrouyer tou d' suite*. Enfrayer en fr. de techn., mettre en train une carde neuve.

Einfuter, ainfuter. v. a. monter d'un fût. Fig. faire entrer. Lat. fustis et non futum, futile.

Eingal. adj. égal, prov. engal, ingal.

Eingaliner. v. n. infecter. *S'— d' cruau*, se remplir de mauvaises herbes (Jemmapes). *Eingaliner* doit se rapporter à gale.

Éingorler, eingourler. v. a. proprement *mette ein gouriau*, mais fig. plus usité : mettre une cravate haute, serrée, décolleter trop peu. *Ç' godau là va au bal toute eingourlée*, cette prude va au bal avec une robe qui lui monte jusqu'au mentou.

Eingrinquier. v. a. et n. élever, jucher. v. *grinquié*.

Eingueuser. v. a. tromper.

Einguigner. v. a. viser. *Ainguignez bé vo cau*, visez juste, prenez bien vos précautions. Fr. aguigner, faire signe des yeux, espagnol, guignar, ajuster, v. fr. aguigner, aviser, épier.

Einheurter. v. a. embaucher, débaucher, exciter. V. fr. ahorter, exciter, qui provient lui-même du latin adhortari. Inusité à Mons, fort employé dans certains villages.

Einhoufté, ée. adj. affairé, effaré, empressé. A Namur *énouchěté*; ce n'est peut-être pas autre chose que le mot suivant.

Einhufété, einufté, ée. adj. animé ‖ excité ‖ exalté ‖ écervelé, ‖ agité ‖ enivré ‖ (Borinage). Doit-on interpréter ce mot : qui a les hanches souples. All. Hüfte, hanche ; vaut-il mieux s'adresser au fl. huif, coiffe, pour faire du mot le contraire de *débarté*, décoiffé ?

Einke. s. f. encre. V. fr. enque, enche, fl. inkt, b.-lat. encaustum.

Einkeuyer (*s*). s'accoupler ; se dit surtout des chiens qui restent longtemps attachés dans le coït : *Kié* — v. fr. accoué ; à Liége *ekowé*, emmanché, lat. cauda et coïre.

Einkreunkier (*s*). avaler de travers, faire entrer des aliments dans les voies respiratoires, soit en parlant soit en riant, quand on mange. Engouer ‖ figur. entrer dans une mauvaise voie. Les Liégeois disent *s'écrouki*. Le mot vient-il d'avaler *cron* que les Montois employent comme synonyme ? Ou faut-il le chercher dans le celto-gallois crawn, que Davies rend par obstructum. præclusum, obturatum ? ou doit-on recourir au v. fl. crunkelen crispare, fl. kronkelen, faire prendre un mauvais pli ? ou enfin au fl. krop, jabot, gorge, verkroppen, engouer ?

Einlire, einli. v. a. choisir, éplucher, séparer de ce qui est mauvais. *Enlire el soupe*, éplucher les herbes pour la soupe. *Einlire lés gros puns dehors dés ptits*. A Liége *eler* ; l'all. aus-lesen=e-ligere=ex-legere et à la sign. montoise, le fr. élire signifie bien choisir, mais non trier. Il est assez curieux de comparer la valeur d'— avec celle de *speli*. Dans le département de la Haute-Marne on dit élire pour trier.

Einmakerné, einmakierné, ée. enchifrené. V. fr. emmatrelé, enrhumé, namurois, *macharia*, ardennais, *macherai*, celto-bret. macherie, peine, douleur, oppression en dormant, cauchemar, celto-gallois, mac'ha, mac'haina, fouler, écraser, accabler. v. *makriau*.

Einmarvoyer, einmarvoyé (*fai*, faire). dépiter, tourmenter. *Einmarvoyé*. adv. beaucoup, considérablement. Cet adv. n'est en usage qu'aux environs de Mons. En v. fr. marvoyer, signifie extravaguer, égarer, gall. marweiddio mortificare, marw, mori.

Einmerder. v. a. couvrir de merde ‖ se moquer ‖ ne pas redouter ‖ jetter un défi.

Einmielé, einmilé. adj. couvert de pucerons.

Einmiellure, einmilure. s. f. pucerons, insectes très-petits et très-nombreux, qui détruisent certains végétaux. En fr. l'emmiellure est un cataplasme pour la foulure des chevaux. Ce mot est venu par confusion avec nielle, maladie du blé ou de ce que les pucerons rendent les feuilles gluautes, comme emmiellées. Il est une autre explication encore plus satisfaisante, que l'on peut prendre dans la comparaison avec les formes liégeoises : les Liégeois disent *mohe* pour mouche. Ils en construisent le verbe *mohi*, moucheter, le verbe *moheli*, élever des abeilles, et forment *emoheli*, couvert de petites mouches, de pucerons. Cet *émohelé* ressemble bien fort à notre *emmilé*.

Einneigé, aineigé, ée. adj. infecté, fourmillant. *Em li est aineigé d' punaise et em gardin d' fourmiche.* Mon lit est infecté de punaises et mon jardin est plein de fourmis. En franc-comtois, dit Corblet, enenger signifie remplir d'une mauvaise engeance.

Einpaffer. v. a. empiffrer.

Einpèse. s. f. empois.

Einputi. v. a. empuantir.

Einquester. (s'). v. r. s'informer, s'enquérir. Provient de ce dernier mot ou plutôt directement du lat. N'est pas usité à Mons, l'est beaucoup au village.

Einracher. v. a. arracher. V. fr. éracher, érucer.

Einragé. adj. enragé, adv. beaucoup. *Y d'a einragé*, il y en a considérablement. *Ej sū bin aise —*, je suis fort aise.

Einsbaubie. adj. ébaubi, étonné, stupéfait (environs de Binche). V. fr. abaubi, s'esbaubir, lat. balbus, proprement rendu balbutiant.

Einscaufourné, ée. adj. étourdi, emprunté (environs de Binche).

Einsclumi (s'). v. pers. s'assoupir. Ce mot peut dériver du hongrois ou magyar, alunni, qui signifie s'endormir ; mieux du fl. insluimeren, s'assoupir.

Einserrer. v. a. enfermer. v. *serrer*.

Einsimeint. adv. ainsi, de même. V. fr. ensiment, mêmement.

Einsourdeler. v. a. assourdir.

Eintouner. v. a. entonner ‖ empiffrer. Se dit surtout des bestiaux météorisés.

Ein va va. Je vous prie, s'il vous plait. Dans quelques villages on dit : *enne petite charité, va, monseu.* Dans d'autres : *Enne petite charité, va va, monseu.* A Mons : *ein va va, n' petite charité.* V. *va*.

Einvier, einvouyer. v. a. envoyer.

Einvolé, ée. adj. étourdi, léger, inconstant, volage.

Einwuidié. v. a. vuider, terminer, finir (Borinage), mot-à-mot, en vider, en sortir.

El. art. de deux genres, le, la, gen. *du, del,* dat. *au, al,* acc. *el,* abl. *pau, pal* ou *au, al,* pl. n. *lés* g. *dés* D. à *lés.* acc. *lés* ab. à *lés, pa lés.*

Enon, egnié. adv. iuterrog. n'est-ce pas? n'est-il pas vrai? Ces mots doivent répondre à : est-ce non? est-ce pas? les Liégeois disent *édon.*

En rage, ain rake, ainrasquié. arrêté dans la boue. On pourrait croire au premier abord *qu'ainrasquié, araskié,* est une corruption du fr. enrayé; mais on doit remarquer que le patois possède un mot propre : *arayé.* v. *rage.*

Entravelure. s. f. t. de charp. entrait, chevêtre. B.-lat. travum, trou, lat. trabs, poutre. Le fr. entrave doit être de même souche.

Entre-cens. s. m. (coutume du Hain.) Droit dû sur les mines au seigneur haut-justicier.

Entrefend, ainterfain. s. m. cloison, mur de refend.

Epaulière. s. f. t. de cout. pièce d'épaule d'un vêtement.

Epautré, ée. adj. réduit en bouillie (Boussu) v. *spautrer.* V. f. peautrer, fouler aux pieds. On peut penser à *pautt,* épi, et comparer avec *spii,* écraser. v. *spier.*

Épier. v. a. faire sortir le grain de l'épi ‖ réduire en grain ‖ en poussière ‖ effeuiller. En fr. (outre plusieurs significations bien connues) monter en épi.

Épincette. s. f. s. pincettes. En fr. petite pince pour ôter les nœuds, les pailles des draps.

Époron. s. m. éperon ‖ pied d'alouette. Cette plante a le même nom en all. Ritter sporn, en fl. ridder spooren, en ital. sperone de cavaliere. Il lui vient de sa forme. Nota. On étend ce nom à toutes les fleurs de la même famille, l'aconit, le delphinium, etc.

Erbar, r'bar, erbarrache, r'barrage. s. m. t. de jeu. La belle. Aller *au r'bar,* recommencer la partie gagnée, avec d'autres vainqueurs.

Erbarèr, r'barer. v. n. aller *au r'bar.* Fl. herberen, régénérer. reproduire : her partic. d'itération + baren, accoucher, produire. V. *rĕbar* où se trouve une autre étym.

Erblonkié, erblonkter. v. n. bondir.

Erbouter. v. a. et n. remettre, continuer. Du v. m. bouter, aujourd'hui inusité dans la langue fr., mais très-usité dans le patois.

Erboutrie. s. f. remise (Borinage).

Erbrougner, r'brougnier. v. a. écraser de manière à former une houppe. Se dit par ex. d'un morceau de bois dont l'extrémité est violemment froissée. Fig. *erbrougnier l' né d' quéq'un*, signifie le contondre fortement. V. *brougner*. Est-ce le fr. broyer, b.-bret. braza ou le v. fr. brouer, brasser, all. brauen?

Erbulé, rbulé. s, m. c'est le v. fr. rebulet, farine dont on a pris la fleur, fl. builen, bluter, herbuilen, rebluter, bret. brutella, burutilla. V. *bultoi*.

Ercacher. v. a. chasser, repousser.

Erchaner, erchéner, r'chener, rachéner. v. a. et n. ressembler. Y *r'chéne tou s' mon père* ou *à s' mon père*. All. scheinen, sembler, erscheinen, apparaître, v. *chener*. Artesien, ressaner, liégeois, *rissoné, russolé*.

Erciner. s. m. et v. n. gouter. Rabelais se servait du mot reciner. Je vois dans un vieux dict. que ce mot vient de ratio, portion; permis à chacun d'en croire ce qu'il voudra. Ne vient-il pas plutôt de recænare?

Ercrepi, ie. adj. décrépit.

Erculisse (*bo d'*). bois de réglisse.

Erculot. s. m. culot. V. *culot*.

Erducher, r'ducher. v. n. mot très-énergique, mais fort difficile à traduire. Il se dit de certaines résistances éprouvées, de choses qui ne peuvent pénétrer, réussir, etc.: Si l'on veut exprimer qu'un clou ne peut s'enfoncer dans un mur plâtré, parceque derrière le plâtre se trouve une pierre, une brique dure, on dit : *Ça rduche dain l' mur*. Si quelqu'un veut courtiser une fille et en est rebuté, on dit : *Y vourroi bé d'aller avé c' fiye là, mé i rduche*. Si l'on éprouve une pesanteur d'estomac, si la digestion est laborieuse, on dit : *em maingé erduche*.

On ne se douterait pas que ce mot provient du flam. herdoen, refaire. Rien cependant n'est plus certain.

Un ouvrier de Bruxelles placé dans le premier cas cité, ne manque pas de dire herdoen (c'est à refaire, à recommencer), en prononçant erdountje ou erdoundche. Il le dit volontier parceque c'est le cri familier des enfants flamands dans leurs jeux. Le wallon a supposé que cela voulait dire : il y a résistance, cela ne peut entrer (*y r'dountche*) il a fait de là, dans certaines localités, le verbe *Erdountcher* ou *r'dountchi*, qui va bien à quelques prononciations locales; mais le son *ountcher* ne convenant pas aux oreilles montoises, nous en avons fait le verbe *erducher*.

Le mot, une fois ainsi reçu au propre, a bientôt pris des acceptions figurées.

On voit de ces déviations de signification dans toutes les migrations de mots d'une langue dans une autre. Un grand nombre sont tordus au passage : detorta verba, comme dit Horace. Rien n'est plus gênant, pour un français qui apprend l'allemand, que les mots d'origine française qu'il rencontre : fatal signifie fâcheux, laviren, louvoyer, illumiren, enluminer. Réciproquement micmac provient de mitmachen qui signifie faire comme les autres. Souvenez-vous, ami lecteur, de vos pensums au collége pour avoir traduit fortis, ferox, atrox, pudor, par fort, féroce, atroce, pudeur.

Un étranger pourra trouver ces considérations forcées en ce qui concerne l'origine du mot, celui-là sera convaincu qui demeurant quelque temps à Bruxelles, sans même savoir le flam., a entendu combien le mot est employé fréquemment par les Flam. dans les conversations françaises ; mais cela prouve combien l'origine de certains mots doit facilement se perdre, si l'on n'a pu en quelque sorte assister à leur création.

On me demandera peut-être pourquoi je ne me conforme pas à l'étymologie et n'écris pas *herducher* : c'est que selon le génie du patois de Mons on dit par euphonie aussi souvent *r'ducher* qu'*erducher*. V. *andocher* et *ridochi*.

Erette. s. f. arête.

Erfreinde, rĕfreindre. v. n. éprouver du déchet, se perdre par l'évaporation, la desiccation, etc. Le lat. refringere au milieu de beaucoup de significations à celle de diminuer. Gall. difrawd absumptio, v. fr. freindre, briser, de frangere.

Erfreinte. s. f. v. *frein, freinte*.

Ergar, rgar. s. m. surveillant du marché aux poissons.

Ergeron. s. m. terre argilleuse, silico-alumineuse.

Ergité, ée. adj. salpetré en parlant des murs, moisi en parlant des étoffes. A Liége, *r'gité* se dit des murs qui rendent leur humidité intérieure, la rejettent.

Ergiter, erdgité. v. n. repousser, germer de nouveau. *Petote —.* Même origine que le précédent : repousser des jets.

Ergouye (*fai dé z'*). se défier, s'exciter. *Fai dé z'ergouye à sauter lés fossés*, se défier à qui franchira les plus larges fossés (Quaregnon). B.-bret. arguz, dispute, lat. arguere ; fl. hergoyen (pron. hergouyen), relancer, v. fr. se rigoler, plaisanter, se réjouir.

Ergraffer. v. a. se dit des maladies, surtout des rhumes, qui, après avoir diminué, augmentent tout à coup. Est-ce aggraver, regreffer? est-ce le fr. suranné, rengreger, fr. tout à fait v. engrever? il y a encore le fl. hergrypen (pron. hergreipen), all. ergreifen, rattraper, saisir.

Ergrigner, r'grignier, ragrigner (*s'*). v. p. se chagriner, se ratatiner. v. *grignar*.

Erkierkier. v. a. recharger.

Erlékier. v. a. lécher. Fl. likken, all. lecken, grec, λειχω, lat. lingere, lambere.

Erligner, erlin. v. *rëligner, rëlin*.

Erloqueter, r'lokter. v. a. nettoyer avec une loque mouillée.

Erloukier. v. a. regarder, considérer, admirer. En fr. reluquer, signifie lorgner, regarder avec affectation, curiosité. Les Liégeois disent *louki*.

Ernaucher, ernakier. v. n. fureter, flairer partout comme les chiens. V. *nak*.

Erqueri, r'queri, erquère, erquée. v. a. chercher pour ramener. *Va-t-ein r'quée l'einfant à l'école.*

Erweitier, r'weitier. v. a. et n. regarder, considérer, observer, examiner. Il ne signifie pas *weitier* de nouveau. *Erweite lé bé*, examine le bien. *Erweite lovo*, regarde là-bas. *Weitier* a aussi la signification de regarder, mais il peut en prendre d'autres et avoir un régime indirect : *Weite à ti*, prends garde à toi. *Weite à c'n einfant-là*, surveille cet enfant. V. all. wahten, guetter, fl. wacht, garde, guet. sich wachten, se garder, bas-bret. arvest, regarder quelque spectacle.

Escaffier. v. a. v. *skaffier*.

Escafoté, ée. adj. éveillé, actif, adroit. V. *skafoté*.

Escafoter. v. a. v. *skafoter*.

Escalin, eskélin, skélin. s. m. pièce de sept sous ou sols de Brabant, valant d'abord environ 64 c., réduite par Napoléon Ier à 60. — de Liége, pièce de dix sous de Liége, moitié de la livre.

21

Escampe. s. f. t. de jeu de *bille*. Coup qui effleure, coup oblique. ‖ fig. action blâmable, conduite douteuse : *On dit qu'elle a fait enne —,* on dit que cette fille a fait un écart.

Escamper. v. n. faire *eine escampe*, fig. agir de biais, par ricochet. Holl. schampen, frôler, toucher légèrement, ne pas frapper à plomb. V. fr. escamper, se mettre de côté, b.-lat. scampare, que Ducange traduit : alicujus effugio favere : et fecit scampare. Quelques-uns attribuent l'origine à ex et à campus, on trouve dans Molière escampativos (George Dandin).

Escampette (*prainde del poude d'—*). fuir. En v. fr. — signifie fuite.

Escap, scap. adj. étroit (Jemmappes).

Escapade. s. f. échappée. En fr. c'est l'action d'un cheval qui s'échappe. V. fr. escaper, ital. scappare, bas-breton, achap. v. *escamper*; bas-lat. escapium, que Ducange traduit par effugium.

Escarbotte (*à l'*). en sautant sur une seule jambe.

Escauderie, escôdrie. s. f. épouvante ‖ calamité ‖ échappée ‖ échauffourée ‖ tumulte, désordre. (Borinage). *Quée n'—!* quelle bagarre! All. Schauder, horreur, frissonnement; par synecdoque, cause pour effet. V. pourtant *escoudée.*

Escaufer, scaufer. v. a. échauffer.

> *A n'ain cu scaufé*
> *N' claque de pus n' fai rié.*

A qui a beaucoup souffert, une douleur de plus est peu sensible.

On remarquera le commencement du proverbe: le premier N est euphonique; si le montois n'avait pas eu cette ressource pour éviter l'hiatus : *à ein*, il aurait employé l'analogue de l'ablatif absolu : *Ein cu scaufé*, etc.

Escaveche (poisson, *pichon à l'*). poisson mariné. Espagnol, Escabecho, saumure avec du vinaigre ou vin blanc, avec des feuilles de laurier et autres aromates, poisson mariné. Fr. escabecher, préparer les sardines.

Esclisse. V. *sklisse.*

Esclo. s. m. urine (Thulin). En Picardie, écloi, v. fr. écloi et escloi. Selon Roquefort dérivé de ex lotium. En liégeois *hlé*, ags. hland. On ne voit pas, au premier coup-d'œil, de rapport entre *esclo* et *hlé;* pour le saisir, voir l'art. *liégeois.*

Escoffier, scoffier, escouffier. v. a. tuer.

Escor, escaur, exhaur. action d'*escaurer. Droit d'—*, droit payé pour être *escauré.*

Escorcher. v. a. écorcher, écorcer. Dans la première significat., de corium, peau. Dans la seconde de cortex, fl. schors. On dit plus volontiers *déquitter, ainracher l' pélate;* au village on dit *scorsi* pour écorcer. On réserve *scorchie* pour écorcher.

Escorer, escaurer, exhaurer. v. a. t. de charb. extraire les eaux des houillières. Les Liégeois disent *horé;* creuser un égout ou un canal souterrain. Ils disaient autrefois *xhoré* en prononçant *xh* comme le ch all. Tous nos mots en *sk* ou *esc* sont aspirés à Liége (v. *liégeois*) v. all. Schoren, fouïr, mha. schore, bêche.

Tout ce qui dans notre patois est d'origine german. ou celtique tend à se perdre, comme il s'est perdu dans le fr., pour faire place à une apparence d'origine latine. Cela se comprend : c'est que tout homme instruit sait le latin, que peu savent l'all. et que presque personne n'a d'idée du celt.; un mot comme *escorer* se présente : la fin de *l'escor* étant l'épuisement des eaux, quelqu'un suppose que nos ouvriers ignorants ont altéré le mot et qu'il faudrait dire *exhaur* (latin exhaurire). Vite les ingénieurs des mines dans leurs rapports, les avocats dans leurs mémoires sur une cause charbonnière, s'emparent du mot *exhaur* et je ne serais pas étonné dans peu de temps de le trouver dans les dict. fr. *Escor* n'a guère de chance d'y entrer jamais. Le mot *exhaur* n'a pas, je pense, 40 ans d'existence et n'est employé que par les personnes instruites. *Escor* est le seul mot dont se servent les vrais Borains.

Les mots, même d'origine romane, qui avaient perdu leur physionomie latine l'ont reprise : le v. fr. taule est devenu table, cuer, cœur, huem, homme. Il y a mieux, à côté de : cailler, roide, sûreté, recouvrer, soupçon, ouvrer, droit, on a forgé coaguler, rigide, sécurité, récupérer, suspicion, opérer, direct, ayant, à la vérité, un emploi souvent différent; mais cela prouve qu'il y a un double courant : le courant populaire qui éloigne quelquefois les mots de leur source, ou du moins ne s'occupe jamais de les en rapprocher, et le courant scientifique qui veut faire l'inverse, mais qui souvent s'égare. Voltaire s'indigne, dans son dict. philos. art.

francq, français, que l'on ose dire récolter, strict, lorsqu'on possède recueillir, étroit. Son autorité a été méconnue : ces mots et cent autres ont pénétré dans la langue.

Disons pour terminer que les mots assez récents : tact, traction viennent bien des s. ou part. lat. tactus, tractus, mais il est plus que permis de douter que les mots plus anciens tirer et toucher ou tâter viennent des infinitifs trahere et tangere (v. *touke-feu*). Trahere a produit traire, peut-être traîner ; tangere n'a produit que le mot scientifique tangible.

Odieux est lat.	Haïr est germ.
Rubicond »	Rouge » ou celt.
Rapt »	Dérober est all.

Escoriette. s. f. languette de cuir des souliers à boucles. Latin corium. V. *écorie*.

Escoubaré, scoubaré, ée. adj. évaporé, étourdi. A Liége *esbaré*, effarouché. V. *débarté*.

Escoudée. s. f. t. de jeu de balle, espèce de *livrée*. Holl. schouder, épaule, all. Schulter. J'ai dû placer ici ce mot, malgré l'étymologie, parce qu'on ne dit jamais *skoudée*. N'est-il pas curieux que les Picards n'aient conservé d'— que l'idée accessoire, l'élan : ils disent *preinde es n'escaudie*, et que nous, bien qu'ayant perdu *escaudie*, nous en ayons formé *escodrie, escaudrie*.

Escouffeter, scoufter. v. a. tisonner ‖ battre les habits ‖ épousseter, brosser. Fig. examiner minutieusement ‖ priver totalement, dépouiller. Selon certaines personnes, du fl. schouw, visite, inspection des digues, selon d'autres du français secouer.

Mais ces deux étymologies sont peu admissibles : la première parce que *scoufter* ne signifie examiner minutieusement que d'une manière figurée, la seconde, parce que secouer paraît venir de succutere ou au moins en avoir pris la signification et que d'ailleurs secouer se dit en montois *skuer ou eskuer*. V. *skuer*.

Remarquons qu'en liégeois existent les mots *hover*, balayer, ramoner et *hoveter*, brosser, qui transportés dans le montois doivent faire, selon nos lois de transformation, *skouver et scouvĕter* (v. la note de l'art. *liégeois*), que le vieux fr. avait escouve et escoube, balai, qu'il avait l'augmentatif escouvillon, houssoir, grand balai de houx ou de genêt, qu'il a encore écouvillon, grosse brosse pour nettoyer les canons, qu'il avait en outre le diminutif escouvette, escouveste, époussette, brosse, plumeau, enfin qu'il avait formé le verbe chouver. Le nam. a encore *chover*.

Un peu plus loin vous trouverez le bas-latin scovare qui aurait pu sans doute se former de scopæ ; mais le bas-latin avait d'autres habitudes, il se formait bien plus volontiers de mots locaux, en se contentant des formes latines ou à peu près. Or, nous trouvons dans le bas-breton scubel et scubellen, balai.

Conclusion : *escoufter*, *escouvĕter* doivent se rapporter à la forme diminutive et se traduire au propre par nettoyer avec un petit balai, une brosse.

Faut-il aller plus loin encore et rechercher qui est l'emprunteur, qui est le prêteur de scubel et d'escoube. Quelqu'arriérée et isolée que soit la Bretagne, elle ne l'est pas tellement qu'elle n'ait emprunté, dans divers temps, des mots au français, soit ancien, soit moderne. Pour trancher la question, il faut fouiller le pays de Galles et la Cornouaille, qui depuis notre ère, n'ont certainement plus admis un seul mot tiré de la Gaule (1) Or je trouve dans le dict. gallois de Davies, yscub, scopa, yscube, scopare ; il est donc évident que le mot existait dans toute la Gaule et même la Grande-Bretagne avec quelques nuances, comme nous en voyons de nos jours dans nos patois. L'un ne procéderait pas de l'autre : ils seraient coexistants dès la plus haute antiquité.

Donnons ici, pour ne rien négliger, l'art. de Ducange, scopari, scovare : scobis seu virgis aut flagellis cædere. Scopæ : virgarum disciplina in monasteriis. Scopa, betulus, quod ex illà scopas conficiunt.

Escoupe, écoupe. s. f. pelle. Fl. skop, all. Schauffel. En fr. escoup signifie petite pelle creuse pour mouiller ou vuider le navire, escoupe

_____

(I) Ils n'ont pu emprunter que de l'anglais. L'anglais a été sans doute formé en partie du v. fr., mais sa prononciation a rendu méconnaissable ce qui vient d'autres langues. Si un mot anglais entre dans le gallois, ce n'est pas avec son orthographe, c'est avec sa prononciation.

signifie pelle de mineur, de chaufournier, écoupe ou écoupée, balai, terme de mer.

Escour, scou. s. m. tablier. Fig. giron (villages autour de Mons). All. schurtz, tablier, holl. schort, tablier de femme de basse condition, fl. schoot, giron. V. *écour* et *skou*.

Escourchie, scourchie. s. f. plein un tablier.

Escouvette. s. f. plumeau, petit balai.

Escouvion, scouvion. s. m. genêt, linge, paille au bout d'une perche, écouvillon. Quand on y met le feu, brandon qu'on promène la nuit. Breton, scouffilion.

Escramer. v. a. écrémer.

Escuelle, scuelle. s. f. écuelle. Bas-bret. scudel, lat. scutella, dim. de scutra.

Eskielle. s. f. échelle. V. fr. eschielle, escaielle et eskielle, lat. scala, bret. sqeul, gall. ysgol, scala, climax.

Eskrenie, screnie. s. m. long bâton au bout duquel se trouve une lampe ou *crachet* que l'on peut faire arriver au milieu d'une chambre pour éclairer pendant *l'eskrienne*.

Eskrienne. s. f. veillée. Fr. écraignes, bas-lat. screuna, screona, fl. schryn, all. Schrein, coffre, par extension, hutte. Si tres homines ingenuam puellam de casâ aut de screonâ rapuerínt (loi salique).

Espal. v. *spal*.

Espansnée. s. f. plein la panse, fig. plein un tablier. V. *escourchie.*

Espayser (s'). v. p. s'expatrier.

Espèce. s. f. épice. *pan d'—*, pain d'épice. — *de clau*, clou de girofle. B.-lat. species.

Espicotte. s. f. chiquenaude.

Espinoke, epinoque. s. f. épinoche, petit poisson, fig. enfant très-maigre, très-faible.

Esplingue. s. f. épingle. Fl. spelde, patois all. spengel, armor. spillen, plur. spill, ital. spillo, basq. ispilinga, lat. spinula.

Espluvié. s. m. épervier, filet pour prendre le poisson.

Estaffe. s. f. coup. *Attraper s' n'estaffe*, recevoir un coup, être tué. En v. fr. c'était un coup donné par un estaffier; mais estafier, comme estafilade, remonte plus haut : On trouve le fl. staf, bâton, masse et staef, barre, l'all. Stab, bâton, et le dict. celt. de Pelletier traduit le mot ṣtaffa par : coup de la main ouverte.

Est qué (*y n'*). rien de tel que, rien n'égale ce qui : *y n'est qu' d'elle à sés affaires.*

Estançon. s. m. étançon. Bret. stançon. Pelletier déclare ne pas savoir s'il vient du fr. ou s'il l'a produit. All. Stange, perche, bâton.

Estank. s. f. digue.

Estankié. v. *stanquier.*

Esto, sto. s. m. souche. V. fr. estoc, all. Stock, bâton, souche. V. *stok.*

Estoc. s. m. c'est le même mot que le précédent, pris dans une acception figurée. *C't ein homme d'*—, c'est un homme de souche noble, de distinction. Par extension, homme riche, fort, habile. On peut aussi avancer une interprétation au moyen du fr. estoc, qui est du reste aussi d'origine germanique, mais a la signification de pointe d'arme. Alors on traduirait *homme d'*— par homme d'épée. All. stechen, gestochen, frapper de la pointe, piquer.

Estoumaquer, stoumakié. v. a. étonner, troubler, étouffer de surprise, essouffler. En fr. s'estomaquer signifie se scandaliser, s'offenser, lat. stomachari, liégeois, *amaké,* v. f. asmaker, ahurir, b.-lat. smacare, vulnerare, ital. smaccare, écraser, v. *mak, maker.* All. schmachten, étouffer, pâmer.

Estouper. v. *stouper.*

Estoupette (*mette es cu à l'*). ne s'asseoir que sur une fesse, exposer son derrière. V. *toupette.*

Étanies. s. f. p. litanies.

Dans plusieurs endroits de la ville, il y a des niches renfermant des madones que l'on nomme *avierge.* Il y a *dés avierge* de bon-secours, de Cambron, etc. Quand vient leur fête, on les pare de leurs habillements de gala, le soir on allume des chandelles et pendant huit jours quelques hommes et quelques jeunes filles chantent *lés Étanies.*

Quand on veut agacer les filles à marier, on leur récite une litanie d'un autre genre ; en voici quelques versets :

> *Sainte Marie, j' vos en prie*
> — *Lisabeth, ej sue toute prètte*
> — *Waudru, ej n'ein peux plus.*

Etnaile. s. f. pincettes. Je crois que c'est à tort que M. Grandgagnage a été chercher à son liégeois *eknéie* une origine all. : kneipen,
pincer. Il me semble que c'est une altération du mot fr. tenailles : on
aura dit d'abord *bayem lés t'nailes* au pluriel, donnez-moi les tenailles,
et plus tard on aura dit *enne etnaile* au sing., remarquez qu'— n'appartient guère au wallon montois, mais au wallon campagnard. A Mons on
dit : *enne épincette*. On dit également *ein écisiau* et ces deux mots se
sont formés de même. On pourrait ajouter *éclicotte* venant de claquette,
étricoiss, *éwak*, *évergette*. Comparez encore le fr. de techn. etnet, etnette,
tenette. On a vu à l'art. E sa faculté de se transposer ; à la vérité nous
n'èn usons pas d'habitude pour les mots en te, de ; mais nos voisins du
midi le font très-volontiers ; à Valenciennes on dit : *tasse ed café*. Peut-
être est-ce dans le nord de la France que le mot s'est formé, pour pérégriner ensuite chez nous.

Etorde, estorde, storde. v. a. exprimer l'eau qùi se trouve dans un
linge en le tordant. Les Liégeois disent *stoide* pour épreindre, exprimer.

Etot. s. m. étau ‖ branche d'une généalogie, souche d'une famille.
On dit : *qu'ain tée fai ain etot dain enne héritance*, quand sa part seule,
comme frère, par ex. du défunt, égale toutes les parts réunies des enfants
d'une sœur qui serait morte. Le mot est de la même origine que *stokie*,
esto, sto, estoc.

Etou. aussi. Voici une chanson où figure cet *étou* :

Etouffe (*y fai*). le temps est étouffant.

Etricoiss. s. f. tenaille (Charleroy), à Liége *tricoisse*. Fr. tricoises,
tenaille des maréchaux, v. fr. triquoise, machine de guerre en fôrme de
tenaille, lat. stringere, fr. étreindre. V. *etnail*.

> *C'es't' al maison d'ain avocat* (bis)
> *Qu'on a měné ain si bia p'tit via* (bis)
> *Les geins riintt del petite biette*
> *Pas quelle n'avou mie d'coirne à s' tiette.*
> *El feimme qui l'avou amené* (bis)
> *Disou qu'y n' fallou mie s' moquié* (bis)
> (Parlé). Monseu ! *s'ielle avou enn bel feimme comme vous*
> *El arou bie de corn etou.*

V. fr. atout, bourguignon étou et itou. Ab + totum, v. fr. itel=hic talis.

Eun, eune (*l'*). l'un, l'une : *l'eunne vié, l'aulte resse là.* (V. *ein et iun*).

Eusau, euson, au, auw. s. m. oie, oison : *il a ein cu d'au, i skitte sans l' seinti.* A Liége *aw, auw.* Diez fait venir oie, d'avicella, il ferait sans doute venir *eusau*, d'avicellus. On pourrait rapporter *euson* à oison. Mais ne faut-il pas prendre toute la famille dans son ensemble? Le bas-lat. a auca, le lat. anser, les langues germ. ont gans, les langues celt. ont : bret. gwaz, gall. gwyz, irl. ganra, le sanscr. hansa, oie. Le gall. a en outre aes, dérivant du sanscr. vayas, oiseau, que Pictet rattache à la racine vay, aller. Notre *au* ne peut guère venir que du bas-lat. auca. Je laisse à chacun de débrouiller le reste.

Evaniller, évaniyer. v. a. festonner.

Evanillure. s. f. feston.

Evergette. s. f. verge de cuisine pour fouetter les œufs. V. *etnaile.*

Ewak. s. f. t. de bat. du canal de Mons à l'Escaut, vague. Tudesque wak d'où vient le mot fr., comme le mot patois, à moins qu'il ne vienne du bret. gwak. Goth. vego, all. Woge, irlandais wag, suédois waeg. V. *etnaile.*

Ewaré, ée. adj. et subs. usité seulement dans les villages. *Il avou tout l' menne d'ein —*, il avait un air d'égarement. Le rapport entre égaré et — est manifeste : on peut dire que ce n'est qu'une altération du fr. par la transformation du g en w familière au wallon. On peut dire aussi que c'est un v. mot gaulois dont les Fr. ont fait égaré. Quoi qu'il en soit, à Liége — ne signifie plus guère égaré, mais effrayé, épouvanté. Le dialecte liégeois, plus riche que le nôtre en dérivation, n'a pas seulement —, il a encore *ewareur*, frayeur, *ewara*, épouvantail, *ewarah*, affreux, horrible, *ewarege*, saisissement, *ewaré*, t. passif, effarer, v. n. étonner, consterner. Cette richesse jointe aux causes indiquées art. *liégeois* explique au Montois sa difficulté de comprendre au premier abord.

Ewion, ewiglion, s. m. aiguillon. V. fr. aguillon, ital. aguglione, esp. aguzar, lat. aculeus.

Exhalaison. s. f. éclair provenant d'un orage trop éloigné pour qu'on puisse entendre le bruit du tonnerre.

Exhaur. V. *escor.*

Exhaurer. V. *escorer.*

22

Exprès, espré (*pa ein*). *Je n' l'ai gnié fai pa ain espré*, je ne l'ai pas
fait exprès.

Eyé. conj. et.

F

Fabic (*hāye à —.*) nom d'une *couture* vers la limite des territoires
de Mons, Jemmapes et Ghlin. J'ai entendu rapporter ce nom à un prétendu général romain Fabius qui y aurait eu un camp. Or *fabie* ou *fau-
bie*, mot composé faux—biez signifie en liégeois déversoir et ladite couture tient en effet à l'ancien lit de la Haine avant l'établissement du canal.

Făche, făchette. s. f. FĂCHOT. s. m. maillot. En liégeois *fahette*.
Lat. fascia, irl. fasg, s. m. et fai'sg s. f. sanscrit, pâs'a, lïen, goth. faska,
all. Fasch et Fasche, lange.

Făcher. v. a. emmailloter. Liégeois *fahic*.

Fachenne et facenne. s. f. fascine, fagot. En liégeois *fahenne* et
faguenne. *Fahette, fahi, fahenne* ont pour radical *fah*, ceinture, maillot.

Fade. adj. paresseux. En v. fr. faible, accablé, en fr. moderne, insi-
pide.

Fafiar. s. m. *qui fafeye*.

Fafier, farfeyer. v. n. parler comme les personnes en état
d'ivresse ou comme les apoplectiques dont la langue est paralysée d'un
côté. En v. fr. papier signifie commencer à parler comme les enfants.

Faflute. v. *bablute*

Fafouye. s. f. petite bégueule, petite indiscrète, femme, fille qui
farfouille volontiers, qui dérange tout. Liég. *fafoye*.

Faille. s. f. vêtement de femme qui lui couvre la tête et une partie
du corps. Flamand falie. Je trouve dans Fuchs : alt. nord. faldr, Gewand,
esp. falda, unterer theil eines Kleides, c'est-à-dire : vieille langue du
nord, faldr, vêtement, esp. falda, partie inférieure d'un habit. En fr.
comme en langage de charbonnier, faille signifie faute, couche qui
interrompt le filon. All. Fehl, fl. faile, défaut, lat. déficere, defectum.

Faisi. s. m. mélange d'argile et de houille menue pour faire des
boulets. V. *boulet*. Fr. fraisil, cendres de charbon de terre.

Fali. v. n. t. de jeu de raquette, laisser tomber le volant à terre.

Fr. faillir, all. fallen, tomber, esp. fallir, prov. falhir, égarer, v. fr. falir, manquer, lat. fallere, échapper.

Falot. s. m. torche, celui qui la porte. En fr. lanterne de toile.

Falourde. s. f. faute, bêtise, ânerie. En fr. gros fagot, v. fr. conte fait à plaisir, falie, tromperie.

Farde. s. f. dossier, liasse de papiers. Le fr. fardeler est employé en technologie pour, mettre en paquet. Esp., port. fardo, ballot, ital. fardello, paquet. Diez croit que l'esp., le port. et l'italien ont une origine arabe.

Fardeler. v. n. se remuer, s'agiter.

Fardiau. s. m. affaissement de terrain qui a lieu peu de temps après l'extraction de la houille. On ne peut supporter longtemps le toit par les étançons, ils sont brisés, le tassement des terres et pierres mises dans les *stappes* a lieu et le sol est abaissé de toute l'épaisseur de la couche enlevée. || *Fardiau* se dit à Mons pour fardeau.

Farfeyer. v. n. tripoter, farfouiller. Il est souvent confondu avec *fafier*. V. ce mot.

Farfouyeur, farfouyeu, s. m. qui *farfouille*.

Farinasse. adj. farineux. Se dit des légumes qui ne sont point savoureux.

Fassiau. s. m. mesure du Hainaut pour le bois de chauffage ; il égale 0 stère 86196.

Fau, fayan. s. m. hêtre. V. fr. fou, foyau, fouteau, lat. fagus.

Faustrie. s. f. tromperie, fraude, chose artificielle. *Es fye-là a ain biau estoumac, mé el a del —*.

Fauve. s. f. fable, conte.

Favelotte. s. f. fève de marais, féverole. Lat. faba.

Fayé, fayeux, ée, euse. adj. drôle || singulier || indisposé, un peu malade || défectueux. Il y a souvent confusion entre *fayé* et *fayeux*. Cependant je crois qu'on doit appliquer le premier aux personnes, le second aux choses. V. *faille. Fayé* est employé à Liége.

Fe. Par extraordinaire on prononce l'e muet à peu près comme celui de : le, je, en fr. Il y a dans toutes les langues des particules intraduisibles dans une autre et qui leur impriment une physionomie propre. Le français familier dit : dame ! qui sait? Le borain dit : on l' sé, fe? le sait-on? cela est bien douteux. Ce *fe* pourrait bien être le v. fr. fé (foi) sur ma foi, par ma foi, comme dans *non fai*, qui se prononce tout autrement.

Fel. adj. fier, hautain, sévère, brutal, ferme. Fel signifie en b. all. et en flamand cruel, violent, en v. fr. dur, cruel, ital. fello, impie, irl. feal, trahir, fr. félon.

Fel, fellëment, felmain. adv. beaucoup, fortement, fièrement.

Fénasse. s. f. p. herbes hautes, grêles, croissant d'une manière raré, espacée. La désinence *asse* est un majoritif très-employé en h. lang. : homé, homénaz. Là cet augmentatif est aussi fréquent que les diminutifs le sont en d'autres languages.

Féner, f' ner. v. n. faner. Lat. fœnum.

Fĕneu, euse. s. m. et f. faneur, euse,

Fente, fante, fainte. s. f. t. de menuis. bois d'un pouce et demi (de France) d'épaisseur nominalement, mais en réalité d'un pouce 1/4 Hainaut environ. ‖ Ouverture, gerçures.

Ferlopes, farlopes. s. f. p. marc, fèces qui se trouvent suspendues dans les liqueurs non clarifiées. V. fr. freloque, haillon, effilure, frelope, lambeau.

Ferme. s. m. lieu, meuble qui se ferme à clef.

Ferniette, finiesse. s. f. fenêtre. Esp. finiestra, lat. fenestra.

Ferronié. s. m. ouvrier qui travaille le fer : serrurier, etc.; ferronnier en fr. marchand d'ouvrages en fer, clincaillier.

Festéquer, festéquier. v. n. faire un ouvrage inutile, un mauvais ouvrage ‖ s'amuser à des riens ‖ faire semblant de travailler.‖ s'agiter sans résultat. V. fr. affaitier, raccommoder.

Festu, fistu. s. m. fétu, lat. festuca.

Feuillet, feuyé. s. m. t. de men. volige. — *simple, simpe* planche d'un demi pouce de France. — *fort, for*, planche de 3/4 de pouce.

Feunquier. v. n. et a. fumer. *Ej funkeye, y funk*, et *y feúnkeye*.

Feuye, fueye, fwaye. s. f. feuille. *Chucher n'* —, être privé du régal sur lequel on comptait. V. fr. fueil. V. *foair*. Personne ne doute de l'origine lat. du mot ; mais n'est-il pas bien étonnant qu'à une époque voisine de sa naissance, il était plus éloigné de folium qu'aujourd'hui ? V. *escor, suair*.

Feuye dé co. s. f. tanaisie baumière, tanacetum balsamum.

Fève sauvage. s. f. renouée liseron, polygonum convolvulus.

Fiane. s. f. Ce mot semble s'être formé de deux mots d'agriculture fane et fiole, fort peu usités et signifiant feuille des plantes herbacées et notamment des céréales, le premier venant de faner (fœnum), le second de foliolum. Fiole ne se trouve pas au dict. de l'acad., mais dans Boiste à l'art. effioler. Nos paysans nomment — le bout des plantes de blé ou les plantes entières que l'on coupe et que l'on donne en vert aux bestiaux. Fig. on dit — pour bagatelle, petite chose. *Vos n' d'arez gnié n'*—, vous n'en aurez absolument rien. Comp. le fr. estiflot, chose de peu de valeur, avec le lat. stipula.

Fianer. v. n. arracher les *fianes,* les mauvaises herbes, les bleds surabondants.

Ficĕler. v. a. et n. escroquer, escamoter des bagatelles, agir en *ficelle.*

Ficelle. subst. et adj. petit voleur. On a, selon les uns, voulu désigner par ce mot, ceux qui ne méritent pas précisément la corde. Selon d'autres, ce mot provient d'un droit de ficelle ou emballage que percevaient les négociants et qui n'a pu être aboli que par un décret de Napoléon Ier. M. Scheler soupçonne une corrélation entre —, fil et filou. Il cite la locution vulgaire : avoir le fil. Mais nous ajoutons ordinairement *eyé l' tayant.* fil est donc ici dans le sens de tranchant et ficelle n'est pas le synon. de fil en ce sens. N'y a-t-il pas plutôt un rapport avec le mot popul. fr. ficelles au pl. pour désigner artifice, moyen de tromper l'œil au théâtre? il y a enfin le fl. ontfutselen, escamoter. Ont est une particule privative, futselwerk signifie bagatelle.

Fichan. adj. désolant. Fichant en fr. est un feu qui va d'un bastion à l'autre.

Fichau. s. m. putois. En liégeois *wiha.* Dans la langue d'oc on dit fichouiro, mâle de la fouine, en bas-lat. fagina ; vison, en fr. d'histoire naturelle, est une espèce de martre, lat. viso ; les paysans fl. disent fiche. Ils confondent sous ce nom le putois et la belette. Cependant le vrai fl. a bunsing pour putois et wezel (all. Wiesel) pour belette ; d'autres fl. disent fiss, d'autres encore viss, ce qui touche au fl. wezel, à l'all. Wiesel et au lat. viso. *El* — sert de terme à une foule de comparaisons :

Avoir, avoi dez yeu, dez'i d'—
Sainti comme ain —
Crier — — —
Malin — — —

Fiche. s. f. penture d'appartement ‖ feuilles de tabac arrangées en forme de corde. En fr. tige de fer pour unir les deux pièces d'une penture. *Fai n'—,* ficher des pieux dans une rivière et les garnir de fascines pour protéger la digue.

Fichènié. s. m. *ferronier* qui fait des *fiches.*

Ficher. v. a. jeter ‖ appliquer ‖ lever, corder, cordeler ‖ *ficher n' clique,* donner un soufflet, *ficher l' camp,* partir, — *du toubak,* corder du tabac. Le plus souvent il est employé pour remplacer le mot ordurier, f.... dont il adoucit un peu l'expression. *Ça m' fiche malheur, j' m'ein fiche.* All. fichen. En fr. ficher signifie faire entrer par la pointe. Fichu a les mêmes significations qu'en fr.

Ficheu, r' ficheu, erficheu (*D' Keyere*). s. m. rempailleur de chaises.

Fichumain. adv. singulièrement.

Fier. s. m. fer. Lat. ferrum.

Fiesse, fiette. s. f. fête. Peut s'appliquer aux cérémonies funèbres, dans quelques villages. Un jour un jardinier vient me voir, au milieu de la semaine, en habit de dimanche. « Comme te voilà paré! lui dis-je. *Béwée, da, monseu, répond-il, c' ée* (c'était) *aujord' hu comme enne espèce de p'tite fiesse : on a einterré m' feimme au matin.* »

Fieu. s. m. garçon, fils; exp. d'amitié, de familiarité. V. fr. fieux ‖ fief. Goth. faihu, domaine, fortune.

Fiferlain. s. m. bagatelle, atome. All. Pfifferling, petite monnaie.

Figote. s. f. pomme, poire pelée et séchée à un feu très-lent. Fig. personne desséchée. Le mot vient probablement d'une analogie avec la dessiccation de la figue.

Figoter. v. a. réduire à l'état de *figotte.*

Figue (*faire*), *fai fik.* Faire la figue. Cependant *faire figue* signifie plutôt surpasser. *Ça vo fai figue,* cela passe vos forces, tandis que faire la figue veut dire de préférence mépriser, braver, se moquer.

Fil, fi. s. m. adresse. *Avoi l' fil éyé l' tayan,* être adroit, avoir l'esprit aiguisé, qui a reçu le fil; peut-être aussi de filou. En fl. fielt, fripon, coquin.

Filande, filandre. s. p. fils d'un linge usé.

Filet. fil. || *saquer, cracher s'*—, serment enfantin. *Ej tire em* --, j'en fais serment. En parlant ainsi l'enfant porte la main à la gorge et la serre en laissant tomber un peu de salive filante.

Fin. t. de jeu de courtau, veto, je m'oppose, *fin linge, fin place*; probablement c'est une abrév. de *j' défeind* (défends). || adv. beaucoup, très. *Fin brave, fin biau*, très-propre, très-joli. Idiotisme allemand : fein artig, très-joli. On trouve dans Montaigne tout fin seul. M. Scheler le rapporte au lat. finitus. *Fin conte fin, y n' faut gnié de doublure*, ou *fin conter fin*, ou *fin conte dé fin*. Fin contre fin n'est pas bon pour faire doublure, c'est-à-dire : il ne faut pas essayer de tromper aussi fin que soi.

Fion. s. m.. corne, derrière du sabot des chevaux (à Ghlin),des vaches (à Frameries). — est fr. pour signifier tournure, bonne grâce.

Fioner. v. n. et a. t. d'agr. couper le bout des feuilles du blé. V. *fianer*.

Fisik. s. instrument de fer dont se servent les bouchers pour aiguiser leurs couteaux.

Flache. s. f. poire à poudre. En fr. mare d'eau dans un bois dont le sol est argileux. All. Flasch, bouteille. Cet all. moderne qui signifie bouteille est né du v. all. flasca qui a engendré le mot flacon. Il est curieux de remarquer que les All., après avoir prêté aux Fr. le mot flasca, leur ont repris le mot flacon. Ils ont fait de même pour le mot bouteille dont la racine est all. et pour une foule d'autres mots. Fuchs en donne une liste de plus de cent et elle n'est pas complète. C'est ainsi que les langues s'enchevêtrent! Le mot flacon remonte sans doute à l'époque franke et vient de flasca. Mais notre mot patois est plus moderne et vient de Flasche qui se prononce comme notre *flache*.

Cela pourrait être contesté; car voici à présent un abrégé d'un assez long art. du dict. de Pelletier: « flask, bouteille plate et poire à poudre; fflacced (Davies) lagena, uter, ampulla, obba. Flac et flasc, adj. faible, fatigué, abattu de fatigue, épuisé. Fflaggio (Davies) flaccessere. Esp. flaco, faible, français flasque. Voilà donc les mots flasque et flacon qui ont la même origine. Cette application d'un mot qui signifie mou à une bouteille plate vient de sa figure qui représente *un outre plein et cou*-

ché (Sic). » Il résulte de cet art. de Pelletier qu'on peut soutenir que — est celt. ; on pourrait même soutenir, avec les procédés de Pelletier, qu'il faut s'adresser au lat. flaccidus. Diez indique le lat. vasculum.

Flacher, flachi. v. a. battre à grands coups. Liégeois *flahi*. Ce mot semble venir du lat. flagellum ou du v. all. fluagan, percutere. Cependant M. Grandgagnage repousse ces origines, parce que, dit-il, le g primitif en wallon s'adoucit en j ou en i quand il n'est pas syncopé. Ainsi flagellum, vha flegila devient en liégeois *floiai*, namurois *flaia*, montois *flaiau*. *El teimpette a flachi nos bleds.* Serait-ce, fait fléchir? V. fr. flatir, fléchir, jeter.

Flair. e. m. mauvaise odeur. *Del char qu'a ein —, qui prein ein.—,* de la viande qui commence à devenir fétide. M. Corblet répute ce mot celt. et en effet on trouve en armor. — putor. Mais on peut douter; car nous disons aussi : *avoi ein gout.* Est-ce un entraînement d'analogie?

Flambé, ée. adj. perdu, attrapé. — en fr. flamber signifie passer à la flamme.

Flambèze. s. f. framboise. Fl. braembesie, mûre sauvage, composé de braem, ronce et bezie, baie, bas-all. brambesing.

Flaminette, flanminette. s. f. souci, fleur, calendula.

Flan. s. m. mélange d'œufs, de lait, de sucre et de cannelle cuit au four. En lat. scriblita. — en fr. est une tarte de crême, etc. V. fr. flaon, v. all. vlado, fladum, all. moderne, fladen, liégeois *floyon*.

Flani, ie ou ite. adj. fané, flétri. A Liége *flouwi*, féminin *flouweie*.

Flani. v. n. faner, flétrir. *Flani* est une espèce de combinaison de faner et de flétrir. Cette sorte de disposition est assez fréquente: de conduire et amener on a fait aussi *aconduire*. V. fr. fanir.

Flanière. s. f. moule pour cuire le *flan.* — en fr. est un adj. qui ne se dit que des meules courantes et concaves.

Flatte. s. f. bouze. En fr. agrément dans le chant. *Flatte* est liégeois. All. Kuhfladen, mot-à-mot (*flan*), gâteau mince de vache. Dans le patois all. d'Aix-la-Chapelle, kouflatt.

Flausse. s. f. conte, plaisanterie, tromperie. Ce mot est surtout usité dans le langage marolien de Bruxelles. All. Flause, bourde.

Flaüt, flayut. adj. et subst. flamand, personne qui s'explique mal, que l'on comprend difficilement. Voici la chanson qu'on adresse aux Flamands :

Va-t-ein, foutu flayutte,
Va-t-ein vir à qui veinté tés flutes;
Mi jé n' mets déssus més doigts
Qué dé l' hierpe qué jé counnois.

Flck. adj. employé dans les villages autour de Mons et qui a la même signification que *flō.* Il a aussi la même origine, à moins qu'il ne dérive de *flasque.* V. *wak.* Le bret. flac, faible, fatigué, se rapproche davantage du fr. flasque et du lat. flaccidus.

Fleme, fleume. fieme. s. f. p. glaires, mucosités. Lat. phlegma, flam. fluim qui se prononce fleum, bas-latin fleuma, gall. fflem, grec φλεγμα, v. fr. flume.

Fleinquer. v. a. flanquer ‖ prendre ‖ frapper ‖ attraper (Borinage). En fr. flenquer signifie, le métal pour émailler.

Fleur au beurre, bur. s. f. renoncule des prés. Il y en a de beaucoup d'espèces : ranonculus acris, sceleratus, etc. Caltha palustris.

Fleur d'orange. s. f. syringa, philadelphus coronarius. V. *penacié.*

Fleur Ste-Catherine. s. f. chrysanthème.

Fleur St-Joseph. s. f. lis.

Fleur Ste-Thérèse. s. f. aster.

Fliquière. s. f. fougère. Namurois *féchére,* liégeois *fechir, fechi,* v. fr. feuchière, feuschière. On voit que nous sommes le plus près de l'origine filicaria dérivée de filix.

Flō, flau. adj. mou, faible ‖ paresseux ‖ défaillant. Se dit à Liége. Flàm. flauw, faible, holl. flaauw, débile, impuissant, fade, froid, blême, all. flau, languissant, v. fr. floive.

Flŏ. s. m. duvet d'un fruit. Fr. flot, houppes de laine des mulets, all. Flaum, duvet.

Floche. s. f. houppe. — en fr. adj. velu; mais en v. fr. il a été employé comme s. et dans la même signification qu'aujourd'hui à Mons.

Flotte. s. f. t. de serr. pièce de fer en dessous d'une vis pour empêcher qu'en serrant elle n'écrase le bois. ‖ anneau de fer entre une penture et un gond usé. ‖ espèce de raie, raja batis, fl. vloot, anglo-saxon floc, raie.

Fluche, pluche. s. f. flocon de laine, de coton. Fl. pluisje, flocon, brin, fr. peluche.

23

Flute. s. f. jambe (Iron.) ‖ espèce de bateau.

Fluté, ée. adj. qui a de grandes *flutes*.

Fo. s. p. t. de jeu de *bouquette*. V. *do*.

Foée. s. f. ce qui reste dans les charriots à houille après le déchargement. En Picardie c'est une brassée de branches mortes et par extension le feu clair produit par le même bois. Corblet fait venir ce mot du roman, fouée, fagot.

Foère, foaire, fwair. s. m. foin. N'est usité que dans certains villages. *Oé* fait diphtongue. Le son *oé* est fort difficile à représenter. C'est à peu près celui que j'ai entendu donner par les poissardes de Paris à la diphtongue oi de françois. C'est quelque chose comme françüé, françoué. C'est peut-être la prononciation conservée du celto-gallois gwair, même signification. Foin vient bien de *fœnum*, b. bret. foënn, mais le liégeois *four* et l'hennuyer *fouair*, de même que fourrage, viennent du goth. fôdr qui a engendré l'all. futter et le bas-lat. fodrum, nourriture des bestiaux. A Mons on remplace le mot foin par le mot *fourache*, qui, comme on sait, n'en est pas le synonyme. Bas-bret. fouraich, v. fr. fouarre, foare paille, fourrage.

Fok, fonk. adv. seulement. Se dit des nombres et de la qualité ou action d'une personne ou d'une chose, tandis qu'au *preum.* se dit du temps : *Elle né brait gnié, elle ernifelle fok. Y n'étiont fok qu'à deux.* Lat, paucum, v. fr. auques, aliquid, oncques, unquam.

Folie. s. f. rut. *No minette est ain folie*, notre chatte est en rut.

Fon, fonte. adj. abrév. de profond. Syn. *perfon*. V. fr. parfon. *Chon pieds* —, à la profondeur de cinq pieds. Germanisme. On dit de même : *deux heures lon*, à la distance de deux lieues.

Foncer. v. n. s'ouvrir un passage par la force, entrer dans la foule.

Fonde. s. f. fronde. V. fr. fonde, lat. funda.

Forges ou **fines forges.** s. f. p. charbon menu, charbon en poussière. — *gailletteuses, forges* contenant des *gaillettes*. — *du trait, forges* auxquelles on a enlevé les *gaillettes* mais auxquelles on a laissé des *gailletins*.

Forière. s. f. bande de terre que l'on n'a pu labourer. V. fr. forère dérivé de foras.

Fort, for. adj. qui n'a que le masculin: rance; ne se dit que du beurre.

Forte. s. f. bierre vieille.

Forte toise. s. f. t. de ch. argile silicieuse entre *l' dief* et *l' rabot;* ainsi appelé à cause de son épaisseur de plus d'une toise.

Fortuné, ée. adj. par antiphrase, estropié, infirme.

Fosse. s. f. puits profond pour l'extraction de la houille. Par extension, houillière, établissement charbonnier. Par ext. plus grande, pays à charbon de terre. Ce mot alors prend le pluriel : *su lés fosses.*

Fosser. v. a. fouir, creuser.

Fosselette. s. f. creux de la nuque.

Fouan. s. m. taupe. Les Liégeois disent *foyan ;* de fouir ou de fouiller.

Fouffes. s. f. p. chiffons. V. fr.

Fouffeter, v. a. faire mal un ouvrage ‖ coudre des *fouffes.*

Foufflins. s. m. p. copeaux. Les Bruxellois disent *skouflins. L'eskette* (v. *skette*) en diffère en ce qu'elle est le produit de la hache du charpentier, tandis que les *foufflins* sont formés par le rabot du menuisier. Cependant on confond souvent.

Fouffrein, poufrin. s. m. poussière de houille ‖ petits morceaux de bois mêlés de houille ‖ appellation injurieuse. M. Grandgagnage le fait venir de son liégeois *frohi*, briser, frotter.

Fougner. v. a. Il diffère du mot fr. fouiller en ce que celui-ci est neutre. *Fougn' em*, visitez-moi. Ital. fognare.

Fouine. s. f. fruit du hêtre, faine.

Fouler. V. *rëfouler.*

Foumĕgeon. s. m. mauvé, plante. On disait sans doute originairement *froumageon*, car dans quelques localités, la mauve se nomme encore *froumage de gade.* Je vois en effet dans le complément du dict. de l'Acad. que fromageon est un des noms vulgaires de la mauve.

Fourbature. s. f. courbature. En méd. vétérinaire on dit quelquefois — pour, fourbure.

Fourbi. v. a. nettoyer. Ne se dit que des puits. En fr. fourbir signifie aussi nettoyer, mais ne se dit que des armes.

Fourbouli. v. a. faire bouillir dans de l'eau. Se dit des choux, des épinards que l'on fait bouillir longtemps dans de l'eau avant de les faire cuire dans le beurre. Le préfixe *four*, comme for en fr., *vër* en all. indique l'excès ou la déviation. A Liége *forbor*, faire bouillir jusqu'à extinction. *Li sáce est forbolowe.*

Fourboutié. s. m. **ère.** s. f. et adj. m^d, m^de de légumes. ‖ Habitant du faubourg ; d'où ce nom.

Dans le nord de la France on dit forbou ou forbourg. Les Fr. depuis longtemps ne comprenant plus for, ont cru mal dire et mis à la place faux, comme ils ont agi pour courte-pointe, chat-huant, chauve-souris. Alors sont venus les étymol. qui, à la vérité, reconnaissent for, mais le tirent du lat. foras, pour l'unir à l'all. Burg, forteresse. On a des exemples de ces compositions hybrides, mais il faut avouer que ce sont là des exceptions et que les mots se composent volontiers d'éléments de même provenance. Or l'all. a la prépos. vor (pron. for) avant et il traduit faubourg par Vorstadt, avant-ville. Ne doit-on pas supposer que les Francs ont dit vorburg, avant-forteresse ?

Fourcacher. v. a. chasser, poursuivre. V. f. forchachier.

Fourcarter. v. n. t. de jeu. donner mal en cartant.

Fourcayeu, euse. adj. fourchu. Se dit surtout des arbres de haute futaie qui se divisent près de terre en plusieurs grosses branches.

Fourcher, froucher. v. n. et a. froisser, fouler.

Fourchet, fourkié. s. m. fourche. En fr. c'est la division d'une branche en deux.

Fourchure, frouchure, sfrouchure. entorse. ‖ Les Liégeois disent : s' foirsi on nier, tressaillir un nerf, de forcer ou froisser. Ce mot, selon Diez, vient de fressare, fréquentatif de frendere. Bret. froësa, briser, froisser.

Fourcompter. v. n. calculer mal, trouver du mécompte.

Fourfayage. s. m. p. bagatelles.

Fourfayeu. s. m. charbonnier qui a pris une partie de charbonnage à forfait. Forfait est fr., c'est un marché à perte ou à gain.

Fourfeyer. v. a. et n. faire en trompant. Il a fourfeyé l'kierkiage du car, il a opéré frauduleusement le chargement du charriot. Fr. forfaire.

Fourderaine. s. f. prunellier, son fruit. Là dian et dienne qui s'ein von à —, se dit pour se moquer d'homme et de femme qui sortent ensemble.

Le prunellier produit de petits fruits d'une âpreté et d'une astringence extrême. Les enfants seuls peuvent en manger. A cause de cette âpreté lés fourderaines sont le terme obligé de certaines comparaisons. Voyons ce qu'en dit l'interminable chanson du retour de Quintin : l'un des interlocuteurs chante :

C'est du djus d'fourdéraine,
Y n' sé peut rie d' miyeur ;
Vo s' ritte mort dé six s' maines,
Qué ça vo r'mettrou l' cœur.

Un autre réplique :

Pa n'ain djou estraordinaire
C'est bie assez qué d' boire del bierre
Car lé hemmes djou nos buvons d'liau :
El vin est bie trop caud
Pou l' bourse et pou l' cerviau.

J'ai sous les yeux la chanson en trente couplets ; mais je sais de science certaine qu'elle en avait plus du double. L'extrait ci-dessus ne se trouve pas dans mon manuscrit. Je le donne de mémoire.

Cette chanson est une petite scène. Chacun des personnages chante sur un air particulier et se sert de patois qui paraissent appartenir à divers villages, à l'exception de Quintin qui, sortant d'un régiment de dragons, chante en français ; et quel français ? un français de soldat qui a fait son éducation dans un régiment au service d'Autriche et qui l'a perfectionnée en faisant la guerre en Bohême.

L'auteur, le père Wattiez, ancien carme ou capucin mort au commencement de ce siècle était un modèle de laideur physique ; mais c'était aussi le modèle du gai compagnon et de l'épicurien de village. Il recherchait avec avidité les invitations à *tripe* et payait son invitation par l'addition d'un couplet nouveau à sa chanson qu'il chantait au dessert avec la verve la plus comique. Le père Wattiez sera sans doute mort d'indigestion, à moins qu'il ne soit mort de rire en chantant son soixantedixième couplet.

Fourdaine et fourdinier sont en fr. les noms vulgaires du prunellier.

Fourloucher. v. a. Je n'ai jamais entendu ce nom dans la conversation. Je ne le connais que par ce qu'en racontait le père Wattiez (v. *fourderaine*). Il disait qu'un jeune homme était un jour venu s'accuser en confession d'avoir *fourlouché s' frée*, c'est-à-dire d'avoir à la dérobée pris une *louche* de soupe de plus que son frère.

Fourmein. s. m. froment. Joinville se sert du mot fourmens.

Fourmoi. s. m. ciseau de charpentier.

Fourmiche. s. f. fourmi. Lat. formica.

Fourmorture. s. f. t. de coutume du Hainaut. Acte par lequel on assure des droits à des enfants d'un premier mariage. Ce mot appartient au v. fr. dans des significations un peu différentes.

Fournasquier, fournasker. v. n. fureter. V. *nak*.

Fournicherie. s. f. grande quantité, foison. *Cés geins-là ont ramassé enne — d'einfants.* Ce mot ne paraît être que *nicherie* (nichée) renforcée du préfixe *four*.

Fourparler. v. n. parler hors de propos ‖ trahir sa pensée. *Mieux vaut s' taire que d'—.*

Fourque. s. f. fourche. En fr. c'est un pieu de charpente fourchue à la quille d'un navire.

Fourquié. s. m. fourche.

Fourquier, fourquié. v. n. travailler avec la fourche.

Foursaler. v. a. saler trop. *A deux cuis'nières on foursale el soupe.* Traduction littérale du proverbe all. : viele Köcke verzalzen die suppe.

Foursanier, foursaigné. v. n. saigner abondamment, jusqu'à exténuation, avoir une hémorrhagie excessive.

Fourséki. v. a. et n. dessécher outre mesure.

Fourt. interj. retire-toi ; ne s'adresse guère qu'aux chiens. De l'all. fort : arrière, loin.

Foutumasser. v. a. tripoter.

Fourvantise. s. f. forfanterie, présomption, bravade, fanfaronade.

Fouyer. v. a. et n. bêcher. A Liége, *foï*, fr. fouïr, fouiller, lat. fodere.

Foya. s. m. branche, ordinairement épineuse et couverte de feuilles, plantée dans un champ pour indiquer défense de passage.

Foyau. s. m. hêtre.

Foyère. s. f. t. de ch. tuyau d'airage, nom provenant de ce qu'on y place un foyer.

Frac. s. m. habit, redingotte. Ce mot quoiqu'employé par les Français, ne se trouve pas dans la plupart de leurs dictionnaires. On n'y trouve que fraque qu'on donne comme un habit étroit, à basques étroites.

Fraiche (*mé vlà*). Me voilà en bel état (iron).

Fraichau. s. m. lieu bas et marécageux d'une prairie. V. fr. fresche, lieu inculte, en friche, bas-lat. friscum et frescum. Ces mots semblent bien provenir de l'all. frisch ou du bret. fresk, frais, récent, car, dit Pelletier, la terre en friche étant remuée devient novale, c'est-à-dire nouvellement travaillée ; b.-bret. fraust, signifie à la fois friche et stérile. V. *frouste.*

Fran, franque. adj. hardi ‖ effronté ‖ impudent ‖ courageux. *Franc comme ein tigneu.*

Frasette. s. f. manchette. Employé à Liége. *Ej vo chirai ain iève à frasette, si...* Je vous promets des miracles, si...

Frater. s. m. frère. (Borinage.) En fr. barbier.

Frayeu. adj. qui coûte des frais, coûteux, dispendieux.

Frée. s. m. frère (Bor.). Port. frei, esp. fray.

Frein, erfrein, s. m. **frinte, erfreinte.** s. f. perte par dessiccation, déchet, retrait.

Freinde, erfreinde. v. n. éprouver du déchet. V. *Erfreinde* pour l'étym.

Frette. s. f. abreuvoir, ouverture faite au bord escarpé d'un fossé, d'une rivière pour que les bestiaux puissent y descendre. Latin fretum, gall. ffrwd, v. fr. fraite.

Fric ni frac (**ni**). rien du tout. *I n' d'a d'moré —.* Lat. frangere, fregi, fractum.

Frimousse. s. f. flimousse.

Fringaler. v. n. glisser ; se dit d'une voiture qui va de côté sur une route bombée, d'une roue qui glisse sans tourner. V. fr. fringuer, bret. fringa, sauter, gambader; d'où fringuant. Par abus, dit Pelletier, on emploie fringal pour fringa.

Frion. s. m. *vert*—verdier, *gris* — linotte. En fr. c'est un petit fer à côté de la charrue ; en v. fr. c'est une sorte d'oiseau indéterminée. *Il n'est aloé ne frions,* lat. fringilla, pinson,

Friper. v. n. se frotter en agitant les vêtements comme font ceux qui ont habituellement de la vermine. V. fr. riper, all. rippen, gratter. V. *rispeu.*

Frise (*vo nez*), vous mentez.

Frisquette. s. f. jeune fille alerte, vive, gaie, de vertu suspecte. V. fr. frisque, frais, joli, galant; frique, vif. All. fl. frisch, frais, goth. friks, hardi.

Fristouiller, fristouyer. v. n. préparer un repas, de petits mets de convoitise, fricoter, se régaler. La charpente de ce mot semble annoncer une origine germanique; goth. fretan, all. fressen, manger comme les animaux. 3ᵉ pers. de l'ind. frist. La désinence *ouyer* a pu être déterminée par le fr. festoyer; d'ailleurs nous avons beaucoup de verbes en *ouyer*.

Fristouille, fristouye. s. f. régal, festin, banquet, orgie.

Froncher. v. a. Ce mot ne signifie pas froncer, rider, mais agiter, remuer, *Elle va tt' cin fronchant s' cu*, elle va en frétillant.

Frou. s. m. froid. On pourrait invoquer l'all. frost, pl. fröste, froid rigoureux. All. frieren, vha vriosan, fl. vriezen, etc., mais ce ne doit être que la transformation de froid; car nous disons aussi *dou*, doigt.

Frouchure. s. f. pl. glaires de la vulve des vaches avant de faire leur veau. Est-ce froissure, est-ce ce qui fraie les voies pour l'accouchement? Liégeois *frouhène*, frai, *frouhiner*, frayer; ne se dit que des saumons quand ils s'approchent pour la génération et qu'ils se gîtent et se terrent pour frayer. Y a-t-il rapport entre — et *frouhène?* Quoi qu'il en soit, voici ce qu'en dit M. Grandgagnage; ce mot paraît se prêter à deux conjectures : selon la première et la plus probable, *frouhène* viendrait de *frouhiner* et celui-ci de *frouhin*, subst. dérivé de *frohi*, froisser, et même de *froï*, frayer. V. fr. froyer, frotter, fricare. Selon la seconde, on comparerait le Rouchi, *foursin*, amas de vers ou de petits poissons, du v. r. *fourser*, *fourcher*, *froucher*, abonder, foissonner, frayer. J'ajouterai le v. fr. foursière, réservoir. M. Grandgagnage termine en se demandant d'où vient le mot *froucher* dont *fourcher* et *fourser* seraient des adoucissements, et il répond : peut-être de fruticare. Quant à moi j'aimerais mieux encore hasarder une explication tirée du v. fr. fourcheure, entre deux jambes. Tout cela est bien chanceux!

Frouler. v. n. avoir froid.

Frouleu, euse. s. m. et f. frileux, qui a froid.

Froumache, fourmache. s. m. fromage. *Mon —* fromage mou, *cra —* fromage gras. *Erveni avé s' — rapporter s' —* mot-à-mot revenir (du marché) avec son fromage, sans avoir pu le vendre, revenir du bal sans avoir dansé. *D' morer avé s' —* rester fille, ne pouvoir se marier. Ital. fromagio, v. fr. formage, fourmage, lat. forma.

Frouste, frousk, frousse. Je ne connais pas ce que signifie ce mot. Je ne l'ai entendu que joint à *sek. C' t' enne sek et* —. Cela veut-il dire une sèche et froide? Pourquoi le mot froide serait-il ainsi altéré exceptionnellement? Au village on dit bien *frou* pour froid, mais jamais *frouste* ni *frousk.* On dit à Mons : *i fait frisque* pour froid. All., fl. frisch, frais. Oserait-on rémonter au bret. froust, fraust, frousk, stérile, infécond? au lorrain frox, froux, terres incultes, stériles?

Frumer. v. a. fermer. Frumer est employé par Lesaige.

Fumière. s. f. fumée.

Fumure. s. f. engrais en général. En fr. c'est l'engrais des moutons parqués.

Fusain. s. m. on confond sous ce nom le véritable fusain ou bonnet de prêtre, le troène et le cornouiller.

Fusse. excl. soit! J'y consens!

Fusse qué fusse. quelqu'il soit, quoi qu'il en soit.

G

Le **G** doux français se change souvent en *ch: rouche, avierche, mariache.* Dans plusieurs localités en *tch : routche, mariatche.* Il prend parfois le son dur, comme dans *guenisse.* Il se prononce comme en fr. dans *général, genēſe.* Il se change en c dans *cras,* en *w* daus *wé. Qu* devient *gu* dans *guiye* (quille); *c* devient *g* dans *grèbe* (crèche), *glaude, cingleume* (enclume).

Ga. s. m. luron, gaillard. V. fr. gars, bret. gwas, homme, gwerch, jeune fille, d'après Legonidec; corn. gwas, serviteur, valet, d'après Diefenbach. M. Diez repousse ces étymologies parce que, dit-il, les initiales celt. gw auraient dû produire en ital. guarzone et pas garzone. Il s'adresse à l'it. garzo, dim. garzuolo, cœur de chou, lequel remonte à carduus et il accumule les assimilations aux jeunes pousses. Tout ce que nous pouvons dire c'est qu'à la vérité à Mons et même auprès de Mons on dit *ga, garçon, garce,* mais à certaine distance on dit certainement *gwarchon,* comme le prov. dit *guarz.*

Gabēgie. s. m. camarade ‖ bonne aubaine. En fr. s. f. ruse, fascination.

24

Gāde. s. f. chèvre. En fr. s. m. poisson jugulaire, holobranche. Fl. geit, all. Geiss, chèvre, armor. gâvr, pl. gevr. Se souvenir que l'*a* montois a souvent un son intermédiaire entre l'*A* et l'*E*. Du reste cet *a* est long, tandis qu'à Liége il est bref. Cela doit appaiser tous les scrupules de M. Grandgagnage. V. à ce sujet un très-long art. de son ouvrage.

Gadot. s. m. chaise d'enfant. En liégeois *kadot* signifie charriot d'enfant. Bas-breton, kador, chaise, chaire. V. *keyére.* ‖ petit de la chèvre.

Gadouillage. s. f. chose dégoutante ‖ mets mal préparé. De gadouart.

Gadouiller, gadouyer. v. n. faire des mélanges dégoutants ‖ remuer des ordures, des excréments.

Gadran. s. m. quand on doit deviner au jeu de pile ou croix, on fait préalablement *s'* —, c'est-à-dire qu'on fait tourner en l'air une pièce de monnaie et lorsqu'elle retombe à plat et avec bruit dans la main, la face indiquée est celle pour laquelle il faut se prononcer.

Gaffiard. s. m. et adj.-goinfre. Les Liégeois appellent *gaf* le gésier, cependant *gaffiard* et *gaffier* ne sont pas employés par eux. V. *gave.*

Gaffier. v. n. manger goulument.

Gagāye. s. f. p. bagatelle, vétille, brinborion, objet brillant, mais de peu de valeur, clinquant. On ne peut penser pour l'étymologie de ce mot ni au lat. gagates, jayet, encore moins au grec γαργαρεῖν, briller. Les Liégeois disent *kikeie,* qui signifie à la fois vétille et quincaillerie, *kikaï,* quincailler. Là pourrait bien être la source d'où est sortie *gagaye.* Les Namurois, en disant *cacaie,* nous indiqueraient une origine plus sale. V. *cacage.*

Gagnage. s. i. bénéfice, gain.

Gagne. gain, ne se dit que dans cette phrase : *Pierte et* — *e'est marchandise.* Perte et gain viennent tour à tour chez les marchands.

Gagot. s. m. trou entre les cailloux d'une chaussée, dans lequel les enfants cachent leurs *courtiaux* pour les mettre à l'abri d'une *pette.* Figur. abri, retraite.

J'ai été transporté en trouvant, dans le dict. celt. de Bullet, gag, plur. gagau, qui signifient fente, crevasse, ouverture. Je me demandais, non sans inquiétude, si ce n'était pas là simplement une rencontre fortuite, et je me défiais un peu du celtomane Bullet ; mais je trouve dans Davies (dict. gall.) gagen, pl. gagau, rima. On retrouve le mot dans Pelletier et autres. Il est remarquable que les mots tirés du celt. soient surtout formés sur le pluriel.

On aura souvent occasion d'observer que ce sont nos termes de jeux d'enfants qui remontent à la plus haute antiquité, ils sont plus vieux que les pyramides ; (le jeu *d' courtiau* tout seul fournit 4 ou 5 mots celt.), et cela pourra paraître singulier ; mais je crois qu'on peut en deviner la cause : c'est que ces jeux, au moins ceux de la rue, n'ont jamais lieu qu'en patois. Le mot fr. correspondant (quand il y en a un) reste inconnu. La puissance envahissante du fr. est ainsi arrêtée. Cette remarque est aussi applicable aux choses dont les personnes instruites ne s'occupent guère ou dont la bienséance ne permet pas de dire le mot propre.

On peut encore faire une observation, c'est que les mots celt. et germ. en général ne nous sont venus qu'à travers le bas-lat.; mais ceux de l'espèce semblent avoir fait exception et n'avoir jamais porté la livrée romaine. V. *gueriam.* Je laisse à d'autres les inductions à en tirer sur l'époque où nous avons abandonné le celt. Le langage celtique de nos gens du peuple et de nos paysans ne subsistait-il pas encore lorsque déjà le bas-lat. des citadins et des gens distingués était dégénéré en patois d'oïl ? etc.

Gaille, gâye. adj. Il n'est guère usité que dans cette phrase : *té vla bé gâye,* te voilà bien fier, bien dédaigneux, bien singulier. *Gaye* chez les Liégeois signifie propre, endimanché. Dans le vocabulaire de St-Gall du VIIᵉ siècle, on traduit le v. all. gail par elatus, élevé. Gallt, selon M. Ampere, signifie puissant en gallois, d'où les Anglais ont fait gallant ; mais quand ils disent : gallant officier, cela ne signifie pas un galänt officier, mais un brave officier.

Gaille, gâye. s. f. noix, fruit du *gailler.* Liég. *dgeye.* Selon M. Grandgagnage les formes *gaille, gauque,* qui sembleraient au premier abord devoir compliquer la question sur l'origine du mot, sont propres à l'éclaircir ; car une seule combinaison littérale peut expliquer cette double forme *ille* et *gue,* savoir *lg.* Le thème galg est susceptible de deux manières : ou, selon la règle fr., il devient *gaug,* ou le *g* s'amollit en *i* et *ll* devient mouillé : *gail* ou *gali.* On peut donc affirmer que le rad. de notre mot a dû se composer de ce thème *galg* plus une désinence. Or on trouve le moyen lat. galgulus qui répond à la condition et signifie bacca id est nucleus πυρεν, noyau. Comparez cette explication avec celle de Diez, art. *gauque.*

Gäiller, gäyer. s. m. noyer, Juglans regia. Bas-lat. galgulus. En bas-breton craoen, en gall. craouen est l'amande de tous les arbres à noyaux.

Gaillette. v. *gayette.*

Gailletteries. v. *gayĕttĕries.*

Gäilletin. v. *gayĕttin.*

Galaffe, galouffe. s. m. et adj. gourmand. A Liége *galaf* et *galavas.* Irl., écoss. galabhas, parasite, glouton, fr. gouliafre, glouton, malpropre (popul.) Covarruvias raconte que ce mot, répandu en esp. et en ital., provient de Galli offa, gâteau que l'on offrait aux pélerins qui allaient à St-Jacques.

Galamment. adv. généreusement. En fr. de bonne grâce, finement.

Galatasse. s. f. cabinet de verdure. En fr. galetas, s. m. réduit de misère, dernier étage.

Galère. s. f. porcelaine commune. En fr. espèce de vaisseau. *Galère* est une corruption de galène ou sulfure de plomb natif lequel sert à la fabrication des vernis de poterie.

Galoche. s. f. jeu de bouchon. En fr. chaussure sous le soulier, menton long. En liégeois *magaloche, magalache.* V. fr. gal, caillou, galet, but à un jeu d'enfant.

Gambe. s. f. jambe. Lat. gamba, v. all. hamma, jarret des animaux, v. fr. cambe, gambe.

Gambe de bo (*à l'*). En sautant sur une seule jambe, à cloche-pied.

Gambette. s. f. jambe tortue, trop courte ‖ boiteux.

Gambier, v. n. marcher. *Gambier autour de mi,* marcher autour de moi, embarrasser mes mouvements. *Gambier dain les berdouyes,* avoir peine à se dépêtrer de la boue. En fr. gambiller signifie remuer les jambes sans cesse ou de côté et d'autre. V. fr. jamboyer, jambier.

Gambré, s. m. planche épaisse servant de pont pour arriver dans les bateaux.

Gantier. s. m. chantier. V. fr.

Gaouye. s. f. femme paresseuse, carogne (Jemmapes). En fr. gouine, prostituée. V. *godau*.

Garbe. s. f. gerbe. En fr. enjouement. V. fr. jarbe, bas-lat. et vha garba, all. Garbe, fl. garve.

Garcéner. v. a. salir, gâter, gaspiller, détruire. Se dit surtout des aliments. A Namur *garsiné, digarsiné*. Armor. cars, raclure, ordure, gall. carthen, purgatoria, ysgarthion, expurgamina.

Gardin. s. m. jardin. V. fr. gardin, gall. gardd, hortus, v. all. garto, all. Garten.

Gardinal. s. m. chardonneret. En fr. le cardinal est un oiseau d'Amérique, moins gros qu'un merle, d'un rouge éclatant, espèce de gros bec.

Garenne. s. f. clapier et surtout clapier artificiel. En fr. le lapin de — est ce que nous nommons *sauvache lapin* ou lapin sauvage. Notre lapin d'— au contraire est le lapin privé. V. fr. warenne, bas-lat. warenna, b.-bret. gwaremm.

Gargoter. v. n. bouillir longtemps. En fr. gargoter signifie hanter les gargotes. All. Garküche, cuisine, maison de traiteur. Radical gar qui provient du v. all. garo, garawo, préparé, prêt, et qui s'applique particulièrement aux substances qui subissent l'action du feu. Selon Diez le fr. gargote n'est qu'une onomatopée.

Gargouille, gargouye. s. f. chaudière. En fr. gouttière, rigole, etc.

Gargouiller, gargouyer. v. n. gronder, murmurer. Se dit des borborygmes : *em panse gargouye*, mon ventre gronde. En fr. le mot ne se dit que des petits garçons qui s'amusent à barboter dans l'eau. Gargouillement est fr.

Garloïne. s. f. instrument composé d'un grand nombre de lames de bois tournant sur axe et au moyen duquel on réduit en pelotons des écheveaux de fil. Fl. garenwind, all. Garnwind, dévidoir, garen, Garn, fil, winden, rouler.

Garlot. s. m. cruche de bois en usage dans les houillères. V. fr. jarle, cruche, vase. Jarre, dit M. Scheler, port., esp. garro, remonte à l'arabe garrah, vase à eau.

Gartier. s. m. jarretière. Ce mot est employé par Lesaige. Bas-lat. garretum, garotum, gall. gar, poples, armor. gar, jambe, cuisse, irl. gaitier, jarretière, fr. jarret, garrot.

Gascogne. s. f. bigarreau, espèce de cerise.

Gaspiau. s. m. gamin.

Gasquignole. v. *castignole*.

Gaudi (*s'*) v. réfl. se réjouir. Lat. gaudere, v. fr. se gaudir.

Gauniau. s. f. espèce de poire de fort médiocre qualité, mais fort abondante. On la cultive surtout dans les *pachi* du *Pasturages*, village où le premier arbre de l'espèce existe encore.

Gaune. adj. jaune. Y *kie co tout gaune su l' monciau*, c'est encore un enfant.

Gaunesse. s. f. excréments.

Gaunette. s. f. pièce d'or.

Gauque. s. f. noix de la plus grosse espèce. En fr. on les nomme noix de Jauge. V. fr. noix gaugue. Selon M. Diez, du vha, walah, étranger, d'abord prononcé walk. Le mot, dit-il, est d'une haute antiquité : ags vial—Hnut, v. nord, valhnot, all. welsche Nuss, wall Nuss ; hnut, hnot, nuss=noix, ainsi, noix étrangère. Comparez l'explication de M. Grandgagnage art : *gaille*. V. aussi *wallon*.

Gauquié. s. m. arbre à *gauque*, variété du noyer.

Gave. s. f. jabot, poche membraneuse près du col des oiseaux. Engaver est devenu français. Gavion l'est depuis longtemps et doit être la même chose que jabot par la transformation si fréquente du g en j et du v en b. V. *dégauvier*. — a peut-être la même origine que cage, lat. cavea, port. gavia, ital. gabbia. V. *gayole*, angl. gab, cou.

Gaviau. s. m. javelle. V. fr. gavelle, javiau, b.-lat. gavella, v. all. gauffel.

Gavier. v. n. tricher, tromper (Borinage).

Gavieu, cavieu, euse. s. et adj. trompeur, tricheur, qui dispute au jeu (Borinage). A Liége *gawedieu*, astucieux, cauteleux, rusé. V. fr. gaultrer, gaulter, tromper, fl. gauwdief, filou (gauw, habile, dief, voleur), lat. calvere, tromper, cavillari, discuter, v. fr. cavillateur, cavilleux, trompeur. Le liég. semble tenir au fl., le borain au lat.

Gayé. s. m. t. de charb. Jais, jay, jaïet, jayet, houille très-hydrogénée, bitume fossile très-léger que l'on rencontre dans certaines houillières.

Gayèteries, gailletteries. s. f. p. petites *gaillettes*.

Gayètin, gailletin. s. m. fragment de *gayette*. Il diffère du précédent en ce que le *gailletin* est isolé, tandis que les *gailletteries* sont en mâsse livrées au commerce ; ainsi on dira : *il a keyu ain gayĕttin su m' n artoil, et su l' rivage Hardenpont il a de bellés gayĕteries.*

Gayette, gaillette. s. f. gros morceau de houille. Fig. personne noire, malpropre. Ce mot vient sans doute de *gayé*, sinon de *gaille*.

Gayole. s. f. cage, prison ‖ insensé, imbécille. V. *gayolé*. Je copie ici l'art. geole de M. Scheler : « V. fr. gaole, gaiole, jaiole, ital. gabbiuola, esp. gayole, port. gaiola, cage, prison. Ces formes représentent le dimin. l. caveola, comme ital. gabbia, gaggia, esp. port. gavia, n. prov. gavi, v. fr. caive, n. fr. cage, répondent au simple cavea. En plaçant le mot geole dans l'élément celtique, Chevallet a négligé les formes similaires des langues congénères. Les mots celtiques ici comme ailleurs ne sont souvent que des emprunts faits au roman. »

L'étymologie ci-dessus déduite est parfaitement correcte. Cependant, malgré l'observation du savant M. Scheler, je cite, selon mon habitude, ce que je trouve dans les dict. bretons : jol, gaoued, kaoued, par abus, gaouiedel, cage, dans le dict. gallois de Davies, gĕol, carcer.

Gayolé, ée. adj. imbécile, timbré, fou, insensé, qui a été mis ou mérite d'être mis en *gayole* ‖ bariolé. Les Liégeois dans cette dernière signif. disent *cragolé*.

Géin. s. f. personne. En fr. gens n'a que le pluriel.

Germanique. Je parle souvent des langues germaniques, je dois leur consacrer ici un petit article.

Certains linguistes les divisent en tudesque, saxon, angle, normanique et gothique. Selon d'autres elles comprennent le mesogothique (jusqu'au vi⁰ siècle), le haut all. ancien (du vi⁰ au xi⁰), le haut all. moyen (du xi⁰ au xv⁰), l'all. (du xv⁰ jusqu'à nos jours), le frison, le néerlandais (hollandais et flamand), le suédois, le danois, l'anglais (mélange d'anglo-saxon, de v. fr. et d'un reste de celtique).

On peut encore diviser les langues germaniques modernes en haut all. ou all. classique (hoch deutsch) et en bas-all. (niederdeutsch), comprenant le fl., le bas-saxon, etc.

C'est une famille de langues indo=européennes qui paraît avoir plus de rapport avec le zend (de la famille indo-persane ou arienne, parlé par les anciens mèdes et écrit par Zoroastre) qu'avec le sanscrit. Au contraire les langues celtiques se rapprochent davantage du sanscrit que du zend.

Les Celtes semblent être sortis de régions plus méridionales de l'Inde et beaucoup plus tôt que les Germains. Pictet présente à ce sujet des apperçus très-curieux.

Parmi les langues germaniques, c'est surtout celle des Francs saliens, fort voisine du flamand-hollandais, qui a laissé le plus de traces dans notre patois. Les Goths et les Burgundes s'étant établis plus au midi ne nous ont rien ou presque rien laissé immmédiatement de leur dialecte. Ce que nous en avons reçu nous est venu médiatement par le v. fr. Si les lettres v.a.,v.h.a.reviennent souvent, c'est que je n'ai pas toujours pu recourir aux sources et que les auteurs, chez qui j'ai puisé, n'invoquent volontiers le bas-all. que quand ils n'ont rien d'analogue dans le haut-all.

Ghlin. village du Hainaut. Le celt. offre à choisir pour l'étymologie entre glen, motte de terre, fonds de terre qui produit, glen et glyn, petite vallée, glen, sauvage.

Gi. certes, certainement. *Gi, couyé,* c'est bien ainsi, mon garçon.— est un t. d'argot.

Gibouré. s. m. persicaire, plante du genre polygonum.

Giffe. soufflet. Les Fr. employent quelquefois populairement ce mot, mais Boiste ne le mentionne pas. V. *guiffe.*

Gig, gigot, djigot. s. m. moitié de liard. En fr. éclanche, etc.

Gigoter. v. n. compter par *gigots,* être économe, être avare. En fr. gigoter signifie secouer les jarrets, etc.

Ginette, dginette. s. f. genêt. Lat. genista.

Gingin. s. m. gingembre.

Gitage. s. m. assemblage de solives sur lequel s'établit un plancher.

Gite. s. f. solive. En fr. habitation, s. p. pièces de bois. Gitter en all. signifie barreau. bas-lat. gista, gesta.

Giter. v. a. chiffrer, compter. *Giter l'compte,* régler le compte. Ce mot est aujourd'hui peu usité; il provient de l'ancienne manière de compter par jetons (*giton*). || Garnir de *gites.*

Glawenne. s. f. caillette, mauvaise langue (Fleurus). A Namur petit chien qui jappe après tout le monde. *Glawe,* brocard, lardon. A Liége *Glawé,* glapir, lancer des lardons. Onomatopée de même formation que le fr. glapir, clabauder, all. klâffen, japper. v. *klaper, clipot.*

Glenne. s. f. poule. En all. Henne, en v. fr. geline.

Glemia, glimia. adj. glaireux, gluant. En all. Leim, colle, leimartig, collant, glutineux. A Liége *glumian*, gluant, glaireux, *glaignan*, *limian*, glissant; le bret. glaouren, baver, sert bien à l'étymologie du mot fr. glaire, mais ne peut guère être utile pour celle de *glemia.*

Gléter. v. *dégléter.* En liégeois il signifie baver.

Glichière. s. f. jachère. V. fr. gaschière, bas-lat. gascaria.

Glichoire. s. f. glissoire. All. glitschen, fl. glitsen, glissen, glisser.

Glou, gloutte. adj. en parlant des choses, savoureux, agréable; en parlant des personnes, délicat, difficile. A Liége on dit *glo. Glou comme ain ca d'ermitte,* arm. glout, gall. glwt, gulosus, edax. En v. fr. on disait glou pour glouton.

Gnan, nian. enfant. *Fai gnangnan,* pleurer, pleurnicher. v. *grignard.*

Gnaffe. savetier.

Gnié, nié, nie, nein. nég. pas, point, ne pas. En v. fr. nient, nullement; formé de la négation lat. ne, et du part. ens, étant, existant.

Gnio, gniotte. v. *nio* et *tio.*

Gniolle. s. f. soufflet, abrév. de croquignole. En fr. pop. une — est un coup, une éraflure faite à une toupie par une autre.

Gnognote. vétille, babiole.

Go. s. m. pou, gros pou. En arminia (argot espagn.), gao, en fourbesque (argot italien) gualtino.

Gob. s m. coup. *Monvais gob,* malheureux coup. Esp. golb, port. colp, bas-lat. colpus. ‖ Morceau. *Baye m'ein ein —,* donne m'en un morceau; *gob d'homme,* hommelet, homuncule. Fr. gobbe, s. f. bol pour empoisonner les chiens, gaël. gob, kwb, bec. (Diefenbach.)

Gobciner. v. a. gober doucement, soutirer, voler adroitement. Pour trouver l'étymologie du mot, M. Grandgagnage prend le mot liégeois *djoupĕsin* (matois); il cite un vieux dicton : *Elle est malenne comme ine djupsenne.* Il trouve là le mot égyptienne, passe de là au mot anglais gipsy (bohémienne) pour arriver à notre *gobciner.* Le trajet me semble un peu long. J'y verrais plus volontiers un dimin. de gober.

Godau. s. m. imbécile; ne se dit que des femmes. On peut rapprocher le v. fr. gode, godine, femme oisive, paresseuse, le fr. gouine, prostituée, le v. all. qvina, le goth. qvino, femme; mais voyez, à l'art. suivant, l'opinion de Diez.

25

Goder. v. a. arranger, habiller. On dit presque toujours *mau godé*. Notre *goder* viendrait à l'appui de l'opinion de Diez. Cet auteur éminent croit trouver la racine dans le cymr. god, luxure. Il cite outre les mots v. fr. et patois, l'esp. godo, godeño, godizo, gourmand, goderia, régal, piémontais, gaudinetta. M. Scheler ajoute le champen. godin, mignon, godinet, galant, fr. godart, gourmand et godiveau, espèce de mets. En fr. goder signifie faire des plis. V. fr. godcronner, parer.

Godinette. s. f. petit *godau*. ‖ — *à deux manches*. Bouteille, pot qu'on peut embrasser. En fr. godinette veut dire maîtresse. Baiser en —, baiser donné amoureusement.

Golza. s. m. colza. Mot récemment francisé, tiré du holl.-flamand koolzaat, ainsi nommé parce que c'est une espèce de chou (kool), dont la graine seule (zaat) est employée.

Goulot, goulo. s. m. pierre creuse pour l'écoulement des eaux. En fr. gorge d'une bouteille. Bret. goulo, vide, lat. gula,

Gourdine, gordenne. s. f. rideau. Fr. courtine, qui signifie rideau de lit, v. fr. gourdine, lat. cortina.

Goure. s. f. bourrade, réprimande. *Attraper n' goure*, être grondé. En fr. attrape, v. fr. goure, drogue falsifiée. Les étymologistes lui attribuent une origine arabe. Nous disons *attraper n' drogue* pour être battu. Il y a, en bret., gour, malice couverte, amitié feinte, qu'on peut considérer comme importé du fr., car il n'existe pas en gall., selon Pelletier.

Gourme. s. f. inflammation érysipélateuse produite par la piqûre des puces, punaises, cousins, etc. En fr. flux nasal des jeunes chevaux, gale des enfants sur la tête, en gaul. gormis, pus, violence, gorre, variole, b.-bret. gor, furoncle, apostume, gall. sanies, pus, grec ιχορ.

Gourmer. v. n. déguster. Fr. gourmet, fl. geur, odeur, senteur. Patois d'Aix-la-Chapelle gühr, saveur de la viande, bouquet de vin.

Gourmeu. s. m. dégustateur.

Gŏurriau, goreau. s. m. collier faisant partie des harnais des chevaux de trait. V. fr. gorriau, fl. gareel.

> Es n'est gnié dévant lés gvau
> Qu'y fau apprester l' gouriau.

Pour réussir il faut de l'adresse, de la dissimulation.

Gourrier, gorrié, gorli. s. m. bourrelier. Qu'on se garde de croire que — vienne de bourrelier, altéré. Ce sont les Français qui ont oublié le mot goreel ou gourel (comme prononçaient les v. Fl., comme sans doute disaient les Francs, envahisseurs de la Gaule) et qui alors ont cru se tromper en disant gourrelier ; ils ont pensé devoir dire bourrelier à cause que *lés gouriau* sont rembourrés de crin.

Goûter. v. n. plaire au goût. *Ça m' goute,* cela m'est agréable. En fr. goûter est actif : goûter un projet, signifie l'approuver, — du vin, le déguster, etc. Le mot patois est un germanisme. Les all. disent : das smeckt mir.

Gouvion. s. m. goujon. Lat. gobio, grec κωϐιος.

Goyé. s. m. gosier et plus souvent cou.

Goyerne. adj. de travers. Bois qui s'est tourné en séchant. Bret. gaô, gaou, de travers.

Gozette. s. f. gosier (enfantin) ‖ sorte de tarte. V. fr. goyère.

Grabouiller, grabouyer. v. a. griffonner. En liégeois *grabouyi.*

Grafe. s. f. greffe. Irl. grafa ‖ mauvais sujet.

Graffier. v. n. et a. gratter la terre ‖ égratigner. Fr. grafigner, ital. graffiare, v. all. krapho, kramph, crochet ; d'où crampon.

Grafouyer. v. a. griffonner.

Grandissage. s. m. croissance, développement. *Lonmein avan leu — lés fiye peinse t'à lés amoureux.* Longtemps avant leur entière croissance, les filles songent à l'amour, *maladie d'* — maladie causée par une croissance trop rapide.

Grand mère, grand mée. s. f. vieille femme.

Grand père, grand pée. s. m. vieillard. On dit *grand mée, grand pée taye.*

Gratte-cu. s. m. caille-lait, gallium aparine. En fr. fruit de l'églantier.

Grau. s. m. p. griffes, ongles. V. all. chrauuon, moyen all. krâwen, krâuen, fl. kraauwen, gratter, klauw, all. Klaue, kralle, griffes.

Grawé. v. a. égratigner (Charleroy). A Mons on dit *griffer, dégriffer, dégrimoner ;* quelquefois *grauyer* et *dégrauyer.* V. *grau.*

Grèbe. s. f. crèche, mangeoire. v. *krêpe.*

Grèfe, grafe. s. f. touche pour faciliter la lecture des enfants. V. fr. grèfe, gresfe, bret. greff, vha, griffel, stylet à écrire.

Gréle. s. f. malheur ‖ désappointement ‖ difficulté.

Grenade, guernade, guernode. s. f. crevette, chevrette, salicoque crustacée. Holl. garnaal, fl. guernaut.

Gresserie. s. f. p. épicerie. En fr. graisserie, boutique, commerce de graisse.

Gressié, graissié. épicier. *Sirop d'* —, mélasse. Les épiciers vendent de la graisse, du suíf, du savon, de l'huile, etc. En fr. graissier, marchand de graisse.

Greuse. s. f. petit fragment d'un corps dur, de pierre, etc. V. ir. cruyse, morceau de pot cassé. Bret. grouan, gravier, gall. groid, irl. creug, pierre. fl. gruis (pron. greuse), gravier. A Liége *gruzi*, namurois *greugi*, égruger.

Diez à l'art. gruger, égruger, ne veut pas que ces mots viennent du bas-all. grusen, fl. gruisen, parce que, dit-il, la langue fr. ne souffre pas de changement de *s* en *j* ou *g*, il est pourtant un peu ébranlé par le nam. *greugi*. Il ne paraît pas connaître notre *greuse* et notre *égreuser*. Ses préférences sont pour l'étymologie qu'il assigne à gruau, c'est-à-dire l'ags, grut, vha, gruzi.

A Mons le *s* se change très-bien en *j* ou *g*, par exemple : *baijer*, *noujette, rougin*.

Quant à notre *greuse*, son origine fl. ne me paraît pas douteuse. Cela ne m'a pas empêché de produire le celt. creug, etc., qui servira à titre de comp. avec le fr. gruger.

D'ailleurs on a pu remarquer que je rassemble volontiers les mots de même sign. en diverses langues. Je n'ai pas pour les lois phonétologiques une soumission aveugle. Je suis convaincu que ces lois ressemblent à celles de la grammaire qui souffrent de très-nombreuses exceptions. Je n'en reconnais pas moins leur utilité et surtout cela ne m'empêche pas de rendre hommage aux profonds travaux des Grimm, des Diez, des Diefenbach, en Allemagne, des Grandgagnage, des Scheler, en Belgique. Mon rôle ne doit pas être le leur. Il doit être plus modeste. Ma tâche doit être surtout une tâche de manœuvre qui apporte des matériaux aux maçons habiles, aux architectes de génie.

Grève, grêvée. s. m. grévière, contusion ou écorchure de la jambe, aux lieux où le tibia n'est recouvert que de la peau. Ces blessures sont fort douloureuses et d'une guérison difficile. Grève en fr.

signifie pièce d'armure qui recouvre la jambe. En v. fr. il signifie peine, douleur, fl. grieven, percer, léser, grievend, cuisant, grief, peine, lat. gravis.

Griffe. s. f. égratiguure, fig. raie sur un métal poli; effet pour cause.

Grignard, grignou. adj. et s. pleureur, homme chagrin. All. greinen, pleurnicher, celto-breton grignous, chagrin, vha, gryngian, mussitare, grunnire.

Grigne-dain. s. m. crémaillère ǁ personne maussade.

Grigner. v. n. pleurer, pleurnicher, se plaindre. All. greinen, pleurer, pleurnicher, grinsen, grimacer. v. a. *grigner (sés daint)*, menacer, en montrant les dents. V. fl. grynen, montrer les dents, grimacer. Il ne faut pas confondre *grigner* avec *grincher* qui signifie grincer. *Es vieulon là m' fait grincher més deints*. On ne dirait pas — *lés deints* dans le même sens.

Grignoter. v. n. pleurer un peu, gémir. En fr. manger en rongeant.

Gringaler, fringaler. v. n. Se dit d'un charriot dont les roues abandonnent en glissant une route trop bombée ou pendant la gelée. V. *fringaler*.

Grinque. s. f. cerise ronde, aigrelette, à courte queue. J'ai entendu souvent des personnes voulant la désigner en fr. lui donner les noms de guigne ou de gobet. Remacle dans son dict. liégeois traduit *gryainn* par griotte en faisant remarquer que ce n'est que par analogie et que cerise est son véritable équivalent. Je suis fort porté à penser que la langue française n'a pas de mot pour traduire *grainque*. Les habitants des départements septentrionaux de la France qui connaissent cette espèce de cerise lui donnent le nom de Laleu. On peut voir dans le bon jardinier que les guignes, griottes et gobets sont des cerises qui ne ressemblent guère à nos *grinque*.

Grinquié. s. m. cérisier de la variété qui porte des *grinques*. Comme il prend souvent un grand développement, on en a peut-être fait le v. *eingrinquier*, jucher sur un *grinquié*. V. fr. crequier, prunier ou cerisier sauvage, creque, prunelle, v. all. crich, patois all. krieche, cerise ou petite prune, dan. kræge, prunelle.

Grippe-saucisse. s. m. filou.

Gripettes. s. f. p. pointes de fer dont on s'arme pour grimper aux arbres. V. frison gripa, v. saxon gripan, fl. grypen, saisir. ‖ s. f. enfant qui égratigne volontiers ‖ méchante femme. Fr. griper, en Bourgogne, gripe ‖ grimpereau.

Grizou ou **feu grizou**. s. m. gaz hydrogène carboné très-abondant dans les houillères dites de *dur* et qui s'enflamme par le contact d'une simple chandelle allumée, en causant des explosions lorsqu'il est mélangé avec de l'air athmosphérique. Ce mot est une corruption de grégeois (feu).

Grogne. s. f. préparation de charcuterie ‖ mauvaise mine. *Noz arons dés* —, nous serons mal accueillis. Lat. grunnire, all. grünzen.

Gros. adj. inusité au féminin, riche, empiffré. *Gros comme ain kié d' tanneu*, repu comme un chien de tanneur. *Il a gros* (sous-entendu à parier), il y a bonne chance, probabilité.

Grosse morbleutte (*al*). grossièrement ‖ franchement ‖ familièrement ‖ à la hâte.

Grougnié. s. m. groïn, museau, vilaine figure. Bas-lat. grugnum, armor. grouch, gall. grwn. V. *grogne*.

Grouler. v. n. trembler de froid. V. fr. gruller, greloter, all. grausen, frissonner, fl. grillen.

Grouyer. v. n. grouiller, grogner, marmotter, murmurer, gronder, grommeler. All. groll, rancune, le fl.-holl. grollen a les significations de *grouyer*.

Gruyere, glouyere. s. f. paillasson pour abriter les briquetteries, les espaliers, etc. En fr. s. m. et adj. officier des eaux et forêts, etc.

Grouzeye, groizelle. s. f. groseille. Lat. grossula, grossularia, all. Krauselbeere, Grosselbeere, fl. kruisbezie, écoss. groiseid, irl. groisaid ; la groseille est un fruit du nord, les probabilités sont que les Romains ont pris le nom dans la Gaule ou la Germanie.

Grouzié. s. m. groseiller.

Guerdons. s. m. p. fragments de suif ou de saindoux qui restent après la fusion de ces graisses.

Gueriam. s. m. jeu d'enfants, jeu de barres. *Gueriam au fier, gueriam à kié* en sont des variétés. A ce dernier on fait des prisonniers. Goth. warjan, all. wehren, arrêter, empêcher, suédois waerja, fl. weeren. De là le fr. guerre. Mais le mot fr. a commencé par entrer dans le b.-lat., tandis que notre — semble être passé de plein pied du goth. dans le patois. On pourrait en conclure son âge : entre le ve et le viie siècle, entre l'époque des invasions germ. et celle de l'extinction du gothique.

Guernié. s. m. grenier. *Elle à s'n aise comme enne carpe su n'ain* —. Remarquez en passant le germanisme *su*. Garnier est employé par le sire de Joinville.

Guersillon, guersiyon (*ain*). au carcan ‖ au supplice. Dans le nord de la France ce mot signifie peine, inquiétude. V. fr. grésillon, lien, attache, menotte : les grésillons es pieds, les fers es mains.

Guerzin. s. m. grêlon. Fr. gresil, menue grêle. En dialecte bavarois grauss, grêlon, v. all. geriselen, all. griseln, gresiller, bret. grisil, menue grêle, gall. grisial, crystallum.

Guersiner. v. imp. grêler.

Guezitte. s. f. figure, bouche. All. Gesicht, fl. gezigt, visage, vision, vue ; de même visage, autrefois vis, vient de visus.

Gueular. s. m. espèce de fusil à large gueule.

Gueulette. s. f. friande.

Gueule. s. f. bouche. *Elle à s'—*, être gourmand. — *hors du pot*, convention de personnes jouant pour de la bierre dont le perdant ne doit pas boire. — *dain l' pot*, convention contraire, où par conséquent les gagnants et les perdants boivent également.

Guette. s. f. guêtre. *Avoi ça à s'—*, être attrapé, dupé, vaincu. *Tirer s'—*, partir, fuir, se sauver en tapinois.

Guide-fi. s. m. instrument de savetier, soie de porc qui facilite l'introduction du fil. M. Hecart dit keutefi et traduit par fil à coudre.

Guiffe. s. f. bouche. Liég. *chife*, v. fr. giffe, joue, all. Kiefer, bas-saxon kiffe, mâchoire, fl. gevel, face, bret. javet, mâchoire, joue, bret. et gall. gwefus et gweus labium, gall. gwep, gwip, vultus, gilf, rostrum.

Guille, guiye. s. f. quille. Bas-latin guilla.

Guiller, guiyer. v. n. fermenter. Se dit de la bière ; flam. gisten, fermenter. *Guiller* est devenu fr., il a été sans doute emprunté à nos brasseurs. V. Jé.

Guinse. s. f. orgie, débauche. *Elle ain —*, être ivre. En Picardie, selon Corbet, bouillie faite avec des pommes, de la farine et le résidu du lait dont on a fait le beurre. Par extension gala, fête. Ital. guizzare, à Venise sguinzare, errer çà et là.

Guisterneu. s. m. ménétrier. All. geige, violon, v. fr. guiterne.

Gvau. v. *Kévau*.

Gveu, kfeu. s. m. cheveu. Gall. gwalt. Je n'en crois pas moins, malgré une ressemblance plus faible, à l'origine lat., capillus.

Gwisset. s. m. gousset. Gall. cwised, irl. guisead, écoss. guiseid. Notre mot n'est donc pas une altération du fr., à moins que tous les dialectes néo-celtiques ne se soient mis d'accord pour emprunter gousset au fr. et puis se soient concertés avec nous pour le corrompre d'une manière uniforme. N'est-il pas vraisemblable que c'est le fr. qui a commis l'altération? Le mot, une fois devenu gousset, on a cru que c'était un dimin. de gousse, malgré le bon sens qui crie que le diminutif doit être plus petit que le primitif.

H

Cette lettre n'est guère qu'un signe étymologique. Elle n'a jamais l'aspiration liégeoise, c'est-à-dire all.; elle n'a même presque jamais l'aspiration fr., c'est-à-dire la propriété d'empêcher l'élision.

Habile, habiye. adv. et adj. vite, promptement.

Habitation. s. f. fréquentation.

Habiter. v. n. avoir l'entrée, avoir l'usage de visiter.

Habrunoque. s. m. vieux meuble, ustensile hors de service ou qui mérite d'être mis au rébut. Ce vocable semble être formé de l'all. Haber, avoine et du v. fr. nocq, baquet, soit huche à avoine.

Hachau. s. m. hache de cuisine, hachier. V. all. hacchen, all. hacken, fl. hakken, bret. aich, pluriel aichou. Diez attribue le fr. haché au lat. ascia, truelle, houe, doloire. *Avoi s' langue à l'—*, avoir la langue trop prompte, inconsidérée.

Hachepoter. v. a. aplatir, écraser ‖ couper en déchiquetant ‖ arranger mal ‖ travailler de travers ‖ saveter. Les Liégeois disent *aspater*. Le mot liégeois donne l'idée d'un travail fait avec la bêche (all. Spaten), le montois celle d'un travail avec la hache. V. *spotchie*.

Hachie. s. f. faute grossière ‖ imprudence ‖ sottise.

Hafter. v. a. enlever, accrocher (*havĕter*). All. hafften, accrocher, tenir ferme, Haft, lien, agrafe.

Hagn. interj. en mordant.

Hagne-au-cu. s. m. petit chien. Fig. petit enfant.

Hagner. v. a. mordre. *El prumière mouche qui voz hagnera sara ain tahon. Lés kié morts n' hagnté pu.* Ce dernier proverbe est traduit mot-à-mot de l'all.: todte hunde beissen nicht. Morte la bête, mort le venin. Fl. hakken, all. hacken, bequeter.

Hagnon. s. m. morceau. || Ce qu'on peut mordre en une fois. V. mot fr.; le fr. morceau a la même valeur. Lat. morsus, l'all. beissen, mordre, bisschen, morceau, le fl. byten, mordre, betje, morceau, sont dans le même cas. V. pour l'esp., *mier.*

Hagnure. s. m. morsure.

Hainau. s. m. t. de charp., couvreur, angle rentrant d'un toit.

Haine. nom d'une rivière et de plusieurs villages du Hainaut. All. hain, bret. hai, forêt; qui coule dans une forêt.

Halbran. s. m. homme sans ressource, sans responsabilité, mauvais sujet || fainéant || propre à rien. En fr. jeune canard, etc. Selon Diez du mha, halber ent, demi canard.

Halbutte. s. f. canonnière, bâtonnet de sureau sans moëlle qui sert aux enfants à chasser, à l'aide d'un piston, de petites boules de papier mâché. *Halbutte* vient du v. fr. hacquebutte ou harquebutte, espèce d'arquebuse très-pesante qu'on devait appuyer sur un crochet, d'où l'on disait arquebuse à croc, par pléonasme. Fl. haek, croc, buis, tuyau, sarbacane.

Halain. s. m. t. de boucher, bête maigre. En liégeois, *helenne,* vache stérile, esp. halao, v. fr. halan, dogue.

Halot, walot. s. m. caillot. On dit *dé* — et *dés alots.* Lat. coagulum, bret. kaloueden, kalouedennou.

Hamder. v. a. châtrer. M. Grandgagnage tire *amder* d'amender ou d'émonder, puis à l'art. *hameler* prend le v. all. hamelon, qui dérive de hamal, mutilus, all. moderne, hammeln, châtrer (les agneaux). Remarquons l'analogie entre un dérivé germanique : Fl. hamel, all. hammel, bélier châtré et le bas-lat. muto, de mutilare.

Hâpe. s. m. instrument pour mettre le fil en écheveau. On le nomme aussi *baudet* et en quelques lieux *kié, tché.* Ce mot est déjà consigné dans ce dict. sous la forme orthographique de *abe.* Je le considérais comme une altération du fr. arbre; mais je crois que j'ai là commis une faute grave, que j'ai imité les français qui ont forgé, bourrelier, chauvesouris, etc. V. *gourrier, queue d' sorite,* que j'ai imité les imprimeurs

26

qui ne manquent jamais de substituer un mot qu'ils connaissent à un mot incompris, quelque ridicule que soit le résultat. Cette substitution d'un mot connu à un mot inconnu est une des causes de la perte de bien des racines germaniques et celtiques.

Si je considère que l'*hāpe* sert à *haspéler*, je dois croire que ce n'est que notre manière de prononcer le v. fr. hasple, all. haspel, v. *haspeloi*. Cependant j'ai laissé subsister l'art. *abe* comme un monument expiatoire de mon erreur et pour inviter les étymologistes à se tenir en garde.

Haplotin. s. m. gamin, galopin ‖ apprenti. A Tournay et à Liége on dit *haplopin*. Est-ce le fr. de chasseur happe lopin, chien âpre à la curée et fig. valet fripon et gourmand? ou bien le fl. happ-looper, happ-loopiongen, coureur qui happe? L'origine flam. complète d'—n'est pas aussi certaine que celle d'*happchar*, parce que le mot, que je sache, ne se trouve pas tout formé en fl. et qu'il faut le composer ; mais l'analogie y invite, et d'autre part qu'est-ce que lopin accolé au mot essentiellement germ. happ? Les étymologistes tirent lopin de lobe, sans songer que c'est un mot scientifique λοβος. N'est-il pas mieux de le prendre à titre de démembrement d'*haplopin*, auquel on aurait assigné la signification de morceau, partie, après avoir oublié depuis longtemps l'ancienne. Fl. loopen, all. laufen vha hlaupan, courir, d'où le fr. galop, galoper, galopin.

Happchar. s. m. avide, goulu. Au premier abord ce mot parait être une altération à la manière montoise du fr. popul. happe-chair, mais il faut considérer que le fr. signifie surtout homme de police, huissier et seulement par figure homme très-avide. Or, le fl. hapschaer signifie aussi recors. Du reste, en fl. happig signifie goulu, happen signifie happer, saisir. Ce sont donc les Fr. qui ont commis l'altération. Après avoir oublié l'origine germ., ils ont remplacé par le mot chair ce qui n'était qu'une simple désinence ; et ce n'est pas un mot passé du fr. en fl.; car on retrouve le mot en all. Hascher, gendarme, homme de police et sa racine haschen, saisir évidemment.

Happe. s. f. haché. Liég. *heppe*, vha, happa, heppa, mha, happ, prov. apcha. Ainsi les Liégeois ont adopté une forme all., nous l'autre.

Happiette. s. f. petite hache.

Happer. v. a. roussir au feu. *Es visage est appé*. Sa figure est un peu brûlée. Se dit aussi des plantes flétries par un coup de soleil, par la sécheresse, par une nuit froide. En fr. saisir, attraper; s'applique à l'effet des absorbants, des astringents, fl. happen, saisir.

Harchelle. s. f. branche d'osier pour lier les espaliers. *Il est pus dur qu'enne viéle* —. Pic. herchelle, fr. vieilli, hart, lien de fagot. B.-lat. harcia, hardes, bret. ari, écoss.-irl. ar, lien. — a bien l'air d'être un dim. de hart. Cependant je trouve dans le bas-all. haerseel, hairseel, mot à mot corde de crin, rendu dans le suppl. du dict. de Ducange par fascile (puerorum).

Hardi. s. m. espèce de ciseau de menuisier. Vha hertda, dureté, harti, all. hart, dur.

Hareng, erin, inrin. s. m. carie du bled, nielle, ainsi appelée à cause de son odeur qui se rapproche de celle du hareng pourri.

Harlaque. s. m. enfant pétulant, dont les vêtements sont souillés, tachés. A Liége *harlah*, à Namur *garlache*. *C'est ein vrai* —. *Té vlà fait comme ein* —. Doit-on penser à arlequin, à cause de la bigarrure de ses habits? Ne vaut-il pas mieux croire que c'est un nom propre devenu nom commun? V. *magrite*.

Harlocher. v. a. ébranler, secouer violemment. M. Scheler tire ce mot de l'all. Haar, cheveu et de lock. Voir dans son ouvrage les déveleppements que, malgré toute mon estime pour le savant auteur, je trouve un peu tirés par les cheveux, si j'ose le dire. Il y a le v. fr. ahochier, secouer, ébranler, eslocher, eslochier, fr. moderne, élocher, arracher en secouant, ébranler. Si l'on adopte l'opinion de Chevallet (v. *berloquer*) on prendrait aussi har dans l'élément celt.: En bret. ar, répond à la prép. franç. sur; mais j'aime mieux rapporter le mot à hocher qu'à locher.

Harnas. s. m. p. outils qui se trouvent dans une houillière ‖ charrue et tout son équipage. V. fr. armure, habillements, meubles. Ce mot d'origine celt. ou germ., gall. haiarn, gaël. iarhaid, airnais, fl. harnas, vha harnachs, est passé dans le bas-lat. harnascha, signifiant originairement armure de fer, puis passant dans les langues romanes : it. esp. arnèse, il a signifié équipage, attirail.

Harniskier. v. a. enharnacher, habiller.

Harniskures. s. f. p. harnais, enharnachement. Ces deux derniers mots semblent formés sur l'all. moderne Harnisch.

Haronde. s. f. hirondelle. V. fr. il est resté en lr. de techn. queue d'aronde, lat. hirundo.

Harpiyant, harpeyant, ante. adj. remuant, vif, subtil, adroit, preste. Les harpies de la fable, inconnues de notre populace, doivent être bien étrangères à ce mot. Il faut plutôt penser au fr. pop. harpigner, quereller, battre, ou au v. fr. harpiller, voler, piller.

Haspéler, hospéler. v. a. et n. dévider une bobine pour en faire un écheveau. Fl. haspelen, all. haspeln.

Haspéloi. s. m. dévidoir. V. fr. hasple, all. haspel. Cet instrument diffère de *garloïne* en ce qu'il sert à mettre en écheveau tandis qu'*el garloïne* sert à réduire l'écheveau en peloton. *El baudet* est un morceau de bois avec deux pieds figurant un animal assis sur le derrière. Il a une tige de fer en forme de cou dans lequel on place les bobines.

Hate-levée. s. f. pièce de lard frais que l'on rôtit. On serait tenté de croire que c'est une pièce levée à la hâte. Mais il n'en est rien, comme on va le voir : V. fr. hâte, broche à rôtir qui pourrait bien à la vérité venir du lat. hasta; mais il y a le fl. hasten, griller, rôtir, d'où le fr. hatieur, hâtille, d'autre part il y a le fl. lever, foie, le fr. hâtereau tranche de foie de porc salée, poivrée et grillée qui se dit en fl. snede lever, (snede, tranche). Ainsi — aura dû signifier originairement foie rôti.

Hatriau. s. m. cou, nuque. Dans l'itinéraire de Jacques le Saige, imprimé à Douay en 1525, on trouve ce mot (l'H y est aspirée) haterel est aussi un v. mot fr. A Liége hatrai, fl. achterhals, all. Hinterhals.

Haucher. v. a. hausser. V. fr.

Havé. s. m. crochet. V. *hafter. D'aller à meure san z'havé.* Aller à la guerre sans arme, au travail sans outils. V. lang. havet, croc, baslat. havetus, fl. haek.

Haver. v. n. creuser en dessous, piocher, houer. t. de charb. Liégeois hawé. Les Liégeois disent aussi *chaver* pour caver, miner, v. fr. haver, arracher avec un croc (*havet*) v. *hafter.* Le liégeois se rapproche de l'all. hauen, houer.

Havri. s. m. petite couche tendre qui se trouve entre certaines couches de houille et la roche, et par laquelle les mineurs détachent la veine, l'*havent.* Cette couche qui participe de la nature de la houille et du *mur* voisin *roc* ou *quairière*, est si nécessaire, que, quand elle manque, quand la veine est, comme on dit, entre deux *durs*, l'exploitation est tellement difficile qu'on doit souvent y renoncer.

Havriau. s. m. pic de mineurs pour *haver*.

Hayon. s. m. échoppe portative. V. fr. hayon, haison, haise, sorte de claie pour étaler la marchandise, échoppe portative, b.-lat. haisellus. V. *achelle*.

Hazard qué. probablement. — *Qué wée*, oui, vrâisemblement.

Heilbotte. s. f. nom fl. de la barbue, sorte de poisson.

Hemme djou. jour.ouvrable. J'ai dit que le montois ne connaissait pas l'h aspirée fr. encore moins le h all. Il est certain que l'on dit : *Dé z'haricot, dé z'Hollandais;* mais il y a peut-être exception pour le mot dont il s'agit ici. J'ai entendu dire *lé hemme jou* et *lé z'hemme jou*. Mais dans tous les cas il faut l'écrire de préférence avec un h, à cause de son origine probable : en fl. et en all. heim signifie logis. *Lé hemme jou,* on reste chez soi pour travailler, tandis que *lés dimeignes* et *lés djou d' fiette* on sort pour s'amuser. Peut-on s'arrêter au breton (bara) pemdeziez (pain) quotidien? L'explication par hebdomada, semaine, supposerait une contraction un peu forte, hebdm., quoiqu'on en ait des ex. comme vingt, août, prêtre. A Maubeuge on dit *ame jou?* Si ce thème était le bon, on pourrait invoquer l'all. Amt, le fl. ambt, emploi, office, service.

Hequin. s. m. paille hachée pour la nourriture des bestiaux. All. Hâcksel, même signif. fl. hakken, all. hacken, hacher.

Herbe, hierbe à deux pointes. s. f. panicum crus galli.

Herbe dé có ou **feuye dé co.** s. f. tanaisie baumière, tanacetum balsamita, tanaisie baume, menthe-coq.

Herbe dés coupures. s. f. consoude. En fr. l'herbe à la coupure ou aux charpentiers est l'achillée millefeuille; l'herbe aux coupures est la double feuille, l'ophris.

Herbe à dejeuner, hierbe à djunée. s. f. v. *brelle*.

Herbe dé feu. s. f. bryone, bryonia dioïca.

Herbe, yerbe dé tigneu. tussilago petasites.

Héritance. s. f. succession.

Héritié. s. m. t. de couvreur, aretier.

Heures. s. f. petit livre dans lequel les enfants apprenaient à lire. *Lire és —,* être instruit. *Palle ti, cler, té sé lire és —.* Parle, toi magister, tu es un savant (ambassade Borenne. V. *acrui*).

Hewin, hewi. il y a à Quaregnon une *couture* ainsi nommée, vha, hewi, foin.

Hiercher, hierchi. v. n. on nomme ainsi à Charleroy ce que nos Borains appellent *sklôner*. B.-lat. herpicare, herciare, hercare, occare, herpix, hirpex, herse.

Hierchen, euse. s. m. et f. celui, celle qui *hierche*.

Hinképink. s. m. boiteux. C'est un mot fl. dont le rad. est hinken, boiter, qui se retrouve dans d'autres langues germ.

Histoire. s. f. affaire ‖ parties sexuelles.

Hoche-cu. s. f. hoche-queue, bergeronnette.

Hochepot. s. m. bœuf bouilli. Dialecte d'Aix-la-Chapelle, hoetsch-pot, grosse pièce de bœuf destinée à être bouillie. Flam. hutspot (hoche-pot) de hutselen (hocher) agiter. M. Grandgagnage rapporte à ce sujet une citation explicative : quia carnes conscissæ et in jure suo coctæ, à coquo in ollâ fervente concutiantur, succussantur et invertantur. Ho-chepot est fr. mais inusité.

Hocher, hosser. v. n. et a. branler, ébranler. A Liége *hossé*. *J'ai n' deint qui hoche*, j'ai une dent qui branle, qui n'est pas ferme. *Quand vos l' l'arez, vos l'hocherez*, vous ne l'aurez pas; hocher est fr. mais ne se dit que dans certaines phrases : hocher la tête, hocher un prunier. *Hosser* ne se dit que par les beaux parleurs qui n'oseraient pas dire ho-cher la tête. Fl. hutselen, agiter, hotsen, hossebossen, cahoter.

Hok, hoque. s. m. morceau. *Baye m'ein ein* —, donne m'en un morceau. *C't' ein homme d'estoc, il a s' cu d' deux* —. C'est un homme d'importance. Se dit surtout en plaisantant. *Estok* signifiant souche, *homme d'estok* a dû signifier homme de souche, de race noble. *El cu d' deux* — signifierait-il de deux côtés, de père et de mère? Dans le pre-mier ex. l'h est muette, dans le second elle est aspirée. Fl. hacht, gros morceau, que l'on prononce presque partout hokt; hakken, hacher, cou-per, v. fr. hosche, oche et oque, coupure, entaille.

Il est remarquable que l'idée de morceau et celle de couper, soit en mordant ou autrement, se retrouve dans toutes les langues. V. *hagnon* et *gob*.

Holter. v. a. houer, travailler la terre avec une razette. All. hauen.

Homme. s. m. partenaire au jeu.

Homme sauvage. s. m. personnages vêtus de lierre qui figurent au lumeçon sans qu'on sache trop pourquoi. Ils accompagnent le dragon dont ils paraissent avoir épousé le parti.

Hon. adv. interr. d'un usage extrêmement fréquent, se place toujours à la fin de la phrase, corruption de, donc. *N' vénée gnié, hon?* Ne venez vous donc pas?

Honc. au village signifie donc, comme *hon* à la ville, mais ne s'employe que comme adverbe de conclusion et se place tout autrement : *Elle vos plait bié, honc mariez l'. Nos l' devons, honc payons.* Elle vous plaît, eh bien ! épousez la. Nous devons, donc il faut payer.

Horreur. s. m. erreur. Il est curieux de remarquer que l'inverse a lieu à Liége, là on dit *erreur* pour haine, aversion.

Hotteau. s. m. huitième de la rasière de Tournay, il se divise en douze bassinets.

Houche. excl. de douleur. All. Husche, coup, soufflet; effet pour cause.

Hougniâ, houniâ. s. et adj. brusque, bourru, fantasque, taciturne, maussade. A Liége *hignar*, sot railleur et grossier, v. fr. houguard, grondeur et aussi hongnard : le plus soupçonneux — (cent nouvelles).

Houp. excl. pour sauter. All. hupfen, flam. huppelen, sautiller, sauter. En fr. interj. pour appeler.

Hourdage. s. m. s. échafaud de maçon. En fr. maçonnage grossier.

Hour. s. m. grenier de ferme, de grange, d'écurie, où l'on met le foin, la paille. *Coukier su l' —.* En fr. t. d'ardoisier, échafaud. Quelques vieux auteurs donnent le nom de hourt aux échafauds dressés pour les cérémonies publiques. V. fr. houres (plur.) chevalet des scieurs de long, b.-lat. hourdum, hourdagium, échafaud pour palissage : quod ex hurdiciis seu cratibus ligneis compigitur (Ducange), v. all. hurt, v. fl. hord, hoerd, hurd, claie, cloison, bas-bret. hour, élévation.

Hourde. s. f. charge. Mot du Borinage. Hoede qui se prononce houde est une mesure hollandaise pour le charbon de terre qui contient 32 boisseaux ou 4 muids et demi. Bas-breton horden, faix, fardeau, charge. Davies (dict. gallois) déclare ne connaître ce mot qne dans le sens moral et figuré.

Hourder. v. n. faire un *hourdage.* En fr. maçonner grossièrement, faire l'aire d'un plancher sur des lattes. B.-lat. hourdare, maçonner grossièrement.

Hourette. s. f. bourrée, gros fagot.

Houyu, ue. adj. Velu, laineux, ébouriffé. V. fr. houssu, lat. hispidus, fl. hooy, foin, b.-lat. bursta, all. Horst, buisson, hallier. V. *ouyu.*

Houziau. grandes guêtres de toile des campagnards. Housseau et houssette sont du v. fr. ayant à peu près même signif., bas-bret. heuz, gallois, hôs, goth. hosan; l'all, Hose signifie culotte, liégeois *hozette.*

Huche. s. f. coffre pour serrer l'avoine. ‖ Porte: *quand vo l' saré, vo verré chier à no n'huche, à no porte.* Je vous défie de le savoir. En fr. coffre à la farine pour pétrir le pain. Fr. suranné, huis, v. fr. us, uz, luche (l'huche), it. uscio. Selon M. Grangagnage du lat. ostium, sous la forme uscium; mais peut-être aussi par synecdoche, du fl. huis et de l'all. Haus, maison.

Huittelée, hutlée, wittlée. s. f. mesure agraire de Thulin, Quiévrain, Dour, etc, 2/3 de journal ou 100 verges. En saxon wistelée.

Hukier, hukié. v. a. appeler (Borinage). *Hukiel pou qui viesse,* appelez-le pour le faire venir. V. fr. hucher, appeler à haute voix ou en sifflant, huchier, huquer, houquer. Liégeois *houki,* prov. ucar, picard huqaer, b.-lat. hucciare, b.-br. huchal; en b.-br. il y a un dérivé pour celui qui appelle : hucher avec un féminin hucheresse, dans la forme adoptée par le français pour beaucoup de féminins. Cette forme est-elle primitive? gall. hwchw, hwa, sanscrit hvé, appeler, crier. Diez tire hucher de l'adv. d'appel huc, ici. Le fr. huer se lie d'une part à hucher, de l'autre à hurler. V. *huler.*

Huler. v. n. pleurer, hurler. V. fr. uler, uller, all. heulen, höll. huilen, lat. ululari, qui ont la même signification, gall. hwa, breton hua, huer, sanscrit hvé, crier.

Hulau ou **lulau.** s. m. personne, qui, par mauvaise plaisanterie ou dans quelque intention de vol, parcourt la nuit les rues, en traînant des chaînes et en poussant des cris lamentables. En liégeois *houlau, houla* signifie corneur, qui corne.

Hurée. s. f. mot sans équivalent français. Il exprime les bords d'une route plus élevés qu'elle. Le mot talus n'est que sa traduction imparfaite, puisqu'il ne s'applique pas uniquement aux bords des chemins et qu'il se dit aussi bien des accotements plus enfoncés que de ceux qui sont plus élevés. M. Grangagnage fait venir ce mot du v. fr.

heurt, rocher, tertre. J'aimerais mieux le gallois or, latin ora, v. fr. orée, bord.

Hutte. s. f. hangard où se trouve l'échelle pour descendre dans une houillère. Hütte en all. comme hutte en fr. signifie mauvaise maison.

I

I peut se changer en *ouy* : *louyer, plouyer, souyer*.

La terminaison des verbes de la première conjugaison se fait souvent *é* ou *ié* dans une partie du Borinage : *peskié*, pêcher ; dans une autre partie et dans presque tous les villages de la province, elle se fait en *i* : *peski*. Cet *i* est long et distingue de la seconde conjugaison dont l'i est bref : *puni, v'ni, langui*.

I. s. m. p. yeux. *Il a sés i pus grands qué s'panse*. Il convoite plus qu'il ne peut manger. Traduction d'une v. locut. fr.

Iau. s. f. eau. Le sire de Joinville se sert de ce mot et l'orthographie : yeaue.

Tous les mots fr. terminés en eau se font en *iau* à Mons, en *ia* dans les villages écartés, en *é* à Liége. *Ia* est le v. fr. iax. (Je ne connais guère d'exception à cette mutation d'eau en *iau* que pour: corbeau, bureau.) On peut considérer le passage d'*ia* en *iau* comme un commencement de francisation ou plutôt c'est du fr. moins vieux. On prétend que les habitants de Quaregnon reprochaient à ceux de Jemmapes, à la fin du siècle dernier, de dire : *ée pourcia avec ée cordia à s'n attria*. C'est ce qu'on n'y entendrait plus dire de nos jours. C'est ce qu'on ne dit plus que dans les villages, *pa d' la lés bos*, dans les villages au-delà des bois.

Au reste, la terminaison *iau* aussi bien que el, eau fr. est un dimin., pour remplacer le lat. ellus. Nous l'appliquons également aux mots d'origine celt. ou germ. et aux mots d'origine lat., de même que nous appliquons le dimin. germ. aux mots d'origine romane, par exemple : dans *verkin*. Selon Chevallet ellus répond au gr. λος et au sansc. las.

Si la terminaison fr. eau, montoise *iau* est si fréquente, c'est que les mots se sont formés de préférence sur les diminutifs, qui, comme les factitifs, les fréquentatifs, plaisent aux peuples en enfance, de même que les petits objets amusent les enfants, pour qui ils deviennent des jouets.

Imaginaule. adj. imaginable (Borinage). V. *logeaule*.

Imberquin. s. m. vrille, petite tarière, villebrequin. V. *einberquin*.

Inaudé, ainondé, ée. adj. échauffé ‖ agité ‖ ému ‖ hors d'haleine. V. *einaudé*.

Inochain. s. m. idiot, crétin. En fr. innocent signifie non coupable.

Intaindure. s. f. ouïe ‖ intelligence. *Il est dur d'* — il est un peu sourd, il est obtus.

Io io campion. s. m. bardane ; ne se dit qu'en ville ; ailleurs on dit io, uio, vio. D'où vient ce *campion?* C'est un nom de famille assez répandu ; il sera probablement arrivé à quelque Campion, avec les fruits de bardane, une petite aventure aujourd'hui oubliée. En nam. *huio, hujo, houjo*, en liég. *houyo*, pelote, boule de neige et *houii*, jeter des pelotes de neige, que M. Grandgagnage fait venir du holl. gooyen, jeter, lancer. Comp. notre mot du Hainaut *houyu*. Le holl. klis a les deux acceptions de bardane et de peloton de neige.

Irlar, irlan. s. m. tracas, embarras. *Irlar* pourrait être le renversement de *lari; irlan* n'est probablement que le v. fr. arlan ou arlam, pillage, all. Larm, tapage. V. *rlan*.

Itt (*à*). A droite. *Sak à itt*, mène tes chevaux à droite. Terme de charretier. *Y n'aintaind ni à it ni à ot*, traduction litt. du proverbe all. er versteht weder hist (ou hi) noch hott. Il n'entend ni à dia ni à hurhau. Hott ne s'emploie que dans ce proverbe. V. *daye*.

Iun, ieunne. adj. num. un, une. *Y n' d'avoi fok iun.*

Ivier. s. m, hiver. V. fr. iviers, lat. hibernus.

Ivrogne. s. f. plante, espèce d'armoise, artemisia abrotanum, aurone. En fr. vrogne est le nom vulgaire de l'aurone.

J

J comme **g** doux se transforme fort souvent en **g** dur : *gardin, guenisse*, quelquefois en **v** : *gouvion*.

J se change souvent en DI à Mons, en DJ dans les villages : *dian, djan*, Jean. *D'iai, dj'ai*, j'ai, *diôu, djôu*, jour.

Jacque. s. m. geai. ‖ adj. déconcerté ‖ stupéfait ‖ interdit ‖ attrapé ‖ dupe. C'est la tendance de tous les patois de faire des noms communs avec des noms propres. *Jacques* existe dans le wallon liégeois ; mais là il signifie irritable. V. *magrite*.

- **Jacquette**. s. f. espèce de veste à l'usage des enfants. V. fr. jacque. Les dialectes germ. est aussi jake, le bas-lat. avait iacca, l'it. a giacco.

Jalousĕrie. s. f. jalousie ‖ envie.

> *D'sir dé nounette*
> *Rancune dé priette*
> *Jalousrie d' médecin*
> *Saleté d' capuchin.*

Jarner. v. n. germer.

Jarnon. s. m. germe, jet, pousse. *Jarnon d'ain eu, d'enne petote*, germe d'un œuf, pousse, œil d'une pomme de terre. Les Liégeois disent *dgermon*, v. fr. gernon, moustache, que M. Chevalet range dans l'élément celtique ; lat. germinare.

Jau. V. *diau*.

Jaune. V. *Djaune*.

Jaunesse. subst. f, Jeunesse, *enne* —, une jeune fille.

Jaunler. V. *Djaunler*.

Jean-potage. s. m. charlatan.

Jé, jet. s. m. et dans quelques localités s. f. levûre, écume de bière qui sert de levain. Espagnol giste, à Namur *guèse*, gall. gweden, v. fr. giest, ghez, ghie, gic, fl. gest, gist. vha, jesan, bouillonner, écumer.

Jenne, djenne, dienne. s. f. Jeanne.

Jetter. v. n. se débarrasser de sa levûre, guiller.

Jipé. v. n. rire avec force (Fleurus). A Liége *jopé, joupé*, crier pour appeler, v. fr. juper, jupper, crier, se moquer, giper, se réjouir, fl. juichen, all. jauchsen, pousser des cris de joie.

Jŏb, diŏd, djŏb. s. m. et adj. interdit, décontenancé, confus, honteux, sot. *I d'a d'moré tout—*. V. fl. jobbe, insanus, insulsus, v. fr. job, nigaud, niais. Le v. fl. et le v. fr. ont-ils du rapport avec le patriarche de l'Ecriture?

Jŏbri, diŏbri, djŏbri. s. m. imbécile. — *Qui mène sés pouyes picher*, fr. familier, jobard, v. fr. jobe, jobet, jobelin, jobelot.

Jocquer, dioker, djoker. v. n. cesser. Il est réfléchi dans quelques cas : *diok té*, reste en repos. Fr. jok, repos du moulin, v. fr. jocquer, être en repos, gall. armor. diogi, cessare, languescere.

Jou. pron. pers. je. On n'emploie jamais *jou* que dans l'interrogation ou l'exclamation quand il est placé après le verbe : *L' frai-jou*, le ferai-je? *J'el frai, l' férai-jou!* Je le ferai, le ferai-je! Cette forme exclamative répétant la première phrase pour mieux l'affirmer, est tout-à-fait étrangère au génie de la langue française. Elle est empruntée à l'allemand : ich will das thun, das will ich thun!

Jou, djou, diou (*es, em*—). Le jour de sa, de ma fête. *El jour saint Longin, saint Rêlar sara vo jour*, vous méritez le surnom de.... Lat. diurnum, dies, diu, gall. diew, dyw, irl. dia, sansc. divas et dyu. (Pictet.)

Jouette. s. f. joueur maladroit. En fr. c'est un trou de lapin peu profond.

Jouglage. s. m. jeu, badinage.

Jongler. v. n. et a. jouer, prendre ses ébats. All. gaukeln, lat. joculari, fl. jokken, gall. gwaran, gware, gwarar, ludere, lusus, ludus, armor. choari, jouer, v. fr. juer.

Jouguelleresse. s. f. joueuse (Borin.)

Joutte, djoutte s. f. tige du navet qui sert de nourriture aux vaches. *Djotte* à Liége est le terme collectif pour désigner toute espèce de navets. En fr. bette ou poirée.

Judas. s. m. miroir réflecteur placé obliquement hors d'une fenêtre, ainsi nommé parcequ'il *trahit* ce qui se passe dans la rue, sans que celui qui regarde doive se montrer. En fr. trou dans un plancher pour voir à l'étage inférieur.

Ju dju. à bas, à fond, à sec. Jus est un v. mot fr. tiré du bas-lat. jusum, italien giuso. *Ju* est surtout employé par nos paysans en le séparant du verbe à la manière all. : *tape ain pau s' grosse branke là dju*, abats donc cette grosse branche.

Jufresse, juivresse. s. f. juive.

Jugié. s. m. gésier. V. fr. jugier, lat. gigeria.

Jumafré, ée, éte, ésc. s. et adj. qui habite Jemmapes.

Jumain, jum, jume. s. f. jument. ‖ Fig. maîtresse, concubine ; mot ignoble et brutal.

Jusse (*comme dé*). comme de raison.

K

Kabiau. s. m. cabillaud, espèce de morue, fl. kabeljauw, morue.

Kage. s. f. pomme, poire cuite, séchée, confite.

Kaker. v. n. chier. Ce mot appartient plutôt au marolien qu'au wallon. On ne s'en sert guère que pour se moquer de la prononciation flamande : *allaie kakaie à l' verte allaie*.

Kalo. s. m. magot. *Fai s'*—, faire ses orges.

Kan. s. m. côté, angle tranchant, arête. Flam. et all. kante, dan. et suéd. kant, ital. canto, bret. cant, bas-lat. cantellus. *Du* —, de champ. V. *can*.

Kanquenne. s. f. vieille femme admise à l'hospice de ce nom.

Kapelle. s. f. chapelle. Fl. kapel.

Kapout. V. *Capoutt*.

Kar. s. m. charriot ‖ rouet. *Kar* pour rouet ne se dit qu'au Borinage. Les Liégeois disent dans le même sens *kario*. V. f. charret, fr. char, all. karren, lat. carrus, gall. brz car, it., esp., port. carro (v. *Stouper*).

Kar à fesse. borenne portant une charge de houille.

Kar-à-kié. s. m. charrette traînée par des chiens.

Kar d'or. s. m. char doré, sculpté, qui figure à la procession de la kermesse.

Kari, keri. s. m. remise pour abriter les charriots, chartil. A Liége *cheri*, v. fr. charry.

Kartache. s. m. biscaïen. *Tirer à* —, tirer à mitraille. All. Kartatsche, cartouche à mitraille. Cet all. dérive de l'ital. cartaccia, cartoccio, cartouche, lesquels mots proviennent du lat. charta, papier. — et *kartoffe* doivent nous être venus dans la période autrichienne.

Kartoffe. s. m. pomme de terre. All. kartoffel, mot corrompu de erdapfel; ital. tartufola, truffe.

Katagne. s. f. châtaigne. Ital. castagna, esp., port. castana, all., suéd. kastanie, russe kasztan, lat. castanea.

Katinpaumi, kataipaum. s. m. p. poils follets, duvet qui recouvre les oiseaux avant la venue des plumes. Fl. katoenboom, cotonnier, katoenpluim, plume-coton, katepluim, plume de chat, all. katzenflaum, duvet de chat, kattunbaum, etc.

Kaud, de. adj. chaud. Lat. calidus. Il est assez singulier que l'all.

kalt, le fl. koud signifient froid. S'ensuit-il qu'il n'y a pas de rapport de parenté? Nullement. Seulement il n'est pas facile de décider quel est le père, quel est le fils? Probablement les mots ont été originairement employés par antiphrase et ils ne sont que frères.

Keï, kerre. v. n. *kéyan, kéyu, ej kée, j' kéyoi, j'kéroy,* tomber. Fr. cheoir, caeïr, caïr, keïr. A Frameries le part. passé fait *keu* diphtongue : *ein ran keu,* un toit à porc en ruines. *On n'sai qui kée, lés kayau sont durs* (prov.).

Kémiche. s. f. chemise. V. fr. camise, quemise, b.-lat. camisia que l'on trouve pour la première fois dans saint Jérôme. Les uns attribuent l'origine à l'arabe quamise, d'autres, parmi lesquels Diez, au gall. caimis, gen. caisme, cymr. cams, long vêtement. Le v h a avait hemidi, hamidi, devenu Hemd en all. moderne.

Kémin, kmin. s. m. chemin. V. fr. kémin, quémin, b.-lat. du vii⁰ siécle caminus, kymr, kam, pas, caman cheminer (Pictet p. 115), irl. cheim, marcher, v. all. quemen, venir, russe caman, ital., ésp. camino. V. *chimer.*

Kéminée, kminée. s. f. cheminée. V. fr. queminée.

Kéniau. s. m. chêneau, jeune chêne ‖ bâton de chêne.

Kénique. knike. s. f. petite boule de terre vernissée servant de jouet. All. Knieker, fl. knikker, petite boule de marbre. *Einvouyer juer à —,* se débarrasser de quelqu'un. Une jeune fille dira : *es laid wagne là vouloi bé m' parler, mé j' l'ai bé rade einvouyé juer à knike.*

Ker, kéri. v. a. chercher, quérir. V. def. Ne s'emploie qu'à l'infinitif avec *d'aller.* V. fr. querre.

Kérée. s. f. charretée. *S' kérée est vaindue,* elle est mariée, elle ne cherche plus à plaire.

Kerette. s. f. charrette. V. fr. quarette.

Kerkier. v. a. charger. V. fr. karkier, b.-lat. carricare. (St-Jérôme).

Kernate. s. f. ouverture, fissure, lézarde. *Leyer n' kernate à l'huche,* laisser la porte entr' ouverte. (Borinage). Kernate=crenade, cpr. le fr. creneau. V. *crin.*

Kertée. v. *Kérée.*

Kertiau. s. m. p. espace compris entre les murs des anciennes fortifications et le cordon de la ville. V. fr. cresteau, anneau ‖ pli fait au linge par le fer à repasser, all. zerzauen, chiffonner. A Lille on dit *ker-*

chir pour chiffonner, rider, plisser. Gall. cuchiaw, fl. kreukelen, froncer, plisser.

Kertin. s. m. panier, grand panier. V. fr. cretin et crestin, lat. canistrum, v. all. krettili (panariolum), v. saxon krettelin, v h a cretto (canistrum).

Kertinée. s. f. plein un panier.

Kerton, karton. s. m. charretier. V. fr. charreton ou charton.

Kerue. s. f. charrue. V. fr. carue.

Kervé. s. et adj. ivre, ivrogne. V. fr. crevé, goulu, grand mangeur.

Kerver. v. a. enivrer. *S' kerver à biette,* boire en bête.

Kervure. s. f. crevasse, gerçure. Fl. kerven, crever, se fendre, v. fr. creveure.

Kétron. s. m. marcotte, rejeton, surgeon. V. *Quétron.*

Keure (*avoi*). Avoir cure est une locution fr. un peu vieillie qui signifie avoir souci. On dit à Mons ou plutôt dans les environs : *J' n' ai keur qui ou qué,* je n'ai pas de préférence pour telle personne ou telle chose. La locution fr. est d'origine latine ; mais la locution wallonne pourrait bien être germanique : keur en fl. signifie choix.

Keute. s. m. et f. coude. *Lever l'keute,* être ivrogne. Les beaux parleurs disent *la keute* et même *la coude.*

Keute. s. f. bière (Thulin, Dour). Cuyte qui se prononce *keute* est à Bruxelles de la petite bière.

Keutte. v. a. et n. coudre. A Liége *keusse.* Espagn. cusir, v. fr. queudre.

Kĕvau, kévau, gvau. s. m. cheval. L'euphonie montoise veut qu'après une syllabe brève ou sourde on dise *kévau* accentué et après une longue ou accentuée *gvau* ou *kĕvau* bref, ainsi on dit : *s' kévau* et *ain gvau, dés stron dé gvau* et *dés stron d' kévau.* On peut dire la même chose de *kémiche* et de beaucoup d'autres mots. Je n'ai nulle envie de tirer le mot du gall. gwill, jument. Mais peut-être les deux mots ont-ils chez nous coexisté et cela peut-il expliquer le *g* anormal de *gvau.* V. *foëre* et *rwain.* Du reste on dit aussi gaul en all., guyl en fl. pour cheval. V. fr. queval, keval, irl. capall, caballus, sanscrit c' apala, rapide.

Kéwatte, kéwette. s. f. tournant d'une rivière. En liégeois *kouval,* petit gouffre. V. fr. quewe, cuve.

Kewé. v. *Couët.*

Keyère. s. f. chaise. V. fr. caière, cadière, chaière. Chaise est une altération assez récente de chaire ; elle est due, selon Chevallet, à la prononciation parisienne. Bret. cador, corn, cader, basq. cadira, gr. καθέδρα, lat. cathedra. *Keyère préchoire*, chaire de vérité.

Kié, kier, chire, tchire. v. n. et a. chier.

Kié, kien, kie, tché. chien. V. fr. quien. Le chien, dit Corblet, s'appelle en celtiq. ki, en thébétain chi, en chinois ken, en phrygien kun.

Kier, e. adj et adv. cher, de haut prix. *Fait té* ou *tiet té kière, emme fiye*, tiens-toi, fais-toi cher, ma fille, n'accepte qu'un très bon parti. Locution allemande : sich theuer machen; bas-breton quier.

Kierque. s. f. charge. Bas-bret. carge, basque carga.

Kierquiage. s. m. chargement.

Kierquier. v. a. charger. *Kierkié d'argeint comme ein crapaud d'plume.* Bas-latin kerka, celto-bret. carg, esp. cargar, v. fr. cargier, carguer, carjer.

Kiki, titi. s. m. poulet (enfantin). Fl. kike.

Killi. s. f. cuiller (Charleroy). A Liége *kui* et *kili*, gall. llwy, lat. cochlear.

Kinserlik. s. m. impérial || autrichien ; de l'all. kaiserlich, impérial.

Kise. V. *baquet.*

Klainer. v. n. se tourner, se renverser. Se dit surtout d'un objet plat dont un bord s'élève quand un autre s'abaisse et réciproquement. V. fr. clincher, gauchir. Les Picards disent *s'kloainer* pour se pencher. Irlandais, claonaim (pencher). V. *cleiner.*

Klaper. v. n. résonner d'une certaine manière, comme dans les ex. suivants : *Weitié à vous, l'fier dé vo gvau klape*, prenez garde, le fer de votre cheval loche, il va se détacher. *Y fai ein foid à fai — lés deints.* All., fl. klappen, d'où le fr. clapoter, le v. fr. clapeter. V. *clipet.*

Klapotiau, klipotiau. s. m. claquette. V. *klaper.*

Klik. *Preinte sés — et sés klak*, s'enfuir. *I preind sés — et sés klak, i keurt co toudi*, il part au plus vite, il court encore.

Krankié, krankier (*s'*). se tourner || se retourner || se déformer, se tortiller, se tordre || se remuer, s'agiter, bouger. A Liége *kranké*, bouger, fl. krinkelen, serpenter, aller en zig zag, all. kranken, tourmenter, kriechen, ràmper. Comparez *krankieu.*

Krankieu. adj. et s. languissant, maigre, tortueux. Se dit le plus

souvent des arbres; mais se dit aussi des enfants rachitiques, de faible
santé. All, krank, malade. Il est à remarquer que les Liégeois appellent
cranchié les arbres chancreux, de sorte que le *krankieu* montois pourrait bien provenir de chancreux. Ils disent aussi *s' kranki*, se fourcher.
Alors notre arbre — serait un arbre fourchu.

Krêpe. s. f. (Dans quelques villages seulement il est ainsi prononcé.
Ailleurs on dit *grêbe*.) crèche, mangeoire. All. Krippe, fl. krip, v. all.
crippea, chripfa, ital. greppa, port. greperia, irl. grib, gribeadh.

Krinker, grincher. v. n. grincer ‖ racler, jouer mal d'un instrument à cordes. A Namur *krinki, kreilé*, à Liége *kriné*, holl. krissen, all.
kreischen, criailler, fr. crisser, krinkin.

Krique. s. f. escargot de mer. Fl. kruyken, dont la racine allemande
est kriechen, ramper, se traîner.

Kuyeu, keuyeu d' pun. mot à mot, ceuilleur de pomme ‖ mal ha-
billé ‖ déguenillé.

Kwak (*fai*). pousser son dernier cri. Se dit des animaux qu'on
égorge.

Kwesse, quesse. s. f. courbure, coude. (Chaussée Notre-Dame,
Cambron). *L' mélée fait n' kwesse*, la limite n'est pas en ligne droite. Ce
mot est-il le même que *kéwatte, kéwette* ou bien que *keute*? V. fr.
quesse, caisse, coffre. Mais quel rapport? All. quer, de travers.

L

L. Cette lettre ne se mouille pas. On remplace ʟ mouillé par v. On
dit *päye, canăye, măye*, pour paille, canaille, maille. On dit bien à la
vérité *chandeille* pour chandelle, mais c'est là un langage bâtard, il faut
dire *candeye*. L disparaît dans *iard, ieve*, liard, lièvre, etc.

La, v'la. adv. voilà. On peut supprimer l'a devant une voyelle et
dire *l'ain affaire*, voilà un événement.

Labeur. s. m. labourage.

Labourés. s. m. p. terres labourées.

Lacha, lachau. s. m. lait. En liégeois *lessai*, à Namur *lasia*,
b.-bret. leas, en bourguignon lessea. Diefenbach mentionne le mot
lhassia d'un dialecte isolé dans les montagnes de la Suisse et qu'il attribue au reste d'une troupe de Huns égarés.

28

Lachau (*avoi s' langue à*). avoir la langue qui démange, affilée, indiscrète. V. *hachau.*

Laichivon, léchivon. s. m. eau de savon; probablement corruption de lait de savon. V. cependant *lichivon.*

Laie. s. m. lit, couche de houille, ‖ s. f. lé, bande de toile, de mousseline. All. Leie, rocher. On dit en t. de charb. : *Enne veine à deux, à tois laies,* c'est-à-dire divisée en deux ou trois lits interrompus par une couche pierreuse d'épaisseur diverse. V. *Layon.*

Lainié, ère, lanié. s. m. et f. qui travaille la laine.

Lair (*d' long et d'*). mot-à-mot, de long et de large, de loin, de temps éloigné. V. fr. lé, lée, large.

Laïte. s. f. Adélaïde. All. Adelheit, noblesse.

Laitison. s. m. pissenlit, leontodon taraxacum. Le mot *laitison* vient sans doute de ce que le pissenlit, lorsque ses feuilles ou sa hampe sont blessées, laisse couler un suc blanc qui ressemble au lait. Il pourrait bien être aussi une corruption de laitron, (sonchus) plante avec laquelle il aurait été confondu pour sa ressemblance et qui se nomme en patois *blan laitison.*

Lalie. s. f. Rosalie.

Lambourde. s. f. t. de menuis. bois de chêne de 5/4 de pouce (de France) d'épaisseur. *Escayé d' lambourde,* échelle dont les échelons sont en *lambourde* et présentent une surface d'environ 4 pouces pour poser le pied. En fr. pièce de bois pour appui de plancher, de parquet, pièce aux entailles d'une poutre qui porte des solives.

Lame. s. f. t. de charr., traverse en bois à l'origine du timon; à chaque extrémité se trouve accroché *ein lamiau. El* — est opposée au *landon* ou à *l' rache* qui se posent au bout du timon. Esp. lam, gouvernail, d'où le fr. limon, le fl. lamoen. On dit en fr. cheval de lame.

Lamiau. s. m. palonnier, pièce d'un train de voiture à laquelle s'attachent les traits; diminutif du précédent.

Lampas. s. m. luette. *Avoi l' lampas,* souffrir de la chute de la luette sur la base de la langue par suite d'une inflammation ou d'un relâchement. ‖ Avoir soif; lamper est fr. pop.; en fr. le — est le palais, l'intérieur de la bouche, c'est aussi une enflure du palais du cheval.

Lampée. s. f. gorgée. En fr. grand verre de vin.

Lamplumu. s. m. charlotte de pommes. Autrefois en Artois on nommait remplumée, une tarte avec des pommes et du lait bouilli, fl. appelmoes, appel (pomme) + moes (compote), pron. mous. Ajoutez l'article.

Lamprauye. s. f. (Borinage). femme sans habileté, sans adresse, sans grâce. En liégeois *landroie*, paresseuse, souillon, v. fr. landore, landrin; fourbesque (argot italien) landra, v. fr. andre, fille de joie.

Lancer. v. n. haleter; se dit surtout des chiens, *ette lancé*, être en état d'excitation par l'effet de passions vives ou de boissons spiritueuses ‖ battre, donner des pulsations : *ça lance dain m' n artoile*. Les Liégeois disent *hansi, hâsé* pour haleter, en fr. han, excl. dans un effort.

Landon. s. m. volée, pièce de bois attachée à l'extrémité du timon; par opposition à *lame*, pièce placée à son origine. A chaque bout de — se trouve accroché *ain lamiau* (v. *rache*). — devrait peut-être s'écrire *lamëdon* et serait ainsi une variété de *lame*. Comparez bride et bridon, bonde et bondon, limace et limaçon.

Landorium, andoriom. s. m. espèce de morue plus estimée que la morue ordinaire. Holl. labberdaen.

Lanëresse. s. f. voleuse, tireuse de laine, larronesse.

Langreu, euse. adj. Ce mot, quoique peut-être corruption de langoureux, n'a pas la même signification : il veut dire malingre, en parlant des enfants, rabougri en parlant des arbres. On peut aussi faire provenir le mot *langreu* du fr. landreu, infirme, ou du v. fr. langerous, languissant.

Langue (*ette su l' — dés geins*). faire parler de soi.

Lanternette. s. f. petite chandelle ainsi nommée parce qu'on en fait souvent usage dans les lanternes.

Lanwi. s. n. languir (Borinage).

Lapure. s. f. breuvage composé pour les vaches. En liégeois *lapage*, mauvais potage, fr. laper, fl. slappen; ou bien bas-all. lapprig, trop délayé d'eau, moyen-haut-all. labe, lavure, rinçure.

Large, larke. adj. libéral. Celt.-br. larg avec la même signif. On dit vulg. en fr. il est large, mais c'est des épaules. On disait autrefois larque de bouche et estroit de ceinture, parce qu'on portait alors la bourse à la ceinture. v. langage : larguesche et larguesse, d'où largesse. Largitiones, sous le bas-empire, étaient les sommes que les prétendants à l'empire distribuaient au peuple et à l'armée.

Lari. s. m. tapage, tumulte, désordre. V. fr. haribourras, bruit, tapage, harier, importuner, harceler ‖ arbre résineux, mélèze, pinus larix, v. fr. larise.

Laridon. s. m. lard salé. Lat. laridum, primitif de lardum.

Lariguette. s. f. demande de bois que les enfants vont faire dans chaque maison aux fêtes de St-Jean et de St-Pierre ; produit de cette demande. Quelques personnes voudraient ne voir dans *lariguette* qu'une corruption du mot largesse, d'autres veulent le rattacher, ainsi que *lari* et *larion*, aux cérémonies du paganisme célébrées en l'honneur des dieux Lares. Ce mot va nécessairement se perdre. Aux deux époques désignées, on allumait des feux nombreux autour desquels les jeunes garçons et les jeunes filles dansaient en chantant. La rue était décorée de guirlandes, avec des couronnes nommées carillons, parce qu'on y suspendait des morceaux de verre que le vent agitait. Un coq était dans une cage ornée de fleurs suspendue à une guirlande. C'était le prix du vainqueur à la lutte de chant. La régence ayant craint que les feux n'occasionnassent des incendies, ordonna la suppression desdits feux et pensa que des chandelles allumées sur une table feraient le même effet ; mais les enfants ne pouvaient plus aller quêter du bois en chantant :

> *Lariguette au bo, lariguette et larigo.*
> *St-Jean a keyu dain l'iau, St-Pierre l'a rattrapé,*
> *Y faut du bo pour l' rescaufer. Lariguette, etc.*

Les enfants qui voulaient parler fr. chantaient :

> *Largesse au bois.*
> *Jolie dame, donnez-moi*
> *Un petit morceau de bois*
> *Pour aller chauffer mes doigts.*

Les chandelles n'intéressaient pas les enfants, ils négligèrent d'établir les tables ; au bout de deux ou trois ans les chants avaient cessé.

Larion, lariyon, lalion. s. m. cérémonie qui se célèbre à Wasmes depuis un temps immémorial chaque premier dimanche de carême. Elle consiste à placer, un jeune garçon ou une jeune fille richement habillée, sur une table ou dans une niche et à danser tout autour en chantant une chanson très licencieuse, en patois si ancien qu'il est difficile de la comprendre. Depuis quelques années la même cérémonie a lieu dans deux ou trois communes environnantes. Je n'ai jamais pu me procurer cette chanson; aujourd'hui on la dit perdue. Elle est remplacée par une autre en français ou à peu près.

Larron. s. m. partie de mèche d'une chandelle non mouchée qui qui tombe enflammée sur le suif et le fait couler. || Petit fromage de Maroilles.

Laton. s. m. son (Charleroy). Bret. leit, gall. llaid, vase, bouc.

Latte. s. f. épée, espadon || côte || dos. *Taper su sés latte.* En fr. pièce de bois mince, etc.

Latti. s. m. treillis. En fr. arrangement de lattes.

Lattiau. s. m. latte épaisse qui est sciée et non fendue. Comment a-t-il la forme diminut.? C'est peut-être parce que le fr. latte, fl. lat. ont eu dans l'origine la signif. du gall. llath, bret. laz, perche, mots remontant au sanscrit latâ, branche.

Latusée. s. f. mot à mot latte usée. On dit pour effrayer les enfants : *au guernié il a dés latusées.*

Lavache. s. f. lavasse. *Il ain kai tt' à lavache*, il pleut à verse.

Lavette. s. f. chiffon pour laver. || Figurément, personne sans énergie.

Layette. s. f. tiroir où l'on serre la monnaie dans une boutique. En fr. tiroir de buffet, tiroir à papier, fl. laie et lade, tiroir.

Layon. s. m. houille imparfaite ou plutôt veine qui se compose de couches de charbon et de couches terreuses entremêlées. Le mot liégeois *laie* a deux significations charbonnières, l'une : fente perpendiculaire de la mine; l'autre, banc : subdivision de mine. Cette seconde signification se rapproche de celle de notre layon. M. Grandgagnage se livre à une longue et savante dissertation sur l'origine de ce mot, dans laquelle nous ne le suivrons pas; il suppose une origine française et une allemande, la première de laie : partie de forêt, limite des coupes de bois indiquée par les branches brisées; du vieux verbe laier (laisser); la seconde de Lage : assise, lit, couche. Je n'ai rien à dire à la seconde étymologie qui me semble correcte; quant à la première, j'aurais mieux aimé la trouver dans le bas-breton lezen, qui signifie borne. V. *laic* et *née*.

Legne, leigne. s. m. bois (Fontaine-l'Évêque). *Coutiau à manche dé* —. A Liége, chauffage, bois de chauffage, v. fr. leigne, lat. lignum.

Lekier. v. a. lécher. J'ai entendu faire venir ce mot de λειχω. Menage le tire de l'ital. leccare, Barbazan de legere, recueillir; il y a l'irl. ligh, sansc. lih, d'après Pictet; il y a encore le vha. lecchon, all. lecken. (V. p. 16.)

Lénier, ère. s. ouvrier qui travaille le lin (non la laine).

Lent. adj. Il a dans le patois toutes les significations de l'adj. latin lentus, visqueux, gélatineux, mou, flexible, pliant; au masculin comme au féminin on prononce généralement à Mons *lante* et aux villages voisins *leinte*.

Lèpe. s. f. lèvre. C'est du v. fr.; il est probable que le mot, originairement german. : all. Lippe, fl. lip, s'est transformé peu à peu, pour se rapprocher du lat. labrum; il reste encore en fr. lippe, lippu, lippée. V. *Escor*.

Leu. s. m. araignée des champs à longues pattes ou faucheux. Leu pour loup est du v. fr. *fai ein* —. Faire banqueroute. (Eugiès.)

Leuniaire. adj. qui n'a que le féminin. Vache qu'on n'a pu féconder. On dit en France génisse lunaire. Ce mot se trouve dans Boiste, art. taure; cependant à l'art. lunaire on ne trouve pas cette signification.

Leuwaróu, lewaro. s. m. loup-garou. B.-lat. gerulfus, ags. verevulf, vha werwolf; ver, homme, vulf, loup; en bret. dén-vleiz signifie aussi homme-loup. On dit encore dans ce langage bleiz-garô.

Lévée. s. f. chemin, chaussée.

Levure. s. f. portion de levain délayée dans de l'eau pour une *cuitie*. En fr. écume de bière qui sert de levain. V. *jet*.

Léyer, laicher. v. a. laisser.

I n' faut gnié léyer d'aveine au bac.
On ne doit rien laisser sur son assiette.
I vaut mieur panse pétée qu' pétole léyée.
Plutôt crever que de rien laisser au plat.
Si vos avez faim, mié eune de vos mains, vos lērez l'aute pou d'main.

. Le v. fr. disait laïer, il disait, comme nous, au fut. et au cond. : je lairrai, lairroie, bret. lezen, goth. lêtan, vha lazun, all. lassen, fl. laeten. Diez recherche une origine lat. : laxare, qui cependant ne signifie pas laisser, mais lâcher, relâcher. Notre *leyer*, *leï*, lui inspire des doutes et il se rabat sur legare ; il indique aussi le gaël. leîg et le v. irique lêic.

Li. pron. lui, qui n'est que masc. à Mons, mais qui a les deux genres au village : *enne laide feimme preind toudis d' lée li dés co pu laide*, une femme laide s'entoure toujours de plus laides qu'elle. A la ville comme au village l'*i* de *li* datif peut se fondre avec une voyelle et former diphtongue : *ej l'iacatrai ein capiau*.

Liche. s. f. chienne. V. fr. En fr. chien de mer ; on trouve en lat. lyciscus, lycisca, en all. Latsch, dialecte de Souabe lütsch, laitsch, lutsch, dialecte de Bavière leusch, lusch.

Lichivon, léchivon, laichivon. s. m. eau de savon. Lixivia, lixivium, kymr. lisia.

Licotte. V. *loquet*. On croit pouvoir faire passer cette incommodité en disant plusieurs fois : *J'ai l' —, J'ai l' marcotte, qué l' bon Dieu l'eimporte.*

Liégeois. dialecte wallon.

Je dois donner quelques détails généraux sur le wallon de Liége pour justifier ce que j'ai dit dans divers articles.

Si le wallon de Liége est inintelligible pour un Montois, ce n'est pas qu'il contienne plus de mots allemands que le nôtre. Sans en avoir fait le compte, je suis tenté de penser qu'il en a moins ; mais ces mots ne sont pas toujours les mêmes. Voici ceux qui sont étrangers au montois et qu'on reconnaît à première vue, quand on sait l'allemand :

Weide, pâturage.	*Streing*, sévère.
Wandion, punaise.	*Rolbet*, lit mobile.
Krahau, corbeau.	*Bâne*, voie.
Slap, mou, lâche.	*Stoké*, corrompre, séduire.
Trag, paresseuse.	*Krouf*, bosse, difformité.
Hâdel, troc, marché.	*Fotène*, patte.
Guinade, grâce.	*Dail*, volige.

D'autres sont douteux ou plus difficiles à débrouiller, par exemple :

estraboté, adresser des reproches, punir en paroles; c'est le dimin. de *strabé*, *strafé*, qui a probablement existé; all. strafen, punir.

Par contre un bon nombre des nôtres sont inconnus à Liége, notamment cette grande famille de mots en sk, sp, st, dont j'ai déjà parlé. Les Liégeois ont pourtant *spité*, *stok*, *stanchi*, *stopé;* ils en ont transformé d'autres comme on va le voir.

Mais il y a une famille de mots qui ne sont empruntés ni à l'allemand ni au français. D'où viennent-ils? Sont-ils aussi vieux que les Éburons, ou sont-ils d'une création relativement récente? Je suis à peu près sûr qu'on retrouverait les analogues dans la Basse-Bretagne, le pays de Galles, l'Irlande, l'Écosse, où s'est réfugié le celtique, la vieille langue des Gaules.

Ces recherches offriraient un grand intérêt et dissiperaient peut-être bien des doutes de savants linguistes. Je n'ai pas cette mission. Je ne m'occupe du liégeois que dans ses rapports avec le montois. D'ailleurs quoique j'aie habité deux ans Liège, que je me sois encore aidé des dictionnaires de Remacle et de Cambresier, je ne pourrais usurper cette tâche; il faudrait, outre une connaissance parfaite du liégeois, avoir habité longtemps la Bretagne; car les dictionnaires celtiques n'aident que faiblement. Pour bien saisir les rapports de deux langues, il faut parler ces deux langues, savoir les lois de la transformation des lettres. Quel est donc l'Allemand venant à Mons qui reconnaîtra, de prime-abord, les mots de sa langue, sauf ceux qui sont restés tout à fait sans altération? Mais la plupart ont reçu l'influence du français. Reconnaîtrait-il les mots *équette*, *écour*, *écreper?* J'ai souvent (et toujours en vain) proposé ces mots à des Allemands.

J'ai dû faire (un peu) pour le montois un travail qui serait plus fructueux pour le liégeois, j'ai appelé à mon secours Rostrenen, Bullet, Pelletier, Davies, Legonidec, et j'ai glané. Pour récolter j'aurais dû passer une partie de ma vie à Quimpercorentin ou mieux dans le pays de Galles.

M. Grandgagnage a fait récemment un dictionnaire étymologique wallon plein de mérite. Malheureusement, pas plus que moi, M. Grandgagnage n'a habité les lieux de refuge de la vieille langue de nos ancêtres.

Mais tous ces mots, soit allemands soit celtiques, ne sont pas extrêmement nombreux. Cent mots à apprendre, deux cents, si l'on veut, ne sont pas une affaire. Ce qui rend le liégeois réellement difficile, c'est sa prononciation, autrement dit la transformation de ses lettres ; il faut en connaître les lois.

Je ne m'arrêterai pas au j et au g doux qui manquent au liégeois et qui se remplacent par dch, tch, ou, si on le préfère, par dj. Quoiqu'il en soit du son exact, le liégeois parlant français ne manquera jamais de dire, absolument comme un allemand : un chuche, un chuchement, pour un juge, un jugement.

Je m'arrêterai encore moins à quelques autres transformations. Mais il en est une capitale bien propre à faire voir la filiation des langages. Je dois insister sur cette loi importante, saisissez-la bien, fixez-la bien dans votre esprit, et vous êtes en voie de comprendre le liégeois.

L'ancien liégeois avait un son représenté dans l'écriture par xh, son analogue à celui qui est figuré en allemand par ch, en espagnol par j ou x, en grec par χ. Ce son ne subsiste plus que dans des noms propres et des noms de villages. La géographie de la province de Liége a les villages de Xhoris, de Xheneumon, de Fexhe, de Lixhe.

Pour les noms communs, ce son a disparu et a été remplacé par une h aspirée, mais aspirée à la manière allemande.

C'est juste l'inverse de l'allemand qui a remplacé beaucoup d'h du alt-hoch-deutsch par ch. Il n'est pas possible de savoir comment prononçaient les vieux Allemands et les Celtes. Cependant on peut présumer que h chez les deux peuples avait un son voisin de kh. (Voyez *cauches*.) Or ce qui en fr. est en éch ou éc, ce que les montois font en sk ou en esk, ce que les fl., les hollandais et les westphaliens font en sch avec aspiration de l'h, ce que les autres allemands font en sch, qu'ils prononcent comme le ch français, est en h aspirée chez le liégeois, exemples :

Liégeois.	Montois ou au moins hennuyer.	Français.
Hielle,	*skuelle, eskuelle,*	écuelle.
Heur (participe *hoyu*),	*skeur, sker, skée, skeï, askeï* (*askeyu*),	écheoir.
Hièure,	*skireure, skirure, deskirure,*	déchirure.
Hoirsi,	*skoirsi, skorchie, skorcher, eskorcher,*	écorcher.

29

Houmé,	*skoumé, skumer, eskumer,*	écumer.
Haye, heye.	*skaye, eskaye,*	écaille.
Houté,	*skouté, skouter, askouter, acouter,*	écouter.
Hlore,	*sklore, esklore,*	éclore.
Hoirné (se dit des vaches),	*skoirné, skorner, eskorner,*	écorner.
Haudé,	*escauder,*	échauder.
Hesse,		échasse.
Halette (dim. du suivant),	*skalette, skielette, eskielette,*	petite échelle.
Hale, haule,	*skiale, skielle, eskielle, ekielle,*	échelle.
Houvion (vieux linge, ge-nêt, etc., attachés à une perche),	*skouvion, eskouvion,*	écouvillon.
Hovlette (brosse, balai),	*skouvelette, eskouvette,*	écouvette.
Huflé,	*skuflé, skifflé, chufler, chifler,*	siffler.
Huré,	*skuré, skurer, reskurer, récurer,*	écurer.
Hap (convalescent, sauvé de maladie),	*skap, skapé, eskapé, reskapé,*	échappé.
Hoisse,	*skoisse, skorche, skorce, escorce,*	écorce.

Je pourrais en citer des centaines d'autres, où s, c et ch se trouvent dans le milieu du mot : *Pehon,* poisson, *mohonn,* maison, *dihau,* de-chaux, *diheinde,* descendre, *dihozeure,* décousure.

Même opération sur les mots germaniques. J'ai dit que la tribu mon-toise des mots en sk, sp, st, était fort bornée chez les liégeois ; mais on en retrouve quelques-uns avec l'h aspirée :

Hardé, haurdé,	*skarder, eskarder,*	écarder.
Hitte,	*skitte, eskitte, chitte.*	
Hōu,	*skou, skour, eskour, écour.*	
Haume, all. Schaume, prononcez chaume, fl. schuim (prononcez skeum),	*skeum, eskeume, escume.*	
Houplée,	*skouplée, eskouplée (plein enne es-coupe, écoup).*	

Hufion,	*skafion, escafiolle.*
Hopi,	*skaupi, eskaupi, échaupi.*
Horé (creuser un égout, canal souterrain),	*skoré, escaurer, exhaurer.*

Que beaucoup de ces mots aient été empruntés au latin, au fr. ou à l'all. pour subir des changements selon le génie du langage liégeois, je le concède volontiers ; mais n'est-il pas probable que la partie qui a imprimé la direction au reste, est autochtone? Tel est par ex.: *Hap* que M. Grandgagnage croit un radical ; nous aurions dit simultanément *skapé, eskapé.* Les fr., après avoir dit, comme nous, escapé, en auraient fait, échapper, les Italiens, scappare. On retrouve le mot en Bretagne, sous la forme achab. Quoi qu'il en soit, cette prononciation est la grande cause de la difficulté ; il en est pourtant encore une autre qui résulte de l'abondance des dérivations liégeoises.

Le wallon de Liége est infiniment plus riche que le nôtre ; quand nous n'avons qu'un mot d'une série, le liégeois a ordinairement la série complète ; nous avons par ex.: l'adj., et le liégeois a, en outre, le subst., le verbe, l'adv.: nous n'avons que l'adj. *flau ;* le liégeois a encore *flâwi, flauwi,* s'évanouir, *flâwihège,* évanouissement. Nous avons le subst. *ridoi,* les liégeois ont, outre *ridan,* tiroir (qui glisse), *rid,* glissoire, *ridâde,* glissade, *ridant,* glissant, *ridé,* glisser, *ridège,* glissade, *rideu,* glisseur. Nous n'avons que le simple et un composé, le liégeois a le simple et plusieurs composés. Nous avons *skirer* et *deskirer* (les fr. plus pauvres encore que nous n'ont que déchirer) ; les liégeois, outre *duhii, dihiri,* ont le simple *hii,* puis un autre composé *kihii* (V. *ewaré*). Quelquefois la famille est divisée, une partie habite Mons, une autre Liége ; nous avons *brochon,* Liége a *ribrochi,* nous avons *constrande* (serrer) et *strande* (presser, y avoir urgence) ; Liége a *distrainde,* déserrer, et *rastrainde,* resserrer. Cependant quelquefois nous avons mieux qu'à Liége. Ainsi les Liégeois n'ont que *cron* et encore borné à *cron-brès,* coude, *cron z'os,* vertèbres, nous avons *cron,* subst. et adj., *crombin, crombi, crombissure, crombissage.*

Lieue, ieu du Hainaut ou *heure.* mille verges de 20 pieds ou 5868 mètres, 5 décim.

Ligère, ligerte. adj. léger, v. fr. liger et ligier.

Ligneron. s. m. lange de laine pour emmailloter les enfants. A Liége, *ligneraie*. M. Grandgagnage cite à cette occasion le celt. ancien linna, qui, selon Isidore, était un Sagum quadrum et molle. Il aurait pu, dans le celt. actuel, trouver le gall. llenn, velum, linteamen, llen, lliain, lodix, linteum.

Lignier, lanié. s. m. bûcher, remise pour le bois; latin, lignum. En v. fr. — signifie bûcheron, charpentier, il signifie aussi bûcher, de même que laignier et laigner.

Limé. s. m. ligne noire que l'on rencontre dans la pierre bleue. Lat. rima.

Lin. s. m. lente, œuf de pou. *Il a dés poux, il a dés lins, il a s' kémige toute pleine dé brain.* Refrain d'une vieille chanson.

Limon. s. m. timon, v. fr. En bas-bret. lymon.

Linche. t. de jeu de *courtau*. lieu où on se place pour commencer la partie. En liégeois *linche* signifie gauche, gaucher, en all. link, signifie gauche, v. fr. luenche, loin.

Lincheu, linsué. s. m. drap de lit. B.-bret. lincell, lincelliëu, drap de lit, fr. linceuil.

Linuisse. s. . graine de lin. V. fr. lignuïs.

Lion. ce mot est dissylable et s'emploie dans la chanson des enfants lorsqu'ils veulent faire voler des hannetons :

> Lion, lion !
> *Praind tés ailes, tés ailes, tés ailes,*
> Lion, lion!
> *Prain tés ailes, va-t-ein su l' pont.*
> *A bo bon, à bo bon, meunier, vlà vo moulin qui brûle.*

On dit aussi :

> *Au bo, au bo, meunier.* (Voyèz *meunier*.)

Livre, live. s. f. poids de Mons, mercerie : elle se divise en 16 onces, l'once en 1/2, 1/4, 1/8, 1/16, 1/32 ; le 1/32 en 20 grains. Elle égale en kilogramme 0.465542.

La *livre* d'orfévrerie se divise en deux marcs. Le marc en 8 onces, l'once en 8 esterlins, l'esterlin en 4 ferlins et le ferlin en 8 grains. Elle égale 0.491762.

La *livre* de pharmacie se divise en 12 onces, l'once en 8 dragmes ou gros, le gros en 5 scrupules et le scrupule en 20 grains. Elle égale 0. 279405.

Livrer. v. n. t. de jeu de balle ; envoyer la balle. Ne vient pas, comme le fr., de liberare, mais de librare.

Livrette. s. f. moule, en forme de dé à coudre, pour mesurer le beurre, le fromage.

Loge. s. grenier ‖ réduit ‖ recoin ‖ cachette (Frameries). En bas-bret. log ou lok=loge, cabane de ceux qui gardent les troupeaux. En gallois, selon Davies, lloce, angiportus, angulus, lloches, latebra, latibulum, llogawd, conclave, aula, cella, armarium, ecclesiæ cancelli, interdum abacus, loculus, loculamentum. llawgell, cella manuaria, en all. Loch, trou, en lat. locus, lieu.

Loger. v. a. t. de jeu de raquette. Le volant est logé, quand il est lancé sur un meuble, une croisée, etc.

Logeaule. adj. habitable (Borinage) ; là beaucoup d'adj. en ables se changent en *aule*. V. *mariaule*.

Lolo. s. m. lait (enfantin).

Lommer. v. a. nommer. *Lomm' em vo nom*, dites-moi votre nom. Germanisme, mot-à-mot, Namen nennen. Les All. plus encore que les Montois aiment le pléonasme : la ballade de Schiller dit poëtiquement : der Gräber gräbt ein Grab, le fossoyeur *fossoye* une fosse.

Lon. adv. loin. *Il a tt aussi lon d' chez mi à chez ti, qué d' chez ti à chez mi.*

Longarder. v. n. tarder, différer.

Longin, longiva. s. m. musard, lent, paresseux.

Lonmain. adv. longtemps ; de longuement. *Erié d' tai qu'ain pot fêlé pou durer lonmain.*

Loque. s. f. loche, barbotte ou bourbotte. — est fr. dans la signification de pièce, morceau, lambeau.

Loque. adj. relâché, fatigué, mou, efféminé. Du fr. loque ou de l'all. locker, mou. Comparé à *lavette*.

Loqué. s. m. **Licotte**. s. f. hoquet. A Liége *hikett*, b.-lat. hoquetus, fl. hick. Il y a aussi hik en bret., mais il signifie chatouillement ; il y a ici agglutination de l'art., comme dans *loriau, lamplumu*.

Loquet. s. m. cadenas. En fr. pièce de fer que soulève la clenche, en v. fr. luquet, en bas-lat. luchetum, it. luchetto ; le v. scandinave loka, signifie verrou, le v. fl. loke, clôture, l'anglais, lok, serrure. La racine se trouve dans le v. all. Lûhhan, v. fl. loken.

Loqueter. v. a. laver une maison avec une loque mouillée. En fr. remuer le loquet.

Loquette. s. f. petite loque. En fr. petit morceau.

Loquin. s. m. mouron rouge, anagallis. All. locken, appâter, attirer les oiseaux.

Loriau, compère Loriau. s. m. coucou. Du fr. loriot ‖ orgeolet, petit furoncle sur la paupière. V. fr. loriot, même signification ; en liégeois, l'orgeolet se nomme *oriou*, en espagn. orzuelo ; en lat. hordeolus, petit grain d'orge. L'*l* qui commence le mot est donc véritablement l'article, on a dit d'abord *l'oriau* et plus tard *el loriau*, comme on dit *el nonk*. V. *lamplumu, loquet*, etc.

Loripette à clair z'y. s. f. mégère (aux yeux clairs).

Los. s. m. et adj. **Lostière.** s. f. le féminin, peu usité, est ordinairement employé en plaisantant. Méchant ‖ malicieux ‖ vicieux ‖ débauché ‖ vaurien. All. los, vaurien, dissolu. Ce mot n'est pas toujours employé en mauvaise part. Une fille dit à son amant : *qué t'es los.* Que tu es pressant ! Combien tes yeux sont ardents !

Lostrie. s. f. tromperie ‖ polissonnerie. V. fr. badinage.

Lostron. s. m. petit *los*. M. Grandgagnage dit qu'à Liége c'est au contraire un augmentatif.

Lot. s. m. pot de 4 pintes. T. employé par les faucheurs dans leurs marchés avec les fermiers. Ils demandent, d'ordinaire, pour faucher un pré d'un bonnier, *Sié live, sié lo*, sept livres, sept pots de bière.

Louche. s. f. cuiller à potage. — *à pot*, cuiller pour tremper la soupe. — *au brain*. B.-lat. lochea, bret. loa, cuiller, loabot, lobot, grande cuiller, gall. llwy, all. Löffel. Ce mot, quoique très-usité en France, n'a pas encore reçu la sanction de l'Académie. *Ain paradis, on mainge dés bobons al —.*

Louchie. s. f. contenu *d'enne louche.*

Lougnar. s. m. qui fait l'imbécile pour tromper. Un *lognar* en liégeois, est un imbécile purement et simplement. Ce mot, dit M. Grandgagnage, vient du nom des habitants de l'ancien comté de

Logne, dans le Luxembourg; mais il y a un proverbe français peu usité : faire le Jean logne, qui signifie faire l'innocent. Bas-bret. loiiad, niais.

Louker, loukié, loukie. v. a. et n. très-peu employé à Mons, mais fort usité aux environs. Regarder, examiner, guigner, lorgner. Flam. louken, anglais, look, français, reluquer, v. all. lôgen, luogen, regarder, irl. lochd, vue, sanscrit, lôk, voir.

Lourd, de. adj. lourdaud, stupide, inhabile. En fr. lourd signifie pesant. Pour lui donner la signif. wallone, il faut y ajouter quelque chose, par ex.: esprit —; cependant on s'en sert quelquefois au fig. pour signifier qui manque de finesse, de grâce ; mais le v. fr. a dit au propre lours pour sot, hébété. On retrouve ce mot dans plusieurs langues : Fl. loer (pr. lour) lourdaud, loeren, duper, tromper (v. *lurette*) bret. lour, gros, pesant.

Jeune et lourd
On appreind tous lés jours.

Loutte. s. f. t. de jeu de toupie. Une toupie fait *enne loutte* quand elle s'échappe de la corde sans tourner ou lorsqu'elle tourne sur une autre partie que son fer. En liégeois *leuse*, signifie fausse couche. *Loutte* vient-elle de là? Fl. lot, goth. hlaut, jactus.

Louvesse. s. f. louve.

Louyé. s. m. lien. V. fr. loyer.

Louyer. v. a. lier. V. fr. loyer.

Lourdinette. s. f. femme, fille stupide.

Lōvō. adv. là, au loin. Il dérive sans doute par corruption de, là-haut, ou mieux de, là-vau (val).

Loyeu. s. m. tricheur. Par antiphrase du mot fr. loyal ou simplement de, lieur dont on a fait une injure (St-Symphorien). A Liége brigand, chauffeur.

Loyecou. s. m. licou (Charleroy).

Lumeçon, limson. s. m. limaçon, escargot. ‖ Combat qui a lieu le jour de la kermesse sur les places de Mons et de Wasmes en commémoration de la victoire de Giles de Chin sur un dragon qui tenait son repaire dans les marais de Wasmes. On lui donne ce nom parcequ' autrefois les *chabourlettes* (v. ce mot) faisaient le *lumeçon*, c'est-à-dire tournaient continuellement autour des combattants. V. *caracole.* V. fr. limeçon, limechon.

Leumer, lumer. v. n. éclairer, approcher une lumière ‖ v. a. examiner à la chandelle, au grand jour. *Lumer dé z' eu,* placer des œufs entre son œil et la lumière pour s'assurer qu'ils sont frais ‖ v. impersonnel, faire des éclairs. V. fr. lumer, leumer.

Lumerette, lumrotte. s. f. feu follet. V. fr.

Lunée. s. f. vertige ‖ caprice ‖ idée subite. *Quée lunée est-ce qui vo preind,* quel caprice vous passe par la tête. Le fr. a, lunatique.

Lurette. s. f. chose légère, sans solidité, sans valeur, loque. Se dit surtout des vêtements ou parures de femmes. En liégeois *lurzette,* fl. luer, lor, lange, chiffon, leuren, vendre des chiffons, colporter, frauder, d'où le fr. leurre, leurrer, déluré, v. fr. deleurré.

Lusiau. s. m. cercueil. *Clo d' lusiau,* petites maladies qui annoncent une mort prochaine, symptômes de dépérissement, avant-coureurs de la mort. V. fr. lusel, luzet, lusiau, espagn. lucillo, tombeau de pierre, lat. locellus, petit lieu.

Lusquette. s. f. fille louche. Lat. luscus, borgne, v. fr. losc, lousque, lusque, fl. losch.

Lustucru. s. m. petit tapageur.

M

Ma, man, mame. s. f. mère, maman.

Macard, macâ. adj. et s. sourd ‖ sournois. Les liégeois disent *monâ* pour monaut (qui n'a qu'une oreille) et pour sourd.

Macard, macâ. s. m. grosse faute, gros péché. Liégeois *maka,* basall. maker, marteau de forge dont la lourdeur indique celle de la faute.

Macaron. s. m. débauché, amateur de cotillon. Ce mot doit être un euphemisme. Il a dû être inventé pour éviter le mot ignoble de m...

Macavule, macaveule, macaveuke. s. m. myope ‖ qui voit mal, surtout s'il est chassieux.

Machelle. s. f. mâchoire ‖ joue ‖ figure enflée, déformée ‖ fluxion à la joue. V. fr. maiselle, masselle, joue, mâchoire, basque, mathela, joue, à Namur, à Liége *masale*, lat. maxilla.

Macher. v. n. manger.

Machi. v. a. mélanger (Charleroy). A Liége *mahi*, arm. meski, meska, lat. miscere, misculare, grec μισγω, μεγνυμι, polon. mieszan, v. all. medejan, all. moderne mischen, angl. to mash.

Je laisse à d'autres le soin de démêler la provenance immédiate de *machi*. Tout ce que je puis dire, c'est qu'il est à regretter qu'il fasse lacune dans le patois de Mons et des environs. Le *h* liégeois donnant *ch* à Charleroy et Namur, *sk* vers Mons, si le mot nous était resté, nous aurions eu à Mons *masker*, aux environs *maskié* ou *maski*. C'est peut-être cette forme *masker*, se confondant avec le français *masquer*, qui a été cause de sa perte. On retrouverait probablement le mot dans quelque antique langage d'Orient.

Machie. s. f. papier, bois de réglisse, etc. mâchés.

Maclair. v. *baquet*.

Maclotte. s. f. grumeau. En liégeois, massue, pomme de canne, bosse à la tête, macque ; c'est de ce dernier mot, qui représente un instrument propre à briser le chanvre, que provient le mot liégeois, lequel par extension a exprimé tout renflement d'un corps solide. Les montois s'en sont ensuite emparés pour désigner un corps demi solide au milieu d'un liquide. Le mot pourrait avoir une autre origine. Les *matons* (lait caillé) provenant du v. fr. mat, v. fl. matte, metten, se disent en quelques localités *matelotte*. Il n'y a pas loin jusqu'à *maclotte*.

Maclotter (*s*'). v. réfl. se grumeler, se cailleboter.

Macougnage. s. m. micmac, manigance, intrigue, collusion, manœuvre, tripotage. C'est probablement une corruption de maquignonage. V. fl. makeleur, courtier, entremetteur, v. all. mahhari, de, mahhon, machinari ; lat. mango, gr. μαγγαλον, m[d] d'esclaves.

Macuriau, maturiau. s. m. p. parcelles de suie qui tombent des cheminées sur le linge étendu. On peut faire venir ce mot de maculare ou de machurer. Mais machurer lui-même pourrait bien ne pas provenir de maculare, car les langues du nord offrent le v. flam. masche, le v. all. maska, tache, le v. fl. maeschelen, maschelen, souiller de suie, bret. mastara, souiller, salir.

30

Madame. s. f. réunion d'un grand nombre de gerbes placées debout dans un champ pour compléter leur déssiccation ‖ demoiselle ou hie pour enfoncer les pavés ; fr. terme de ponts et chaussés, dame ; en fl., all. dam, digue.

Maffe. s. m. travéc, compartiment d'une grange, d'une église, intervalle compris entre deux sommiers, deux piliers. ‖ t. de jeu dé *courtiau*, position vis-à-vis d'un liard. Bas-lat. maufolun, mafolo, maflo, mafla qui se trouve, selon M. Grandgagnage, dans le texte de la loi salique, 3e et 4e texte.

Magnoter (*s'*). v. p. se taquiner, se quereller un peu.

Magrau ou **marie magrau**. méchante femme dont on effraye les enfants. Provient probablement de *magrite* dans la signification namuroise. V. le mot suivant.

Magrite. s. f. Marguerite ‖ douillet, efféminé. A Namur *one Magrite* est une femme acariâtre, à ce point qu'il en est provenu un dicton singulier : *one Magrite et on Zabia feienu danser l' diale divin on canibostia*, une Marguerite et un Isabeau feraient danser le diable dans un étui à aiguilles.

Toutes les langues, tous les patois ont une tendance à changer les noms propres en noms communs : les Allemands ont Hans et Niklas ; les Français Nicodème, Nice, Agnès ; nous avons *Jacques, Magrite*, etc. Le fait général existe ; il a une raison d'être ; un homme a une qualité, il a surtout un défaut prononcé (on s'occupe toujours beaucoup plus des défauts que des qualités, tant on est naturellement bon !) Cet homme devient terme de comparaison, on dit : il est comme un tel, puis après un certain temps, on change de figure, on dit : c'est un tel ; comme nos poëtes, nos orateurs qui disent bien : il combat comme un lion et disent mieux : lion il combat.

> Indomptable taureau, dragon impétueux,
> Sa croupe se recourbe, etc.

Il est évident qu'il y a eu au moins deux *Magrites : enne Magrite montoise* remarquable par sa délicatesse, son sybaritisme et *one Magrite namuroise* ressemblant à une mégère. Le nom de baptême nous donne l'assurance du fait ; mais qu'arrive-t-il quand c'est un nom de famille

qui devient type? Il s'efface complètement et les étymologistes vont
fouiller en suant dans les profondeurs du celtique, du gothique et peut-
être du sanscrit. Si l'on ne connait pas l'histoire du mot mouchard, on
est tenté de penser à mouche qui a assez l'air d'être racine, car mouche
se dit aussi pour espion, et cependant ce n'est qu'un dérivé. C'est tou
uniment qu'il y eut un recteur de l'université nommé Mouchi, connu par
son zèle à dénicher les protestants. Ses agents furent d'abord nommés
les affidés, les alguazils, les suppôts de Mouchi ; puis on trouva bon d'y
substituer le nom de mouchards (1). C'est bien pis quand il s'agit des
choses : un événement fait sensation, un mot le signale ; si l'événement s'oublie, le mot reste pour faire le désespoir des étymologistes et
quelquefois leur faire rendre les arrêts les plus ridicules. Je pourrais
signaler trois ou quatre de ces arrêts dont la comparaison du montois
avec d'autres dialectes m'a fait découvrir la fausseté. Je pourrais en
égayer mon lecteur ; mais j'aime mieux qu'il les découvre lui-même dans
cet ouvrage, ne voulant pas offenser des auteurs encore vivants et
d'ailleurs fort recommandables. Je dois faire un retour sur moi-même
et songer à l'indulgence dont j'ai grand besoin.

Le mot *magrite* signifie encore paquerette, bellis perennis, petite marguerite.

Magrite reine. s. f. reine Marguerite, aster sinensis.

Mahomet, mahoumai. s. m. La nuit du 1er mai, dans un certain
nombre de villages, on va peindre une figure d'homme au blanc de chaux
sur la porte de ceux qu'on veut livrer à la risée ou au mépris public.
Cette figure est ce qu'on nomme *ein* —. Les voyageurs nous disent que
de nos jours encore en Espagne on remplit de poudre un mannequin et,
qu'après l'avoir promené dans les rues, on y met le feu et on le fait
sauter en l'air en poussant des cris de joie. C'est aussi un *mahomet*.
Cette coutume remonte au temps des Maures. On peut croire qu'elle
s'accompagnait sur les portes de marques par lesquelles le fanatisme

---

(1) Cette histoire est contestée par M. Scheler. J'admets que l'ex. soit mal choisi. Eh bien !
prenons celui de Stras. On est tenté d'aller chercher une racine all., et c'est le nom de l'in-
venteur d'une composition imitant le diamant. V. *boucan*.

signalait les Maures de conversion suspecte et qu'elle a été importée
dans notre pays à l'époque de la domination espagnole, bien qu'il n'y ait
jamais eu de mahométans chez nous. Les paysans espagnols de notre
temps ne connaissent pas plus que les nôtres l'origine de la coutume.
Les nôtres croient à un rapport avec le mois de mai à cause de la terminaison en *met* ou *mai*. De là l'époque choisie. A Mons le nom de —
est perdu. Mais on barbouille aussi le 1er mai la porte des *durménés*.
Cela s'appelle un *mai* et n'est peut-être qu'une abréviation et une dégé-
nérescence du *mahoumai*. Quelquefois on colle, en place, une image
représentant un mari battu par sa femme. La plupart des *durménés*
arrachent l'image; quelques-uns l'entourent d'une illumination et
de guirlandes. Alors vient, le soir, l'orateur du quartier qui prononce un
discours grotesque au milieu des rires de la populace. J'ai vu plusieurs
fois la cérémonie dans ma jeunesse. Je ne sais si elle existe encore. V.
durméné.

Mahoni. s. m. acajou; le swetenia mahogoni est souvent, à cause de son
bois analogue, confondu avec l'anarcadium qui est l'acajou des ébénistes.
Le véritable acajou des botanistes est un cassuvium.

Mai. s. m. badigeonnage sur les portes, la nuit du 1er mai. V. *mahomet*.

Mai, mouai. adj. mauvais. *I sain mai*, il exhale, il s'exhale une
mauvaise odeur. ‖ *Seint* —, puant, s. m. *Mais* a été employé par les
Trouvères. Bret. moüez, puanteur.

Maiguerlot, ote. s. et adj. un peu maigre.

Main, man, main-main. donnez-moi. Sans doute par abréviation
de, donnez-m'en, que les Montois prononcent *donnez-m'ain*. Il y a en
outre *main*, très-usité à Jemmapes, Quaregnon, et abréviation de *com-
main*, comment? *Main! vo stez co là*. Enfin, il y a un troisième *main* en
usage aux mêmes communes qui signifie, seulement : *y n' da main
qu' chonq*, il n'y en a que cinq.

Maine. s. m. t. de jeu de flèche.

Mainie, mainié. s. m. morceau de bois qui supporte l'échaffaudage
des couvreurs, maçons, plafonneurs. *tro d' mainie*, trous pratiqués au-
dessous du toit d'une maison pour pouvoir établir un échaffaudage. On
a oublié que maisnie a signifié maison en v. fr.; ainsi *tro d' mainie*=
trou de maison ; *mainier* est une francisation.

Maingé. s. m. aliments, nourriture, repas. *S' maingé n' profite gnié* *à c' biette là*. Cet animal ne fait pas profit de sa nourriture, il reste maigre, faible.

Mainger. v. a. manger. V. fr. meingier, goth. matjan, lat. manducare. V. *mier*.

Maisière. s. m. paroi, côté, muraille. V. fr. masière, maisière, lat. maceria et maceries, mur de clôture ordinairement en pierres sèches, celto-bret. mogher, mur, enceinte de ville, de château, celto-gallois, magwyr, murus, maceria, masure ; de maceria est venu macerio, maçon.

Maison. s. f. pièce qui sert de cuisine et de chambre à manger dans une habitation villageoise.

Maite. s. m. pétrin. **mai.** s. m. et **maie.** s. f. sont français. Le v. fr. fournit une foule de mots analogues : Met, meye, maict (mactra), miet, mée, etc.

Maitré. s. m. espèce de filet pour la pêche par lequel on barre une rivière et dont les mailles très-grandes sont elles-mêmes garnies d'un filet à mailles fines, en forme de poche, dans lequel viennent se jeter les poissons épouvantés par le pêcheur.

Makée. s. f. fromage blanc mêlé de crême ou de sucre. Les All. désignent sous le nom de makey un mélange de crême, de sucre, de framboises, de groseilles, de fraises, qui se vend dans les estaminets, guinguettes, aux environs des villes. On pourrait peut-être rattacher — à *maclotte*. Diez tire ce mot de megue. V. *migniau*. On trouve en bret. maga, nourrir, dont la racine est mac ou mag (Pelletier), en gall. magot altilis, magu, nutrire, magwaeth, nutrimentum (Davies). On pourrait encore prendre la dernière syllabe de fromage, le g prononcé dur, si fromage, malgré son apparence latine, n'en provient pas (v. *froumage*).

Makerné. v. *einmakerné*.

Makriau. s. m. rhume, enchifrènement, oppression. A Namur, *machuria*, bret. macherie, oppression en dormant, cauchemar, de macha, mac'hacha, accabler, opprimer. V. *maquet*. A Liége, *mark*, cauchemar.

Mal, mau. (*y n' peut*). il n'y a aucun danger.

Malade (*y fai*). le temps est malsain.

Maladieu. maladif. V. fr.

Mal-appri, mal-apprie, mau-appri. adj. et s. impertinent. Voici une chanson dans laquelle ce mot figure :

Eh! mée (mère), *j'ai n' puche qui m' mord*
El n' mé laiye gnié dormi.
Veutt ett taire, mal apprie,
Laiye es puche là tranquie,
Tu dékire tout l' kémiche;
Ça dur'ra nie toudis (quater).

Malaughi. adj. difficile (Charleroy). A Liége, *máláhi, mauláuhi,* fr. mal-aisé.

Malette. s. f. pannetière, petit sac où les ouvriers mettent leur pain. Celto-breton, maleten, mall, vha malha, fl. mael. *Fai* —, faire un repas, c'est-à-dire *ouvri l'* —. *C'est l' kémin del* —·, c'est une voie de perdition, c'est un acheminement à la misère. En v. fr. c'était le sac des capucins pour leur provision de voyage.

Malice. (*y a*). il y a sortilége, enchantement, malengin.

Malin, maline, malenne. adj. adroit, habile.

Malle. adj. qui n'a que le fém. t. de jeu de balle; mauvaise, chassée hors des cordes. En v. fr. on disait mal, malle pour mauvais, mauvaise.

Malot, te. s. m. et f. babillard, bavard ‖ censeur ‖ qui réplique. Fl. malloot, sotte. En v. fr. bourdon, taon.

Maloter. v. n. parler beaucoup ‖ se plaindre.

Maltôte. s. f. impôt sur la bière, le genièvre, etc., sous le gouvernement autrichien. En fr. exaction, abus de perception.

Maltôteur. percepteur des *maltôtes*.

Mame. mot borain signifiant main : *Tie bie — sésse*. Tiens bien ma main, sais-tu !

Mamée lolo. s. f. vache, mot-à-mot, mère au lait.

Man. s. m. maman.

Manbour. s. m. membre du conseil de fabrique d'une église. V. all. muntboro, protecteur, venant de, munt (protection) et beran, porter, v. fr. mainbourg, tuteur, protecteur, b.-lat. mandibúrnus.

Manbourner. v. n. manier, remuer avec force, secouer, agiter, bousculer.

Manche dé kmiche (*à*). habit bas.

Manchĕter, manster, mancher, mansner. v. a. menacer. V. f. manacer, manecer, bas-lat. manaciare, lat. minari.

Mande. V. *mante*.

Manderlette. s. f. petite manne.

Manderlier, manderlie, manderrié. s. m. mannelier, vannier. V. fr. mandier, mandrier.

Mané. adj. sale, malpropre (Charleroy). V. fr. mau-net.

Manée. s. f. ce que peut tenir la main ‖ écheveau : *manée d' filé*, écheveau de fil. Bas-lat. manata. V. fr. manée.

Manesté. s. f. saleté (Charleroy). A Liége, *massi, maussi*, sale, obscène, *massisté*, saleté, obscénité.

Manette. s. f. main-chaude. En fr. poignée de fer d'une banche, etc.

Mangeons-tout. s. m. p. pois ou fève dont les cosses peuvent être mangées.

Maniaule. adj. maniable, facile à manier (Borinage); remarquez que là les adj. en able se forment en *aule*. Du reste, c'est la forme du v. langage fr. on y disait : redoubtaule, vivaule, vivant, colpaule, coupable, taule, estaule.

Mannéké. s. m. petit homme. On dit souvent *p'tit* —; mot emprunté au fl.

Manique. s. f. crosse d'une serrure ‖ ce que l'on saisit avec la main, poignée de certains instruments ; lat. manus. En fr. c'est un instrument de savetier.

Manoi d'huche. s. m. bouton d'une porte (Borin.) V. *manique*.

Manou. s. m. étranger qui commence à travailler aux houillères, abréviation de manouvrier.

Manque (*i n' pĕut*). cela ne peut manquer, il ne peut manquer. *A qué* —, à quoi tient-il, à quoi manque-t-il ?

Manse. s. f. peu usité. Manche ‖ manne; ne se dit que dans ce proverbe et probablement pour la rime :

> *Vaut mieux plein s' manse*
> *Qué plein s' panse.*

Il coûterait moins de le charger que de le rassasier.

Mante. s. f. manne ‖ mantelet. V. fr. et v. fl.

Mantié. s. p. (Borinage). grimaces, contorsions, mauvaises façons; corruption de maintien. V. *morniaffe*. Ce serait sans doute aller chercher l'étymologie trop loin que de la prendre dans le bas-breton, mingau (simagrées); d'où le languedocien, minganelas.

Maque. s. f. tête; peu usité. On l'employe pourtant au jeu d'épingle: *pointe conte maque.* V. *maqué.*

Maquer. v. a. frapper, stupéfier. V. *stoumaquer.*

Maquet. s. m. instrument dont les enfants se servent pour *crocher.* V. ce mot ‖ chapeau en corne ou cercle de fer au bout des flèches. Fr. macque, instrument propre à briser le chanvre. En liégeois, *maquette,* signifie pomméau, petite boule, tête. Mak est un radical que les uns rapportent au celt., les autres à l'hébreu. Il a formé une foule de mots : *maque, maquer, maca,* peut-être, *maquée, maclotte, macloter, makriau, stoumaquer, einmakerné.*

Marache. s. m. p. vase, limon, plantes aquatiques à demi corrompues, boue d'un étang. En liégeois, *marasse* signifie marais et limon, en all. Morast signifie marécage, en fl. marasch, moeras, v. fl. marrasch; moer=lie.

Maragne. s. f. bruyère, lande, terre aride (Ghlin).

Maraille. s. f. *mazette* (Jemmapes). C'est sans doute le féminin de maraud.

Marbriau. s. m. coussinet pour placer un tourillon.

Marcotte. s. f. belette, animal. En fr. t. de jard. *Y crie comme enne — ein couche.*

Margot. s. f. pie. Marguerite.

Margoulette. s. m. gosier, gorge, estomac. *Tou li passe pa —.* Son gosier ne refuse rien. V. mot fr. enfantin, lat. gula; en quelques patois fr. faire passer par Angoulême.

Marguigner. v. a. tourmenter, inquiéter, dépiter. A Namur, *marguiné*; en v. fr. margouiller, fouler aux pieds, b. all. marachen, fatiguer, harasser, v. fr. mar, mal, à tort, bret. mar, difficulté.

Mariaule. adj. pubère, en âge de se marier (Borinage). Dans l'ancienne coutume du Hainaut, témoin peu digne de foi à cause de son bas-âge.

Marichau. s. m. maréchal ‖ terme générique pour désigner les scarabées de couleur noire, surtout celui qui, à l'état de larve, est le ver de farine dont on nourrit les rossignols (tenebrio molitor). *Marichau au brain,* scarabée fouille-merde, scarabée scatophage. V. all. marahscalc, composé de marah (cheval) et de scalc (serviteur), bret. marc'h, pluriel ancien, marc'haou, cheval.

Marie. s. f. servante de curé : *c' qui goute à Marie, y faut qué l' curé l' mainge.*

— *l'affrontée.* jeune fille effrontée.

— *chuchotte.* jeune fille renchérie.

— *l'eimblavée.* femme qui fait l'empressée.

— *gripette.* méchante femme.

— *grognon.* femme grondeuse.

— *j'ordonne.* femme impérieuse.

— *rouf rouf.* femme qui fait tout à la hâte.

— *salomée.* femme malpropre, débauchée.

— *salope.* prostituée.

— *toutouye,—tripotte.* femme qui tripotte.

— *quater langues.* femme qui semble avoir quatre langues, tant elle babille.

— *magrau.* méchante femme.

— *bon bec.* femme qui a la réplique vive, brutale.

— *Jenne,* — *Jacqueline.* fille facile.

Mariée-salée. s. f. coccinelle (Borinage). All. Marien kàfer.

Marier. v. a. épouser : *il a marié el vak éïé l' viau,* il a épousé une fille enceinte du fait d'autrui.

Marjosef. s. f. Marie-Josèphe.

Markié. s. m. marché. Fl. merkt, v. all. marchat, marchot, all. moderne, Markt, celto-breton, marchat, celto-gallois, marchnad, forum, mercatus, nundinæ.

Marle. s. f. marne. Pline dit que le mot lat. merga est venu de la Gaule. V. fr. marle, b.-lat. margila, gall. marl, merga, tasconium, bret. marg, fl. marghel, all. Mergel.

Marlette. s. f. terre marneuse.

Marli, marlier. s. m. marguiller. V. fr. marlier, sacristain, mair-lier, marguillier, b.-lat. marrelarius.

Marloïne. s. f. sifflement du vent à travers les fentes des portes, que l'on représente aux enfants comme des gnomes ou fantômes, pour les effrayer.

Marluette, merluette. s. f. femme qui espionne, qui veut savoir tout ce qui se passe chez ses voisins. A Namur *marlouwette,* belette, à Mons *lumerette.*

31

Marmot. s. m. prunelle (de l'œil). On lui a donné ce nom, parce que, quand on l'examine de près, elle sert de miroir pour réfléchir notre propre image, mais réduite aux plus petites proportions qu'on a comparées à celles d'un marmot.

Marmotte. s. f. papillon qui ne peut voler.

Marmouser. v. a. et n. inquiéter, murmurer. *Ça li marmouse à s' tiette.* Cela le tourmente, l'inquiète. V. mot fr. dont la racine est probablement le v. fr. mar, mal, à tort : et dist el rei : à mar crerez Marsilie ; bret. mar, difficulté.

Marniouffe. s. f. soufflet, mornifle.

Marolien. s. m. c'est le langage d'une partie assez bornée de Bruxelles et particulièrement du quartier dit les Maroles, d'où son nom. Je n'en parle que pour justifier un peu ce que je dis à l'art. *Rouchi.* C'est, je crois, la voie la plus ordinaire par laquelle nous viennent les mots néo-flamands. Ce langage, qui agace les oreilles des Fr., est cependant bien plus intelligible pour eux que le wallon, sinon de Mons, au moins des environs. Il contient assez bien de mots fl., quelques mots wallons, souvent avec la construction german. ; il contient aussi un petit nombre de mots qui ne sont ni fl. ni wallons, comme scramouye, escarbille, caliche, jus de réglisse, scouflin, copeaux, etc.

On a traduit en marolien la fable de La Fontaine : le renard et le corbeau dont voici les premiers vers. On jugera que cela ne ressemble guère à notre patois :

> Ketche corbeau, sur un stek stampé,
> Tenait, dans s' bec, un plate kèse ;
> Ketche renard, par le flair attiré,
> Parla cette discours. etc.

On peut entendre des phrases comme celle-ci : Venaie une fois, comme un brave, avec moi dinaiye, entends-tu, mon ami, s'il vous plait. Cette singularité vient de ce qu'en fl. la seconde personne du sing. est la même que celle du pluriel. J'ai entendu récemment, près des Minimes, cette phrase curieuse : Ces poëles z'aime bien, là dédans tout brûle dehors. Le premier membre se comprend bien, il n'y a d'extraordinaire que la construction et la prononciation fl., mais pour comprendre le second membre, il faut savoir que la prépos. uit, qui traduit : dehors, traduit aussi : tout à fait, complétement.

Marone. s. f. culotte. *Y s' lève, lieve, ieve avant quél'.diale n'eusse mis sé maronne*, il se lève très tôt. *Kier à s' maronne*, avoir peur. *Ette à s' —*, être paillard. *Prainde sés cauches pou sés maronne*, prendre des vessies pour des lanternes. Lat. mas, maris, mâle. Vêtement du mâle.

Marou. s. m. chat mâle.

Marouler. v. n. crier comme les chats en rut. Figur. rechercher les femmes, chercher à se marier.

Marouner. v. a. culotter.

Marquetente, marquetainte. s. m. vivandier. s. f. vivandière. Les All. disent Marketender. Les dictionn. all. attribuent l'origine du mot à l'italien mercadante, qui, lui-même, provient du lat. mercari.

Marse. s. m. mars.

> Sec marse, cru avri, caud mai,
> Tout vié à souhait.

Martiau. s. m. marteau. Lat. martellus, bret. marzon, gall. mwrthwyl, malleus, tudes.

Martico. s. m. t. d'injure adressé aux enfants. En liégeois singe, v. fl. marteke, diminutif de mart, grec, μαρτυχορα, fr. martin.

Masinque. s. f. mésange. V. fr. masenge, bas-lat. mesenga, v. fl. meese.

Masner. v. a. maçonner.

Masse, masquérade. s. m. masque.

Massou. s. m. canard mâle ‖ sournois ‖ avare ‖ riche. Lat. masculus.

Mastelle. s. f. galette, croquante aromatisée avec de la canelle. V. fl. morstelle. Cette pâtisserie nous vient du pays flam. avec son nom.

Mathieu salé. Mathusalem. *Vieux comme —*.

Mastoque. s. f. pièce de deux liards. Malgré sa physionomie all., le mot nous vient du nord de la France. La — est là formée de deux pièces de 10 c. unies par des cloux ou agraffes pour jouer au bouchon. Elle a cours pour 20 c.

Mastouche. s. f. capucine (fleur), cresson indien ; it. masturzo, esp. mastuerzo, lat. nasturtium, cresson.

Matière. s. f. ce mot est à la vérité fr. pour désigner le pus, mais on ne l'employe guère seul. On dit — purulente. V. fl. materie, qui vient probablement du fr. ou de notre wallon.

Matin, mantin, ine. s. et adj. coquin. En fr. espêce de chien et injure pop.

Mattainje. mot-à-mot, m'attends-je ; je suppose, j'espère : *Y n' d'a pu, m'attainje*. J'espère qu'il n'y en a plus (Borinage). V. *mette*. Ce *m'attainje* revient aussi souvent dans le discours que le *paré* (parait) des liégeois et le *savé* des montois.

Mate. adj. moite, humide. Mat en fr. signifie qui n'est pas poli. Lorrain, madi, bas-lat. mattus; gall. mwyd, humectatio, insuccatio, madefactio. Diez ne veut pas que moite vienne de madidus ; il le tire de humectus.

Matonner. v. n. se couvrir de *matons*.

Matonnié. s. m. viorne, boule-de-neige, viburnum.

Matons. s. m. p. moisissure en forme de grumeaux sur certaines liqueurs et particulièrement la bière. En fr. maton signifie caillé, réduit en grumeaux. Avec ce caillé on faisait dans les villages une préparation culinaire grossière :

> *Il y avoi enne trouye, ain revenant d' Hyon ;*
> *Elle est d'allée loger tout droi au noir mouton.*
> *Deridaine (ter) hola deridon.*
> *Elle demande à l'hotesse s' ielle avoit dés matons.*
> *Deridaine, etc.*
> *L'hotesse y ein d'a fait faire tout plein ein grand caudron.*
> *Deridaine,*
> *Lés matons stion si bons, qué l' trouye avale el caudron.*
> *Deridaine,*
> *On a berdakié l' trouye, on l'a mi ain prison.*
> *Deridaine,*
> *El lindémain à douze heures, on l'a mi ain guersillon.*
> *Deridaine,*
> *L' jour d'après à bonne heure, elle a eu ramon.*
> *Deridaine,*

Et apré ça tout d' suite on l'a banni dé Mon.
        Deridaine,
On l'a banni dé Mon, pa l' porte dé Bertainmont.
        Deridaine.

Cette vieille chanson était satyrique, mais on n'en connait plus l'objet, que fort vaguement.

Matras. s. m. matelas. Flam. matras, all. moderne, Matraze, v. all. materas, v. fr. materas, arabe, almatrah, cymrique, mâth (plat), mathrach (action d'applatir), port. almadraque, prov. almadrac.

Maturiau. v. *macuriau.*

Mau aisile. adj. mal aisé, difficile (Bor.). V. *malaughi.*

Mau (*avoi dés*). avoir des dartres, des ulcères.

Mau (*avoi du*). avoir de la fatigue.

Mau (*avoi*). souffrir.

Mau ain vie, mal en vie. adv. à contre cœur, malgré soi, avec dégoût. *On n' baye erié si mau ain vie que lé yard dés contributions.* Il n'est rien qu'on paye avec plus de répugnance que les contributions. Envy (invitus) est employé par Montaigne. A Liége *eviss.*

Mau, mal (*Jé n' peux*). je n'ai garde. *I n' peut —,* Il n'y a pas de danger.

Mau d' vénure. s. m. mal spontané, mal sans cause extérieure connue, provenant d'une mauvaise constitution.

Maugré. prép. malgré ‖ — s. m. on dit aussi *mal gré, mauvais gré.* Dans certaines parties de la province, surtout vers Tournay, les locataires se considèrent comme propriétaires, moyennant redevance invariable. Si le propriétaire veut changer de fermier ou augmenter le fermage sans l'assentiment du fermier, *il y a mauvais gré :* de là toutes sortes de crimes. La rigueur des tribunaux a fort amoindri le *maugré.*

Maunée. s. f. quantité de grain que les villageois portent à moudre en une fois. Fr. mouuée, mouture.

Maunié, maunie, monnie. s. m. meunier.

Mauriane, moriane. s. m. nègre. V. fr. morien, v. fl. mooriaen, lat. mauritanus.

Mauvais, monvai. adj. — *doigt,* panaris ‖ mal au doigt. Germanisme. Les All. disent : einen bösen Finger, eine böse Hand haben, avoir un mauvais doigt, une mauvaise main, pour exprimer, avoir mal au doigt, à la main.

Par exception à la syntaxe ordinaire des adjectifs, on dit : *ain kié* —, mais alors cela signifie un chien enragé. *Ain — kié*, est un chien impropre à la chasse, etc. *Ain monvai einfant, dés monvai z'einfants.*

Monvai conte dé. fâché contre. C'est encore un germanisme. Böse werden, se fâcher.

Mauvi. il ne se dit que dans cette phrase : *Paysan mauvi, quate et quate pou n'ain louis,* paysan grossier. En fr. petite grive rousse, en liégeois, merle. Notre — est-il male visus ou l'oiseau mauvis, bret. milwid, milvid, mauvis et mouette, v. all. muwo, mouette?

Mauvaiseté, monvaisté. s. f. méchanceté, colère, rancune ; en parlant des maladies, malignité ; en parlant des évacuations, pus, sanie, saburre. *Il a wuidié toutes sortes dé — d'emm gambe.* Il m'est sorti une quantité de pus de la jambe. *Es doigt tourne ain —.* Le mal de son doigt s'aggrave. V. fr. mauvaisetié, mauvaistié.

Maxi. s. m. et adj. débauché, dissolu, amateur de cotillon ‖ abrév. de Maximilien. Il y aura eu sans doute quelque Maximilien qui aura servi de t. de comparaison.

Maxigrogne. s. f. mauvais coup : *Attraper —,* se blesser. M. Grandgagnage écrit *makesugrogne* et explique le mot par coup dé macque sur *grogne* (groïn).

Mayeur (*de fagot*). gros bâton de fagot (major).

Mazette. s. f. personne jeune, sans expérience, marmot. En fr. joueur peu habile.

Mebsit. s. m. v.

Mecouye. s. m. coyon. Comme *mebsit=mecouye,* on doit donner à *bsit* la valeur de c....

Medon. s. m. **medonne.** s. f. action de

Medonner. v. n. donner mal les cartes.

Mée. s. f. mère.

Mek (*d'rsorer*). rester stupéfait, muet. *Mek* et *nek* s'employent en langue d'oc : A restat nec, il n'a su que répondre.

Melée. s. f. limite (Louvegnie). Il y a probablement interversion de consonnes : *lemée* alors dériverait du lat. limes.

Ménage. s. f. fragment de porcelaine brisée servant de jouet aux enfants (Borinage) ‖ mobilier, mais plus particulièrement vaisselle. V. fr. mesnage (ensemble des meubles), bas-lat. managium.

Mencaudée. s. f. mesure agraire en usage dans certains cantons de la province. C'est le cinquième d'un bonnier. La *mencaudée* contient, selon les localités, de 80 à 90 verges, qui ont depuis 18 1/2 pieds jusqu'à 22 pieds.

Mendek. s. m. personnage important. C'était la qualification qu'on donnait autrefois, dans les villes flamandes, aux doyens des métiers. On la donnait aussi par extension aux ouvriers qui avaient obtenu la maîtrise. On ne se sert plus aujourd'hui du mot qu'en plaisantant. Myn, mon + deken, doyen.

Mener, menair. s. m. monsieur. All. mein Herr, fl. myn heer.

Menotte. s. f. petite main (enfantin).

Mentirie. s. f. mensonge.

Mequenne, mesquenne. s. f. servante ‖ fille ‖ dans quelques villages, appellation d'amitié adressée aux petites filles.

Ce mot a soulevé de longues discussions dans la revue du Nord. On y voit que Menage le fait découler de l'arabe, du syriaque ou du chaldéen, elmeschin, miskin, meskine, meskin, tous de même signification, qui ont formé l'italien meschino, chétif, lequel a formé à son tour les vieux mots meschin, meschine, garçon, fille ou servante et l'adj. mesquin (on aurait pu ajouter l'ancien mot mequine). M. Aimé Leroy, dans un ouvrage inédit sur les femmes, fait dériver ce mot de Mequignies, village près de Bavay, très fertile en bonnes servantes. D'autres le font provenir de mesquinus, mot de basse latinité, qui, lui-même, descendrait de l'hébreu mechinach, garçon, serviteur. Après bien des débats le journal cité lui attribue une origine allemande : Mädchen, fille ou servante, à moins qu'on ne préfère, dit-il, un des analogues en flam., holl. etc. Cependant M. Grandgagnage, que ses grandes connaissances dans les langues germ., portent généralement à donner la préférence aux origines all., émet l'opinion que le fr., l'ital., l'espagn., viennent de l'arabe maskino, pauvre, misérable. Le mot aurait été introduit en Europe par l'Espagne.

Merdaillon. s. m. jeune blanc bec. t. injurieux.

Merelle. s. f. borne; ce mot, que je n'ai jamais entendu, est donné par M. Grandgagnage, comme appartenant au Hainaut. Il le présente comme un dimin. du v. fl. meer, meere, terminus, meta, limes. V. fr. mereau.

Mérotte. s. f. chatte ‖ t. d'amitié adressé aux petites filles. Dim. de mère.

Mesplie. s. m. néflier. Lat. mespilus.

Mesquan. adj. petit. (Eugies et lieux voisins.)

Mesquenne à vake. servante grossière de ferme. Voici les plaintes et lamentations d'une jeune *mesquenne* de l'espèce :

> *Qué pitié d'ette enne fiyette* (fillette),
> *Surtou ain stan grante assez,*
> *Faut toudis coukié seulette ;*
> *Oh ! qué d' vourou ette mariée !*
> *Mé* (mais) *faut toudis batte el burre, sans djamain sé marier.*
>
> *Al maison dé no visaine*
> *Dj'ai vu ain bia garchonet ;*
> *Y li f'sou passer s' migraine*
> *A l' loukié, à l'erloukié,*
> *Et mi toudis batte el burre, sans djamain ette ravisée.*
>
> *Quant-elle s'ain va traire sé vake,*
> *Il est toudis là tout d'lez,*
> *Avec el pan d'es casake,*
> *Pou li torkier l' morve dé s' nez,*
> *Et mi.... et gnié n' gein pou m'el torkié.*
>
> *On dit qu' leu bancs sont tout prette*
> *Et qui s'ain vont sé marier,*
> *Oh ! quée bin heureuse Tounette !*
> *Pour mi dju dois là d'morer,*
> *Et puis toudis....*
>
> *Y reimpliront bic leu panse*
> *Dé porée, dé cras stoffé,*

Et tout au mitan del danse
Y d'iront tertous sauter,
Et mi toudis.....

Mesqui. s. m. mégarde (Charleroi). A Liége : *mehain*, défaut, manque. V. fr. meschief, meschef, accident.

Messier, m'sié. s. m. ancien garde-champêtre. *J' n'ai gnié pu faim qu'el kévau du m'sié.* Je n'ai nullement faim. En fr. paysan qui garde les vignes, les fruits murs. Bas-lat. messarius, gardeur de moissons (messis).

Mestier. s. m. métier. V. fr.

Metié-maitte. s. m. jeu d'enfant qui consiste à faire, par des gestes, le simulacre d'un métier qui doit être deviné.

Mette. v. a. mettre. v. n. supposer. *Mettons qu'y véra*, supposons qu'il viendra. Les liégeois lui donnent aussi la signification de supposer et en out fait l'adverbe *métanz*. *Vos irez, métanz.* Vous irez, je suppose. Il s'en suit que de là pourrait bien provenir le borain *m'attainje*. V. ce mot auquel j'avais attribué une autre origine.

Mette de coté. v. n. amasser, thésauriser. v. a. serrer, mettre en place.

Mette du can. v. n. thésauriser. *Qué j' messe, métisse.*

Metu, ue. adj. honteux, stupéfait. V. *mek*. Davies traduit le gallois methu par : perire, deficere, errare, labi. Lat. metus, crainte, v. fr. mestis (Montaigne).

Meunier. s. m. hanneton dont les ailes sont blanchâtres.

Meupli. v. n. prendre de l'embonpoint, engraisser, grandir (Thulin). *Mŏpli, monpli*, en liégeois signifie la même chose, mais ne se dit que des animaux. En v. f. monteplier, mouteplier, croître ; *multiplier?* Gall. mwyhau, arm. muia, augere, majorari.

Meur, meurte. adj. mûr. V. fr. meur, e.

Meure, mûre. s. f. fruit de la ronce. V. fr. meure, v. all. mülberi, all. moderne, Maulbeer, (beer signifie baie), v. fl. et holl. moerbesie et moerbeer, liég. *meûle*, lat. morum et morus, qui s'applique particulièrement à l'arbre, lequel était inconnu dans nos contrées avant les Romains.

Meurié, murier. s. m. ronce, rubus fruticosus.

Meurizon. s. f. maturité.

32

Meyau. s. m. orge que l'on coupe verte pour la nourriture des chevaux. All. Mai, jeune pousse, jet. La désinence *au* est diminutive.

Meyeur, mieur. adj. et adv. de comp. meilleur, mieux. *Mieur ein once de bonheur qu'enne live de sieince.*

Mézié. v. n. tourner mal, empirer. Se dit dans le Borinage, des plaies, blessures. *Maisiau, meziau* ou *mesel,* signifient ladre en v. fr. A Mons, halle au pain, à la viande.

Mézière. s. f. v. *maisière.*

Mi. pr. moi. V. fr.

Miammiam. s. m. sorte d'onomatopée imitant le bruit de la mastication. *Du —,* des aliments. *Fai —,* manger. V. cependant *mier.*

Michant, te. adj. s'éloigne souvent de la signification fr.: *Étée michant conte dé mi?* êtes-vous fâché contre moi? *Là del soupe qui n'est nie michante.* Voilà de la soupe agréable au goût.

Micrain. s. m. enfant délicat, malingre (Jemmapes).

Mie. v. *nie.*

Miel. ne se dit que dans cette phrase : *El jeu tourne à miel, cange ain miel.* Le jeu devient une querelle, une bataille.

Mier, migner, megner, magner, mougner. v. a. manger. *I vaut mieur qu'on l' fûse qué l' leu né l' mûse. Si t'a mié l' diape, miu sés cornes.* V. fr. mignier, arm. meüs, mets, vha muos, repas, aliment. Diez tire l'esp. mueso, morceau, non comme le veut Wachter, du vha, mais du lat. morsus, comme l'all. Bisschen, même sign. de l'all. beissen, mordre.

Mier, mierre. adv. tout à fait, complétement. *Mier nu, mier seu,* tout nu, tout seul. V. fr.; lat. merus. M. Grandgagnage cherche à rattacher *mier* à l'all. qui, dans tous ses dialectes, joint au mot, seul (allein), mutter ou autres mots semblables signifiant tous, mère. Je crois cela bien forcé.

Mieu. s. m. mangeur. — *d' ca,* mangeur de chat. — *d' bon Dieu,* bigot.

Migneau, megneau. s. m. cuvette sans manches, terrine, écuelle pour le laitage. V. fr., encore usité dans quelques provinces, megüe, petit lait. Pictet fait sur le mot *megue* une dissertation fort savante, il rattache aux divers dialectes celtiques et par eux au sanscrit. Cependant — pourrait bien n'être que le v. fr. mio ; namurois, *mou,* liégeois, *mois,* muids, mesure pour les solides et les liquides.

Migot. s. m. magot, petit trésor.

Migoter. v. n. thésauriser.

Mile. Ce mot est masc. pour signifier la partie molle du pain, la mie. *Bayem du* —. Il est fem. pour signifier petite parcelle. *I n' d'avoit pu enne* —. Ce mot, au fém., ne se dit qu'avec la négative; on ne dirait pas : *bayez m'ein enne* —. Il faut alors se servir du diminutif *milette*, miette. —, soit m. soit f., n'a pas de plur., *milette* en a un. M. Scheler a peine à accepter, pour étym. de mie, le lat. mica, à cause que mica ne signifie pas la partie du pain entre les croutes, mais petit morceau, et il est tenté d'adopter media. Notre *mile* masc. répond à : milieu (du pain), *mile* fém. et *milette* répondent à miette. V. *miselin.*

Milette. s. f. miette, parcelle. On renchérit encore sur ce diminutif en disant : *enne pétite* —.

Milieu, miyeu. s. m. t. de jeu de balle. Joueur placé au milieu du jeu. Il y a un petit — en avant et un grand — en arrière.

Mimie. s. f. Marie.

Minck. s. f. et m. lieu couvert pour l'adjudication du poisson. — s. m. celui qui adjuge. — excl. par laquelle on s'assure l'adjudication.

Mincker. v. n. vendre au rabais comme on le fait à *l' minck.* Flam. mincken, amoindrir.

Minette. s. f. chatte. En fr. baquet pour mettre le sable à briques. ‖ petite chatte. A Mons *enne* — est grande ou petite.

Minou. s. m. chat ‖ s. m. p. poils ‖ plumes ‖ duvet ‖ fourrures ‖ moisissure. *Deins les puns d' capron il a dés* —. Dans les fruits de l'églantier il y a un duvet. — ne s'emploie pour moisissure que lorsqu'elle est en forme de duvet, comme sur les confitures. Les moisissures de la bière s'appellent *matons.*

Miraine, mirlaine. s. f. aigreurs, soda, fer chaud.

Mirette. s. f. penis d'un petit garçon. A Liége *misoitte*, qui signifie aussi souriceau. All. Maus, souris.

Miselin. s. m. parcelle, miette. *Ça kée tt' à* —, cela se réduit en petits fragments.

Misseron. s. m. moineau (Quiévrain). V. *mouchon.*

Mistanflute (*à la*). loc. adv. de travers, sans ordre.

Mite. s. f. teigne, insecte. En liégeois et en all. motte; en fr. petit insecte non ailé du fromage, v.h a. miza.

Mittimusse. s. m. p. embarras, objection. *Faire dés —*.

Mocho, mochowe. s. f. maison (Fleurus). A Liége *mohonne*, lat. mansio, demeure.

Mode qué non (*amm*), selon mon avis, opinion, cela ne doit pas être. ATT MODE? Qu'en penses-tu?

Moke. s. f. pain d'épice très-dur coupé en forme de macaron. Les — nous viennent surtout de Gand; mais le mot n'appartient qu'au patois fl.; on ne le trouve pas dans les dictionnaires.

Mole. s. f. moule, forme. En fr. masse de chair informe produit de l'accouchement. ‖ Jettée solide. Gall. mold, forma, typus.

Molène. s. f. p. plantes marécageuses en général, vase, limon, boue d'un étang, fange. Fr. morène, plante aquatique, grenouillette. *I s'a nouyé deins lés —*, il s'est noyé, embarrassé dans les plantes marécageuses. On peut croire qu'il y a eu confusion, car c'est le potamogéton qui est dangereux pour les nageurs, non la morène. En fr. on donne le nom de molène au bouillon blanc.

Moler. v. a. mouler. En fr. moler signifie prendre le vent en poupe.

Molle bainde. s. f. mot à mot, molle bande, pièce de fer platte pour réunir deux poutres.

Momo ou **momo cocoche**. s. m. petit mal (enfantin).

Mon (*al*). à la maison; répond à la prép. fr. chez (in casâ). V. esp. en cas. On ne dira pas : *bati n' —*, il faut un complément: *el — du médecin a brûlé*. On dit : *l' — zande, l' — du curé*, on ne pourrait pas dire *el — curé*, pas plus qu'en fr. on ne dirait chez curé. Il est vrai que cette suppression de l'art. avant les noms propres, a été généralisée. On dit : *l' fiye Pipine, el guernier Côlas*, la fille de Philippine, le grenier de Nicolas; mais c'est un entraînement d'analogie, à moins que ce ne soit une provenance celt., comme en fr., hôtel-Dieu pour hôtel de Dieu, quatre fils Aimond. V. Diez, préface de son Wörterbuch.

Mon. capitale du Hainaut. Nous ne nous occupons de ce mot que pour faire remarquer que telle fut son orthographe dans le moyen âge. C'est ainsi que Jacques Lesaige l'écrit lorsqu'il raconte que grande fut sa joie, quand il vit sur les murs de Ste-Sophie, à Nicosie, parmi les noms de pèlerins, celui de Jhan Potier de *Mon*.

Monciau. s. m. tas, surtout d'ordures des rues. En fr. monceau signifie aussi tas, mais surtout en parlant de richesses, d'or, d'argent, de grains. Joinville emploie le mot *monciau*.

Mont. s. m. tas, foule, masse, amas : *ein mont d'arsouille.* V. fr. troupe.

Monteuse de modes. s. f. M^de de modes.

Montre de Dieu (*au*). réellement, véritablement : *On n' sai au montre de Dieu gnié ous qui va quer lé yar.*

Morbleutte (*al grosse*). loc. adv. sans façon, tout uniment.

Mordieue, mordieusse. juron borain. *Laid —.*

Mori. v. n. mourir. *Ej muers, moru.*

Morianne. s. m. nègre. V. *mauriane.*

Mormoleak, moleak, moleak, moleak. cri des m^des de moules pour annoncer leur marchandise. Il a lieu en chantant et se termine en montant à la quinte.

Morniaffe, morgniaffe. s. f. grimace. Fr. mornifle, soufflet ; effet pour cause ; par extension, mauvaise manière, geste inconvenant.

Moron. s. m. mouron. Esp. vieux, muruge, v. fl. muer, muyr.

Morpoil, morpoye. s. m. poil follet. Ce mot *mor* semble singulier ; car le poil follet n'est pas plus mort qu'aucun autre. Il s'explique par le dialecte namurois *moinrpouyage* et là *moinr* signifie moindre (à la fois positivement et comparativement) on y dit *moinr* et *pus moinr*.

Mortasse. adj. terne.

Mort-terrain. s. m. t. de charb. terrain perméable.

Morzive. adj. ivre-mort.

Moucharenne. s. f. perce-oreille (Bor.); la musaraigne en fr. est une espèce de souris.

Mouchette. s. f. petite mouche, moucheron ‖ imbécile. V. *balau.*

Mouchon. s. m. oiseau. *C't ain — pou l' cat.* Il est perdu sans ressource.

> *Quée temps, dit l' paon.*
> *Y l' faut, tti l' corbeau.*
> *Non fait non fait, dit l' papegai.*
> *I gèle à glace, dit l' begasse.*
> *Nos mourrons, tti l' mouchon.*
> *Nos mourrons dain nos plumettes, ettell l' aloëtte.*

Ardenne, *mochon*, Liége, *mohon*, v. fr. moisson, moison, mousson, muskeron, v. holl. mossche, v. fl. mussche, v. all. musche, dialecte d'Aix-la-Chapelle, mösch. Le primitif germ. meź, dit Chevallet, a dû s'introduire dans le bas-lat. sous la forme de mesio mesionis, d'où moisson. C'est ainsi que pink et flasche donnèrent pincio pinçionis, flasco flasconis. De moisson, on fit, ajoute-t-il, le dimin. moissonnel et par syncope moisnel, moinel, moineau.

Moudrée. Je n'ai entendu le mot que dans cette phrase : *pus vieux qu' lés këmins del* —. On croit que — signifie meurtre.

Mouffe. s. f. p. moufle. Fl. moffel, manchon, all. Muff, holl. mof, bas-lat. muffulæ, gants fourrés.

Mouffëter, Moufter. v. n. répliquer. Usité dans le midi de la France. Est-ce un dimin. de mouver (les lèvres), mouvëter? Est-ce du fr. mufle. all. Muffel?

Moufflasse. adj. mou, flasque, fade. *Enne rainmoulasse, ain naviau moufflasse.* V. fr. mofflet, moufflet, dont le simple se trouve dans le bas-limousin moufle (élastique, meuble). V. *ouf.* Ce mot s'est peut-être composé de mou et de flasque.

Moufflu, ue. adj. V. *moufflasse*, dont en quelques localités il est l'équivalent; de plus enflé, gonflé.

Mougner. v. a. manger. V. fr. moigner.

Mouille, mouye. *Ni f.... ni mouye*; expression basse et orduière pour dire : absolument rien.

Moukieu, mouskeyeu, euse. adj. morveux.

Moukion, Mouskéyon. s. m. morve, mucus des narines expulsé en une fois, crachat. Lat. mucus, fr. moucher.

Moukron. s. m. moucheron, cousin. Lat. musca, all. Mücke, fl. muk.

Moule. s. f. morve, crachat épais ‖ s. m. cœur d'un arbre ‖ moëlle. Lat. medulla.

Moulette. s. f. poulie ‖ articulation ‖ jointure de membre. En fr. partie d'un clou de ciseau, petit coquillage. *J'ai mau dain tou més moulettes.* Je suis brisé dans tous les membres. D'où peut-être *moulu* dans la signification de harassé. Molette en fr. est une grande poulie servant dans les mines. V. fr. demoiller, déboîter.

Moulin. s. m. rouet.

Mouliner. v. n. travailler au bourriquet d'une houillière. En fr. préparer de la soie au moulin.

Moulinoir. s. f. fille qui *mouline*. Remarquez que dans le Borinage les adj. français en eur, wallons en *eu*, forment leur féminin en oire, comme à Valenciennes. (V. le dict. Rouchi par Hecart).

Moulon. s. m. ver, larve d'insecte. Gall. molt, ver, goth. malo, teigne, insecte qui attaque les laines, en montois *mite*, fl. molm, vermoulure, molmen, vermolmen, se vermoudre, lat. vermiculus, de vermis ; du dimin. lat., aurions-nous fait *vermoulon*, comme on dit vermoulu, puis abandonné la première syllabe? Nous disons *moulu dés viers* ou simplement *moulu*. *Moulon* n'est pas syn. de *vier* (V. ce mot). Le mot —. employé seul, s'applique particulièrement à la larve de la mouche à viande, la grosse mouche bleue. On distingue le *blanc* —, la larve du hanneton ; *el — à queue*, la larve de la mouche scatophage, celle des lieux d'aisance ; *el moulon d' bo*, la larve du capricorne à odeur de rose. ‖ *Faire, fai moulon* ou *dés moulons*, bouder. *Faire — à s'pance*, bouder contre son ventre. All. schmollen, bouder.

Moulu, ue. adj. fortement gravé de la petite vérole ‖ vermoulu, percé de vers ‖ fatigué, harassé. En fr. pulvérisé, froissé de coups. V. *moulette*.

Mouniau, moniau. terme injurieux qui s'accompagne ordinairement de l'épithète laid ou vilain. C'est probablement une corruption du mot fr. moineau.

Mouquet. s. m. émouchet, mouchet, oiseau de proie. Fig. homme rapace, adroit ‖ joueur heureux. V. fr. mousket, v. fl. moscket, muscket, bret. mouchel, irl., écoss. musg, musgaid.

Mourdreu. s. m. meurtrier, assassin, personne cruelle. Les all. disent Mörder, les fl. moordenaer. V. fr. mordreur, meurtrier, mordrir, assassiner.

Mourmacher. v. a. et n. ruminer ‖ mâcher beaucoup. *No vake va mau, elle ne mourmache pus*. Notre vache est en danger, elle ne rumine plus.

Mourmayer. v. a. tramer, préparer ‖ gronder (Bor.). Maille=trame.

Mourmoulette. s. f. moule.

Mouscaye. s. f. matière fécale ; t. d'arg. mouscaille dérivé du v. fr. mousse, même sign. : mousse pour le guet et bran pour les sergens (adages de Solon de Voge). Il est à remarquer que les t. empruntés à l'argot ne sont guère employés qu'en ville. Si le mot argotique est répandu dans nos villages, on doit soupçonner qu'il a été plutôt prêté qu'emprunté. Cette remarque est applicable, quoiqu'à un moindre degré, aux mots du bas-langage.

Mouskeyon. diffère de *moukion* en ce qu'il ne s'applique qu'à la morve du nez et non au mucus de la poitrine.

Mouskier. v. a. moucher. *Mouskiez vo nez, ou i s' mouskra. Mariez vo fiye, ou elle se mariera.*

Mousquetter ou **mousketter.** v. a. cribler ‖ percer de coups ‖ déchiqueter. *Mousqueter n' porte à cō d' cayau,* jeter une nuée de cailloux contre une porte ; du mot mousquet ou de *sketter-mou.*

Moussé. s. m. mousse. Lat. muscus, bas-lat. mussula.

Moutarde, mostaude dé capuchin. s. f. moutarde de capucin, cochlearia armoracia. Fl. mostaerd, all. Möstrich, raciné, most, mout, lat. mustum (vinum), isl. mustard, it., port. mostarda.

Moutardelle. s. f. plante avec la graine de laquelle on fait la moutarde. Sinapis nigra.

Moutje, motje. t. de charb. houille impure, pesante. On donne quelquefois ce nom à la terre qui se mêle à la houille en l'exploitant.

Moutte. s. f. montre, échantillon ‖ menuiserie qui sépare l'acheteur du vendeur dans une boutique. *Bayer del moutte,* donner un échantillon. *Ess fiye-là baye del moutte,* cette fille étale ses charmes.

Moustrer, moutrer. v. a. montrer. *On n'a fok moustré le feu à s' char là,* cette viande n'est pas cuite. Mot à mot, on n'a fait que lui montrer le feu.

Mouyau, muyau. s. m. adj. faisant au fém. MUYELLE, muet, muette. V. fr. muea, muelle, liégeois *mouwai, mouwal.* Dans les dialogues de saint Grégoire (XIe siècle), on trouve mueaz, féminin muelle. Gall. mud, mutus, elinguis.

Mouyon, mouillon (*D' cabiau*). s. m. tranche de cabillaut ; peut-être de moignon.

Mouze. s. f. moue, mine. On ne dit pas comme en fr.: faire la moue, *fair' el mouze ;* mais bien : *fair' enne mouze.* Bas-bret. mouza, bouder.

Mouzon. s. m. museau, visage ‖ fig. grognon. Bas-breton, musel, pluriel musellon, dialecte de Vannes, morzeel, plur. morzeellëu, bas-lat. musus.

Moye s. f. meule (de foin, de grain). Fl. muyt, lat. moles, bas-lat. mullio, v. fr. moye. tas, monceau, amas. M. Scheler rejette l'étymol. de moles et adopte celle de metula, dimin. de meta cône, pyramide.

Moyěler. v. a. ameuloner.

Moyenné, ée. adj. riche, qui jouit d'une fortune aisée.

Moyenner. v. n. trouver un expédient, faire un arrangement. *Y n'a nu moyé d' moyenner avé li*, nul moyen de s'arranger avec lui.

Moyens, moyé, s. m. p. aisance, richesse.

Moyette. s. f. dimin. de *moye*. Ne s'applique pas au foin. C'est le *muau* de céréales. *Ermette ein —*.

Muais, se. adj. mauvais.

Muau, mûyau. s. m. réunion d'une certaine quantité de *mulquins* (v. ce mot). V. fr. muyot, tas, monceau.

Muche s. f. lieu dans lequel on cache ‖ trésor caché. V. fr. muce.

Muché ou **muchot**. s. m. jeu d'enfants dans lequel on cache quelqu'un ou quelque chose. V. *cafama*.

Mucher. v. a. cacher. Musser est employé par Montaigne, etc.

Muchetainpo. s. m. régal clandestin, ce qui en est l'objet. Ce mot est composé : *muche+tain+pot* (cache ton pot). La syllabe *tain* annonce qu'il n'est pas né chez nous, mais dans le nord de la France, où l'on dit *tain* pour ton. Nous aurions dit : *muche ett pot*.

Muchette. s. f. cachette, jeu d'enfants. Diminutif de *muche* et *muchot*.

• Tous ces mots, ainsi que le v. fr. musser, mucer ont beaucoup occupé les étym. Il y a en effet le vha mussil, clandestin, le bret. moucha, cacher le visage (Rostrenen). Ménage tire musser de mussare, parler bas, Barbazan de amicire, voiler. Diez du mha sich muzen, se retirer dans l'obscurité.

Muchěnage, michěnage. s. f. glanage.

Muchěuer. s. n. glaner. En liégeois, *mehné*.

Muchon. s. f. glane. En liégeois *mehon*, v. liégeois *mexhon*, v. fr. messon, bas-lat. missonum, lat. messis, moisson.

Muée. v. *moye*.

Muftiau. Au Borin. **mustiau**. Dans quelques villages **mustia**. s.

33

m. t. de boucher, réjouissance, jarret des bêtes de boucherie. A Liége *mustai*, réjouissance et tibia. Selon M. Scheler du lat. musculus, soris de gambe (gloss. lat. rom. de Lille).

Muid. s. m. mesure de capacité pour les grains. Il contient six *razières*, la *razière* deux *vasseaux* ou *vassiaux*, le *vasseau* deux quartiers, quatre pintes ; valeur en hectolitres ou setiers de 3,2032.

Muiquin. s. m. petit mont de foin ainsi disposé, jusqu'à ce qu'il soit assez sec pour être formé en *muyau*. Muyt en flamand signifie meule et on sait que, d'après le génie all., les diminutifs se forment par la terminaison chen.

Mur s. m. t. de ch. espèce de roc moins dur et moins cassant que le roc proprement dit. V. *roc: Y n'aintain ni à mur ni à roc*, il ne comprend pas du tout, il ne veut pas comprendre. ‖ Plancher d'une mine dont le toit se nomme *roc*. Je doute fort que ce mot ait un rapport d'origine avec le fr. mur, latin murus, car il n'y a pas d'analogie de signification ; comme *el mur* se délite avec la plus grande facilité à l'air, le nom pourrait bien venir de l'all. mürbe, friable, peu cohérent.

Muré, muret, meuré. s. f. violier jaune, giroflée de muraille, cheiranthus cheiri. On donne ce nom à cette plante parce qu'elle croit volontiers sur les murailles.

Muriau. s. m. t. de charb. mur formant les parties latérales du *cliquiage*. V. ce mot. V. fr. muriaux, mur.

Muser. v. n. faire du bruit avec la bouche, chanter sans desserrer les dents, huer doucement, comme font les écoliers en classe. Lat. mussare, mussitare. En fr. muser signifie s'amuser à des riens, etc.

Mustanflutte. v. *mistanflutte*.

Mutiau. s. m. partie du cou du bœuf peu estimée, que l'on vend à bon marché ; C'est une confusion avec *muftiau*.

Mutierne. s. f. taupinée, taupinière, petit mont de terre formé par des taupes. Fl. mol, taupe + *tierne*, tertre.

Mutierné. *(scinti l' —.)* avoir une odeur de moisissure. Est-ce que ce mot se rapporte à *mutierne*? est-ce que la terre des *mutiernes* a une odeur? ou bien se rapporte-t-il au mot suivant qui la même signification?

Mutri. moisi, *avoi ain, gou d' mutri*. Celt. bret. moüeltr, rance, moisi, moüeltra, moisir, rancir, fl. muf moisi, muftheid, moisissure. V. fr. mucre, muche. Les liégeois disent *moutri* pour mortifier.

Mystère. s. m. gadoue ; all. Mist, ordures, fumier, excréments.

N

` Dans nos villages industriels et beaucoup de villages agricoles, l'N prend le son de **gn** : *pun* fait *pungn, pan* fait *pagne, vin* fait *vaingne.* Chevallet attribue le son GN en fr. à l'influence néo-celt. A Binche les mots en AN se changent en AWE, AAU *galant* (amant) devient à peu près *galawe.* A Fleurus les mots en ON, AIN, se changent en OWE, AIWE, *benion* devient presque *beniowe, ceindrain* presque *ceindrewe;* c'est un vieux reste des sons gaulois. N s'employe euphoniquement pour éviter l'hiatus : *il a passé pa n'ein biau trau ;* il n'est ici que facultatif ; il est d'obligation dans *vo n'homme, leu n'einfant.* N tombe dans les mots en *ien : rié, bié, kié, tié, vié.*

Na. interj. *ej d'arai, na!* Eh bien ! je veux en avoir.

Nactieu, euse. adj. qui se dégoute facilement, difficile dans le choix des aliments. V. fr. nachieu, nacheus, nactius, repugné, provenant du lat. nausea ou de l'all. naschen, être friand, goth. hnasqvus ,mou, délicat, en liégeois *neroi* et *nareu.* Pourrait aussi être un dérivé de *nak,* comme *nareu* vient de naris.

Nak: s. m. odorat : *il a du —.* il a le nez fin ; fr. renacler. V. fr. nasque, bourg. naque morve, lat. nasicus, nasus.

Nakier, Naker, Nakter. v. n. fureter, se mêler de tout, regarder à tout, faire comme les chiens qui cherchent la piste, v. *fournasker* et *ernasquer.*

Nanan ou **nannan.** (faire) faire dodo, dormir (enfantin) ; faire la nanna est une expression florentine qui a absolument la même valeur. *Nané* en liégeois signifie dormir ; en fr. friandises, sucreries (aussi enfantin).

Nanbu, use. adj. peureux (Bor.).

Nange dé kau. *(ette ain)* être en nage ; ce ne doit être que le V. fr. en ague (en eau), v. *aiweu.*

Nanger. v. n. nager.

Nante. s. f. tante; v. *nonk.* Lat. amita.

Nar. s. m. arc; à force de parler de l'arc avec un pronom poss. *emn'ar, ette n'ar,* on a fini par dire *el nar.* Pareille chose a lieu pour plusieurs mots dans toutes les langues.

Nase. s. m. nez, surtout gros nez; lat. nasus, all. Nase.

Nasot, Nazot. s. m. petit nez (enfantin).

Nature. s. f. manière honnête de désigner le sperme; il y en a beaucoup d'autres qui ne le sont pas du tout et que nous ne pouvons mentionner : *y pierd tout s'* —. il a une spermatorrhée.

Naugi. adj. fatigué. V. *naw.* A Mons on dit *scran.*

Naupe. noble. Je ne donne ce mot que pour faire voir sa prononciation si éloignée de la pron. fr.

Navia. s. m. noyau. — n'est employé, en ce sens, que dans l'est du Hainaut. A Liége on dit *nawai,* ce qui semble n'être guère que le changement habituel du fr. au en *é* ou *ai* (V. *iau*), lat. nucleus; cela me paraît plus simple que d'invoquer l'all. Nabe, le fl., holl. naaf, naef, nave, moyeu.

Naviau, navia. s. m. navet. V. fr. naveau, naviaux.

Naw, nau. Cet adj., usité seulement dans l'est de la province, est fort difficile à prononcer; il signifie paresseux, accablé, abattu, privé d'énergie, comme on l'est par ex., dans la chaleur étouffante et la tension électrique qui précèdent les orages; il diffère de *flau* en ce que l'état de celui-ci est plus soutenu, tandis que celui-là est essentiellement passager. *Naw* en liégeois signifie mou, lâche, fainéant, *nâhi, nauhi,* fatiguer, lasser, gêner, importuner. M. Grandgagnage fait venir — du lat. ignavus ou bien de la négation, + du mot liégeois *âhe,* namurois *auje,* aise. Il rapporte aussi le goth. azi, azets, et les parallèles celt.: gadhel. âthais, bret. eas, aise, corn., aise, bret. eas, ez, aisé, corn., aizia, faciliter. Je m'étonne qu'il n'ait pas pensé au fl. nauw ; cet adj. signifie étroit, mais le subst nauw veut dire gêne, henauwen, oppresser, accabler, henaud, accablé, étouffant.

Née. s. f. t. de charb. ligne de jonction des *combes* du nord et du midi, partie la plus basse d'une couche de houille. En liégeois, limite des coupes de bois. V. *layon.* Il s'en suit que li *née* de Liége n'a pas de rapport de signification avec el *née* de nos charbonniers; c'est *li nowr,* en fr. noue, qui en a un. Que je fasse bien vite remarquer que les dictionnaires liégeois ne présentent pas ce mot comme terme de mineur, mais comme terme usuel. L'académie définit noue : endroit où se rencontrent les surfaces inclinées de deux combles. Ce mot a une double source : du v. all. nua, nuona, du breton naoz, canal, nôed, noued, gouttière.

Né fut qué. conj. à moins que.

Né natif. pléonasme.

Népié. s. m. néflier ; lat. mespilus.

Neppe. s. m. nèfle. V. fr. mesple, nesple.

Néreu, nareu. adj., à peu près synonyme de *nactieu*,provient peut-être de naris, d'où narinosus ; *néreux* et *nareux* appartiennent au V. fr. et signifient qui vomit facilement. A Liége *nareus, néroi*, difficile dans le choix des aliments.

Nérie. non plus ; ne se dit qu'au village : *ni mi —*, ni moi non plus.

Nérié. Rien; c'est surtout un mot de refus (Borin.): *main ein morciau. Nerié*, donnez m'en un morceau. Vous n'en aurez pas. On peut justifier cette apparence de pléonasme. Dans l'origine, le V. fr. ren signifiait chose et était fém., comme le lat. rem ; il n'emportait jamais avec lui la négation, il fallait l'ajouter quand on voulait lui donner la signification négative.

Nétier. v. a. nettoyer. V. fr. netteier, lat. nitidus, gall. nithiaw, laver, sanscr., nig, nettoyer.

Niaffe, gniaffe. s. m. gamin, polisson ‖ savetier.

Niai. s. m. nichet : œuf ou simulacre d'œuf placé dans un nid pour y faire pondre les poules.

Niambot. s. m. déformé, mal bâti, contrefait ; fr. nabot. V. fr. nimbot, fl. nabootsen contrefaire : na, après + bootsen, former. V. nord., nabbi, bosse, nœud. V. *eilbotte*.

Nian gnan. s. m. cri d'enfant, vagissement, *pti nian nian* nouveau né.

Niberg. — *Dain lé cabusette*, formule de refus, de négation. *Voz aré —*, vous n'aurez rien. Niberg appartient à l'argot fr. En argot it. niba, niberta.

Niche. s. m. vêtement de pauvre.

Nicodem. s. m. imbécile. V. *magrite*.

Nié, nie. V. *gnié*.

Nier. s. m. nerf. — *dé bué*, nerf de bœuf.

Nier, nouyié. v. a et n. noyer. V. *nouyer*.

Niculle. s. f. pain à cacheter. En liégeois *nulle;* v. fr. pâtisserie légère, espèce d'oublie, bas-lat. nebula, nebulla, oublie.

Nigaudinosse. s. m. nigaud.

Ninette. s. f. abrev. de Catherinette, que l'on dit plus souvent *trinette; fai nanan* — dormir (enfantin). Il y a une chanson qui commence par *Nanan Ninette*, les amateurs la trouveront dans Hecart. Peut-être ici *Ninette* vient-il de l'esp. ninetta.

Ninoche. s. m. imbécile, v. *inochein*.

Niot, gniot, tte. adj. petit; par pléonasme on dit souvent : *pti gniot;* nino, en espagnol, signifie enfant. V. fr. mignot, lat. minutus.

Niquédouye. s. m. imbécile; employé en bourgogne; de Nicodème.

Niquet. s. m. somme de courte durée. En fr. double tournois. En all. nicken signifie cligner l'œil, sommeiller étant assis. V. all. hnicchan, hnikjan, v. fl. knicken.

Niquéter, nikter. v. a. couper la queue d'un cheval. Fl. negge, bidet, angl. to nick, faire des entailles, redresser, etc.

Nitée. s. f. couvée ‖ nichée.

Nive. s. f. neige. *Quand y kée del nive su l' toit, y fait foid dain l' maison*, quand les cheveux blanchissent, l'ardeur de l'homme s'éteint. Lat. nix, nivis.

No. pronom, notre. V. fr.

Nochere. s. f. v. *noque*.

Nodame, nosdame. s. f. nom que les servantes de ferme donnent à leur maîtresse. On s'en sert à Mons pour désigner une femme impérieuse ou d'un caractère énergique, *c' t' enne maîtresse nodame*. Quand on veut désigner la Vierge on dit *noterdame*. *Il avoi al pourcession tout plein dé bellé noterdame*. Il est remarquable que l'on prononce autrement en français Notre-Dame, église de Paris, dont le R se fait fortement sentir et notre dame, notre maîtresse, dont R ne doit guère se prononcer, excepté encore dans le discours soutenu.

Noée, Nouée. s. m. Noël.

A *St-Thomas,*
Cuis, bue (fais la lessive), *lave tés draps ;*
Quatte joū après Noée t' ara.

Tée joū Noée, tée joū l'an. La fête de Noël et celle du nouvel an arrivent au même jour de la semaine.

> *A Noée l' pas d'ein solée,*
> *A l'an l'agambée d'ein sergent,*
> *A lés rois on s' ein apperçoit,*
> *Au candlée toute allée.*

Se dit de la croissance des jours après le solstice d'hiver. V. fr. *noex, noue, nouel, noweil, novel, noué.* Lang. *nouvel*; de ce que Noël a été longtemps le premier jour de l'an; mais M. Scheler rejette cette interprétation et rapporte Noël à *natalis.*

Nœud de panse. s. m. estomac de bœuf.

Nòir talon. s. m. protestant.

Noire espenne. s. f. nerprun, rhamnus catharticus.

Noirvessou. s. m. pâle et blême. A Liége *moirvessou. Moir* signifie mort. *Pâle comme enne vesse,* pâle comme la mort.

Nolu, nolui. personne (Pâturages). *Ça n' fait d' mau à —,* cela ne fait tort à personne. V. fr. nullui, lat. nullus.

Nom. s. m. prénom, surnom, nom de baptême. Par contre on appelle *surnom* le nom de famille. *Apéler quéqu'un toute sorte dé nom,* l'injurier.

Nom dés os (*sacré —, sacré mille —*). juron montois.

Non fait, non fra. non certes. V. fr.

Nonk, nonque. s. m. oncle. A force de répéter : *emn' onk, leu n' onk,* on a fini par dire : *el —.* On dit par pléonasme, *em mon onk,* comme on dit : *emme, ette, esse matante, mamère, ma cousine,* etc.

Noque, nochere, nocquière. s. f. gouttière. Celto-breton, naoz, canal, Noed, Noued, gouttière, v. all. nôch, canal et nochs, gouttière, v. fr. nocquière.

Nouer (*s'*). v. r. devenir rachitique. Noué et nouure pour rachitique, rachitisme sont français.

Nougette, neusette. s. f. noisette. V. fr. dans les deux formes.

Nougié, neusié. s. m. noisetier, coudrier, corylus avellana.

Nouneu. s. m. ecclésiastique, moine. C'est le masc. de *nounette.*

Nounou. s. m. chat (enfantin).

Nu. aucun, nul. S'emploie volontiers à la manière germ., quand en fr. on dit pas de : *i n'a nu sée à l' soupe*, il n'y a pas de sel dans la soupe. *I n'a nu si noir pot qui n' truéve es couverte*. Mot à mot, pas de pot si noir qui ne trouve son couvercle. Quelque laide que soit une fille, elle trouve toujours un mari. *Nu* devant une voyelle prend un z : *I n'a nuz homme pou vive avé li*, personne ne peut vivre avec lui. Peut-être cela vient-il de ce que le v. fr. écrivait quelquefois nus (nullus).

Nué, nwé, fém. **nwaife**. adj. neuf. V. fr. noef, nuef, lat. novus, bret. nevez, gall. newyz, sansc. nava.

Nuef, nwef. n. de nombre, neuf. A Liége *nouf*, lat. novem, irl. erse, naoi, gall. naw, bret. naõ., corn. nau, sansc. navan.

Nouyer, neyer, niyer. v. a. noyer. *C' t' enne vake qui s'a nouyé deins s' crachat*, c'est une vache qui s'est noyée dans sa salive, réponse aux curieux empressés qui demandent : qu'est-il arrivé?

Nunu. adj. scrupuleux, cagot. Ce mot provient sans doute de minutieux.

Nutte, nui, nuitte (*au*). vers le soir, après le coucher du soleil. Diffère de : *par* ―, qui signifie pendant la nuit. V. fr. à nuit, le soir.

O

O. La quantité de cette lettre, en montois, comme celle de la diphtongue *au*, diffère fort fréquemment de la quantité française. On ne doit pas (ordinairement) accuser les montois d'avoir estropié là prononciation ; car ils sont restés fidèles à la quantité latine que les français ont abandonnée. Les français l'ont-ils fait juste au moment du passage du mot d'une langue dans l'autre? l'ont-ils fait plus tard? Cela n'est pas facile à décider, mais serait bien intéressant à constater ; car nous pourrions découvrir si quelques uns de nos mots nous sont venus à travers le v. fr., ou si nous-mêmes les avons extraits directement du latin. Quoi qu'il en soit de cette question, nous disons *Rŏsine*, que les fr. disent Rōsine, par contre, nous disons *Paūl* que les fr. disent Paŭl.

Cette remarque peut s'étendre aux autres voyelles ou diphtongues, et cela aussi bien dans les mots d'origine germanique ou celt., que dans ceux d'origine latine. Nous disons *drŏlle* (all., fl., drollig), gaël. droll, ce que les fr. prononcent drôle.

L'O se change souvent en ou : *moumeint, sounclle, nounclle, ourme, counoitle, coumaincher, louniau, bouyau,* et réciproquement, ou en o : *sorille, mori.*

Occi. tué. V. m. fr.

Oculer. v. n. et a. écussonner.

Offrandière. s. f. espèce de portière d'église chargée de donner aux fidèles des renseignements sur les offices, de soigner le linge des autels, de distribuer le vin aux prêtres, etc.

Ok. V. *hok.*

Olaqueu. s. m. personne sans solvabilité, sans responsabilité, sans crédit (vers la frontière de France).

Olifan. s, m. éléphant. Fl. et v. fr. olifant.

Olive (*doi d'*). panaris de mauvaise espèce. V. *blan-doi.*

Ombrageux, euse. adj. timide dans sa signification de, craignant le monde. En fr. soupçonneux, défiant, peureux en parlant des chevaux.

Oncreu. adj. doux, gras, fade, nauséabond. All. Ekel, dégoût, nausée, fr. onctueux, bas-lat. unctuosus.

Onction. s. f. droit, octroi, privilége, prérogative ; c'est sans doute une corruption du mot option. *Avoi l'onction,* pouvoir se permettre (Quaregnon).

Ondaine. s. f. rangée d'herbe, de trèfle, de luzerne formée par la faux du moissonneur. On lui a donné ce nom parce qu'alors une prairie a quelque ressemblance avec l'onde d'une mer légèrement agitée. Peut-être aussi du fr. andain, ce qui est fauché d'un coup.

Op. excl. pour inviter à se lever. *Allon op,* allons, debout. On peut présumer que c'est la prép. néerl. op, sur, qui, comme les autres prép. german.,sert d'impératif. On l'employe dans le commandement de porter arme. Il y a cependant l'esp. upa, aupa, excl. adressée aux enfants : levez-vous, courage. V. aussi *oper.*

Oper. v. n. de *op,* on peut avoir formé le verbe —: *Jé l' frai bé* —, Je le ferai bien lever. Mais n'omettons pas de dire qu'il y a le v. fr. ober : ober del lit, sortir du lit, et de plus le cymr. ob, départ.

Opielle. s. f. espèce de rosse, poisson. Liégeois, *popioul,* lat. apua.

Opreum. V. *au preum.*

34

Oragn. adv. tantôt. Lat. horam hanc, v. fr. oreins, orains, bas-breton, orain, tout de suite, basque, orai, maintenant.

Orée. s. f. bord. — du bo, lisière de la forêt. Gall. or, lat. ora.

Ornebot. s. m. chose mal faite ‖ personne maussade, maladroite. V. fr. hochebos, sorte de soldats (Froissart), hokebos, sorte de lance.

Ortile. s. f. ortie. Liégeois, *ourtaie*.

Os. s. m. p. t. de jeu de *courtau*, articulations des doigts avec la main. *Nom dés os*. Juron.

Osé, éé. adj. hardi.

Osoi, osoir, onsoi. v. a. et n. oser, part. *osu*. Les autres temps comme en fr.

Ospéler. v. *haspéler*.

Ospéloi. v. *haspéloi*.

Ossiau, ochau. s. m. os. A Namur *oucha*, à Liége *ohai*. *Lés — trôtté s' piau*, les os lui percent la peau, tant il est maigre. Quand les ménagères se plaignent de ce que les bouchers leur donnent trop d'os, ils répondent : *Acatez dés lumçons, madame, i n'ara gnié d'—*.

Ostalbriffe, stalbrif, estalbriffe. s. f. compte embrouillé, grossi outre mesure. All. zahlen ou betzahlen, compter, payer+Brief, lettre.

Otieu. s. m. outil ‖ imbécile. V. fr. hostil.

Ouais. part. affirm. oui. En fr. interj. de surprise. A Liége on dit *awé*, à Valenciennes *awi*, à Namur *oï*, v. fr. oil. *Ouais* est une diphtongue qui doit se prononcer longue, dont le son doit être très-ouvert et se rapprocher de *wâ*. V. *wai*.

Ouche. v. *houche*.

Ouesse. v. *uesse*.

Ouf, ffe. adj. ce mot n'a pas en fr. d'équivalent aussi général. Il signifie meuble en parlant de la terre, mais il s'applique à tous les objets placés légèrement, il est l'opposé de pressé, dense, entassé, compact. A Namur *ol*, *al*, à Liége *hol*, *wal*; all. hohl, flam. hol, creux, v. fl. hael, exsuccus, aridus, subtilis, esp. ufano, port. oufano, vain, orgueilléux, ital. uffo, abondance, goth. ufjo, surabondance. M. Corblet fait dériver le mot picard *ouche*, terre labourée, du bas-latin occatus, labouré. Ajoutons encore que, dans le bas-limousin, moufle a toutes les significations du montois.

Ouiche. interj. bah, oui (ironiquement).

Ounelle, ounenne. s. f. chenille; (inconnu à Mons) usité seulement au village. Les liégeois disent *ouyenne, alenne, helenne*, fr. phalène, espèce de papillon, v. fr. onaine, chenille, bret. viscoulen.

Our. v. *hour*.

Ourde. v. *hourde*.

Ourme. s. m. orme. V. fr.

Ousqué, ayusqué *c'est qué vos ettes, sté?* Où êtes-vous?

Outte. au-delà, outre. Le montois n'employe jamais ce mot comme prép., excepté avec *dé* : — *dé li*, au-delà de lui. Seul il est toujours adv. et se compose avec les verbes à la manière des langues du Nord en se plaçant à la fin de la phrase : *Em mau n'est gnié co toudi* —, mon mal n'est pas encore passé. *Racache cin pau ç' balle là* —, chassez cette balle au-delà du tamis. *Em n' homme est mét'nant oute*, mon mari est perdu, est dans un état désespéré, est mort.

Ouvrer. v. n. travailler. En fr. il est actif et signifie fabriquer, mais autrefois on l'employait comme neutre. *Ej waif* ou *j'waif, j'ouvroi, j'ai ouvré, qué j'ouvrisse*. V. fr. uevrer.

Ouvérié. s. m. ouvrier. V. fr. uverier.

Ouyar (*toubak*). tabac dégénéré. Il croît plus promptement, mais est de moindre qualité (Ghlin).

Ouye. s. m. œil (dans quelques villages). Haut-all. vieux, ouge, all. moderne, Auge, v. fr. ucil ‖ s. f. oille, esp. olla. V. *oyè*.

Ouyette. s. f. pavot. M. Grandgagnage croit que M. Hecart, à son art. *oliette*, s'est trompé, en disant que c'est le pavot blanc et pense qu'il faut entendre par ce mot olivette, plante oléïfère. J'ai vu de mes propres yeux des champs de papaver somniferum que nos paysans nomment *ouyette*. Tout pharmacien montois donnera sans nul doute des capsules de pavot à quiconque demandera *dés tiettes d'* — *pou lav'mein*. Après cela l'*oliette* de Liége peut être autre chose : Ce peut être l'olivette, raphanus oleïferus.

Ouyu, ue ou **use**. adj. couvert de duvet, cotonneux, velouté. Se dit surtout, dans le Borinage, des fruits et des feuilles. Cet adj. y qualifie aussi les personnes mal peignées, mal soignées. Les liégeois disent *pouyou*, qui provient du fr. poilu. Comme le dit Hecart, dans son dict. Rouchi, ce mot doit être une altération du v. mot houssu. C'est ainsi que

Clusius, traducteur de notre botaniste Dodoens, rend le mot hispidus.
V. *houyu*.

Overgan. s. m. t. de bat. v. *baquet*. Overgang en fl. signifie passage.

Oye. s. f. oille, mélange de divers légumes, notamment de carottes
et de navets cuits avec du lard. Esp. olla podrida.

P

Pa. s'employe pour papa au Borinage.

Pa. prép. par. on lui ajoute souvent la lettre euphonique N pour
éviter l'hiatus : *Pa n'ein biau jour il alliont*, un beau jour ils allaient.

Pachi. s. m. verger (Pâturages). A Liége on dit *pahiss*, v. fr. pa-
schier; gallois, pasg, pastio, pesgi, pascere, saginare ; lat. pascuum.

Paf. adj. confus, stupéfait. C'est, comme dit Remacle dans son dict.
liégeois, une énergique onomatopée qu'on ne retrouve dans aucune
langue.

Pagnagna. s. m. aya-pana, drogue.

Pagne, pan. s. f. pain. *Pagne* ne se dit que dans certains villages.

Pagnon. s. m. petit pain à demi-cuit. V. fr. paignon, petit pain.

Pain crotté. s. f. tranches de pain, trempées dans de l'eau ou du lait,
ensuite dans des œufs battus, qu'on fait frire à la poële. On nomme aussi
cela : *pain perdu*.

Pain de madame. variété de *couque*. V. ce mot.

Pain mollet. espèce de petit pain moins délicat que le précédent.

Paitrer. v. n. pâturer.

Paiyer. v. n. et a. au jour dit *lundi pierdu*, c'était l'usage, pour les
ouvriers de chaque atelier, d'aller en corps souhaiter la bonne année
aux pratiques de leur maître, dans l'espoir d'obtenir un pour boire ; cela
s'appelait *paiyer*. Les enfants poursuivaient les bandes d'ouvriers par le
cri de : *paiyeu, paiyeu!* Le soir les rues de Mons étaient remplies
d'ivrognes. L'administration communale, en présence du spectacle ignoble
qu'offrait le lundi perdu, a fait des efforts pour y mettre un terme. Peut-
être en quelques années réussira-t-elle et le mot *paiyer* se perdra avec
l'action qu'il signifie. Cependant on peut espérer de le conserver sous
la forme figurée, alors il signifie mendier, quêter : *Fifine, ej vié paiyer
n' pétite baije*, Joséphine, par charité un petit baiser.

En entrant dans les idées de M. Grandgagnage, l'étymologie du mot serait introuvable, si l'on n'était aidé par les formes namuroises ; et en écrivant : *heï*, aller chercher les *hées* (étrennes), il me semble avoir fait fausse route ; ce savant invoque l'all. heischen (réclamer, exiger), d'où le dialecte d'Aix-la-Chapelle heesche, mendier. Déjà j'aurais préféré qu'il écrivît *hai* au lieu de *hée*, alors sa pensée se serait portée sur le v. fr. hait, bonne volonté, gré, désir de satisfaire, lequel hait a été produit par le nord. heit, goth. ga-hait, permettre, faire vœu, bret. het, plaisir, agrément, désir, écoss. irl. aiteas, joie, gaieté, écoss. ait, gai, joyeux. Hait a laissé après lui, souhait.

Mais la forme montoise me paraît offrir quelque chose de bien plus satisfaisant : c'est le vieux verbe fr. piyer, pier, faire une orgie. Ce mot est encore en honneur dans l'argot actuel, où il se trouve environné d'une pleïade de dérivés : Piot, boisson, piolle, taverne. Roquefort, glossaire de la langue romane, avait en outre désigné pialler, pioller, boire, pialleur, piolleur, ivrogne. Mais M. Francisque Michel déclare ne pas les connaître ; celui-ci retrouve piar dans le calaõ (argot portugais), dans l'ancienne germania (argot espagnol) ; il le croit emprunté au bohémien piyar où il a le même sens.

Ce bohémien ou Rommany est la langue des vagabonds connus sous les noms d'Égyptiens. Gitanos, en Espagne, zingari en Italie, gypsi, en Anglet., Zigeuner, en All. C'est une langue indoustanique qu'il ne faut confondre ni avec la langue bohême, dialecte slave, ni avec le roumain, langue des Valaques, dérivant du latin. On connaît l'affinité de ceux qui parlent l'argot avec les Bohémiens. Il est donc plus naturel de le leur emprunter que d'aller le chercher dans le grec πιειν, boire, quoique la source primitive soit sans doute commune.

Paiyeu, euse. adj. et s. celui, celle qui *paiye*.

Pakus, pâeusse. s. m. amas, tas, masse. En grec παχυσ signifie gros, épais ; en flam. packhuis, qui se prononce pakeusse, signifie magazin. Pack, paquet+huis, maison. V. *paqueter*.

Pal. prép. par, quand elle est suivie de l'art. fém. la. *Pal rue Dinan*, par la rue de Dinant.

Palée, paltée. s. f. pellée, pelletée, pellerée. *Palée d'ink*, plumée, la quantité d'encre que peut prendre une plume. En fr. rang de pieux pour soutenir une digue.

Palette. s. f. pelle à feu ‖ battoir pour les *boulets* ‖ main vigoureuse. En fr. instrument de bois long, plat et large par un bout, petit battoir rond, etc.

Pali. s. m. pelle de bois ‖ pieu. Fl. pael, lat. palus, v. fr. pellis, palissade, arm. peûl, pieu.

Pâmelle, paumelle. s. f. traverse d'une échelle volante ‖ montant d'une chaise. Fr. pommelle.

Pâmer. v. a. ternir, rendre mat.

Pana. s. m. pan de chemise (Frameries). A Liége *panai*, devant de chemise. V. fr. panel, guenille, lambeau, esp. paño, drap, d'où pañales, lange d'enfant, lat. pannus. V. *pniau*. Les enfants borains poursuivent ceux à qui la chemise sort par une déchirure, en criant : *Au* —, comme les enfants de Mons crient : *Al loque, al loquette.*

Panais sauvage. s. m. yèble, sambucus ebulus.

Panchar, panchu. s. m. pansu. ‖ Gourmand, goulu.

Panchie. s. f. panse, estomac des ruminants. On dit aussi *nœud d' panse.*

Panèresse. s. f. femelle du paon. ‖ t. de maç., se dit du tas de briques placé en largeur, opposé à *boutise*.

Panne. s. f. espèce de tuile. Fl. panne, pan ; en fr. étoffe grossière.

Pannier, pagnié. s. m. mesure pour le charbon de terre. Il égale 94 litres 58.

Pansènier, pansnié, pansnie, s. m. propriétaire d'actions dans les houillières (Pâturages); ce mot vient-il de panse ou de *propancier*? (v. *propancier*).

Pantaliser (*s'*). v. p. se donner une *pante*, se pavaner, se rengorger, s'étaler aux regards du public.

Pante s. f. genre fashionable, distingué, merveilleux, incroyable, fig. train, orgueil.

Paour. s. m. grossier, bas-bret, gueux, indigent ; on confond ce mot avec *baour* (v. ce mot). En mauvaise part, paysan.

Pâpā. s. m. enfant. Dans quelques villages on dit :

Pâpar. fr. poupart.

Pape. s. m. bouillie ‖ empois; bret. papa, all. popul. et fl. papp, même signification. Lat. papa, pappa, cri des enfants pour avoir à manger.

Papegai. s. m. perroquet; v. fr. papegaut ou papegeai, fl. pape-gaei.

Papilloie, papiyotte. s. f. gribouillette. *J'ter, ruer al* —. Jeter à la gribouillette, jeter au peuple, aux enfants.

Papin. s. m. cataplasme ‖ colle de tapissier. En fr. bouillie.

Papinasse. adj. pâteux; all. pappig.

Papiner. v. n. faire de l'empois — v. a. travailler avec de l'empois.

Pâque. buis bénit le jour de Pâque fleurie. A Liége *paki*.

Păque. s. pl. t. de jeu de *courtiau*, connaissance d'une fosse, *savoir lés* —. Savoir où l'on doit jeter *lés courtaus* dans une fosse pour en faire sortir un certain nombre ‖ figur. connaître les finesses d'un métier, d'un jeu, connaître les côtés faibles de quelqu'un, savoir la manière de réussir. Ce ne doit pas être lé fr. pacte, lat. pacisci, pactum, ce serait plutôt le bret. pak ou l'all. packen, saisir (la manière).

Păquĕter. v. a. entasser, emballer, empaqueter; pac ou pak, dit Pelletier, est un ancien mot gaulois dont nos bretons ont fait paca, joindre, empaqueter, saisir, attraper, le partic. est paquet qui est passé comme s. aux fr. et se dit aussi en Bretagne; il se dit en d'autres dialectes : irl. pàsgân, paquet; il s'est dit en b.-lat. paccus; il a cours en fl., pak; sansc. pas, lier.

Paquette. *prope et nette comm el cu* — d'une très-grande propreté (souvent iron.). Paquette était une sale femme qui, vers la fin du siècle dernier, vivait à Mons et qu'on voyait chaque jour en état d'ivresse traînant dans les ruisseaux; elle avait été fort belle dans sa jeunesse et la maîtresse d'un grand personnage.

Paradis. s. m. jeu de marelle ou de chaudière; nos enfants disent quelquefois *paradoz*, l'argot dit paradouz; mauvais jeu de-mots : dix, douze.

Paradis dé noiré Pouye, dé noirté glenne. enfer. ‖ Biette du —, coccinelle.

Paran, parante. adj. se dit des étoffes qui ont belle apparence.

Parc. s. m. plate-bande de jardin.

Parce, pasqué. manière de refuser une explication.

Parchon. s. m. et f. t. de prat., lot dans un acte de partage.

Parchonier, coparchonier. t. de prat. co-partageant.

Parer. v. n. mûrir après avoir été abattu. Se dit des pommes, poires qui ne sont pas mangeables à l'instant où on les cueille. Lat. parare. ‖ Lâcher l'arrière-faix, se débarrasser du délivre. Se dit des animaux, surtout des vaches. Lat. parere, accoucher, engendrer, d'où les mots fr. suppression de part, double part.

Parfait (au). parfaitement. V. fr.

Parfin (al). enfin. V. fr. à la parfin.

Parler à n' fiye. rechercher, courtiser une fille.

Parloge. (dans quelques villages) parlage. Comme en v. fr.

Parmi. prép. moyennant. V. fr.

Parmitan. v. baquet.

Parmitant. (cout. du Hain.) moyennant quoi.

Paroler. v. n. ne signifie pas parler, mais causer, s'expliquer. V. fr. parler, discourir.

Paroles. quand les enfants veulent faire des tours de passe-passe ou de prétendue magie, ils prononcent ce qu'ils nomment les —, en liant les mots de manière à les rendre inintelligibles :

Cotus draus lanknus mie ni radispel.
Cotte use, drap use, langue n'use mie ni radi s' pele.

Parvis, parvisse. s. m. pavillon de jardin. En fr. plan devant une église, espace autour du tabernacle juif.

Pas moins. conj. néanmoins.

Passet. s. m. escabeau ‖ siège d'un carosse, etc.

Passette. s. f. espèce de grande écumoire sur laquelle on pose le poisson pour le cuire et le faire ensuite égoutter facilement, passoire. En fr. t. de tireur d'or et d'ouvrier en soie.

Pasténate. s. f. panais. Fl. pastenaek, all. Pastinak, lat. pastinacia, v. fr. pastenade.

Patafiole (qué l' bon Dieu vo). Dieu vous bénisse; presque toujours dit par antiphrase.

Patapouf. s. m. personne épaisse, joufflue. En norm. patouf.

Patard. s. m. vingtième partie du florin de Brabant, environ neuf centimes.

Patèlette. s. f. écriteau, affiche.

Nos grand'mères nous ont conté qu'un chien ayant volé le bouilli d'une vieille demoiselle, le maître du chien, à qui plainte avait été adressée, mit l'animal *ein guersillon* à sa fenêtre, avec cette inscription :

>   *Ej sue ci avec emme patĕlette*
>   *Pou avoi pris l'hochepot de mamselle Demarkette.*

Pater. s. m. confesseur de religieuse. ‖ s. f. p. prières.

Pătère. s. m. pătère. s. f.

Paterliker. v. n. dire souvent des prières. *Es godau là est toudi à —.*

Patik patak, patatik patatak. caquetage de deux femmes qui se querellent ‖ ce que l'on dit à ceux qui s'expliquent mal. Diez donne *pati pata*, comme venant du Hainaut, il le traduit par Geschnatter, action de barboter. Il le regarde comme une expression naturelle et comme l'origine du mot patois ; mais Chevallet, avec plus de raison, fait venir patois de patrius (sermo).

Patrouyer. v. n. patauger. *I patrouye deins lés berdouyes.* Champ. platrouiller, patoyer, dans le Hain. fr. patriquer, patrouquer, patoquer, patouger, en fr. patrouiller signifie agiter de l'eau sale, etc.

Patte de glenne. s. f. plante dénommée, dans les systèmes botaniques : ægopodium podagraria. Mot à mot, pied de chèvre des goutteux. V. *glenne.*

Pature. s. f. prairie, verger. Pâture, en fr., nourriture des bêtes et fig. de l'âme, de l'esprit.

Pau. prép. par, suivie de l'art. masc. *Ain vier lia sorti pau tro d'es cu.*

Pau. adv. peu. V. fr. po.

Pauscage. s. m. œufs de pâques. Sans doute dérivation de pâques que l'on disait autrefois pasques, lat. pascha. Dans les villages, le Samedi Saint, après les offices, les enfants de chœur vont de maison en maison en chantant : resurrexit alleluia. On leur donne *el —*, consistant ordinairement en une couple d'œufs durs. En ville les employés subalternes de quelques services publics, notamment les *barotiers* du service des boues, vont aussi réclamer le *—*.

Paûtt. épi (Charleroy). A Liége *pâtt, paût.* V. fr. peautre, sorte de bled nommé zea (Borel), fr. épeautre, fl. spelt, all. Speltz, lat. spelta.

Paustiau. s. m. soupe de vaches. V. fr. past, gall. pasg', pastio ; pasci.

35

Pauvergins. s. p. pauvres; au s. on dirait *enne pauf gein*.

Pauverté, poverté. s. f. pauvreté.

Payelle. s. f. poële à frire ‖ grande chaudière. *Vo z'aré dé cau d' pa-yelle toute rouge dessus vo cu*, vous serez damné. La poële s'appelle *paill* à Liége. En fr. s. f. p. grandes chaudières pour affiner le sel, v. fr. paellé, lat. palla, patella, fl. pan.

Payer, pays, paysan. dans ces mots l'A se prononce, tandis qu'en fr. on dit peyer, peys, peysan. Notre prononciation était la prononciation fr., au temps de François Ier (v. Chevallet). Arm. paea, ital. pagare qu'on tire du lat. pacare, apaiser. *Paysan* est remarquable en ce qu'il fait au fém. *paysante*. Cela doit provenir de ce que le v. fr., qui faisait paysans au nom., faisait paysant à l'accus.

Payotage. s. m. cloison mince.

Peignade. s. f. bataille, prise aux cheveux.

Peignée. s. f. combat, bataille. *S' bayer n' bonne* —, se battre. Du mot fr. peigner, qui signifie quelquefois battre, maltraiter.

Peinage. s. m. louage. *Preinde ain gvau à peinage*, louer un che-val.

Peintecoutte. s. f. Pentecôte : *Eintré Monbeuche éyé l'* —, dans un lieu indéterminé, inconnu, qui n'existe pas. Mot à mot : entre Maubeuge et la Pentecôte.

Peké. s. m. genièvre, liqueur distillée. Chez les liégeois il signifie de plus : genièvre, arbre.

Pélatte. s. f. écorce, pelure. En fr. s. m. p. domestiques libres à Athènes.

Pelle. s. f. bèche. En fr. instrument plat, large, à long manche.

Pêluche, pluches, fluches. s. f. p. ordures qui s'amassent dans les doublures d'habits, sous les lits, etc., et qui sont le produit de la laine usée. En fr. espèce d'étoffe; fl. pluisje, flocon.

Péna, pna. s. m. aile. Latin, penna. *Trainer l' péna* ou *lé pna*, traîner l'aile, languir.

Pénacié. s. m. lilas commun, lilac, syringa vulgaris. *Fin* · —, lilas, lilac de Perse, syringa persica. Il y a souvent confusion entre le lilac et le syringa, à cause que syringa a en fr. une autre signification qu'en latin. V. *fleur d'orange*. V. fr. pennache, esp. penacho, ital. pennachio, aigrette, panache, touffe de plumes.

Pendre, painde, pande. v. n. et a. reprendre la partie, s'annoncer pour jouer, après que la partie de balle, de bille, de quille, etc. qui est commencée, sera terminée. *Painde conte el gaignant*, provoquer celui qui sera vainqueur.

Penée. s. f. prise de tabac ; de pincée.

Peneu, euse. adj. honteux, penaud, embarrassé, confus, interdit. On l'attribue à tort à peiné, chagrin ou abusivement à peineux, qui cause de la peine. Peneux est un v. m. f. qui a été remplacé vers 1606 par penaud. Les uns le font venir de pes nudus, d'autres de pœnitens. *Semaine* —, semaine sainte. Rabelais a employé le mot pesneux.

Péniau, pniau. selle de charretier. *Gvau dé* —, cheval de gauche à un charriot et muni de cette selle. V. fr. peneau, barde, haillon, penel, penelle, panel, guenille, lambeau, lat. pannus, lambeau, compresse, drap, penula, enveloppe.

Penture, painture, panture. s. f. pièce de fer qui joue sur le gond. En fr. barre de fer pour soutenir une porte, une fenêtre.

Pépette. s. f. fleur (enfantin).

Percé, ée. adj. mûr, parfait. *Angëlot, froumage* —, devenu gras, passé. C'est sans doute de la ressemblance de passé à percé qu'est venu ce dernier mot. *Ouvié, maitte d'école, avocat* —, fin, adroit, consommé dans son art.

Percette. s. f. bleuet. Centaurea cyanus.

Percher. v. n. et a. percer. Pour rendre le fr. percher, on dit monter à *pierke* ou à *pierce*.

Percot, s. m. perche, poisson. *I d'*—, yeux de perche. Lat. perca.

Perdon. imper. *perdon, perdé. Perdé bé garde au feu, co pu fort à vo fiye.* **Perdons qué**. supposons que. **Perdrai, perdras, perdra** et **perdroi**. fut. et conditionnel du verbe *preinde. Jé l' perdrai*, je le prendrai.

Perdrigon. s. m. On trouve ce mot dans quelques dictionnaires fr.; mais il est inusité en France, où le fruit dont il s'agit ici, est connu sous le nom de prune reine Claude. Selon le bon jardinier, le perdrigon est une espèce de prune et la reine Claude une autre.

Père-et-mère. s. m. ricochet.

Peri la vie. périr, succomber.

Perlipan. s. m. pivoine (Dour).

Persin. s. m. persil. *On séméroit du persin su s' piau*, il a la peau si crasseuse que du persil y germerait. V. fr.

Persin sauvage. petite cigüe.

Peskier, peskié, peskĭ. v. a. et n. pêcher. V. fr. pesquier, gall. armor. pesk, poisson, b. bret. pesketa, pêcher, lat. piscis.

Peskieu. s. m. pêcheur. B. bret. pesker.

Pestéler. v. n. frapper du pied, fouler aux pieds, piétiner. Pes, pied est une des racines du mot. Est-ce stare ou terere qui est l'autre?

Pétar. s. m. cul.

Pet-berneu, pé à floche. s. m. pet chez les personnes qui ont la diarrhée.

Pété, ée. adj. et s. ivre, ivrogne.

Pétée. s. f. réprimande ‖ défaite ‖ déroute.

Péter. v. n. et a. griller, cuire sur le gril. — *dés marrons* ‖ crépiter, pétiller ‖ se fendre, crever ‖ mourir. En fr. faire des pets, éclater avec bruit. Péter en fr. implique toujours un bruit. *Quand on pette pu haut qué s' cu, on fait ain tro à s' dos*, il est dangereux de dépenser au-delà de ses ressources. *C'est comme si vos pétiez dein n' basse*, c'est comme si vous chantiez. *Emm doigt a pété pau froid*. Une personne de Quaregnon était près de mourir ; son gendre, médecin à Bruxelles, vient le visiter : *Pou s' cau ci, m' fieu*, dit le moribond, *i faut qué j' pette*. Eh bien! répond le gendre, ne vous gênez pas pour moi, pétez à l'aise, beau-père.

Pétot. s. m. peton, petit pied (enfantin).

Pétotte. s. f. pomme de terre. Fig. nez ‖ événement. *Vla n' pétote!* Par pléonasme *gros né d' pétotte*. ‖ *Terre à* —, cimetière. Les fl. et les fr. se servent quelquefois du mot patate; la patate est le convolvulus batatas.

Pêtre, paik, paite. Ce mot ne se dit que dans cette phrase : *salé comme* —. On suppose que *pêtre* est une abréviation de salpêtre que les montois disent *salpaique*.

Pétron. s. m. petit cultivateur. Probablement de paître.

Pette. s. f. parcelle, particule. ‖ — *de feu*, étincelle, paillette de fer rouge qui jaillit sous le marteau ‖ flammèche. *Gnié n'*— *d'espoir*, pas une ombre d'espérance. *Vos n' d'arez gnié n'*—, vous n'en aurez pas la plus petite parcelle. ‖ Terme de jeu, coup par lequel un *courtau* en touche un autre. Fig. coup ‖ réprimande. Gall. peth, armor. pez, basq. pedechun, sanscrit pêtva, particule, radical pis', écraser.

Péture. s. f. fente, fêlure, fissure.

Pi. s. pis, tetine de vache ‖ pied.

Piau. s. f. peau ‖ prostituée. s. p. *Fai dés* —, vomir. Il est remarquable que le mot latin scortum signifie aussi en même temps peau et prostituée.

Piau d' mourue (couleur). couleur de mauvaise qualité qui ressemble un peu à celle de la morue.

Pic (*du*). t. de jeu de *croche*. V. fr. et béarnais, coup de pointe.

Pichar. s. m. pisseur, *St-Médard, grand* —.

Pichatte. s. f. pissat, urine. *Roux comme pichatte.* M. Scheler dit qu'à la vérité le fl. et l'all. ont pissen, mais que c'est nouvellement et que d'autre part il n'y a rien d'analogue ni dans le lat. ni dans les langues néo-celtiques. Cependant je trouve dans le gall. piso, mingere.

Pichattié. s. m. médecin des urines.

Pichëlatte, pissëlatte. s. f. langes qui reçoivent les urines d'un enfant.

Pichëpot, pispot. s. m. pot de nuit. Fl. pispot.

Pichie. s. f. courte distance, jusqu'où on peut atteindre en pissant. A n' — dé d'ci, à deux pas d'ici.

Pichon. s. m. poisson. — *au banni,* — de mer pourri, — *au bon,* — de mer frais. En fr. chat putois de la Louisiane.

Pichot. s. m. puisard, trou pratiqué dans le pavement des caves pour recueillir l'eau, après qu'on les a lavées. Est-ce *puichot,* petit puits ou bien est-ce *pichot* dans le sens d'*aiweu?* V. ce mot et *saiweu.*

Pichou. s. m. partie extérieure d'un maillot d'enfant ‖ s. dont le f. est *pichourte,* pisseur, pisseuse.

Pichouli. s. m. pissenlit.

Pichounier. s. m. poissonnier.

Pichuette. s. f. pisseuse ‖ fille.

Picot. s. m. aiguillon, épine, dard. En fr. pointe qui reste sur le bois mort coupé. Lat. spiculum, gall. pig, stimulus, cuspis, fl. pieke, all. Pike, hallebarde. De la racine pic ou pik sont sortis une foule de mots fr.

Picoter, v. a. équivalent de *crochëter* (v. ce mot). Usité dans le Borinage.

Pièce, piéche (*ette tout d'enne*). avoir l'air gêné, souffrant. A Liège *esse to d'inne pesse* signifie être raide, guindé. Armor. pez.

Pied de chassis. pièce de bois de 4 pouces d'épaisseur sur 8 pouces de largeur et un pied de longueur ou 320 pouces cubes ou en m. 0,309642. Le *pied de chassis* est le terme auquel se réduisent tous les bois de charpente, parce que le bois de 4 et 8 qui sert aux chassis est le plus employé.

Pied de derrière. V. *baquet*.

Pied du Hainaut. s. m. mesure de longueur qui se divise en 10 pouces, le pouce en 10 lignes, la ligne en 10 points. En mètre 0. 29343.

Pierde, pierte. s. f. perte.

Pierde. v. a. perdre. Ce verbe devait nécessairement être altéré pour éviter la confusion de certains temps avec ceux du v. *preinde*. *Pierde* fait : *no pierdon, ej pierdoi, pierdrai, pierdroi, pierdan, qué j' pierde, piersse, qué j' pierdisse. Ein eu vu n'est gnié pierdu. A l' ducasse on pier es place.*

Pierke. s. f. perche. Au Borinage on dit *pierce : l'houblon passe lés pierkes,* sa tête n'est pas assez forte pour supporter la boisson qu'il a prise. V. fr. perce, bas-bret., perch.

Pierrette. s. f. noyau. *Il a keyu su ain brain à —,* il porte des marques de petite vérole. En all. Stein signifie à la fois pierre et noyau ; à Tournay *pierrek*.

Pierrot. s. m. moineau. Il est quelquefois employé en France. V. *agasse*.

Piétri. s. f. perdrix. Gall. petris, lat. perdix.

Piétrie. s. f. p. marchandises de rebut ; fr. piètre.

Pile. s. f. volée. En fr. côté de monnaie.

Piler. s. a. fouler aux pieds ‖ s. m. (pron. *pilée*) pilier. En v. fr. piler, fl. pilaer, gall. piler, columna, fulcrum.

Pillion. s. m. partie du bled nouvellement battu, qui l'est imparfaitement ou qui est avarié et sert à nourrir la volaille. Ducange définit le bas-lat. spilo, purgamentum frumenti seu spicæ remanentes post ventilationem.

Pilon. s. m. mortier. En fr. pièce qui sert à écraser dans le mortier.

Pilot. s. m. pieu, poteau ; fr. pilotis ‖ t. de charb. qui désigne la constriction du pied par le *kar* de l'intérieur des houillères.

Pilure. s. f. pilule ‖ coup de pied. Dans cette dernière signification le mot est-il la corruption de *pilule?* ou vient-il de *piler?* cp. *drogue*.

Pinak. s. m. taudis, habitation misérable, en désordre. *Crier pinak*, crier famine. Par antiphrase, fr. pinacle, sommet, puissance, etc. *Quai pinak! enne vake n'y r' counoitroi* ou *r' counichĕroi gnié s' viau.*

Le même proverbe est rimé :

> *St' ain vrai pinak!*
> *Es viau n' s' roi gnié r'couneu pa n' vak.*

Pincer, peinser. *Ça pince à li*, comme il le dit. *Ça pince à l'autte*, comme on dit, selon l'avis général.

Pinchée, pinchie. s. f. pincée.

Pinchette (*baige à —*). baiser de vive amitié, en pinçant les joues.

Pinchon. s. m. pinson, oiseau ‖ pinçon, ecchymose qui est l'effet du pincement de la peau.

Pione. s. f. pivoine. En lat. pœonia ou pionia, fl. pioene ‖ bouvreuil. Pione s'employe vulgairement en France pour pivoine.

Pipie. s. f. pépie. Bret. pibit, pivit, vha. phiphis, all. Pips, fl. pip. M. Scheler le tire du lat. pituita. Si le latin doit intervenir, j'aimerais mieux m'adresser à pipire. V. *spepier*.

Pipine. s. f. Philippine.

Piquante. s. f. bonbon, friandise ‖ coureuse, débauchée. Ce mot sert de pendant à *macaron*.

Piquĕron. s. m. cousin, mouche.

Piquĕruelle. s. f. femme mordante, satirique, méchante ‖ musaraigne.

Piquet. s. m. petite faux dont on se sert d'une main et avec laquelle on coupe le blé plus près de terre. Fl. pik, faucille, pioche, all. Picke.

Piquĕter. v. n. faucher avec le *piquet*. V. ce mot. T. de jeu de *croche*, jouer du pic.

Piquĕteu. s. m. faucheur au *piquet*.

Piquette. s. f. petit œillet. — *du jour*, point du jour.

Piyer. v. a. et n. exciter (un chien). Pillard en fr. est un chien hargneux. Piller est un t. de chasseur signifiant qui veut lancer sur... *El laid wagne m'a fait — pa s' kié.*

Pla. s. m. p. **plateure.** s. f. partie d'une veine de houille qui se présente horizontalement ; par opposition à *droits*, partie verticale de la même veine. On sait qu'au Flénu, les veines ont leur tête au niveau du sol, qu'elles s'enfoncent d'abord perpendiculairement (ce qui forme *lés droits*), puis prennent une direction à peu près horizontale (ce qui produit *les plats*).

Placeu. adj. rare, l'opposé de dru, serré. *Terre placeuse*, terrain dont la récolte est maigre, où le blé est espacé.

Plachi. s. m. espace qui environne une houillère. Fl. plas, plasje, mare, flaque.

Plaiti. v. n. plaider (Bor.). Fl. pleiten, lat. placitum.

Plan. adj. (Il n'a que le masc. et n'est usité qu'au Bor.), plein, ivre. — *comme enne digue*. En fr. plat, uni.

Plan. s. m. place, carrefour (Frameries). Laisser en plan est une expression d'un fr. douteux.

Plancher. s. m. plafond.

Plande, plander. v. a. plaindre. *I plan, no plandon, y plandoi, plandé* et *plandu*.

Planke. s. f. planche. Bret. plancqeun, pleñch, fl. plank, irl., gall. plank, écoss. plang, lat. planca.

Planton. s. m. huissier de police, ordonnance militaire qui attend les ordres de son supérieur. *Ette dé* —, être en faction, demeurer debout, à la même place.

Planure. s. f. t. de boucherie, viande près de la queue.

Plaquant. adj. visqueux, collant.

Plaqué. couvert de plaques de boue.

Plaquer. v. a. couvrir de boue. En fr. appliquer des plaques, flam. placken, coller.

Plaquette. s. m. demi-escalin ou *eskélin*, valant d'abord 32 centimes, réduit à 30 c.

Plaqueux, adj. boueux.

Plat-candlée. s. m. bougeoir.

Plate-buse. s. f. espèce de pipe à tuyau plat.

Platte. s. f. planche épaisse de deux pouces environ qui se met au-dessus de la maçonnerie d'une maison et sur laquelle se placent les *combles*. En all. Platte signifie dessus de table.

Plattekaise. s. m. fromage mou. All. platte Kåse, fl. plattekeese, fromage plat.

Plattelée. s. f. platée.

Plat-verau. s. m. Quoiqu' ainsi nommé, ce verrou n'est nullement plat ; c'est un verrou à serrure.

Plautelette. s. m. colporteur qui vend des cerises, des fromages. Sa marchandise est portée sur un âne et ordinairement troquée contre de vieilles ferrailles. V. *télette* pour l'origine du mot.

Plein. adj. ivre, **pleine**. adj. fém. enceinte, grosse. *Tout* —, adv. beaucoup. Se trouve dans Rabelais.

Pleïsse. s. f. plie, poisson de mer plat. Flam. pladys, v. fr. plaie, b. lat. platissa, fr. plaise.

Pleume. s. f. plume. Le mot fr. plume vient du lat. pluma et le mot wallon a plus de ressemblance avec le fl. pluim (prononcez pleum). Voyez *plouyer* qui se trouve dans le même cas.

Pleuve, plaive. s. f. pluie. *Y doi kéï ttaulant d' — su l'tiette d'ain paysan qué d' sus l' sienne d'enne sau*. Dans les villages on dit *plaive*, comme à Liége, ou *plouaive*. Pleuve est du v. fr.

Plonkié. v. n. plonger (Borinage). B. lat. plumbiare, lat. plumbicare, fl. plompen; fl. plonzen, jeter avec force dans l'eau, gall. plwng, plongeon, bret. plunia, plonger, basq.pulumpatu, sansc. plavana,action de plonger.

Plouyer. v. a. plier. *Faut s' — ous qu'on ne peut gnié s'estamper*, il faut se conformer aux événements. Fl. plooijen, plisser, bret. plega, lat. plicare. Ce n'est que récemment que le fr. a abandonné ployer et s'est ainsi rapproché du lat.

Plukeiner. v. a. dimin. de *pluker*.

Pluker. v. a. et n. becqueter, ramasser des miettes. *I n' meinge pu pou dire, i n' pluke fok*, il ne mange pour ainsi dire plus, il ne fait que prendre des miettes. A Liége *ploki* signifie cueillir les *plokas*, c'est-à-dire les fruits du houblon, mais *plokté* signifie éplucher, effeuiller. V. fr. pluchoter, éplucher, en norm. se dit de l'action des poules qui cherchent le grain sous la paille, armor. plusk, pellicule des fruits, esp. esplugar, ags plausjan, all. pflücken, fl. plukken, cueillir, angl. pluker, plumeur, it. piluccare, égrapper des raisins. Le fr. a conservé éplucher. M. Scheler, d'après Diez, pense qu'éplucher ne vient pas de l'all. pflücken, que c'est plutôt l'all. qui vient du roman. Il adopte le lat. pilare, épiler, par addition d'un affixe uc. Il ne m'appartient pas d'entrer en lice avec ces savants, mais je demande grâce au moins pour notre *plukain* qui semble bien avoir reçu l'influence du fl. plukking.

36

Plukin. s. m. charpie. En fl. pluksel, charpie, plukking, épluchement.

Plukiner. v. n. faire de la charpie.

Pluma. s. m. plumet.

Pluměsée, prumsai. s. m. viande cuite dans de l'eau salée. Mot peu connu à Mons, usité en quelques villages.

Plumion. s. m, petite plume ‖ duvet ‖ ordure qui se forme sous les lits. Espagnol, plumon ou plumion, duvet.

Pluviner. v. imp. pleuvoir un peu. V. fr. pleuviner.

Pochette. s. f. liseron des haies, plante, convolvulus sepium ‖ pistolet de poche. En fr. petite poche.

Pocke. s. f. coup ‖ nazarde ‖ chiquenaude ‖ bosse à la vaisselle. Fl. pok, pustule, all. pocke, bouton, bret. poki, baiser. En fr. poque est un t. de jeu.

Pockette. s. f. p. variole, petite vérole; de l'all. Pocken (pl. de Pocke dont il vient d'être parlé) qui signifie petite vérole.

Pockeu. adj. et s. qui est gravé de la petite vérole ‖ couvert de boutons ‖ rempli d'aspérités ‖ raboteux.

Poëtte. s. f. orgeolet, petit furoncle sur le limbe de la paupière. A Liége pokrai. V. pockette.

Pogne. s. f. poignet.

Poinçon. s. m. le fr. donne à ce nom une signification générale : c'est un outil de fer aigu, le patois lui en donne une spéciale : c'est le synonyme de tisonnié. V. ce mot.

Point d' soritte. s. m. point croisé.

Poirier (faire el). mettre la tête en bas et les jambes en l'air. All. burzelbaum, mot à mot arbre croupion.

Pois. s. m. je ne donne ce mot que pour en indiquer les variétés ; indépendamment du braqué, du cossiau et du caupoi (v. ces mots) il y a : l' poi d' tois leunes (de 5 lunes), c'est le pois hâtif auquel il faut ajouter du sucre, de la crême, el vert poi (au village) el poi vert (à Mons) cosse mangeable. El poi dés can (des champs), jaune et vert, ne se mange que sec.

Poise. ind. du v. peser. Bret. poesa, peser, pouës, poids, v. fr. poiser, lat. pondus.

Poitte. s. f. t. de bat. chambre qui se trouve à l'avant d'un baquet.

Polye s. m. poil ‖ garnement. *C' t'ain fameux poiye*, c'est un franc polisson. *Y n'a nu bon poiye dessus s' tiette.* Traduction litt. du proverbe allemand : es ist kein gutes Haar an ihm.

Polak. s. m. soldat du train, ordinairement moins bien tenu que les soldats des autres armes ‖ homme sale, grossier, pesant. Polak=polonais. M. Scheler ne veut pas qu'on adresse cette injure à une nation et fait des efforts pour trouver une autre explication. Il est poussé par un sentiment louable; cependant je crois que M. Corblet, qui a avancé l'étymologie, est dans le vrai. J'ai entendu dire par des vieillards, que sous le régime autrichien, les soldats du train étaient surtout des polonais et des polonais fort sales. Ce qui n'empêche pas qu'il n'y ait des polonais très-propres, très-braves, très-spirituels, etc. Ce n'est pas la seule injure qu'on adresse aux polonais, on dit encore : *soul comme ein polonais.* D'ailleurs, c'est une tendance générale de la populace, de donner aux étrangers des qualifications injurieuses. J'en pourrais citer plus de cen ex.; presque pas de village qui ne désigne le village voisin par un sobriquet injurieux. L'éducation peut seule étouffer cette mauvaise tendance de l'esprit humain.

Polir, poli. v. a. repasser.

Polisseuse. s. f. repasseuse.

Polissoir, polissoi. s. m. fer à repasser. En fr. outil pour polir.

Polite. s. m. Hippolyte.

Polué, pouyé. s. m. thym. corruption du mot fr. pouliot, plante de la famille du thym. Lat. pulegia.

Pompier, pompeyer. v. n. se dit de la terre pénétrée d'eau sur laquelle on marche. *Elle pompiye*, ou *pompeye.*

Poner. v. n. pondre. V. fr. poser, lat. ponere, pondere.

Ponĕresse. s. f. pondeuse.

Popinette. s. f. linge noué dans lequel on a mis une poudre médicamenteuse, ordinairement de la céruse. Pour s'en servir, on y donne quelque coups d'épingle et on en frappe les aines ou les fesses échauffées des enfants. Le mot fr. nouet n'a pas précisément la même signification, puisque le nouet renferme des drogues qui doivent y bouillir. Le mot flamand pop est cependant traduit par nouet et aussi par poupée. Il est à remarquer qu'*enne popinette* ressemble à une tête de poupée grossière comme en façonnent les petites filles.

Poque. s. f. v. *pocke*.

Poquer. v. n. donner des pulsations, heurter. *Ça li poque à s' tiette*, il sent des battements dans la tête. *Poquer al ferniette*, frapper à la fenêtre. Le verbe all. pochen, a exactement les mêmes significations.

Poquer (*lé z'yeu, lé z'y*). fatiguer la vue à force d'attention, éblouir. *Ça li poque sé z'yeu*, cela est sous ses yeux, sans qu'il le voye. Pocher un œil signifie en fr. le meurtrir.

Poqueter, pokter. v. a. enivrer. De pot? (Borinage).

Poquette. s. f. V. *pockette*.

Porée. s. f. choux étuvés, épinards bouillis. Fr. purée; poirée (bette). *Ainvouyer al porée*, envoyer se promener, se débarrasser de quelqu'un. *D' aller —*, être mystifié, se tromper de voie, s'engager dans une affaire qui ne peut avoir de résultat. En v. fr. poirée signifie poireau et légume.

Porion. s. m. surveillant des houillières.

Porjet, burgé. s. m. maçonnerie au-dessus d'une entrée de cave. Porjettum, basse latinité.

Port au sac, porteur au sac. s. m. porte-faix.

Port de mariage. s. m. dot.

Porté. s. m. de durée, d'usage. *C'est ain bon porté.*

Portélette. s. f. anneau d'une agraffe.

Porteu à baquet. s. m. chargeur de bateaux.

Posti. s. m. petite porte dans une grande ou à côté d'une grande, guichet. En latin postis signifie jambage de porte, porte elle-même. V. fr. posti, porte, gall. post.

Posture. s. f. statue. *— de cire*, figure de cire. *Té d'more là comme enne —*, tu restes planté comme un échalas.

Pot. s. m. mesure de capacité pour les liquides. Le pot de Mons se divise en deux *canettes*, la *canette* contient deux *pintes*, la *pinte* 4 *potées*. Le *pot* égale 2 litres, 03821.

Pot appartient à presque toutes les langues : b. all. pott, bret. pôt, irl. pôt; gall. potiaw, lat. potare, sansc. pâ, boire.

Potée. s. f. huitième de la *canette*. En fr. contenu d'un pot, ocre rouge, étain calciné pour polir, etc.

Potelle. s. f. petite niche dans un mur pour en indiquer la propriété. A Liége *potal*, niche pour placer une statue.

Poti. s. m. cuivre de la dernière qualité. Holl. potais, fr. potin, laiton ou son mélange avec la calamine, l'étain ; potée, oxide d'étain, irl., écoss. peodar, gall. ffeutur, étain.

Potiau. s. m. petit pot, mauvais pot.

Potière. s. f. instrument de fer qui supporte le pot sur le feu. *Il est fier comme potière.*

Potisse. s. f. petit pot servant le plus souvent à contenir du tabac ou de la moutarde. Fig. gros nez.

Potquin. s. m. burette ‖ petit pot. All. potchen, petit pot.

Pou. prép. et conj. pour. Ce mot entre dans plusieurs wallonismes et signifie disposé à : *étée pou v' ni*, êtes-vous disposé à venir? Les espagnols disent : estoi por partir, je veux partir à l'instant. Avec une négation il signifie incapable : *Jé n' sue gnié pou vo leyer là*, je suis incapable de vous abandonner.

Poudrai (*ej*) et même **poudrerai**. fut. du verbe *pouvoi*.

Pouf. excl. en frappant. All. Puff, coup, buffe.

Pouf (*su l'*). gratis, sur le compte d'autrui. It. vivere a uffo, vivre gratis.

Poufrin. s. m. appellation injurieuse. En liégeois drap grossier, poussière qui reste au fond d'un sac à charbon.

Pougner, pogner, poigner. v. a. puiser par poignées. Poigner en fr. signifie tourmenter, bourreler. *I peinse qu'i n'a fok qu'à —*, il croit qu'il n'y a qu'à prendre, que le trésor est inépuisable.

Pougnie. s. f. poignée. V. fr. pugnie.

Pouille, pouye. (*bo, bois d'*). s. m. érable, acer montanum. Quelques personnes pensent qu'on lui a donné ce nom à cause qu'on en emploie souvent les branches à faire des perchoirs de poules, qui s'y juchent bien, parcequ'elles sont raboteuses. D'autres croient que ce nom lui est venu de ce que ce bois est tendre et que la poule sert souvent de terme pour des comparaisons analogues.

Pouilletrie, pouyetrie. s. f. poules, coqs, dindons. *No — n'a nie reindu c' n' année-ci*, notre basse-cour a été peu productive cette année.

Pouillette, pouyette. s, f. poulette.

Pouillon. s. m. poulet ‖ fig. enfant délicat.

Poulié, pouyié. s. m. poulailler. V. fr. pouiller.

Poulisse. s. f. jeune jument.

Pou mi, ti, li, nous, vous, eusse. suivi d'un infinitif, pour que, afin que, suivi du subjonctif. *Moutte ain pau pou mi vir.* Bien des gens croyent parler français en traduisant littéralement. *Montrez un peu pour moi voir.* Voilà une manière de parler bien essentiellement montoise ; mais pour parler montois le plus possible, il y a peut-être mieux encore, c'est de supprimer le *pou mi* et de ne laisser que les deux verbes *moutte* ou *mousse, vir* ou *vie.* Il possède encore bien le génie de la langue, celui qui dit : *moustrelle, moustrem vir,* montrez-le, montrez-moi. Dans le refrain suivant, il y a renversement :

Enne pipe et du toubaque pou fumer Nicolas.

Lorsqu'on a entendu les soldats all. commençant à parler fr., on pourrait croire à un germanisme. En effet, nous avons ouï dire : *pour moi voir, aimer,* mais cela n'est pas du tout une traduction de l'all. et d'ailleurs ne signifie pas pour que je voie, mais simplement je vois, j'aime. C'est un procédé pour esquiver la difficulté de la conjugaison. Il suffit de connaître l'infinitif. Nos gens du peuple imitaient les étrangers en leur parlant et disaient : four mik, (für mich). Cela faisait un curieux langage. J'ai entendu un jour une fille dire à son amant : *Four mik, ette ain colère conte dé ti.*

Il y a quatorze siècles, les franks vainqueurs ont usé du même procédé pour altérer le b.-latin, alors parlé dans les Gaules, au moins dans les villes. Il n'est pas facile de savoir les mots qu'ils ont importés, parceque plusieurs, sans doute avaient été communs à la Gaule et à la Germanie et qu'il en subsistait un grand nombre dans nos villages. Ils ont dû les saisir avec empressement et les remettre en honneur ; mais lorsqu'ils ont voulu parler la langue des vaincus (des villes), leur procédé n'est pas resté douteux ; ils ont rivalisé avec les indigènes pour supprimer, autant que possible, les inflexions des verbes et des substantifs qui les gênaient, en substituant des articles, des pronoms personnels et des auxiliaires, comme ils l'ont fait dans leur propre langue, tout en ayant la complaisance de forger les articles, les pronoms et les auxiliaires avec des mots latins.

Poupier. s. m. peuplier. B. lat. poplus, lat. populus.

Pourazine. s. f. poix résine.

Pourchas. s. m. quête. Fr. pourchasser, en v. fr. pourchas signi-fiait travail, bénéfice.

Pourciau. s. m. pourceau, cochon. Fig. vilain, saligaud, débauché, ivrogne ‖ bosse au front, à la tête, par suite de contusion. V. *abourser.* Sans doute on a dit originairement *bourciau,* car les liégeois disent *boursai* et je trouve dans le glossaire Picard *boursiau.* La manière dont le gall. écrit pwrs bursa est-elle une raison suffisante pour justifier un doute?

Le mot *pourciau* a donné naissance à une foule de proverbes popu-laires. Ils ne sont pas à recommander pour l'usage des salons, mais beaucoup sont pleins d'énergie. Citons-en deux ou trois. *Quan* ou *quante lé pourciaux sont sou lés r' lavures sont sures,* à personne repue ou blasée tout semble fade.

Quand on fai du bié à s' pourciau, on l'ertrouve à s' saloi, femme qui soigne son mari est égoïste.

J' n'ai gnié trop d' sur pou m' pourciau, je suffis à peine aux besoins de mon intérieur, je ne suis pas tenté d'aller chercher de la besogne ailleurs. *Il est à s' n'aise comme ain pourciau dain ain sac.*

> Y r' chane tout à lés pourciau ;
> Avé l' vieu y fait du nouviau.

Parce que le cochon en mangeant des ordures en produit d'autres. J'ai entendu ce proverbe traduit en fr. comme beaucoup d'autres. Il n'est pas ordinairement facile de décider quel langage a emprunté à l'autre. L'existence de la rime chère aux proverbes est une grande pré-somption de priorité.

Pourciau-singlé. s. m. cloporte, mille-pieds. En fr. le nom vul-gaire est porcelet.

Pourette. s. f. petit paquet de poudre médicamenteuse. Fr. purette, poudre que l'on met sur l'écriture.

Pourlékié, Pourléké (s'). se lécher par avance, avoir l'eau à la bouche (St-Ghislain, Baudour). Se pourlécher se disait autrefois en v. fr. Quelques modernes comme Balzac l'emploient, quoiqu'on ne le trouve pas dans les derniers dict.

Pourri. v. n. mûrir en parlant d'un rhume.

Poūtée. s. f. résidu de distillerie. Figurément chose de peu de valeur, marchandise de mauvaise qualité. V. fr. poutie, poussière sur les habits.

Pouvu, povu, poyu. part. passé du v. *pouvoir.*

Prangère. s. m. heure du repas principal. || Midi. || Méridienne. || Sieste || *Fai* —, faire la sieste (arr. de Charleroy). A Liége *prangir, prangi,* v. fr. praingeler, ruminer || manger || grignoter, lat. prandere, déjeûner.

Praute. s. f. conte pour rire, plaisanterie (Borinage).

Préelle, preyelle. s. f. Il y a une *couture* à Jemmapes ainsi nommée. Il y avait à Mons l'étang *dés* —. V. fr. praielle, pratellùm.

Preinde, preinte. v. a. *Ej preind, nos perdons, vos perdez, i preintte* ou *preintté, ej perdois, perdrai, perdrois, qué j' preinsse, perdisse.*

> *Fiye qui preind*
> *Se veind,*
> *Fiye qui baye*
> *S'eincanaye.*

Preum. V. *aupreum* et *fok.*

Priesse, priette, prêtte, praite. s. m. prêtre. *Pou avoi n' maison nette n'y faut priette ni nounette.*

Primo d'abord. Alliance de deux mots ayant la même signification. C'est un pléonasme compliqué d'un barbarisme.

Princesse. s. f. haricot princesse.

Princheu, prècheu. s. m. hanneton. Dans quelques localités fl. on désigne le hanneton sous le nom de prinker, prédicateur.

Proficiat. Mot latin employé pour : bien vous fasse, je vous félicite, je vous fais mon compliment.

Profit. s. m. binet, brûle-tout.

Prone. s. f. prune || ivresse. *Attraper n' bonne* —.

Propaneier. s. m. v. mot fr. par lequel on désignait un habitant du Hainaut. Inconnu aux wallons. V. *pansnier.*

Proutte. s. m. pet. || *Habit* —, habit court, par analogie avec *vesse* veste. Fl. prot; onomatopée?

Proxime. V. fr. tiré du lat., parent, proche. On dit par pléonasme : ses parents les plus —.

Pruéfe, prwaife. s. f. preuve ‖ indic. du v. prouver.

Prumié. adv. premièrement. On continue l'énumération en disant 2eme, 3eme. ‖ s. et adj. *Qui preind —, preind bié.*

Puche. s. m. puits ‖ s. f. puce. Fl. putte, puits, bas-bret. puñcz, lat. puteus. *Keï au—,* mot à mot, tomber dans le puits, être épuisé par les plaisirs vénériens.

Puciau. s. m. puceau, jeune garçon qui mène la danse à certaines kermesses de villages ; ce que dans la plupart des communes on nomme *capitaine.*

Pugi. v. a. puiser (Charleroy). A Liége *pouhi.* V. fr. espucher, trad. de la Bible, chap. 24, verset xj, fl. putten, puiser, put, puits, putje, dimin.; lat. puteus.

Puiser. v. a. se laisser pénétrer par l'eau. Se dit des chaussures. *Més solées puiste.* V. fr.

Puisoir, puisoi. s. m. lieu où l'on puise. Puisard en fr. est un puits absorbant.

Pulkra. s. m. jacinthe, hyacinthe, hyacinthus orientalis. Du lat. pulcher, pulchra, beau, belle.

Pulpite, pilpite. s. m. pupitre. Lat. pulpitum.

Pun. s. m. pomme. Au Borinage PEUGNE. A Tournay on prononce à peu près PWON. V. fr. pun. — *d' capron,* fruit d'églantier.

Pur-ain (*tout*). exclusivement, entièrement. — *biette,* rien que des bêtes.

Pure, purette (*en, ain*). habit bas. Les all. disent im blosseu Hemde, littéralement : en nue chemise, en pure chemise. Les liégeois de même disent *ess et peur chimich.*

Puriau. s. m. eau de fumier, bouillon, pureau.

Purière. s. f. purot.

Putte. excl. de dédain. *Fai dés —,* dédaigner. Bret. put, désagréable, aigre, v. fr. pût, latin putidus, fétide.

Q

Quanque (*tout*), tout ce que. *Quanque* est un v. m. fr. En lat. quantum).

Quaregnon. village près de Mons. V. fr. carreignon, coin, angle. S'en suit-il que — vienne de là?

Quart. s. m. empan, espace compris entre le pouce et le petit doigt écartés. *Mette es quart conte*, mesurer par empan. Fig. connaître (ordurier). V. fr. quarre, dos de la main.

Quarte. s. f. mesure de capacité pour les grains en usage à Namur et dans quelques communes du Hainaut. 4 picotins ou quart de setier.

Quarteron. s. m. ce mot, comme en fr., signifie le quart d'une livre, d'un cent. Seulement à Mons le quarteron d'œufs est de 26 et celui de pommes, de noix, de 34. A Ath, le quarteron de pommes est de 32.

Quartier. s. m. mesure de capacité pour les grains, valeur métrique 0 h. 1335 ‖ division de mesure agraire, douzième de *bonnier* ou quart de *journel*.

Quasiment, quasimain. adv. presque, quasi. *Pet-ette et kasimain c'est dés cousins germains*. V. fr. quasiment.

Quatelet, capelet, catlet, katlet. s. m. trochet, réunion de fruits, surtout de noisettes. S'emploie figur. pour groupe, réunion : *Ein — d' coumères qui calaudté*, un groupe de femmes qui bavardent. On peut établir sur ce mot bien des suppositions : est-ce réunion par quatre? est-ce chapelet? on peut encore remarquer qu'il s'employe surtout pour désigner les aggrégations de fruits d'arbres à châton. Fl. katje, all. Kästchen, châton; il y a enfin le gall. catt, frustulum, particula (Davies).

Quatrepierre, s. f. salamandre. Dans quelques villages on dit KATERPIÈGE. A Liége *kwat pesse*, mot à mot, quatre pièces. On a sans doute altéré le mot pour lui donner une signif. comme dans *queue d' sorille;* mais quel était le mot primitif? M. Grandgagnage avance le holl. kwaad beest, quoique l'animal ne mérite pas ce nom (méchante bête); il est inoffensif; mais il est très redouté des enfants. On pourrait encore le former de l'all. Quappe, têtard de grenouille ou de Kröte, crapaud. + Fl. pad, aussi crapaud. Le fr. crapaud semble être aussi Kröte + pad.

Quoi qu'il en soit, il est assez singulier que l'angl. ait caterpillar, chenille, mot à mot, quatre piliers et qu'en portugais la chenille s'appelle lagarta, proprement lézard (lat. lacerta). Ce rapprochement vient-il de ce qu'ils rampent tous deux? Mais M. Littré dit que caterpillar vient du pat. norm. chattepelouse, chenille, propr. chatte velue.

Que fusse, que fut-ce. conj. quoi qu'il en soit, malgré cela, soit.

Qué. interr. quoi, comment. Si les montois remplacent quoi par *qué*, en récompense ils substituent souvent quoi à que. Ex.: *quoi disée,* pour que dites-vous? mais ce *quoi* est prétentieux. Vers Ath on prononce *quau. Quau dite, quau faite?*

Quelpoique. t. d'arg. rien. Quel ou quelque + poic. V. fr. poc, qui signifiait peu.

Quéniau. s. m. chêneau, jeune chêne ‖ bâton de chêne. V. fr. quesne, caisne, chesne et quéniau. B.-lat. casnus, lat. quercus, bret. guesen tañ. A la vérité tañ est le nom spécifique, gwesen n'est que le nom générique : arbre; mais seul il a bien pu désigner l'arbre par excellence. Cette conjecture s'est réalisée : Je viens de voir gwen traduit par chêne dans un vers bret. de l'introduction du dict. de Legonidec.

Querière. s. f. t. de charbonnage. Pierre très-dure qui tapisse la veine de houille. On la divise en *quersiau,* très-dur, en *querière* proprement dite, de dureté moyenne et en *querlasse,* plus tendre. On dit aussi *querelle.* Prononcez *kwairière.* Bret. karreg, gall. careg, pierre; d'où provient probablement le fr. carrière (de pierres), v. f. quarrière; v. fr. quarrel, pierre; querelle, grêle.

Querre, quée. v. a. quérir. V. fr. querre.

Qué tout. adv. combien. Il n'est pas interrogatif, mais admiratif. *Que tou qu'on l'ia bayé!* combien on lui a donné! Comp. le lat. quam multum, l'all. wieviel, le fl. hoeweel, le fr. lui-même, combien; bien, pour beaucoup.

Quétron. s. m. rejeton, surgeon, marcotte. All. Quecke, racine qui tend à se multiplier.

Queue d' soritte. s. f. chauve-souris. Au Bor. KAU D' SORI, à Liége *chaw sori.* Ce mot est une altération de *kauw* ou *kauwe sorite,* dont les montois, aussi bien que les fr., ont oublié l'origine et dont les uns ont fait *queue* et les autres chauve. V. *chaou.* Le v. fr. a dit chaude-soris.

Qui fusse. soit.

Quin. s. m. cul, derrière (Borin.). Lat. cunnus.

Quinquin. s. m. derrière, cul. ‖ appellation amicale.

Quinquinette. anneau de pâtisserie; tire son nom de sa forme d'anneau. C'est un dimin. du dimin. précédent.

Quint. s. m. caprice. Fr. quinteux; holl. kwint, caprice. V. *quintousse.*

Quintousse. s. f. coqueluche. Fr. toux par quintes, holl. kinkhoest, all. Keikhust, racine all. keichen, haleter, v. all. kichen+hust, toux. Coqueluche doit avoir la même origine. On pourrait dire que c'est toux de coq; il est vrai que le croup pourrait être ainsi nommé, mais non la coqueluche.

Quinzain. s. m. montois qui va en pèlerinage à Tongres. En fr. t. de jeu de paume, etc.

Quinze. s. m. manière de compter au jeu de balle : *Ein quinze, prumié quinze, avoi quinze.*

Qu'est ce qué c'est qué? interr. comment, quoi?

Qui soye. adv. conjonction, quoi qu'il en soit.

Qui vié. prochain, futur. Litt. qui vient. *Lés fiyes qui n'ont rié, y d'ara co l'année qui vié.* Les filles sans fortune, il en restera l'an prochain.

R

R. Cette lettre se supprime dans la terminaison de tous les verbes. On dit, même avant une voyelle, *aimée, puni, dĕvoi, prainde.* Il n'y a qu'un petit nombre d'exceptions. Ex.: *Vir* pour voir et encore dit-on souvent *vī*. Au commencement des mots on déplace souvent le R pour le mettre après la voyelle : *Ertourner* pour retourner, *bertelle* pour bretelle. On le supprime à la fin de la plupart des mots en eur : *Meinteu, trompeu;* dans la plupart des mots en oir : *Abuvroi, saloi, miroi, mouchoi* ou *moukoi* ou *mouskoi;* dans le milieu d'une foule de mots, *châles, meimbe.* Dans les s. en ier on fait le changement en ÉE : *Solée, pilée, candĕlée.*

R', ré, ra, sont plus rarement qu'en fr. des signes d'itération : *Récrire, raiguiser, r'gucri, roblier,* signifient écrire, aiguiser, guérir, oublier.

Rabache-bitte. s. m. désappointement, contrariété, chose propre à abaisser l'orgueil. Fr. rabat-joie.

Rabacher. v. a. abaisser, abattre, humilier. En fr. v. n. qui signifie répéter fastidieusement.

Rabatiau. s. m. rideau qui cache le dessous d'un lit. En fr. rabateau signifie un feutre qui arrête l'eau enlevée par la meule.

Rabistoquer. v. a. rajuster, racommoder.

Rablagi. v. n. pâlir. Blass en all. signifie pâle. V. *blage.*

Rabobinache. s. f. rabachage. *Quée drolle dé —!* Quels singuliers contes!

Rabobiner. v. n. et a. rabacher, radoter. V. fr. rabobeliner, replâtrer, réparer.

Rabot. s. m. t. de charb. terrain aussi nommé *forte-toise,* formé de silex mêlé de calcaire. En fr. pierre dure pour paver.

Rabouler. v. n. revenir avec empressement, V. *abouler.*

Rabouziner (s'). v. r. se ramasser, se former en *bousin.*

Rabufter. v. a. rebufer. It. rabufo. V. *buf.* All. verblüfft, déconcerté, étourdi.

Rabus, rabuse. s. m. (Bor.). V. *ravělu.*

Racacher. v. a. faire revenir, renvoyer, rechasser. — *lés vak,* ramener les vaches du pâturage.

Racater. v. a. racheter. V. fr.

Raccource. s. f. bout, morceau de planche, de poutre, etc.

Rachaner. v. n. ramasser le charbon tombé des charriots sur le chemin (Borinage). A Namur *rachouner,* à Liége *rassoné, rassolé,* signifient ramasser. Remarquons que tous les mots fr. terminés en semble, font à Liége *sone* et dans le Hainaut *chene* ou *chane : esone=einchane,* ensemble. *Ressone=r'chane,* ressemble. *Sone=chane,* semble. V. ces mots; d'où l'on peut conclure que *rachaner, rassoné,* répondent au fr. rassembler.

Rache. s. f. *el landon* ne comporte que deux chevaux de volée à un charriot, c'est-à-dire quatre en tout. Si le nombre est plus grand, le nom change; *el landon* devient el —. Quand *el* — est à trois chevaux, un bout est terminé par *ain lamiau* pour un cheval et l'autre par *ein landon* pour deux chevaux, chacun avec *es lamiau;* alors *el* — ne tient pas au timon par le milieu, afin de donner un lévier avantageux au che-

vál qui se trouve seul contre deux. Lorsque la volée est de quatre chevaux il y a *ein landon* à chaque extrémité et *el* — tient au timon par le
milieu.

Rachĕmer. v. a. arranger, habiller, nettoyer, enharnacher. *Enne
maison rachmée comme ein ran d' pourciau*, une maison propre comme
un toit à porc. *I vié toudi mau rachĕmé*, il arrive toujours mal accoutré.
Liégeois, *ahessi*, prov. azesmar, préparer, v. fr. acesmer, disposer,
achesmer, orner, parer, vêtir. Le simple v. fr. esmer, v. esp., v. port.
asmar, apprécier, est rapporté par Diez au lat. æstimare. A la bonne
heure pour esmer! mais je crois achesmer d'autre souche. J'aimerais
mieux choisir le b.-lat. scema, lat. schema, grec, σχῆμα, vêtement,
beauté, forme, ornement.

Raclée. s. f. volée de coups. Raclée est un mot usité en France,
mais non consigné dans les dictionnaires.

Raclot, racrot. s. m. fête qui se célèbre 8 jours ou 15 j. après la
kermesse.

Racloi. s. m. tige de fer avec une spirale munie d'un anneau et attachée par les deux bouts à une porte. L'anneau raclé avec force
faisait l'office de sonnette. *Lés* — n'existent plus à Mons. V. *ragalette*.

Racontage. s. m. radotage, paroles oiseuses, rabachage. Les fr.
emploient un mot qui ne figure pas dans les dict.: celui de racontance ;
il s'éloigne peu de la signification du mot montois. Cet art. était écrit depuis longtemps et j'avais entendu dire par des vieillards le mot *racontage*,il
y a plus de 50 ans, lorsque je l'ai vu dans le compl. du dict. de l'Académie avec l'annotation : néologie. Les fr. l'auraient-ils pris aux montois ?

Racousu, ue. adj. portant des balafres, des cicatrices, surtout
celles des boutons de variole.

Racrui. v. a. mouiller de nouveau. V. *cru*.

Racuser. v. a. rapporter, dénoncer. V. fr.

Racusette. s. f. rapporteur. — *dé chon plaquette*, — qui ne vaut
pas 5 plaquettes.

Radabler, radaguĕner, radagner. v. a. réparer, ragréer, rajuster. A Liége *agadelé, adaglé*, accoutré, paré; *adasné*, ajusté, v. fr.
dagel, damoiseau. *Radacner* pourrait être encore pris comme contraction de *rataconer*. V. *tassiau*.

Rade, rad'main. adv. vite : *Ein noir kié keurt tt' aussi rade qu'ein* blanc. *Avié rade* ou *rad'main*. Le mot *rade* est employé par Lesaige. On sera peut-être tenté de tirer ce mot de raide, raidement, qu'en v. fr. on écrivait et prononçait roide, roidement. On lit dans Rabelais : adonc coururent tant roidement ; mais il est à remarquer d'abord que notre patois a conservé *roi, roide*. Il ne confond pas : *passer roi (comme enne broque)* et *passer rade* sont fort différents et qu'ensuite le fl. nous fournit le mot rad. V. all. radi, it. ratto, irl. grad, rapide, sanscr. hrad, aller. D'ailleurs le v. fr. avait rade.

Radoupe. s. m. deux fois double. *El doupe éyé l' —*, le double et le quadruple.

Radroiti, erdroiti, r'droiti. v. a. redresser.

Raf. excl. pour enlever. En fr. coup de vent venant de terre. *C' qui vié d'rif s'ein va d' —*, le produit de la violence est arraché par la violence. Faire *rif raf*, agiter l' *racloi*. Faire *rifrouf*, faire à la hâte. Si *rif, raf, rouf* ne sont pas de simples onomatopées, ils doivent avoir la même origine que les mots fr. raffler, faire raffle, c'est à dire probablement venir de l'all. raffen ou du lat. rapere, ravir.

Rafanti. v. n. redevenir enfant, tomber en enfance, radoter.

Raffourer. v. a. donner la nourriture aux bestiaux. Fr. peu usité, afourer ou afourager. A Liége *foré*, à Namur *fourer*.

Rafistoler. v. a. arranger, raccommoder, rétablir. V. fr. afistoler, parer, orner.

Raflater. v. n. et a. chercher à calmer, à apaiser.

Rafourée. s. f. nourriture des bestiaux. Fig. pitance, portion, grande quantité de nourriture. *Ain prinde es rafourée*, en manger son soûl. En liégeois *fôre*, bas-lat. foderagium, fodrum, en bret. voueta, alimenter, en allemand, Futter, nourriture des bestiaux, goth. fôdr, vha fuore, mha vuore, fl. voeder, fr. fourrage.

Rafrougner (*s'*). se refrogner, se racornir, se blottir, se resserrer, se plisser. A Liége *rafougnté*, se blottir ; en fr. se refrogner, n'a que la signification de se plisser.

Rafter, raffer. v. n. (V. *rif*). Racler, agiter le cercle placé à une porte en guise de sonnette.

Rafurer. v. a. picorer, voler. C'est du v. fr. tiré du lat. furari.

Rafuter, rainfuter. v. a. remettre un fût détaché, fig. rajuster. En fr. rafuter, signifie donner la façon aux chapeaux.

Ragalette. s. f. crécelle, fig. personne qui parle beaucoup, rapidement. *Ragalette* sans doute=*raclette*. Bas-all. raken, v. scand. raka, racler.

Rage, rasque (*rester ain*). demeurer arrêté, embourbé. V. *en rage, araskié*. On dit à Mons *rage*, au village *rasque*, et même quelquefois *rast*. Ce dernier mot est un terme militaire all. pour désigner le repos après une marche.

Les montois ont francisé la prononciation, de sorte que l'origine ne pourrait plus se retrouver, si nos campagnards n'avaient pas été plus constants qu'eux.

Je dois dire que le patois picard possède les mots s'enraker et rake que M. Corblet traduit par s'embourber et boue, en rappelant le celtique rakia, eau bourbeuse. Il aurait pu ajouter le v. fr. raque, mare, fosse pleine d'eau bourbeuse, le b.-lat. rachia, rascia mare. Il y a encore le fl. rake, bout de chemin, uit raken, sortir (uit, hors), comme qui dirait *déraker*.

Ragrauyer. v. a. ramasser, reprendre avec adresse ce qui a été volé. — (*s'*). v. pers. S'accrocher, se rétablir au propre comme au figuré. V. *grau*.

Ragrigner (*s'*). se chagriner, se racornir, se ratatiner, se recoquiller, se rider, se froncer. Figur. devenir revêche, maussade. Celto-breton, grignous, chagrin, v. fr. se regrigner, se crisper, se retirer, ressembler à la peau de chagrin.

Ragriper. même sign. que *ragrauyer*.

Rai. s. m. rayon de roue. En fr. rayon.

Raimolasse, rainmoulasse. s. f. raifort. Fl. rammenas; en esp. remolacha, betterave, it. ramoloccio, lat. Raphanus.

Raine. s. f. grenouille. En latin, rana, bret. et erse ran, v. fr. rane. Les fr. appellent aussi quelquefois raine la grenouille ordinaire, mais ils réservent particulièrement ce mot pour désigner une grenouille verte, appelée également rainette ou graisset (en lat. hyla) laquelle vit sur les arbres et peut se fixer au verre même, avec le disque de ses pattes.

Rainmoter. v. a. t. de jard. butter.

Rainscaufer. v. a. réchauffer. V. fr. rescafer.

Rainser. v. a. battre. V. fr. rainser, dérivé de rainsel, rein, raim, lat. ramus. Rincée pour volée de coups est du fr. pop. Cette orthographe de rincée masque son origine ; car le fr. rincer a une autre source. Bret. rinsa, v. nord. hreinsa, nettoyer, all. rein, propre, pur.

Rainstoler. v. a. faire rentrer à l'étable, fig. au logis. *C' t ain los qui n'est djamain rainstolé.* C'est un vaurien qui n'est chez lui ni jour ni nuit (Borinage). V. *stole.*

Rainterrer, renterrer. v. a. couvrir par un éboulement. *Il a sté rainterré à fosse,* un éboulement l'a couvert de terre dans une houillère.

Raisiné. s. m. petit raisin ‖ raisin de Corinthe. En fr. confiture de raisin.

Rakerpi, ie. adj. ridé ‖ décrépit.

Râle. adj. rare. Les bas-bretons se sont rencontrés avec les montois dans le désir d'éliminer au moins un R du mot. Ils disent aussi ral.

Raller. v. n. retourner. V. *d'aller.* V. fr.

Ralenti. v. n. devenir moite, mou ‖ cuire trop lentement. V. *lent.*

Ralonge. s. f. pièce de bois, de fer, etc. qui sert à alonger. *C'est du bo d' ralonge,* c'est un moyen de gagner du temps, c'est un palliatif.

Ramairi. v. n. maigrir.

Ramati. v. n. devenir moite. *Y ramati,* le temps devient humide.

On raconte qu'une nuit de carnaval, le vieux prince de Ligne entrait au bal avec un ami étranger. Deux femmes masquées en sortaient; l'une dit à l'autre : *i ramati comme.* — *Ramati-ti?* reprend l'autre. Quelle est cette langue, dit l'étranger? Ah ! répond le prince, ce sont des princesses italiennes déguisées.

Feu Delmotte contait l'anecdote d'une manière un peu différente.

Rambuquer. v. n. et a. heurter, frapper, cogner, se cogner, ‖ faire grand bruit ‖ retentir. Se rembucher en fr. se dit du cerf qui rentre dans le bois. V. fr. rabuquier, faire beaucoup de bruit.

Ramer. v. n. et a. mettre des ramures autour des plantes grimpantes, comme les pois. En fr. ramer signifie avoir beaucoup de mal, etc.

Ramie. s. f. ramée (Ghlin). Lat. ramus.

Ramounette. s. f. petit balai. Ramon est un v. m. fr., ramonette signifie raquette.

Ramon. s. m. balai. *Ein neu ramon ramoune voltié,* au commencement c'est toute ardeur. V. fr.

38

Ramoner, ramouner. v. a. balayer. Ramoner, ramoneur sont français en parlant des cheminées.

Ramonceler (*s'*). se pelotonner, se replier. V. fr. ramoncheler.

Ramounau, ramènan. s. m. Dans les chemins du Borinage parcourus par les charriots chargés de houille, la poussière est formée de charbon presque pur. Les enfants *ramounent* et c'est cette poussière dont un sac s'appelle un *ramounan*.

Le v. mot fr. ramenant qui veut dire reste (remanens) peut faire douter de l'étymologie ; car le sac des borennes est bien plus souvent rempli de houille pure.

Ramponau. s. m. sac pour passer le café (Fleurus). En fr. sorte de couture. C'est aussi ce qu'on nomme à Mons une *sorcière*. V. ce mot.

Rampruelle. s. f. lierre. Plante ainsi nommée parce qu'elle est rampante. A Thuin, *rampieule*.

Ran. s. m. toit à porc. *Il esst à mette au* —, il est dégoûtant de saleté, il tient des propos orduriers. *Enne maison rachémée comme ein* — *d' pourciau*. En fr. d'économie rurale on trouve les mots haran et eran. Lat. hára. Le mot *ran* se rencontre dans le glossaire Vosgien de Richard. Il est indiqué par lui comme provenant du francisque rhann. Il se voit aussi dans le dict. de Borel. Mettre un porc au rhan, le mettre à l'engrais.

Ranchĕnar. s. m. qui *ranchène*.

Ranchĕner. v. a. déranger, remuer, fureter. V. *ranguĕner*, dont il semble un adoucissement.

Ranchĕnée. s. f. volée de coups.

Rancune de praite. Invétérée ; étoffe très-solide.

Randon. s. m. élan, choc, effort. En fr. sentier couvert dans un bois, v. fr. force, courage, vitesse.

Randouiller. v. n. remuer avec *randon*, avec bruit, heurter, frapper violemment. || battre.

Randouyade. s. f. volée de coups.

Raneu, oire. adj. languissant, maladif. On a déjà remarqué qu'au Borinage où ce mot est usité, le féminin des adj. en eux se forme en *oire*.

Rangon. s. m. instrument de fer pour attiser le feu d'un four, fourgon. || Personne qui travaille à toutes choses. En fr. ranguillon est un petit crochet qui fait partie du hameçon.

Ranguëner, ranchëner. v. n. et a. se servir du *rangon*. Fig. remuer, agiter, pousser dans un lieu profond. En angl. ranger signifie rodeur, en all. ringen qui fait rang à l'imp. signifie lutter. *L' ceu qui caufe el four n'est gnié toudi l' ceu qui ranguenne.* J'ai vu ce proverbe brutal traduit en français : ce n'est pas toujours celui qui a chauffé le four qui enfourne. On le donnait comme du neuf.

Ranoer. v. a. faire de pièces et de morceaux (Borinage).

Rapainser (*s'*). changer d'avis ‖ penser de nouveau ‖ se raviser ‖ revenir sur une résolution ‖ réfléchir. V. fr. s'apenser, s'aviser ; se recreire, renoncer.

Rapamage. s. m. action de *rapamer*.

Rapamer, rainpaumer, rainspaumer, respaumer. v. a. et n. passer le linge à l'eau pure pour enlever le savonnage, rincer. En liégeois, *rispamé*, en fr. de techn. repamer, blanchir le linge dans un courant d'eau, en fl. spoelen, en all. spülen.

Rapamois. s. m. lieu où on rince le linge.

Rapancher. v. a. épancher.

Rapande. v. a. répandre, épancher.

Rapapier (*s'*). v. p. faire des mouvements de déglutition, avaler de la salive, des mucosités avec quelque difficulté, comme dans les maux de gorge, lorsqu'on éprouve une soif vive. (Fig.) se ravigoter. En liégeois *pâpi* signifie haleter. Bret. paouesa, reprendre haleine. V. fr. paper, manger à la façon des enfants, du lat. papare ; bret. papa, bouillie pour les petits enfants, v. fr. papyer, begayer.

Rapasse. s. f. volée de coups.

Rapauge. v. a. apaiser, calmer (Charleroy). A Liége, *rapahté*, v. fr. rapouaiger, rapaier, à Mons, *rapaiger*, lat. pacare.

Rapichëner. v. a. recueillir, ramasser ‖ découvrir, déterrer ‖ rapiner. *Où s'qu'il a été — n' feimme ainsi?* où a-t-il été trouver une pareille femme? C'est peut-être une corruption de rapiner ; mais je crois qu'il se rattache mieux à pêcher (*pichon*).

Rapiécètage. s. f. rapiècement.

Rapiécèter. v. a. rapiècer.

Rapissonner (coutume de Mons). v. a. repeupler un étang.

Rapport qué (*au*). par la raison que, parceque.

Raquier. v. n. et a. cracher. Liégeois, *rechi*, v. fr. rachier, cracher avec effort et bruyamment, hébreux, racac, cracher, it. recere. Reïcere, selon Diez, était en usage pour rejicere du temps de Servius. B.-lat. rascare, v. nord. hrackia, ags. hrackan. *Il a raquié ein air, ça l'ia r'keyu dessus s' nez.*

Raquion. s. m. crachat. A Liége, *rechon.*

Rasaquer, r'saquer, ersaquier. v. a. tirer à soi, retirer, esp. resacar (v. *saquer*). V. fr. resacquer, tirer à soi.

Rasaquié, ée. s. m. et fém. personne mal accoutrée.

Rascaille, rascaye. s. f. racaille. Les anglais disent rascal et probablement les fr. disaient de même il y a quelques siècles.

Rascourche. V. *raccourse.*

Rascoyer, rescoyer, rainscoyer, rascoyi. v. a. recueillir ‖ ramasser ‖ récolter ‖ rattraper (Borinage). *Es cossette s'a rapánché; elle a rascoyé lé z'esplink et lé z'ewiye l'eune après l'aute. Il a rascoyé l' balle au bon blond.* (Au propre et au figuré.)

Rasibus. adv. tout juste. *Au — dé,* à ras de, se trouve dans Rabelais.

Rasière. s. f. mesure de capacité pour les grains, 0. hect. 5559.

Raskeute, raskeuse. v. a. (Borinage). A Mons on dit *racoude, racoute;* recoudre; figur. racommoder, entretenir les vêtements. *Y coute gros pou raskeute six ainfan.* Il est coûteux d'entretenir l'habillement de six enfants.

Rasp. s. f. taillis. Du flam. rasp, canaille (eu égard à la futaie).

Rassarci, rassarcir. v. a. rentraire. Du lat. resarcire, racommoder, rajuster. Resarcire est employé en technologie.

Rassarcissure. s. f. reprise.

Rassaurer. v. a. nettoyer ‖ habiller ‖ arranger ‖ repaître. Fr. restaurer, v. fr. estorer, fournir, ajuster, garnir, établir. Lat. instaurare.

Rassi (*pain*). adj. bis, qui n'est plus tendre.

Rassoti, v. n. s'amouracher, s'engouer, *Fai —,* tourmenter, fâcher, ennuyer. *Elle rassotit dé s' galant,* elle est folle de son amant. Fr. s'assotir, bas-latin, assotare.

Rastiau, restiau, rastia. s. m. râteau. Basque, arrestuella, lat. raster, rastellus. Après avoir indiqué rastel, râteau et râtelier, Pelletier dit que Davies n'a rien qui convienne en gallois que rhestr, series et rhesd præsepe, l'un et l'autre arrangement de pointes ou barreaux. Il croit que c'est de ce rhestr ou rastr gaulois que les latins ont fait leur rastrum et leur rastellus.

Ratassĕlé, ée. adj. rapiécé. V. *tassiau*.

Ratassĕler. v. a. raccommoder, mettre des pièces à un chaudron, à un habit. V. fr.

Rataye. s. m. père du *taye*. V. ce mot. On dit en riant RATATAYE pour père du *rataye*. Dans l'évangile d'Ulphilas, père s'appelle atta (v. ouvr. consultés : art. Wackernagel). Il se nomme encore dad ou tad en bas-breton, et ait, aita, en basque. Je trouve dans Corblet une remarque singulière, c'est qu'en cette dernière langue on procède aussi par addition syllabique ; ou arrive ainsi jusqu'au mot monstrueux de aitarenarenganicacoarena ; latin avus, atavus.

Raton, reton. s. m. crêpe. En fr. pâtisserie de fromage mou, fl. rate, gâteau de miel.

Ratour. (*faire dé tours et dé*), faire beaucoup de détours, de recherches.

Ratourner. v. n. et a. retourner, V. fr.

Ratroiti, rastreuti. v. a. rétrécir. V. *stroi*.

Ratte. s. f. rat. — *de temps*, prorata. Lafontaine s'est servi du fém. — qui correspond, dit M. Scheler, à l'all. moderne Ratte, Ratze. Cet animal était, dit-on, inconnu aux romains. Vha ratto, ags ract, gaël. radan, bret. raz.

Rattendre, rataindc. s. a. former un guet-à-pens.

Ravache. s. f. grande cage de bois dans laquelle on engraisse la volaille. Bas-lat. trabaca, ital. trabacca, tente.

Ravaler. v. n. se dit des cheminées qui dans les mauvais temps fument par bouffées. Ce mot provient du terme de mer rafale ou plutôt du v. mot avaler, descendre, faire descendre.

Ravau. s. m. terme de charb. chomâge, temps où les houilleurs cessent de travailler. Il y en a deux ordinaires dépendant l'un et l'autre de l'interruption de la navigation, l'un dure un à deux mois, en août septembre ou octobre, pour curer le canal et en réparer les digues, ouvrages d'art, etc.; l'autre dépend des gelées et persiste plus ou moins de temps selon la rigueur des hivers. Le premier *ravau* est toujours incomplet ; le second n'est complet qu'au dégel à cause de la fermeture des barrières. Outre ces *ravaux*, il en est d'accidentels, provenant des crises commerciales. ‖ Au RAVAU, à bas prix, en abondance, au rabais. Dans ce dernier sens, du v. mot avaler, devaler, descendre. Dans le premier sens on peut interpréter : suspension de travail par suite d'une diminution (*ravau*) de salaire.

Ravé. s. m. prétexte, excuse, subterfuge. (Borinage.)

Ravèlu. s. m. légume rabougri ‖ chose incomplète, défectueuse.

Ravèlusses, ravèlusques. s. f. p. mauvaise herbe. En liégeois *ravrouh*, moutarde des champs, raphanus raphanistrum, bas-lat. ravisellus, dimin. de ravus, frumentum.

Raverdi. v. n. se recouvrir de feuilles. Ce mot s'employe figurément en parlant d'un coq mal chaponné. Il se dit aussi d'un convalescent dont la figure annonce le retour à la santé. *Y n'raverdira pus. Y n'portera pus verte feuye.*

Ravestissement. s. m. effet d'une donation mutuelle. Ancien t. de palais aujourd'hui disparu.

Ravisca. s. m. fête, banquet, régal. *Rafya* est en liégeois un mot très-expressif par lequel on traduit les plus hauts degrés de plaisir et de joie.

> *Ça f'ra ain si bon ravisca*
> *Qu' vos ain pourite bic mier vos doigts.*
>   (Chanson de Quintin.)

En terme d'argot, ravescot, atto venereo ; employé en v. fr. : et li prestres est montez sus, tost li a fet le ravescot (li fabel d'Aloul).

Raviser. v. a. regarder, examiner, contempler. V. *aviser.* A Liége ressembler.

Ravoir, ravoi. v. a. nettoyer : *ravoir sés mains* (sous-entendu propres). En fr. ravoir signifie récupérer, se ravoir signifie se calmer, reprendre ses forces. *Y ri, y brai à n' pu s'ain ravoi.*

Ravouyer. v. a. remettre dans la voie. V. fr. ravoyer. Ne pas confondre avec *rainvouyer.*

Rawani. v. n. se faner, se ramollir, se ratatiner. (Borinage.) *Pétote rawanie, visage rawani.*

Rawarde. s. f. affût, guet (usité seulement dans quelques villages.

V. p. 54). All. warten et crwarten, attendre, liégeois *réwad*, affût, namurois *rawarder*, se mettre au guet, v. fr. aweit.

Rayelle. s. f. soupirail (Fleurus). V. fr. rayère.

Razette, rasette. s. f. instrument pour ramasser la pâte, pour enlever les mauvaises herbes d'un jardin, houe. En fr. ratissoire.

Re des mots fr. se change d'ordinaire en *er* ou en *r'* que je désigne souvent par *rĕ*. Ré se change en RES : repondre (pondre de nouveau), *erponde*, répondre *responde*.

Rĕbar (*au*). t. de jeu de quille. V. *rĕbarrer*.

Rēbar. rhubarbe.

Rĕbarrer, erbarer, rbarrer. v. n. t. de jeu, aller au *rebar*. Concourir, lutter de nouveau avec des joueurs ayant un pareil nombre de points. V. *erbarer*.

Rĕbeinder. v. n. t. de charb. recommencer sa tâche, faire double journée. ·.

Rĕbinoquer, rbinoquer. v. n. retravailler une terre au binoi, figuré et plus usité, recommencer (Borinage).

Rĕblonkter, erblonkié. v. n. rebondir, rejaillir (Borinage).

Rĕbouler, erbouler sé z'y. tourner les yeux convulsivement, amoureusement, de manière à n'en laisser voir que le blanc, se pâmer : *à l' prumière baije qu'on baye à s' fiye là, sés yeux s'erboulté tou*.

Rĕbouter, erbouter. v. a. bouter de nouveau. En fr. remettre un os cassé.

Rĕbrougner, rabrougner, erbrougner. v. a. écraser, émousser. Fr. rebrousser ou rabrouer, rebuter avec mépris.

Rĕbulé, erbulé. s. m. farine mêlée de son, farine de seconde qualité. Ce mot est tiré abusivement de rebluté ou non moins abusivement du flamand builen, bluter (prononcez beulen) et de l'allemand beuteln. V. fr. rebulet. V. *erbulé*.

> *Elle a bayé es fleur pou rié*
> *Et elle veind kier es n' erbulé.*

Le proverbe a une variante villageoise :

> *Elle a bayé s' fouer pou nairié*
> *Eyelle veind bie kier es wayé.*

Récéant. adj. solvable. V. fr. reséant, vassal obligé à résidence.

Récorder. v. a. répéter la leçon, apprendre. En fr. remettre en esprit ; — (se), se rappeler, se concerter, lat. recordari.

Recours. s. m. (coutume du Hainaut) adjudication.

Recta. adv. exactement. Latin rectus, recta, rectum, all. recht, droit.

Récurer, rescurer, skurer. v. a. écurer. En fr. récurer signifie blanchir l'acier avec du grès ; v. fr. escurer, holl. schuren, suéd. skura, bas-bret. scuria.

Récrepi, rakerpi. rabougrir, ratatiner. En fr. récrépir signifie renouveler, crépir de nouveau, fr. décrépit.

Récrire. v. a. écrire. En fr. écrire de nouveau.

R'dresse. s. p. partie du jeu de *bouquette* où l'on redresse les osselets.

Rĕdroiti, erdroiti. v. a. redresser.

Rĕducher. v. *erducher.*

Rĕfacher. v. a. emmailloter de nouveau. En fr. fâcher de nouveau.

Reffe. s. f. p. houille au milieu de laquelle se trouve un caillou.

Rĕficher, r'ficher. v. a. rempailler.

Rĕficheu, erficheu. s. m. rempailleur.

Rĕfouler, r'fouler, erfouler. v. a. feutrer. Se dit des bas ou vêtements de laine longtemps portés sans être lavés et qui sont comme feutrés.

Rĕfreinde. v. *erfreinde.*

Refroisser. v. n. t. d'agr. changer de culture. V. fr. reffroissier ; en fr. moderne, refroissé, se dit des terres que l'on n'a pas laissé en jachère. Refroissi. s. m. mode de culture des terres en jachère.

R'frouchi. s. m. récolte précédente ‖ changement de récolte. *El cabée est ein monvai — pour mettre du grain après.* V. *refroisser.*

Régaler, reingaler, régaliser, réwalé. v. a. aplanir, rendre égal.

Regeron. v. *ergeron.*

Rĕgraffer, ergraffer. v. *ergrafer.*

Reincracher. v. a. et n. engraisser ‖ graisser ‖ devenir humide en parlant d'un rhume ‖ prendre le gras de cadavre. *C'est del char reincrachée.* A Charleroy, *recrachi,* à Liége, *recrahi.*

Reinfournasquer, reinfournaskié. enfoncer, renfoncer. *S' —,* v. r. s'enfoncer, se blottir.

Reinkoufter. v. *acoufter*.

Reinmoncheler. v. *ramonceler*.

Reispap. s. m. riz au lait. Fl. rystpap.

R'javeler, ertjaveler. v. n. javeler de nouveau, fig. recommencer.

Reken. vivant, ressuscité (usité dans un petit nombre de villages). V. p. 54. Je vois dans le dict. artésien les mots recoué, recout et reskourt, réchappé, sauvé, qu'on fait provenir de reexcutere, retirer de force. Ces mots ne viennent-ils pas plutôt de *raskeude, erkeude*, recoudre, parce qu'on *rĕkeut* (fait des sutures à) ceux qui ont reçu des blessures? V. fr. recoux, sauvé. Comp. couturé, *racousu*.

Rĕlar. s. m. et adj. qui *rèle* beaucoup. V. *rēler*.

Rĕlave. s. f. 1ʳᵉ planche d'un arbre, qui tient à l'écorce et n'a pas la même épaisseur sur les bords qu'au milieu.

Rĕlavure. s. f. p. eau avec laquelle on a lavé la vaisselle.

Rélée. s. f. gelée blanche, givre. A Liége, *rálaie, raulaie*, v. fr. frelée, gelée, frimas, bret. reau, revenn, gall. rhew, gelu, pruina.

Rēler. v. n. bougonner, parler en se plaignant, en critiquant. Fl. rellen, causer, jaser, revelen, radoter.

Réler. v. imp. se couvrir de givre. En all. Reif, gelée blanche, en bas-bret. revi, geler, v. fr. frelée, gelée, frimas.

Rĕligner, erligner. v. imp. dégeler (Borinage). On dit à Liége *r'ligni* et *riligni*, à Verviers, *ruligni*; le lat. regelare signifie non pas regeler, mais dégeler. Il faudrait un dim. regelinare.

Rĕlin. s. m. dégel. Après ce qui est dit à l'art. précédent, on ne doit guère songer au fl. herleving, retour à la vie.

Rĕmailler, ermàyer. v. a. et n. faire des reprises, racommoder des bas où il n'y a que de petits trous ou *mailles*. En fr. remailler signifie enlever l'épiderme des peaux. Remailler est aussi employé en technologie dans le sens montois.

Rĕmercier, ermercier. v. n. faire les relevailles. A Liége, *ramessi*. Lequel des deux mots a produit l'autre? Est-ce le mot montois qui signifierait, selon les uns, remercier Dieu d'une heureuse délivrance, selon d'autres, se faire remercier par le prêtre d'avoir donné un chrétien à l'Église ou bien est-ce le mot liégeois qui signifierait retourner à la messe. A Mons on dit indifféremment — ou *r'aller à messe*.

Rĕmettre, ermette. v. a. comparer. *R'mette biette à gin*.

Rĕmissu, ermissus. s. m. bière tirée, remise dans une tonne. Abrév. de remis dessus.

Rĕmontoir. s. m. côté gauche du cheval, par lequel on le monte.

Rĕmontrance. s. f. ostensoir, Saint Sacrement. Fl. remonstrantie, all. Monstranz. Mais ces mots n'ont pas du tout la tournure germán. et doivent venir de monstrare.

Rĕmouyer, ermouyer. v. n. et a. Ce mot ne signifie pas mouiller de nouveau, mais jeter quelques gouttes d'eau sur le linge avant de le repasser. Quant au simple *mouyer* il n'est pas inconnu aux montois, mais il ne s'emploie que dans quelques cas où *accrui* ne pourrait convenir, par ex. on dit : *Mouyer l' lampas*, humecter le lampas.

Rempieter. remettre un pied à un bas, une botte. A Liége, *r'piti*.

Rempoter, reinpoter. v. n. remettre en pot, dans le pot. ‖ Fig. replacer, remplacer, suppléer, compenser. *Jé n' vas gnié à messe el dimeinehe, mé j' reimpote deins l' semaine*. Je ne vais pas le dimanche à la messe, mais j'y vais dans la semaine par compensation.

Rĕnar, renardage. s. m. matière du vomissement.

Rĕnarder, ernarder. v. n. vomir. V. fr. renarder.

Rencauchiage. s. m. action de recharger un soc de charrue, une pièce de fer.

Rencaucher. v. a. faire *ain recauchiage*, de rechausser.

Renculoter. v. a. mettre *dain l' culot* (v. ce mot), acculer. S' —. se blottir dans un coin.

Rendache, raindage. s. m. fermage.

Rĕnétier, ernétier. v. a. nettoyer.

Rénette. s. f. aphtes. A Liége, croûte laiteuse. Notre — est le résultat d'une confusion avec une autre maladie de la bouche nommée grenouillette. Comp. grenouille et raine.

Renfouetti, rainfoiti. v. a. couvrir, charger de terre, de vase. *L'iau a rainfoueti no pré*, l'inondation a couvert notre prairie de terre d'alluvion.

Renfrougner, erfrougner (s'). se rapetisser pour se fourrer dans un espace étroit. Fr. refrogner, qui signifie se rider le front en signe de douleur.

Renkeumain. s. m. pièce ajoutée aux chévrons d'un toit pour en rendre le bas moins déclive. Fr. queue.

Renmuler. v. n. mettre en *muau*. V. ce mot.

Renon. s. m. renoncule. ‖ Action de renoncer.

Renscandi, rescandi. v. a. réchauffer. A Liége, *rehádi*, lat. candere.

Rentasser. v. a. confondre, réduire au silence. En fr. presser, entasser de nouveau.

Renvier, rainvier, ranvier. v. a. réveiller. En fr. est un terme de jeu.

Rĕparage, erparage. s. m. rejointoyement.

Rĕparer. v. a. rejointoyer.

Rĕpasse, erpasse, rapasse. s. f. volée de coups.

Rĕpassé, erpassé. s. m. eau de marc de café.

Rĕpasser, erpasser. v. a. allouer, accorder.

Rĕpreinde. v. n. se repaître, n'est usité que dans ces phrases : *Y d'a à rĕprainde.* Il est gras à lard. *Il a pu à* — *su n'ein poulet qué d'sus ein canard.*

Rĕpos (*dé*). adv. en paix. *Leye mé dé repos.*

Rĕproche (*sans*). sans se vanter.

Rĕprocher, erprocher. v. n. faire éprouver une légère difficulté de digestion : *Lés rémoulasse, lé z'ougnion eyé el lar erprochĕte* (ou *erprochĕté*).

Rĕquin. v. *héquin*.

Rescandi. v. a. réchauffer, attiédir. V. *scandi*.

Rescaper. v. a. et n. réchapper, échapper, sauver, guérir d'une maladie presque désespérée. Rabelais se servait du mot *escapper*. Ital. scappare.

Respé (*parlan par*). révérence parler.

Respe, repse. adj. rêche, âpre, austère. Ags. rech, hreog.

Respect. v. *resse*.

Resse (homme de). ouvrier qui aide au chargement des baquets.

Resse, respe, respect (*à qué*). loc. interr. pourquoi, par quelle considération. *A qué* — *qué vos n'estez gnié v'nu.* Pourquoi n'êtes-vous pas venu? qui vous a empêché de venir? En ville, les gens qui ont la prétention de bien parler, égarés par la quasi synonymie de : *à qué manque* disent *à quoi resse, à quoi reste.* Ils croient ainsi se rapprocher du fr. Ils se garderaient de ce ridicule s'ils comprenaient la locution et ils la comprendraient s'ils avaient un peu écouté nos villageois. Ceux-ci disent *à quée respe* ou *à quée respect. A quée respect avée sté à Mon? Au respect qué dj'avou m' reindache à payer.* Pourquoi avez-vous été à Mons? Parceque j'avais mon fermage à payer. *J' l'ai di à vo respect, à leu respect.* Je l'ai dit dit à cause de vous, d'eux. Ce mot *respé* est absolument de même origine que le fr. respect ; mais il est demeuré plus pur ; car le fr. s'est écarté du sens du lat. respectus et nous y sommes demeurés fidèles. En v. fr. au respect a signifié en comparaison.

Rětirer, ertirer. v. n. faire le portrait. Ce verbe a un passif, on dit d'un enfant: *C'est s' père tout r'tiré,* c'est tout le portrait de son père. V. *tirer.*

Reu. s. m. t. de marinier, chambre qni se trouve à l'arrière d'un *baquet. Poite* est une chambre de l'avant. Holl. ruif, chambre (on prononce reuf).

Reume. s. f. enrouement, bruit de mucosités dans la gorge ou dans la poitrine. Il ne faut pas confondre avec le rhume qui se rend par le mot *catarrhe.*

Reupe. s. f. rot, rapport, éructation. Lat. ructus, all. Rülps, rot, fl. rispen, roter, en v. fr. vol, de l'all. Raub, v. fr. rempe, rot.

Réuss, réyus, use. adj. embarrassé, à bout. On ne peut guère songer au latin reus, coupable. Dans le dictionnaire austrasien de Don François, faire réhus c'est mettre quelqu'un hors d'état de répondre ou de répliquer. Le v. fr. rehuser s'appliquait aux détours du gibier pour faire perdre la piste.

Rěveinde, erveinte. v. a. revendre. Ce verbe n'a pas seulement pour régime des noms de choses, mais aussi des noms de personnes ; alors il signifie exproprier dans les biens. *On a r'veindu l' monteuse de mode.* On a vendu par autorité de justice le mobilier de la marchande de modes.

Révélation. s. f. sotte inspiration, idée saugrenue. En fr. action de faire savoir ce qui était caché ; fl. revelen, radoter ; mais Kiliaen le croit né du fr.

Révéler. v. a. concevoir, imaginer follement. *Ein cau qu'il l'a révélé.* V. fr. revelé, extravagant, fier, provenait, selon Diez, de rebellare.

Révěnue, ervénue. s. f. retour. *A l'ervénue du temps,* au retour du printemps. V. fr.

Rĕvinger, ervinger. v. a. défendre; revenger est usité en France, mais populaire; le dict. de Boiste de le donne pas.

Rĕvue (*ette dé*). être en position de se revoir, d'accorder un dédommagement (1).

Ribosse. s. f. pomme cuite dans une enveloppe de pâte.

Richon, rie, rieu. s. m. ruisseau (Borinage). Se dit surtout de ceux produits par les machines à feu. On conte qu'un jour, dans une épidémie de dyssenterie, un médecin ayant prescrit de l'eau de riz à un *frame-rizou*, celui-ci fit chercher de l'eau du *rie* et guérit. Dès lors *l'iau du rie* fut en grand renom et l'épidémie s'arrêta.

Richot, riot. s. m. ruisseau. Se dit surtout de ceux des rues d'une ville. On réserve pour les autres le nom de *rigole*. *Conte dés richo*, propos ordurier. Rio en espagnol signifie rivière, en fl. riool, égout, conduit, lat. rivus, en grec couler se dit ρεω, en sanscrit ry, v. fr. riau, rieu, ru, bret. rieu, ry, rius, irl. sruth, qui se lie au sansc. srôtum, couler, racine, sru.

Richoter. v. n. et a. faire des sillons pour l'écoulement des eaux. — *dés golzas*.

Ridochi, r'dochi. émousser, recourber (Charleroy). A Liége *ridohi*; se dit d'un instrument tranchant, pointu. C'est notre *erducher* montois un peu altéré dans sa forme et sa signification en émigrant vers Charleroy et Liége.

Ridoi. s. m. tiroir. A Liége *ridan* (qui glisse). Les liégeois ont le v. *ridé*, glisser, et les ss., *rid*, glissoire, *ridège*, glissement; t. d'argot, rade, radeau, tiroir de comptoir; — en v. fr. rideau.

Rié, rie, rin, nērié. s. m. rien. *Acater c' qu'on n'a gnié danger, c'est l' moyé d' d'aller tout à rié*.

Rif, raf. excl. pour emporter. All. raffen, emporter, happer, ravir. Fr. raf, marée forte et rapide, lat. rapere, fr. ravir. Peut-être n'est-ce qu'une onomatopée. V. *raf*. — *C' qui vié d' rif s'ain va d' raf*. Ce qui vient de la flûte s'en va par le tambour.

---

(1) C'est le sentiment de l'harmonie qui décide du choix de *re* bref ou de *er*; généralement *er* s'employe après une consonne, *re* après une voyelle. Cette remarque s'applique a tous les mots commençant par *re*. Chercher à *er* les mots que l'on ne trouve pas à *re*.

Riffe, rifture. s. f. raie, légère entamure.

Rifter. v. a. friser, effleurer, raser. V. scand. rifa, déchirer, suéd. stræfa, frôler, friser, effleurer, raser, fl. screef, raie, ryf, râteau, râpe, v. f. rifler, égratigner, écorcher, riflure, écorchure.

Rigodaine. s. f. volée de coups.

Rigoler. v. n. et a. faire des rigoles. B.-lat. riga, rigola; gall. rhigoli, in fossulas vel sulcos cavare, rhyg, rhigol, fossula, sulcus.

Rikiki, richichi. genièvre, liqueur.

Rille. s. m. règle de menuisier, maçon, etc. V. fr. ruile, rille; reiller, tracer des lignes, des sillons.

Rim. s. f. jeu de ligne. Lat. rima, fente.

Rim ni ram (ça n'a ni). cela n'a ni rime ni raison,

Rim ram. s. m. protocole, formule. *C'est toudi l' même* —, c'est toujours la même chanson. V fr. rime, tintamare.

Rincer. v. a. V. *rapamer.*

Rinclore. v. a. fermer, clore.

Ringlée. s. f. rangée. Gall. rheng, series in longum diducta.

Ringresser (s'), devenir gras. *Stoffé qui s' ringresse,* fromage qui devient gras. *Tousse qui s' ringresse,* toux qui devient humide. *Char qui s' ringresse,* viande qui prend le gras de cadavre, qui se mortifie fort.

Ringuiage s. m. sillon de *binoit.* V. ce mot. ‖ Action de labourer avec le *binoit.* ‖ Labour pour jachère. ‖ Premier labour.

Ringuié, ringuer. v. n. labourer avec le *binoit;* inusité à Mons, fort usité au village. V. fr. régue, mot qui signifie sillon qu'ouvre la charrue; reiller, reilher, labourer, tracer des sillons. Ces mots eux-mêmes descendent du bret. rega, travailler la terre pour la première fois, reghi, rompre, déchirer. En gallois Davies écrit rhwyg, ruptura, scissura, rhyg, sillon.

Rimpicter. v. a. mettre des pieds à des bottes et à des bas, réparer le pied d'un mur.

Riou, riourte. adj. et s. rieur, rieuse.

Risorbu. v. a. essuyer (Charleroy). A Liége, *rihorbi, horbi.* Lat. sorbere, fr. resorber, absorber.

Risot. s. m. sourire, souris (enfantin).

Rispe. s. m. maladie de peau des chiens. V. fr. riper, pat. all. rippen, gratter.

Rispeu. adj. attaqué de *rispe* ‖ pauvre ‖ dégoutant ‖ malheureux.
V. fr. ripeux, qui a la roupie au nez.

Risque à risque. adj. tout juste, rien de trop. *Il a s' compte risque
à risque*, il n'a que son compte, peu s'en est fallu qu'il ne l'eut pas.
V. fr. ric à ric, à la rigueur.

River, rivié. v. n. arracher les épis du chaume. ‖ Ébourgeonner.
‖ Éclaircir un plant trop dru. Fl. ryfelen, râteler, faire rafle, all. raffen,
lat. rapere, enlever.

Rivet. s. m. nœud coulant. En fr. t. de maréchalerie.

Rivette. s. m. t. de jeu de balle. Balle *livrée* en rasant le sol, en
riftant. V. *rifter*.

Rlan, ran. s. m. Le plus souvent employé au pl. à Wasmes, Quaregnon, etc. frisson, angoisse fébrile, horror et rigor. Flam. rillen, frissonner, rilling, frisson. V. *irlar*.

Rmuage, rmue. s. m. quatrième coupe de luzerne.

Rnu, rneū. Je ne l'ai entendu que dans cette phrase : *il a du —
deins l' temps*, il y a apparence d'orage, de tempête, de changement de
temps (Jemmapes et autres villages). Quand j'ai demandé des explications, les uns ont interprêté — par reneuf, d'autres par remuement.
Mais je crois bien plutôt que c'est la prononciation locale d'*arnu, arneū*.
(V. ce mot).

Roblier. v. a. oublier. A Charleroy et Liége *rouvi*. *Ti rouveye sou
qu' t' a stu*, dit-on à Liége. Dans nos villages on dit : *ett robeye* ou
roblie çu qu' t' as sté.

Roc. s. m. t. de charb. schiste argileux très dur tant qu'il est au
fond de la mine et qui, exposé à l'air, se délite promptement, tombe en
poussière et forme amendement pour les terrains calcaires ou sablonneux. On voit souvent des cultivateurs, au grand étonnement des étrangers, semer sur leurs terres de gros cailloux qui sont fondus au bout de
quelques jours. V. *mur*. On donne encore le nom de — au toit de la
mine qui est en effet quelquefois formée par la pierre ci-dessus désignée,
mais qui est quelquefois aussi formée de *quairière*.

Roche. s. f. rosse, poisson.

Rogne. s. f. croute d'ulcère, de teigne, de dartre. En fr. gale invétérée. *Contain comme ain pou su n' rogne*.

Roi. adj. raide. *Roi bras*. t. de jeu de balle.

Rolle. s. m. rouleau de tabac. *Toubak ein rolle.* All. Rolle, fl. rol, rouleau. On dit aussi en fr. rôle de tabac.

Rollet. s. m. toile très légère, grosse batiste peu employée aujourd'hui.

Rominée. s. f. grande quantité, suite nombreuse. En liégeois *cominée, kiminée,* (co avec+*miner* mener). Le v. fr. a dit covine, suite de personnes, de coue, queue ou de convenire.

Ron (*fai sés*). bouder (Quaregnon).

Ron s. m. papier sur lequel on a cuit des macarons, des biscuits. A Liége *ron souk*, dragée, amande couverte de sucre.

Ronchin. s. m. cheval. Fr. roussin, cheval épais, entier; roncin, v. fr. qui signifie rosse, mauvais cheval. *Ain bon ronchin pelle ain pichant,* on peut faire deux choses à la fois. Prov. roucin, gall. rhwnsi. Diez déduit roussin du vha hross, cheval.

Rondelin. s. m. très-petit gâteau.

Ronzěter, rousté. v. a. (*ain brain, lés seintes*), enlever, jeter (Borinage). V. langage, roster, ôter, mettre de côté.

Ropier, ropéyer. v. n. et a. faire le polisson, voler. En fr. roupiller signifie dormir à demi.

Ropieu, ropyeur, ropilleur. s. m. polisson, galefretier, voleur. De roupieux, qui a souvent la roupie, ou diminutif de l'all. Rauber, voleur, comme qui dirait *raubilleur*.

J'indique à l'art. *rouffian* une autre racine possible. Quoique probablement d'une même origine, les mots patois *ropieur, rouffian,* et le v. mot fr. ruffien ne sont pas de même signification : le *ropieur* peut bien voler, mais il fait des vols dont on est plus prêt à rire qu'à se fâcher. Le *rouffian* est profondément perverti. Ses vols se commettent avec des circonstances aggravantes. Le ruffien n'est qu'immoral et ignoble.

Roquette. s. f. Ce que j'ai entendu nommer ainsi n'est pas la roquette-chou ni même la roquette sauvage, brassica erucastrum, mais le velar, erysimum vulgare. Il y a une grande confusion dans l'esprit montois sur les espèces nombreuses des genres sysimbrium, eruca, brassica.

Rose d'égipe. s. f. réséda.

Rosělet. s. m. petit roseau ou herbe réssemblant à un roseau. On dit *pré à rosělets* d'une prairie humide où croissent des plantes aquatiques. En fr. le roselet est une espèce d'hermine.

Rosse. s. f. personne paresseuse. Du fr. rosse, mauvais cheval, qui lui-même dérive de l'all. Ross, cheval, lequel est au contraire un beau cheval, un cheval dè bataille. *Ette rosse*, être ivre.

Rouchi (pays, patois) celui de Valenciennes.

On a donné le nom de pays de *Drouchi* à une partie du Hainaut français, parce qu'on y dit *drouchi* pour ici. On voulait ainsi le distinguer du pays de *Lauvau* qui est celui de Maubeuge et d'Avesne, parce qu'on y dit *lauvau* pour là-bas. Par une aphérèse, on a fait *rouchi* de *drouchi*.

Sous le nom de dictionnaire Rouchi-français, M. Hecart a produit un travail très estimable et qui m'a été fort utile.

Je vois dans le vocabulaire des chansons lilloises de M. Desrousseaux que ce nom n'est pas accepté sans contestation dans le département du nord. M. Desrousseaux relate un passage d'une lettre qui lui est écrite par M. Emile Gachet. Voici ce passage : « Le langage lillois, dont vous vous occupez, est un dialecte de la langue d'oïl et il a été rangé par M. Hecart dans le rouchi. Je n'aime pas beaucoup cette dénomination qui, au fond, ne signifie rien. C'est, dit-on, le langage que l'on parle *drouchi*, mais à ce compte il faudrait que les autres dialectes fussent du langage *roulà*, puisqu'ils sont parlés *droulà*. Et puis les lillois prononcent *drot-chi*, *drot-là*, faudrait-il que nous appelions leur dialecte le *rochi?* Tout cela est absurde. J'aimerais mieux désigner tous les patois du nord sous le nom de wallon ; et, s'il me fallait spécialiser, j'appellerais volontiers notre langage la langue d'*awi*, comme on dit la langue d'oïl, la langue de si. »

Ces réflexions me paraissaient éminemment justes. Il est clair que toute langue, tout patois est langue, patois d'*ici* pour ceux qui sont dans le pays et sera langue, patois de *là* pour tous les autres.

Mais c'est une question à débattre entre nos anciens frères hennuyers ou flamands détachés de nous. Ils ont le droit de se donner tel nom qu'ils veulent. Il ne nous appartient pas de leur en imposer un. L'on verra notre réserve (art. *wallon*), lorsque nous tracerons la frontière méridionale de la wallonie et nous n'aurions même pas dit notre avis sur la question, si nous ne nous y trouvions pas impliqués. Voici comment :

M. Hecart, traçant dans sa préface les limites du patois *rouchi*, les recule jusqu'à Soignies et par conséquent le fait parler aux montois. Les

40

montois parler *rouchi!* horresco referens. Au-delà, selon lui, commence
le wallon qui n'y ressemble guère et il se parle jusqu'à Bruxelles et
Namur. Liége aurait un langage particulier.

Malgré toute l'estime et toute la sympathie que m'inspire le travail de
M. Hécart, je ne puis m'empêcher de protester hautement contre cet
entassement d'erreurs.

Bruxelles est en plein pays flamand et si l'on y entend parler wallon,
c'est que Bruxelles est la capitale de la Belgique et qu'il y a là beaucoup
de wallons qui y sont ouvriers, domestiques, etc. Il se trouve pourtant
un quartier dit les Marolles où la populace ne parle pas le flamand ; mais
le marollien ne ressemble guère au wallon, c'est un français flamandisé
comme on peut le parler dans d'autres villes flamandes, avec quelques
mots wallons peut-être, mais surtout accentué à la manière locale. Déjà
Hal est flamand et la frontière wallone se trouve encore à une lieue et
demie en deça. (V. *wallon*).

Quant à Liége, il est bien vrai que son patois ne serait pas compris
par un valenciennois, mais ce n'en est pas moins du wallon, c'est même
le wallon par excellence. Avec un peu d'attention, tout doute doit se dissiper à ce sujet (v. *liégeois*). Le nombre des mots tout à fait étrangers
aux patois de Mons et de Valenciennes est assez borné. L'erreur
d'Hecart provient d'un dictionnaire wallon de Cambresier qu'il cite.
C'est un dictionnaire du dialecte liégeois. Il se corrige à son article
wallon et se rapproche de la vérité. Mais le mal était fait. Il s'est pro-
pagé comme la gangrène. Dans la préface du complément du dictionnaire de l'Académie (page ix), M. Barré verse, par la faute d'Hecart, dans
la même erreur. Cette maladie atteint M. Grandgagnage, en partie
seulement, mais complètement plusieurs autres.

Rouf. s. m. partie du *baquet*. Du fl. roef, chambre du capitaine. Ce
mot est admis dans la marine française.

Rouffe. s. f. espèce de pellicule qui se forme au-dessus de certaines
liqueurs comme le lait. All. Rufe, croûte d'ulcère, Reif, gelée blanche.
En gallois roufen, ride, pli.

Rouffler. v. imp. geler légèrement (Chlin, etc). Y *rouffelle*. All.
Reif, gelée blanche. V. *rouffe*.

Rouffian. s. m. garnement, mauvais sujet, brigand. Fl. roof, rapine,
v. *ropieur*. Le v. fr. ruffien signifie paillard, entremetteur. On le re-

trouve dans toutes les langues. Il semble venir de l'all. pop. ruffeln, faire le m.....

Roufrouf. adv. à la hâte, sans soin. V. *marie*.

Rouiller, rouyer. v. n. remuer, frétiller. V. fr. rouiller (les yeux). Fl. roeren, remuer, troubler, roeyen, ramer, all. Ruhr, agitation. Diez rattache le v. fr. rouiller, rouyer à rôder et à l'it. rotare, rouler.

Roujin. s. m. raisin.

Rouillan, rouyan, te. adj. remuant, frétillant, indocile.

Roukler. *Ej roukelle*. v. n. Se dit du bruit qui se fait entendre dans la gorge ou dans la poitrine lorsque des mucosités y sont amassées. Peût-être de roucouler, mais plus probablement il n'est que de même origine. V. fr. rouchier. V. *roye*.

Roulée. s. f. volée de coups. En fr. nappe de filets sur la Loire.

Rouler. v. a. (t. d'agr.) — *sé terres*, les travailler avec *el rouloi* ‖ battre à coups de pieds. V. fr. roller, battre à coups de bâton.

Rouloi. s. m. (terme d'agr.) rouleau.

Roumette. s. f. irrigation, rigole.

Routoutiou. s. m. personne masquée ‖ cri des masques, onomatopée. *Fai* —, crier comme les masques ‖ se masquer.

Royage. s. f. sillon. Figur. nature de culture. *Terre ain trois royages*, terrain sur lequel on cultive successivement trois espèces de plantes. Il y a de même un double sens à *roye*.

Roye, rauye. s. f. raie ‖ sillon, bret. rega, gaïl. rhig. En v. fr. sillon, rayon de roue. De radius ‖ râle. *Il a l'rauye del morte*, il râle, il est à l'agonie. Fl. rockelen, all. röcheln, râler, fl. reutel, bret. roch, ronqell, rokouell, lat. ronchus, gr. ρογχος, râle.

Royĕmain. s. m. murmure, grondement, borborygme, gargouillement.

Royer. v. a. gronder, gargouiller, murmurer. Ce mot, qui sans doute n'est qu'une altération de *grouyer*, a la même signification que lui et dérive peut-être de grogner ou gronder, à moins qu'il ne provienne de *roye*. V. ce mot.

Royette. s. f. satisfaction, apaisement, ration, pitance. V. fr. jouissance, usufruit. *J'vo l' bārai à vo* —. *Tōis verres dé genaife c'est m'* —. On peut soupçonner que — n'est qu'un dimin. de *roye* (raie), car c'est par des traits de craie que les cabaretiers marquent la consommation de leurs habitués. — vers Namur, *rawette* à Liége sont ce qu'à Mons on nomme *surjet*.

R' tumer, ertumer. v. n. et a. défaire la couture d'un tablier, d'un drap de lit, etc., puis la refaire dans un autre sens. Se dit peu à Mons, beaucoup au village. Rostrenen donne destumi, rallier. Pelletier donne dastumi, amasser, ramasser, composé, dit-il, de l'iterative das et de tum, amas, ou de stum, ramassé, serré. Le dict. gallois de Davies donne ystum, positura, situs. Cependant l'origine paraît plutôt germanique que celtique. V. *tumer*.

Ruchon. s. m. enfant très-indocile.

Ruchoner. v. n. remuer.

Rué, reu. s. f. roue. V. fr. roé, basq. arroda, erroda, bret. et gall. rhod, lat. rota.

Ruer. v. a. jeter. Ce mot est fr. même comme verbe actif, mais pour signifier jeter avec impétuosité. *Ruer toute apré l' tro d' es cu*, dissiper tout son avoir en gloutonneries, manger tout son bien. *Ruer l'cu*, faire des ruades. *Es bur-là rue l'cu, y faut l' faire ralenti*. Ce beurre résiste, ne se peut s'étendre sur le pain, il faut l'amollir à une douce chaleur.

Rugi. v. a. aiguiser (Charleroy). A Liége, *rawhi*, aiguiser de nouveau, à Mons, *raiguiser, rainguiser*, aiguiser. Je crois que — s'est formé de rauwi et que celui-ci est composé de l'R réduplicatif et d'awbi, rendre pointu, aigu, d'où awcie, aiguille. Lat. acu.

Rumain, ruement. s. m. t. de charb. mouvement de terrain.

Ruque, ruk. s. f. motte de terre durcie. V. fr. roque, motte de terre, ruque, sillon; transport de la cause à l'effet. V. *ringuier*.

Ruse. s. p. embarras, difficultés. Fl. ruzie, querelle, noise. Ce fl. n'est-il pas emprunté?

Rusipel. s. m. érysipele.

R'wain. s. m. regain. V. *wayain*. En artois on dit rouain. Il est clair que r'wain et regain ne diffèrent que par la manière de prononcer; *wayain* est le mot simple. Sans nul doute ce sont les wallons qui sont restés le plus près du mot originel uuinne dont on a fait gain. V. fr. guaignages, prés fauchés. V. *wāgn*. Ici, comme dans beaucoup de cas, notre mot n'est pas une corruption du fr.; c'est au contraire le fr. qui a changé la prononciation primitive. Bullet dit que du celt. gwair, foin, on a fait gwain, d'où est venu regain, comme aussi wain, voyin, revoyin en patois

franc-comtois, revoiu en normand. On peut soutenir que le mot foin a
déterminé le changement de gwair en gwain. V. *foère*, *flani*, *gvau*.

R'wari. v. *wari*.

S

S. se change souvent en ch : *chavate*, plus rarement en **j** : *baijer*,
roujin.

S. faire, *fai dés s*. Chanceler, balancer, se dit d'un homme ivre qui
ne peut suivre la ligne droite en marchant.

Saboule. s. f. réprimande. Fr. très populaire, sabouler.

Sabreu. adj. sablonneux.

Saclot. s. m. petit sac. Lat. sacculus.

Sacré chien tout pur. genièvre.

Sage. s. f. sauge. ‖ adj. savant.

Sai. s. m. sel.

Saie, sayette. s. f. serge. **Sayëteu.** fabricant de serge. Ils étaient
très-nombreux avant le siége de Mons par Frédéric de Tolède, en 1570.
La plupart ayant armé leurs ouvriers pour défendre la ville, furent
proscrits après la capitulation et portèrent leur industrie en France. Les
mots saye, sayette et sayetteur, deviennent français depuis peu de
temps. Ne pas confondre avec le sagum, vêtement gaulois.

Sain-mai. s. m. et f. mot à mot sent mauvais, gamin, polisson.

Saint George. s. m. personnage du *lûmçon*. Ce nom est le résultat
d'une confusion entre la tradition de Giles de Chin et la légende religieuse du combat contre l'esprit du mal.

Saint Grizelle (*porter à*). porter sur des mains entrelacées. On dit
dans le nord de la France : *gringrin d'aisselle*, à Tournay on dit :
grennsiel. Je ne puis croire qu'un saint quelconque soit ici intéressé.
Nul doute qu'on a agi comme pour *queue de sorite*, on a substitué un
mot connu à un autre qu'on ne connaissait plus. Mais quel est ce mot?
Je propose le b.-lat. grisellus roncinus, grisens gradarius, equus gilvus,
cheval gris. Aime-t-on mieux le v. fr. gresillon, lien, attache? A Liége
on dit : *à tcheyere di roi* (sur la chaise du roi).

Saive (*iau d'*). t. de charb. (Charleroy) eau des houillères obtenues
en *saiwant*. V. *saiwé*.

Saiwé. faire des rigoles. Ce mot ne s'employe que dans les villages un peu écartés. A Liége il signifie en outre, mettre égoutter, pisser. On a du dire d'abord *s'aiwé* dans les significations de faire des rigoles et de pisser, car il veut dire : se débarrasser de ses eaux (*aiwe* en liégeois), plus tard on aura rendu le verbe actif en oubliant l'origine. Le liégeois en a dérivé *saiweu*, pisseur, évier. On dit *pir di saiweu*, pierre d'évier, le radical liégeois *aiwe*, représente le v. mot fr. éve, aigue, eau, lat. aqua, *aiwe* a formé notre *aiweu* du Hainaut (V. ce mot); eve a formé le fr. évier. A Mons et près de Mons, *saiwer* est perdu, on dit métaphoriquement *saigner sés prés*. On ne connait pas le radical liégeois *aiwe*, et on a cru que le mot *saiwé* était le mot fr. saigner, altéré. C'est peut-être le contraire, c'est peut-être saigner (dans le sens d'assécher) qui provient de *saiwé*; à Mons on dit *iau* et l'on n'a pu en faire un verbe. *S'iauwer* eut été trop barbare. Si ce mot eut été forgeable, nous l'eussions conservé, parceque nous l'eussions compris. Je ne dois pas omettre le v. fr. seuwière, canal, saigne, marais et yawer, arroser.

Il est un rapprochement à faire, c'est qu'à Mons où *aiweu* et évier sont peu connus, où *saiweu* est tout à fait inconnu, on se sert du mot *pichot.*

Saju (*enn', n*). adv. quelque part.

Saker. v. n. sacrer, jurer. V. *saquer*. v. a.

Saki, saqui (*enne*). quelqu'un (Borinage). *Il a v'ni n' saqui vir après vous.*

Sakiau. s. m. sac ‖ pousse-cul, agent de police. V. fr. sacquier, agent du fisc.

Sakie. s. f. sachée. Sac est un mot qui appartient à presque toutes les langues. It. esp. sacco, gall. bret. sach, fl. zak, all. Sack, goth. sakkus, lat. saccus, gr. Σαχχος, hébr. sak.

Salau. s. m. soleil. V. fr. solau.-Li solaux est levez qui abat la rousée (Guiot de Nanteuil). Est-ce de soliculus dimin. de sol ou bien est-ce une combinaison du lat. sol avec le cymr. haul, même signification?

Salinque (*sau*). espèce de saule. Salix caprea.

Saloi. s. m. grande fosse pour enterrer plusieurs cadavres, pour enfouir des décombres ‖ silo. En fr. saloir, vase de bois.

Salomée. s. f. fille fort sale, prostituée.

Salop, e. adj. et s. sale. En fr. salope signifie prostituée. SALOPIN. dimin. de *salop*. V. all. salo, salaw, noir, souillé.

Samblance (*faire la*). faire semblant. C'est là un mot à demi français qui ne se dit qu'en ville. Au village on dit : *fai l'chénance.*

Samer. v. n. essaimer. All. schwärmen, fl. zwermen, lat. examen.

Samette. s. f. mousse légère, crême des liqueurs spiritueuses encore en fermentation. All. Sahne, fl. zaen, liégeois, *sam.*

San. prép. sans, qui comme avec, peut s'adverbialiser et se composer avec les verbes à la manière allemande : *Emm sœur a tois quatt amoureux ; Mi j' va sáns.*

Sandrinette. s. f. coiffe de nuit. V. *ceindrcin.*

Saner. v. n. et a. saigner.

Sangmué. adj. ému. On le trouve dans Froissart.

Sangsure. s. f. sangsue.

Saquan, saquante (souvent avec *ein, enne,*). adj. maint, beaucoup. *Ein saquan pot, enne saquanté pinte*, beaucoup de pots, de pintes. *Y d'a bu saquante.*

Saqué, saquoi (*enne*). quelque chose. On l'emploie dans certains villages pour quelqu'un ; mais alors on dit plus ordinairement *enne saqui*. Dans le département du nord on dit sequoi. MM. Leroy, Hécart et Legrand, s'accordent à dire que ce mot a été formé de : je ne sais quoi. J'étais disposé à rapporter — à l'all. *eine Sache*, une chose, mais la comparaison avec *saqui, saju, saquant*, a dû m'en détourner. L'all. n'offre plus rien d'analogue pour ces mots, tandis qu'on peut les traduire par : ne sais qui, ne sais-je où, ne sais quant (quantum, combien).

Saquer, saquier, saquié, saqui. v. a. tirer. *Qui tire l'un saque l'autt*, cela se ressemble ou va ensemble. Dans le vieux langage fr. se trouvent une foule de termes militaires : Sacer, sachier, saícher, sacquer, saquer, saquier, les uns verbes n., les autres a., qui signifient mettre dehors, dégainer, tirer, tirailler. Tous ces mots sont dérivés de sache, saché, sachée, sachanre, fourreau d'épée ; par extension ils ont signifié, dit le complément du dict. de l'Acad. glaive, épée et même arquebuse. L'origine remonte plus haut que le v. fr., elle se trouve, comme la plupart des termes militaires, dans le v. all.: zukkan signifie tirer ; sachs signifie poignard, épée courte. Selon les philologues all. cette arme fabriquée en Saxe, a donné leur nom aux Saxons (Sachsen en all.). L'opinion contraire est plus probable ; car le pays, faut-il croire, est un peu antérieur aux armes fabriquées. N'avons-nous pas des damas, des bayonnettes qui ont emprunté et non donné leurs noms aux lieux de fabrication?

Du reste ce mot doit être encore plus ancien : on le trouve dans l'hébreu chaca, dans le bret. sacha, saicha. Cependant Pelletier croit que le mot bas-breton est venu de France ; car, dit-il, Davies, dans son dict. gallois, n'offre rien de pareil. Il est passé dans le portugais et l'esp. sacar; les liégeois disent *seki*.

Diez rattache les v. mots fr. au lat. saccus, tirer du sac. M. Scheler combat avec raison cette étym., il produit l'it. staccare, détacher, et l'ags. scâcan, percutere, quatere.

Sara. s. m. fille étourdie, remuante, espiègle. Est-ce du nom biblique, est-ce du fl. sarren, agacer ?

Saro, sauro. s. m. sarreau, blouse. Bas-lat. sarrotus, sarcotus, isl. serk, tunique.

Sart. village du Hainaut. V. fr. sard, champ.

Sartié, sartière. adj. et s. impotent, infirme (Eugies). On peut conclure de la signification inusitée à Mons de ce mot, que c'est à tort que les beaux parleurs de notre ville ont changé en hospice et rue des chartriers, les hospice et rue des *sartiés*. Pour mettre sous les yeux du lecteur toutes les pièces du procès, je dois dire que M. Corblet donne le mot chartrier (prisonnier, de chartre, prison) non comme un mot du patois picard, mais comme tiré des archives de Péronne. Au reste le mot de prisonnier n'a jamais dû être appliqué aux vieillards qu'entretient la bienfaisance publique et qui jouissent de la plus complète liberté.

Sau. s. m. soûl. *Boire à s'* — ‖ vingtième partie de la livre Hainaut, sol ‖ s. f. saule, arbre. — *salink*, salix caprea. La forme fr. saule ne peut, selon M. Diez, provenir du lat. salix, mais bien du vha salaha, tandis que les formes bourg. et lorr. sausse, champ. saux, it. salico, esp. salce, sauce, sautz répondent bien au lat. M. Diez aurait sans doute rangé notre — dans la même catégorie. Toutes les langues, tous les patois romans tireraient leur mot du lat., et le fr. ferait exception ! cela est-il admissible? Le fr. a dû dire — comme nous et quelqu'un qui savait le lat. l'aura transformé. La permutation se sera faite en deux fois.

Saucié. s. m. saucière.

Saudar. s. m. soldat. Fr. vieilli, soudard, fr. tout à fait vieux, sodéer, soldar, soldarier, b.-lat. soldarius; solidata, solde, lat. solidum, sou. On trouve en gall. sawdwr, qui a bien l'air d'être emprunté.

Sautli. s. m. jeu d'enfants (Borinage). *Dian dian nik et nak*. (V. ce mot composé.)

Sautriau. s. m. sauterelle ‖ enfant qui saute beaucoup.

Sauvlignière. s. f. sablonnière.

Sauvlon. s. m. sable gras et argileux. En fr. le sablon est un sable fort délié ou du grès pulvérisé.

Savé. excl. qui revient à chaque instant dans le discours et qui, traduite en *savez-vous* par les personnes parlant prétendûment bien, révolte les fr. Ce n'est pas une interrogation et cela ne signifie pas savez-vous, car il faudrait dire *savée, el savée*, ce serait plutôt *sachez*. C'est une exclamat. qui signifie : je vous le recommande, je vous l'affirme, je vous le promets, je vous le garantis, je vous en prie, je vous l'ordonne! *Savez-vous* est une locution germanique qui, disons-nous, répugne aux français et dont cependant usent les romantiques modernes. Les all. n'en abusent pas précisément autant que les montois en particulier et les Belges en général ; cependant on la trouvera 5 ou 6 fois dans le Wallenstein de Schiller ; mais les all. placent ordinairement leur wisst ou wisst's, sachez ou sachez-le, au commencement de la phrase, tandis que les montois le placent à la fin. Ils ne disent pas : *vo vairé, savé*, mais : sachez-le, vous devez venir. Je dois pourtant ajouter qu'ils disent aussi assez souvent : wissen sie, wiss't ihr, dont on peut faire à volonté un présent interrogatif ou un impératif.

Savoi. v. a. savoir. Ce verbe est irrégulier. Il fait au fut. *sarai, saurai*, au condit. *saroi, sauroi*, au subj. *qué j' seusse, qué j' savisse*, au part. *seu*. (V. fr. sçeu), au borinage, *soyu*.

Savonée, savnée. s. f. eau de savon, savonnage.

Savonié. s. m. vilain, maladroit.

Sayain. s. m. sain-doux (Charleroy, Givry, Harmignies), champ. sabin, prov. sagin, sain, esp, sain, lat. sagina, gall. saim, armor. soa, graisse. V. fr. ensaimer, engraisser.

Sayette. s. f. petite douve, ranunculus flammula. Les bergers pensent que, lorsque les moutons broutent cette plante, les feuilles mangées se changent en vers que l'on trouve dans différents viscères et notamment dans le foie. Ce préjugé provient de ce que les feuilles ont, en

41

effet, de la ressemblance avec l'espèce de vers dont s'agit, et que le nom de douve s'applique aussi à un genre de vers aplatis. Au reste cette plante est un poison âcre pour l'homme et la plupart des animaux.

Sayi. v. a. goûter (arr. de Charleroy). Chez les liégeois — signifie aussi sentir les saveurs et de plus manger légèrement entre les repas, éprouver, trouver bon. V. fr. assaier, essair, goûter. — est fils d'assaier, s'il n'en est le père, ou plutôt ce sont des frères nés l'un et l'autre du gall. sawr, safr, sapor, odor, saws, condimentum, arm. saour, saveur, açzai, essayer. Diez tire essayer d'exagium pesage. J'aimerais mieux sapor, sapere, lesquels ont au moins les mêmes droits que le celt.

Scayon. s. m. échelon (Charleroy). A Liége, *hayon.*

Sclandire, sclandi. v. a. divulguer, publier pour faire esclandre. V. fr. esclandir, diffamer, déshonorer; escandeller, publier, divulguer, lat. scandalum, all. schande.

Scrire, escrire, rescrire, récrire. v. a. écrire. Je ne donne ce mot que pour montrer ses transformations dans les langues qui touchent à notre patois. Ici il n'y a guère de doute sur l'origine du mot. Les germains ont emprunté fort peu de mots aux romains; mais les Barbares ne sachant pas écrire, ne devaient pas avoir de mot pour exprimer une chose inconnue, ils auront pris des romains en même temps la chose et le mot; cependant les druides gaulois savaient écrire : scribere est devenu chez les holl. et chez les fl. schryven, prononcez skreiven, all. schreiben, pron. chreiben; bas-bret. scriva, gallois, ysgrifen, écriture, ysgrifenne, écrire, gr. γραφω.

Sécron. s. m. homme sec.

Séhu, séyu, sahu, sayu. s. m. sureau. Sambucus nigra. Les liégeois disent *sawou,* v. fr. seu, scovie, prov. sauc et sambuc, esp. sahuco et sambuco, bret. scaô, corn. skauan. Chez les anciens gaulois, Σχοβιη, selon Dioscoride. Pelletier dit que scaoou scaw est composé de es et de caw creux, à cause que le bois contient beaucoup de moëlle et laisse un creux. Davies, dans son dict. gall., le fait venir de cau, sepire, parce qu'il sert à former des haies. Il écrit ysgaw.

Séhutiau. s. m. lieu planté de sureau.

Scintu. part. passé du v. *seinti.*

Séki. v. a. sécher. Lat. siccus, gall. hysp, sec, hesp, sèche, arm. hesk, irl. seasg, seige, sansc. s'us'ka et si'c.

Seli. s. m. sellier. On raconte qu'un sellier et un savetier avaient demandé à un prêtre de dire une messe à leur intention. A un certain point de la messe le prêtre chanta cœli cœlorum. On prie pour vous, confrère, dit le savetier ; mais la messe finit sans que le prêtre chantât *chafti chaftorum*. Le savetier prétendit qu'il n'avait rien à payer. J'ignore s'il voulût écouter des explications.

Sémak. t. de batelier. Espèce de bateau. Du fl. smak.

Sémison. s. f. semaille.

Serenne, cherenne. s. f. barate ; n'est pas inconnu dans diverses provinces de France. Lat. serum, petit-lait, angl. churn (pron. tcheurn), barate. V. *cheraine.*

Sérincher. v. a. et n. sérancer.

Sérincheu, euse. adj. et s. qui travaille au séran.

Serre. s. m. état d'une porte fermée, mais sans emploi de verrou ni de serrure. Il ne peut être rendu ni par entr'ouverte ni par entrebaillée. *Leyer l'porte su serre,* fermer la porte sans tirer les verroux. *Serre* ou *sair*, en liégeois, serrure, lat. sera, que Festus définit : fustes qui opponuntur clausis foribus, gall. ser, ce qui est propre à fermer, corn. sera, fermer, clore, basq. cerralia, haie, cerrateca, fermer, enfermer, esp. cerrar, bret. serra, serre, b.-lat. serare.

Serrer. v. a. fermer. En fr. mettre en sûreté, presser.

Séruri. s. m. serrurier (au village). A Charleroy et à Liége, *serui.*

Séruzié, séruzien. s. m. chirurgien.

Serviteur. s. m. salut, révérence. *Faire ein biau* —, faire une profonde salutation.

Seur. adj. sûr, certain. Il est curieux de remarquer que l'adj. fr. sur, qui a deux sign. a aussi deux origines : l'une germ. ou celt. (v. *suresse*), l'autre (celle aussi du présent mot), qui est lat. : securus. V. fr. seur. On dit par pléonasme *seur et certain.* SEUR (BÉ), ASSURÉ, ASSURÉ. adv. certainement, sans doute : *Vos vairez, assuré?* vous viendrez, sans doute? Cet état adverbial de l'adj. est un germanisme.

Seyau, sayau. s. m. seau. V. fr. saïau, lat. situla.

Si. contraction de *si i: si vié*, s'il vient.

Siege. s. m. chute du rectum. En v. fr. fondement, anus.

Sien (*el*) ou *el* **sié** ou *el* **ceu.** pron. celui.

El sié qui dit tout
Il est so ou bé il est sou.

Sieu. s. m. suif. Bas-bret. soa, soéü, basque, cihoa, lorr. xeu, prov. seu, lat. sebum, sevum.

Si fai, si faite. adj. tel, pareil, mot-à-mot, ainsi fait. On dit souvent *tel et si fai*, dans l'état, dans le costume où l'on se trouve ‖ sans soin ‖ sans propreté. A Liége, *sfai*. V. *tel et si fait*.

Si fra, sia, sié. si, si fait, abrév. de si fera, si a, si est.

Sinagré. s. m. jusquiame, plante, hyosciamus niger. Fl. senegroen, bugle, plante d'une autre espèce.

Siné. s. m. signature.

Sisitte. (*fai, faire*). s'asseoir (terme enfantin). V. fr. sise, action de s'asseoir, lat. sedere, all. sitzen, être assis, fl. zitten, s'asseoir.

Si tant. autant, assez. *Je n' sue gnié si tant lourd qué pou....* Je ne suis pas assez maladroit pour....

Si tant si fort. tellement.

Situve. s. f. poêle (Charleroy). A Liége, *sitouve*, all. Stube, isl., stofa, suéd. stufwa, fl. stoof, fr. étuve.

Skabille, escabille, écabille. s. f. escarbilles. En fr. instr. ancien fort harmonieux. Escarbilles ne se trouve pas au dict. de l'Acad.; il est donné au complément comme mot de techn. et défini : charbon qui a échappé à une combustion complète et se trouve mêlé avec les cendres. Ex + carbiculum, dimin. de carbo.

Skaf. s. m. il est usité dans certains villages en cette phrase : *Pti scaf d'ainfan*, petit polisson, petit tapageur, petit vaurien. V. *skafoté*. Je ne crois pas qu'on doive invoquer le mot scâf qui, en bas-breton, signifie léger, volage, inconstant, en celto-gallois, ysgafn, qui est traduit levis par Davies. A la rigueur je le rattacherais plutôt au liégeois *hap*, .échappé (v. *liégeois*). Mais je tiens que — est la même chose que *escafoté* avec une signification un peu renforcée : celle de garnement.

Skaffier. v. a. éplucher, faire sortir du *scaffion* ou plus souvent le *skafion* du brou, écaler. Il ne faut pas confondre — avec *skafoter*. — est toujours pris au propre, *skafoter*, quoique de même origine, est pris au figuré et a une signif. diminutive.

Skaffoté, ée. adj. et s. éveillé, dégourdi, gaillard, proprement, sorti du *skaffion*, de la coquille. Ce doit être un dimin. de *skaf*, comme *ska-foter* l'est de *skafier*.

Skaffoter, escafoter, kafoter. v. a. et n. chercher à faire sortir du *scaffion* ‖ travailler à tirer d'une cavité, par ex.: un peu d'ordure d'une serrure, des mucosités durcies du nez, etc. ‖ gratter ‖ fouiller ‖ exciter ‖ animer ‖ attiser ‖ remuer. A Valenciennes on dit *décaffoter* pour, tirer une chose d'un endroit où elle était cachée, pour tirer des ongles de la terre ou d'autres matières. Je doute qu'il faille penser à l'all. schaben, isl. skafa, suédois, skafwa, lat. scabere, racler, ratisser, ni au fl. schaefsel, raclure, ni qu'on doive s'arrêter à cette phrase dans Rabelais : Semblent és coquins de village qui fougent et *escharbottent* la merde des petits enfants en la saison des cerises et guignes pour trouver les noyaux et iceux vendre és drogueurs qui font l'huile de maguelet. Je crois que le sort de — est inséparable de celui de *skafion*.

Skafioń. s. m. coquille de noix, noisette. Le liégeois *hufion*, induit à penser au v. fr. huve, fl. huif, coiffe. La forme montoise reporte les idées sur *escoffion*, fl. kuif, chaperon. M. Diez, dont l'opinion fait autorité dans la matière, s'oppose à ce que coiffe procède de huif. Le H, dit-il, ne se changeant jamais en C. Il faut considérer que *hufion* est la même chose que —, à la prononciation près, H liégeois égalant SK montois. En se concentrant sur cette seule forme, les mots analogues verbalement et logiquement se présentent en foule : on rencontre dans les patois fr. écaflot, écaille de noisette, et dans le v. fr. escafette, moitié de coquille bivalve. En lat. scaphium veut dire vase, coupe, en bas-lat. scaffa, scaffia, cafium, mensuræ vel vasis species, italis siliqua, en gr. σκαφ, en all. schiff signifient barque, en bret. scaf, tout vase capable de contenir de l'eau ou de flotter au dessus. Davies, dans son dict. gall., traduit cafn, gafn, par trulla, concha, alveolus, item linter, cymba, scapha.

Skaille, skaye, escaye. s. f. ardoise. Inusité aujourd'hui à Mons, en usage vers Seneffe, Fayt. Fr. écaille; it. scaglia, goth. scaljos, tuile, v.h.a. scal, écorce, fl. skalie, ardoise.

Skamiau (*à*). se dit de la chaîne de personnes armées de fourches, qui se livrent des gerbes à placer au loin du charriot dans une grange ou sur une meule élevée. Flam. skalm, chaînon, en picard on nomme écamiau la pièce du charriot où est placée l'échasse.

Skamler. t. de charb. couper obliquement une portion de mine déjà *havée* pour la faire ensuite plus facilement écrouler ‖ commencer, amorcer la sape ‖ faire plusieurs trous dans une pierre pour enlever la pièce que les trous ont circonstrite.

Skandi, escandi. v. n. tiédir. *Suke skandi,* sucre caudi, lat. candeo, je brûle.

Skapulair, escapulair. s. m. capillaire, *sirop d'escapulair.*

Skar, escar, écard. s. m. brèche. Fl. schaerd, all. Scharte, cran, dent à un couteau, à une pierre, fr. écharde.

Skarder, escarder, écarder. v. a. ébrécher, écorner ‖ — une plume, la fouler, l'émousser.

Skau, scaupi, échaupi, chaupi (*avoi, fai*). avoir, causer de la démangeaison, du prurit. *J'ai skau m' tielle, em tielle em fai skaupi,* la tête me démange. Les liégeois disent *hopi* pour démanger, *hop* pour gale, ancien fl. schoppe, gale, schobben, gratter. *Skau* ne se dit guère qu'au village, *scaupi* dans la dernière classe à Mons, *échaupi et chaupi* dans la bourgeoisie. On dit en riant : *Est-ce qué s' ca a co skau s' cu?* — n'est pas s., c'est *skaupissure* qui l'est, on ne peut lui donner ni l'art. défini ni l'art. indéfini : on ne dirait pas *j'ai ein skau* ou *el chaupi*. De plus le régime peut être direct : *J'ai skau m' tielle* ou *à m' tielle*. Du reste *skau* n'a pas le privilége exclusif du régime direct, on dit de même : *J'ai mau m' tielle, j'ai caud més pieds.*

Skaupissure, échaupissure. s. f. chatouillement, prurit.

Skepi. v. n. éclore. Fl. scheppen, créer, respirer, kippen, faire éclore. Schelp dans la même langue signifie coquille, écaille.

Skette, eskette, équette. s. f. copeau. M. Corblet, dans son dict. artésien, écrit ekette et donne le mot all. hacken et autres semblables des langues du nord pour étymologie, peut-être a-t-il raison. Cependant remarquez que c'est dans les campagnes qu'on dit *skette,* déjà à Mons *dain lé cache,* on dit *eskette,* les beaux parleurs disent *équette.* Pour retrouver la source d'un mot, il faut presque toujours rechercher la manière de dire des personnes les plus arriérées. Hacken, hakken, hakke, hakker, ne me semblent avoir produit que les mots français hache, hacher, encore cela est-il contesté par Diez. Je préférerais l'all. Scheit, bois coupé, éclat de bois, bûche. Fl. all. scheiden, goth. skaidan, lat. scindere, gr. σκεδδάννυμι, diviser, σκιζζω, je fends, σκιστος, bois fendable. On a encore le bret. skolp, copeau, irl. scaith, couper, sansc. sk'ad, même sign.,marolien, scouflin, copeau, ital. scheggia, éclat de bois, scheggiato, fendu.

Sketter, esketter. v. a. couper, réduire en *équettes*. Fig. morceler, échanger, *sketer n' pièce de chon francs*. — v. n. se dépiter, bisquer, pester. Sans doute dérivé du précédent. Pour les amateurs, je dirai qu'en all. scherzen signifie railler, schelten, blâmer, injurier, en holl. schetteren, éclater, gronder.

Skeutte, skeure, eskeute, eskwer. v. a. secouer. All. schütteln, fl. schudden. On dit à Mons *skwer* et *eskwer*, au village *skeutte* et *eskeure*. On voit qu'à la ville on s'éloigne de la source, le fr. s'en éloigne encore davantage, il est vrai qu'on peut puiser dans le lat. succutere. Le v. fr. disait esqueure.

Skiffeter, eskiffter. v. a. et n. mot qui manque en fr. toucher, frapper obliquement en rasant, effleurer. Fl. schuins, oblique, skiften, couper. Originairement on a pu se servir du mot dans cette phrase : en *skifflant*, en coupant, c'est à dire de biais ; plus tard on a pu l'employer dans tous les temps de sa conjugaison. Mais n'est-ce pas simplement un dimin. d'esquiver : esquivēter ? It. schivare, port. prov. esquivar, v.h.a. skiuhan, craindre, s'effaroucher.

Skiflo, (à) ou à *chiflot* (sifflet), taillé obliquement comme un bec de flageolet.

Skirer, deskirer, dekirer. v. a. déchirer, v. fr. xirer, fl. scheuren, all. scheren, ags. sceran.

Skitte, esquitte. s. f. foire, excréments liquides, selle. *Avoi l'esquitte*, avoir la diarrhée ‖ avoir peur.

Skitter, esquitter. v. n. foirer, fl. schyten, all. scheissen, vha, skizan, chier, v. fr. eschiter.

Sklat. s. m. éclat de pierre, bois, etc., all. Schlacke, scorie, fragment volcanique et Schlag, coup (par synecdoche), bret. scliçzenna, se rompre en éclats. V. *sklisse*.

Skleffe, escleffe, écleffe. s. f. déchirure. A Valenciennes on dit écliffe.

Skleffer, escléfer, écléfer. v. a. déchirer, se dit surtout des étoffes. All. schleiffen, gâter, tailler, dépecer, démolir, klaffen, se fendre, etc., en flamand, klieven, signifie fendre, se fendre, schiften, séparer, s'effiler. En remontant plus loin on trouve le verbe saxon cleafan, diviser, le v. all. klioban, fendre. On lit dans le dict. de Ducange : esclafare, infligere, impingere (flanquer), esclafaret ei talem ictum quod non oporteret ei alium dare, eclaffa, alapa. Si garcia dicat aliquid probo homini vel mulieri quod sit turpe et mulier det ei unum eclaffa, non debet bannum (charta libertatis urbis Seyselli anno 1285), occitanis, esclafa est écacher (obterere), cambris, clappa est ferire, germanis, klappen, klopfen.

Rabelais dit souvent s'esclaffer de rire. Dans le district de Léon, en Bretagne, on dit sqalfa, fendre les mains par le froid.

Sklisse, esklisse, éclisse. s. f. petite boîte en écorce de bouleau où en bois mince dans laquelle les paysannes apportent des fruits au marché ‖ petite mesure pour certains fruits : *Acater enne esklisse dé grouseye, dé craquëlin*. All. schlitzen, fendre rapidement d'un seul coup, avec un instrument fort tranchant, schleissen, fendre en long, holl. slyten, sued. slyta, dan. slide, bret. scliçzenna, se rompre en éclats, scliçz. V. fr. esclicer. ‖ Keï esklisse, tomber en ruine. Se dit des douves d'un cuvier, d'un tonneau que la sécheresse fait tomber en morceaux. Chez les picards cela s'appelle éclier, éclayer. Keï comme enne cuvelle —, se ruiner, s'abîmer tout à coup.

Sklon. s. m. petit charriot pour voiturer la houille dans les galeries. En holl. et en fl. slcê, slede, traîne, traîneau.

Skloner, esclauner. v. n. faire le métier de *skloneu*?

Skloneu, sclauneu. s. m. celui qui traîne le *sklon*. Ce mot est bien propre à fortifier les doutes que j'ai exposés à l'art. *borain*. Si les premiers borains avaient été liégeois, n'auraient-ils pas apporté avec eux les mots *hierchi* et *hiercheu*, traduction de *skloner et skloneu*.

Skluse, eskleuse. s. f. écluse. All. Schleuse, fl. sluis, bret. scluz, b.-lat. exclusa, esp. esclusa.

Skoiter, escoiter. v. a. écraser. Holl. kwetsen, all. quetschen, blesser, meurtrir, froisser, lat. quatere, v. fr. esquacher, esquachier, casser, briser et esquater, aplatir, rompre, frapper. V. *cocher*, à Liége, *spaté*. V. *spocher*.

Skole. s. f. nom flam. de la plie fumée. V. *pleïsse* ‖ école. fl. school, all. Schule, bas-breton, scol, lat. schola.

Skoria, escauriat. adj. coriace.

Skorie. v. *écorie*.

Skoufèter. v. *escouffèter.*

Skou, scou, scoursué, escoursué. s. f. tablier, genoux, giron. Holl. schort, tablier, all. Schoss ou Schooss, fl. schoot, giron, sein. Le radical se trouve dans le vha scurz, curtus, brevis, fl. schors, tablier, vêtement court. A Namur, *chou, tchou,* et de plus *chourchi,* à Liége, *horsi,* trousser, le v. fr. a eu escorcier, estorcer, all. schürzen, v. fl. schorssen.

La nombreuse colonie germ. des mots en *sk, sp, st,* est bien remarquable. Il est à observer qu'elle s'arrête à la limite méridionale du Hainaut. Le patois artésien est fort cousin du nôtre ; cependant le dict. de Corblet n'en contient pas du tout. Le petit nombre des analogues est déjà francisé et se fait en *es : Escoudie (preinde esn),* prendre son élan ; estoc, souche, qu'il ne donne pas comme du patois actuel, mais qu'il rapporte aux vieux documents d'Amiens. Il donne pourtant un mot qui n'appartient pas à notre patois (que je sache), *espringuer,* sauter, de springen.

Skoup. v. *escoupe.*

Skouvion, escouvion. brandons, torches que l'on porte en courant le soir les 1er et 2e dimanches du carême dans plusieurs villages du Hainaut. ‖ bataille entre enfants de diverses communes. V. *escouvion* et *escoufter.*

Skran, eskran, te. adj. fatigué, las. On trouve dans Lesaige le mot recran pour fatigué. All. krank, malade.

Skrandi, eskrandi. v. a. fatiguer.

Skréper, eskréper, écréper. v. a. racler, ratisser, flam. schrapen, angl. scrap, lat. scabere d'où scabies ; bas-breton, scrapa, scrâpa, gratter la terre avec les ongles. Ducange donne le mot : screp, danis, gladius ; irl. scrios, enlever la surface d'une chose, v. fr. escraper.

Skrépé, ée, escrépé. adj. avare, pince-maille. Holl. schraper, qui, au propre, signifie ratissoire, racloire, et au figuré veut dire ladre, harpagon, fesse-mathieu, en flamand, schrapen signifie racler, amasser.

Skrépin. s. m. petit pain formé de la pâte recueillie dans le mai au moyen de la ratissoire. V. *skréper.*

Skrep-sayère. s. m. avare ‖ cri des enfants borains poursuivant les nouveaux mariés ou les parrains qui ne leur jettent pas d'argent ou n'en jettent pas assez.

Skrépures. s. pl. ce qui a été *skrépé,* ordures. — *dé bouyau,* selles de la dyssenterie, des diarrhées graves.

42

Skribane. s. f. compartiment d'une garde-robe formé de plusieurs tiroirs garantis par une petite porte fermant à clef. All. Schrein, armoire-|-Bank, espagnol scribania.

Skrinie. s. m. menuisier. Mot peu usité dans le Hainaut, plus usité vers Liége. Même étymologie all. que le précédent. De là aussi viennent les mots fr. écrin, écran et le v. fr. escrinerie, menuiserie.

Skuer, eskuer, skeute, skeur. v. a. secouer. Fl. schudden, all. schütteln, lat. succuture, v. fr. sequeuer, escouer.

Skume, eskeume. s. f. écume. Bret. scumen, fl. schuim, all. Schaum, l. spuma.

Skweler. v. squeller.

Slop, chlop (d'aller). aller se coucher. Fai —, dormir. Fl. slapen, all. schlafen. Beaucoup de fl. prononcent slopen.

Soil. s. m. seigle. Ju d' soil, genièvre. En fr. soilette est une variété de froment. V. fr. seille, lat. secale.

Solée. s. m. soulier. Lat. solea, semelle, all. Sole, plante du pied, breton sol, basque soleta, v. fr. soler.

Solette. v. soule.

Son, sogn (fai). t. de jeu de carte usité dans le Borinage, laisser la main, jeter une petite carte. Sogn chez les liégeois signifie peur, crainte, besoin d'aller à la selle. V. fr. essoigner, dispenser, excuser.

Sorber. v. a. essuyer, éponger (Fleurus). V. fr. sorbir, boire, avaler, sorbiter, absorber, engloutir. V. risorber.

Sorcière. s. f. ramponeau, prussien, moëlle de sureau avec un peu de plomb.

Soré, soret. s. m. hareng saur. Fr. sauret, adj. peu usité qui provient de saur, lequel en langue gothique signifie roux.

Sot, sotte. adj. et subst. peu usité au m. personne ardente, amoureuse. Il serait curieux de connaître l'origine de la déviation dans la signification de ce mot. Le premier qui l'a employé dans le sens ici indiqué à-t-il voulu exprimer moins la force du tempérament que le défaut d'esprit pour en dissimuler la manifestation. Est-ce là le motif qui fait que le mot s'applique presqu'exclusivement aux filles, parce qu'elles ont plus d'intérêt que les jeunes gens à cacher les désirs sexuels.

Sotte (vis). vis qui tourne dans son écrou sans s'y attacher. Farine —, folle farine.

Sottise. s. f. p. injures. *Arraingé comme enne pougnie d' sottise.* ‖ s. f. sing. lascivité.

Soufflette. s. f. sarbacane ‖ bulle d'air sous une peinture.

Soufronte, souvronte. intervalle entre les pieds de deux soliveaux supportant une toiture. V. fr. souronde, severonde, lat. subgronda, saillie du toit pour rejeter les eaux loin du mur.

Sougnie. ville du Hainaut, Soignies. En v. fr. droit seigneurial.

Souk. cherche. De such, impératif du verbe all. suchen, chercher. Ne se dit qu'aux chiens.

Soukier, soukter. v. n. flairer comme les chiens qui cherchent.

Soula. cela.

Soulau. adj. ennuyeux, remuant, gênant.

Soule. s. f. boule de bois employée au jeu de crosse. Dans quelques villages on dit *solette*, dans d'autres *cholette*. *A n'ain cō de soule*, à la distance où un joueur ordinaire peut lancer une *soule*.

Le mot soule est fr., il désigne aussi un jeu et une boule instrument de ce jeu, mais tout cela est fort différent.

Soulé. s. m. ivrogne. Fr. pop. soulard.

Soûler. v. a. ennuyer, gêner.

Soulure, sodure, desoulure. s. f. défaite, volée de coups ‖ *Soulure.* t. de jeu de *croche.* trois coups de *croche.*

Soumakier, soumakié. v. a. sangloter. *Y brai qu'i soumak*, ses sanglots l'étouffent. V. *stoumaker*. Schmachten en all. languir, smachten en fl. étouffer, pâmer.

Soumie, soumié. s. m. poutre. Le mot fr. sommier n'en est pas tout à fait l'équivalent.

> *Y meint qui fait craquer lés soumiés.*

Imitation du proverbe all. :

> Lügen dass sich die Balken biegen.

> *Y faut qu'el guerre enn vos a nie fait d'peine,*
> *Voz asté gro et fort comme ain soumié.*
> (Chanson de Quintin).

Sounette. s. f. grelot.

Soupirer. v. n. suppurer.

Souye. s. f. scie.

Souyer. v. a. scier. V. fr. seyer.

Souyette. s. f. scie, V. fr. soyer, soier, scier le blé avec la faucille, sayette.

Souyeu. s. m. scieur de long.

Souyin. s. m. suie. A Liége *soarse*, prov. suga, sudgio, gaël. sruith, sutche. *Souyain* vient-il du patois *souyer*, à cause de sa consistance analogue à de la sciure ou du fr. souiller? All. südeln, v. fl. soluwen, esp. soalhar, goth. sauljan, tacher. Diez a tiré le mot suie du lat. succus, dans un autre ouvrage de l'ags sôtig.

Soyu. part. p. du verbe *savoi* (dans beaucoup de villages).

Spal, espal. s. f. épaule. V. fr. espale, bas-lat. spalla, espalla, lat. spathula, scapula, basq. czpalda, gall. ysbawd, gr. σπαθη.

Spani, espani, épanir. v. a. sévrer. Fl., holl. spenen, radic. speen, pis, tetine. Les liégeois disent aussi *spani*. En v. fr. espanir signifie épanouir.

Spansner. v. a. v. *rincer* et *rapamer*.

Sparde. v. a. semer, éparpiller, répandre, étaler. Lat. spargere, v. fr. espardre, épardre, espartir, sparger, liég. *dispaut, dji dispaurdeu*, je répandais.

Spardjo. feuille de papier (Pâturages).

Spargn. s. f. épargne.

Spargné-maure, ou plutôt **spargn-mau**. s. m. tire-lire. En liégeois *spagn-mâ*. Dans l'un comme dans l'autre patois on trouve la signification d'épargne douleurs. C'est là l'interprétation ordinaire. Est-ce la bonne? Il y a en all. Mauke, lieu, où les enfants cachent leurs friandises, bavar. maucken, épargne secrète. Si *spargne* vient de l'all. sparen, — formerait un pléonasme tout germanique.

Spargner. v. a. épargner. All. et fl. sparen, latin parcere, bret. esperna.

Spaté, espaté (*fier*). fer en tôle.

Spaumer. v. a. synon, de *rapamer*, signifie de plus égoutter, ressuer. — *l' salade*, la presser, l'agiter dans un linge. Fr. t. de marine, espalmer, nettoyer, laver.

Spautrer, espautrer. v. a. aplatir, écraser. V. fr. peautrer, fouler aux pieds. V. *épautré*.

Spavagn, espavagu. s. m. éparvin.

Spéculation, espéculation. s. f. p. espèce de macarons.

Spéler, spéli. v. n. et a. épeler ‖ choisir ‖ trier. *Speli lé gro pun déhor dé ptits*. Il est curieux qu'on dise indifféremment dans cette phrase *speli* et *einlire*. Fl. spellen, épeler, provenç. espelir, expliquer, goth. spillôn, raconter, expliquer.

Spenne. s. f. épine ‖ aubépine, cratægus oxyacantha. V. fr. En lat. spina, bret. spèrn, corn. spernan:

Spépier, espépier. v. a. et n. gratter et becqueter comme font les poules. Figur. examiner minutieusement. *No pouye s'espepeylé, c'est' ain confesseur qui spepeye*, nos poules se becquettent les plumes, c'est un confesseur difficile, minutieux. Lat. pipare, pipire, fl. piepen, all. piepsen, crier comme les poules.

Spepieu. s. et adj. éplucheur, scrupuleux, minutieux.

Spi, espi. f. épi. Remarquez que le fr. s'est éloigné du mot latin spica bien plus que les mots montois. On peut en dire autant des mots échelle, école, épine, étroit, espoir, éternuer. V. *gardin*.

Spicotte, espicotte. s. f. T. de tailleur de pierres. Coin de fer pour faire éclater les pierres.

Spier, dépier. v. a. faire sortir les grains de l'épi. A Charleroy *spii*, rompre, à Liége *sipii*, briser, mutiler. V. fr. depier, specier, despecier, briser, mettre en pièces.

Spiglair, espiglair. s. m. colophane, résine de mélèze, de pin ou de sapin. Les liégeois disent *spegulair*. Remarquez que l'on se sert du *spiglair* dans divers métiers et du *colofon* dans les arts : un plombier se sert d'*espiglair*, un musicien de *colofon*. En all. Spiegelharz, en fl. spiegelhars, colophane, litt. résine-miroir. N'est-il pas curieux que, quand notre mot semble bien avoir une origine germ., le mot liégeois paraisse de source lat. et de même sign., speculum, miroir, ou plutôt specular, vitre, sans doute à cause de l'aspect vitreux de la résine.

Spigot, espigot. s. m. bout de cuir d'un soulier. All. Spiess, Spitz, lat. spiculum, pointe.

Spinasse. s. f. épinard. All. Spinat, lat. spinacia.

Spincher. v. a. et n. élaguer, couper les menues branches (Ghlin). A Liége *speci*. En fr. épincer signifie supprimer entre deux sèves les bourgeons qui ont poussé sur le tronc des arbres de ligne. Ducange traduit le mot spingere par pellere, trudere. V. fr. espincer, couper, tailler.

Spinchon. s. m. ce qui a été *spinché*.

Spion. s. m. espion ‖ miroir, réflecteur à une fenêtre. La racine sansc. spasa, espion a donné des rejetons dans la plupart des langues : lat. spicere, vha speha, all. spåhen, épier, irl. spiothoire, gall. yspeiauw. Fuchs dit que le mot entré dans les langues romanes en venant du v. all. est retourné en all. moderne sous la forme spion. Ces pérégrinations ne sont pas rares, nous les avons déjà signalées à l'art. *flache*. Mais nous, pourquoi disons-nous *spion?* Est-ce une vieille forme française que nous avons conservée? Est-ce un effet de notre manière d'altérer le fr.? Est-ce enfin que nous l'ayions pris des allemands pendant la période autrichienne?

Spirink. s. m. éperlan ‖ enfant très-délicat. Fl. spiering, all. Spierling.

Spirou, spireu, spireuil. s. m. écureuil (villages un peu à l'écart). Lat. sciurus.

Spiter, espiter. v. n. et a. jaillir ‖ réjaillir ‖ éclabousser ‖ couvrir de gouttes d'eau ‖ darder ‖ seringuer ‖ éblouir. *Té vla tout spité*, te voilà tout éclaboussé. *El puche est spitée*, la puce a fait un saut. *C'et enne couleur spitante*, c'est une couleur éblouissante. Ce mot s'emploie dans une foule de circonstances où il n'a pas un correspondant français bien exact. All. spritzen, sprützen, jaillir, seringuer. Les holl. et les flamands disent spuiten; spatten signifie éclabousser.

Spite-à-z-y. s. m. clinquant, brillant. Mot à mot : saute aux yeux.

Spitruelle, espitruelle. s. f. seringue. All. Spritze, Sprütze, holl. spuit, seringue ‖ mercurialis annua, plante souvent employée en lavement (Wasmes).

Spiture, espiture. s. f. goutte de liquide *spité*, éclaboussure. Fl. spat.

Splink. v. *esplinke*.

Spocher. v. a. manipuler, tâter. Dans quelques villages des environs de Mons, *spotchie* signifie froisser, écraser, à Liége, *spaté*, on y dit : *Djitte spatreu le narenne*. Je t'épaterais le nez.

Sponde, esponse. s. m. partie de houille qu'il n'est pas permis d'exploiter à la limite de la concession, afin d'éviter lè passage des eaux d'une houillère dans une autre. Sponde en fl. bord d'un lit, ridelle, en lat. sponda, en v. fr. esponde, bord, chaussée, digue, bois de lit, châlit. Ducange donne l'art. suivant : esponderius, limitrophe, esponde gallo-belgis dicitur lecti pars anterior. Italis sponda, ora, margo.

Spot, espot. s. m. sobriquet. En fl. spotnaem, en all. Spitznamen, sobriquet (spot, raillerie, moquerie, Spitz, pointe, naem, namen, nom). *Spo* à Liége, signifie adage, sentence, dicton, proverbe.

Les sobriquets sont communs dans les basses classes des villes ; ils le sont davantage encore dans les villages. Dans quelques-uns ils sont universels. Comme la plupart de ces sobriquets sont désobligeants et indiquent un défaut ou tendent à déverser du ridicule, ils sont quelque-fois repoussés avec colère, mais le plus souvent ils sont acceptés au moins avec résignation et parfois si bien, que le véritable nom de famille se perd. Je puis affirmer être allé un jour chez un ouvrier borain ; la maison m'avait été bien désignée ; une fille de 16 ou 17 ans, fraiche et belle, paraissant intelligente, vint m'ouvrir, et lorsque je demandais si j'étais bien chez Désiré L'heureux, elle me répondit : qu'elle *nel counichou gnié.* Heureusement le père l'entendit du fond de la maison, il s'écria : *N' faut-y gnié esse enne pierdute qué d' roblié l' nom d'es pée.* La fille répliqua : *Eh bé! vo lom c'est l' grand co, m'atteins-je. Mordieusse foutu godau,* dit le père, *té n' sé gnié co qué st' ci spo.*

Les noms les plus singuliers sont imposés : J'ai connu des familles de : *Brain d' soritte, Weitte ein l'air, mieu d' ca, lonke eskitte, trau d' cu de fichau.* Souvent les sobriquets sont de l'obscénité la plus crue et cependant passent incessamment par la bouche des jeunes filles sans effaroucher leur pudeur.

Les sobriquets se transportent des parents aux enfants. Ménage, dans son dictionnaire étymologique, rapporte que dans les villages du haut-Languedoc, aux environs de Castres, les hommes n'ont que dès noms de baptême ; pour désigner quelqu'un : ils disent Pierre de Guillaume, ce qui semble, dit-il, rester des grecs et des hébreux. Nos paysans pro-cèdent d'une manière analogue : Jusqu'à ce qu'un enfant ait reçu un sobriquet propre, il est connu par son nom de baptême, joint au sobri-quet paternel ou maternel par *du, dou, del :* ce sera par ex.: *djean du mieu d' cat.* Supposez qu'un *spot* spécial lui soit imposé et cela arrivera toujours tôt ou tard, par ex.: *soritte* cela deviendra *soritte du mieu d' ca.*

Mais toujours le nom de famille est négligé et ne sert guère que dans les actes de l'état civil. C'est à peine si l'on excepte de la règle les personnages considérables comme le bourgmestre, le médecin, le notaire, le curé.

Spotchi. v. *spocher*

Spoter. v. a. baptiser d'un *spot*

Spritchi. v. n. jaillir (dans l'est de la province). Les liég. employent — et *sprutchi*. Ce sont deux formes all. tandis que notre *spiter* semble se rapporter au fl. V. *spiter*.

Sproon. s. m. sansonnet, étourneau. Fl. spreeuw, à Liége, *sprew*.

Sprot, spraut. s. p. m. jets de choux ‖ choux d'une espèce particulière. Spross en all. signifie bourgeon, jet, rejetton, fl. spruitkool, brocoli (spruit, jet + kool, chou), goth. sprauta, bourgeonner.

Squeller, skweler. v. n. rateler les *ruk* du *binoi*. All. Scholle, glèbe, vha, scollo.

Stambruge. nom d'un village du Hainaut près de la frontière française. Il en est des noms de nos villages comme des mots de notre patois : on en trouve de tous les âges : de celtiques, de latins, de tudesques. Il en est de tout modernes comme *el Pâturages, el Boverie*. Ils sont français ou à peu près. L'article *el* annonce qu'ils étaient hâmeaux. Les personnes d'un certain âge ont connu *el pasturage* de Quaregnon. *El bouverie* de Frameries n'est montée à la dignité de village qu'il y a 10 ou 15 ans. Mézière est de l'époque d'oïl et signifie paroi ou haie. Dour est celtique et signifie eau, quant à Stambruge il paraît germanique et c'est parce que les noms de l'espèce sont rares en Hainaut que je le donne ici. *Bruge* signifie pont, *stam, stan* se trouve expliqué à l'art. *stanquier* qui va suivre ; cependant il peut y avoir doute sur la fin du mot, car brug en b.-bret., brwg en gall. signifient bruyère. V. *brouyère*. Au nord, le Hainaut a un petit nombre de villages flamands : parmi eux il y en a deux ou trois à noms néo-fl. ex.: Steenkerk (église de pierre).

Stamper, estamper. v. a. mettre debout. *s'estamper*, se lever, *ett stampé*, être debout. *Stamper su n' saqué*, marcher sur quelque chose. *I faut bé s' plouyer où ç' qu'on n' peut gnié s'estamper*. Il faut savoir se résigner, il faut se courber sous la nécessité. Le v. fr. stamper, appuyer, affermir, fixer, ainsi que estampe, estampille, semble de source german.:

All. stampen, imprimer. Notre — pourrait venir d'un autre mot all. stampfen, piler, mit den füssen, fouler aux pieds, fl. stampen ; mais il faudrait plutôt trouver le sens du lat. stare, all. stehen, fl. staen. On le rencontre dans le gall. ystwap, irl. stampa, sanscrit, stamb'a, colonne, pilier ; au lat. stare se rattache l'irl. stad, sansc. statum, être debout. Les liégeois disent *astaplé*. V. *stap*.

Stampia. s. m. perche pour haricots, houblon, etc. (Fleurus).

Stançon. s. m. étançon. Pelletier rapporte le mot bas-bret. stançon, en déclarant qu'il ne sait s'il vient d'étançon ou s'il l'a formé.

Stançoner. v. a. étançonner.

Stank, estank. s. m. digue, corroie. A Charleroy, *astange*, à Liége, *stank, sitank*.

Stanquier, stanquié, estanquier. v. a. et n. former une digue ‖ arrêter un liquide qui fuit par une ouverture ‖ étancher. Ce mot, à cause de sa signification plus étendue qui se rapporte à celle de radicaux plus anciens, ne doit pas provenir d'étancher ; étancher en proviendrait plutôt lui-même, comme aussi étanche. On doit faire remonter l'étymologie de ce mot à l'all. stammen, qui paraît avoir formé le lat. barbare stammare, si pas au bret. stancq, écluse, stancqa, boucher, en dialecte de Vannes, stanquein. Cependant étang, semble bien descendre du latin stagnum, qui a formé l'italien stagnare, etc. Il est permis de remarquer à ce sujet qu'une foule de mots français qui, se rapportant aux eaux, aux fleuves et à la mer, ont une source tudesque ; on peut citer chaloupe, esquif, écluse, digue, quille, mât, cable, golfe, rade, barque, bord (quelques-uns ont un pied dans le celtique). Probablement ces mots ne remontent pas aux invasions franques, mais aux invasions des Normands, lesquels étaient navigateurs. Les premiers, qui étaient guerriers, ont plutôt laissé des mots relatifs aux combats : comme guerre, brèche, sabre, meurtre, dérober, flèche, bride (bivouac, sabredache, sont tirés de l'all. moderne). Je dois cependant avouer que Diez rapporte étanche aussi bien qu'étang au latin stagnum, et son autorité est bien supérieure à la mienne.

Stap, estap. s. p. espace précédemment occupé par une couche de houille. On supporte le toit par des étançons. On laisse des voies ouvertes pour continuer plus loin l'exploitation et on remplit le reste avec des terres et pierres qui ont dû être détachées en même temps que la mine. Non-seulement ces débris remplissent l'espace, mais il y a souvent un excédant qu'on doit extraire ; comme ils n'ont pas été tassés, au bout de quelques jours vient *el fardiau ;* alors tous les bois se brisent, le tassement s'opère et la superficie est abaissée de l'épaisseur de la couche de houille enlevée. A Liége, — signifie bordure pour diriger l'ouvrage.

Le mot *stap* m'a causé un travail considérable. D'une part il a une physionomie germanique ou celtique, d'autre part, je considérais que nos charbonnages n'existent que depuis une couple de siècles, que par conséquent il ne fallait pas faire remonter trop loin son origine et qu'on ne devait pas songer à la grande importation de mots germaniques lors de l'invasion des franks. Je savais encore que nos charbonniers n'ont guère de rapport avec les flamands ou allemands et pas du tout avec les celtes de la basse-Bretagne ou du pays de Galles.

Je trouvais bien l'all. stab, bâton, l'all.-flam. stapel, qui a formé le fr. étape et signifie aussi échafaudage. Je ne savais qu'en faire. Je trouvais aussi le bas-bret. stapla, jeter, et j'étais tenté d'interpréter *stap,* lieu où l'on jette les terres et pierres. Je ne trouvais rien dans le patois usuel. Je voyais bien dans le langage liégeois *astaplé* et je pouvais très-bien admettre qu'*astaplé* ou *stapler* a été en usage chez nous, mais *astaplé* a la signification de notre *stamper,* être debout. Alors il a fallu s'adresser à un autre ordre d'idées et traduire *stap,* lieu supporté par des pièces de bois placées debout. B.-lat. stapla, mensa, ags. staple, fulcrum mensarium.

Mais voilà que le complément du dict. de l'Académie nous donne le vieux mot fr. stampe et le définit : intervalle d'une veine à l'autre dans une mine.

A présent, si l'on veut consulter notre art. *stamper,* on verra que ce mot et le liégeois *astaplé,* doivent se confondre dans l'idée de pilotis, colonne, pièce de support, on pourra conclure que probablement *astaplé* est germanique et *stamper* celtique, que l'un ou l'autre a formé le fr. étai, étayer qui, du reste, pouvait mieux venir du fl. staaye, stande fulcrum, mais que *stap,* tiré immédiatement du patois usuel ancien est bien germanique pour l'origine médiate.

On pourrait songer au latin stabilire. Je ne lui concède que la paternité de stable, établir, avec leurs dérivés, quoiqu'il soit vrai que le tout se réunit à la source sanscrite indiquée au mot *stamper.*

Il est à peu près certain que tous nos mots charbonniers empruntés au celt. ou à l'all. ont été puisés dans le patois usuel de l'époque de création, ex. : *cufa, sklon, vautierne, escor, quairière.* V. ces mots. Il en a dû être de même de bien des mots spéciaux qui ont été tirés des termes généraux que l'envahissement du fr. a balayés. C'est ce que nous voyons encore faire à nos ouvriers quand ils ont besoin de désigner une chose nouvelle, ils forgent le mot avec le patois actuel. V. *caya.* Nous pouvons de là conjecturer combien de mots se sont perdus et ce qu'était notre langage il y a seulement trois ou quatre siècles. Nous ne le comprendrions pas plus qu'aujourd'hui nous ne comprenons le liégeois, mais alors la différence des deux dialectes devait être moins grande. Nous nous sommes plus francisés que les liégeois, comme les Picards se sont francisés plus que nous.

Stater. v. a. arrêter, interrompre. Latin, status.

Stauré. v. a. jeter çà et là, épandre, éparpiller (Charleroy). *Staré, stramé,* à Liége, fl. stooren, troubler, storten, épandre, strooyen, parsemer, répandre, v. fr. estorer, fournir, garnir, établir, lat. instaurare, mais la forme liégeoise *stramé,* doit reporter la pensée vers le lat. stramen. V. *stramage.*

Steigé. v. a. montrer, enseigner (Bor.). En all. zeigen (prononcez tzeigen).

Sterni, stierni. v. a. étendre à terre ‖ mettre de la litière. *Stierni sé vak.* De sternere. ‖ v. n. éternuer. De sternuere, sternutare.

Sternure, stiernure. s. f. litière qui se ramasse dans les bois pour en faire un engrais. A Liége, *stierneur, stiernar.*

Stapendant. conj. cependant. Souvent employé par Froissard.

Steule, stŏl. s. f. portion de chaume des graminées céréales qui demeure sur pied après le fauchage. Fr. inusité, éteule, esteuble, étoule, qui signifient chaume, lat. stipula, all. fl. stoppel, vha stupûla.

Stici, stichi, esticil, celui-ci, **esti-là, stilal,** celui-là, **stelle-ci, estelle-ci,** celle-ci, **stelle-la, estelle-lai,** celle-là. On trouve dans le Médecin malgré lui de Molière : ceti-ci, ceti-là. J'aurais bien pu écrire : *ç'ti-ci* ou *cĕti-ci,* mais alors l'autre forme aurait été *eç'ti-ci,* ce qui eut été assez bizarre.

Stiquer, estiquer. v. a. enfoncer. De l'all. stecken, mettre, fourrer dedans, être fiché. Le v. fr. avait le mot sticade, impulsion, les liégeois s'éloignent de la signification montoise en donnant à leur *stiki*, *stichi*, celle de pointer, donner des coups de pointe, lancer des traits mordants ‖ tromper ‖ corrompre. Le mot liégeois ne vient plus de stecken, mais de stechen, qui a toutes ces significations. Le v. *stiquer* est quelquefois neutre. *Quand ça li stike* ou *quante ça stique à s' tiette*, signifie quand l'idée lui passe par la tête. Le mot sticare est rapporté par Ducange qui donne l'ex. suivant de son emploi : nec ludere nec — permittant in tabernâ vel hospitio.

Stikette. s. f. tisonnier ‖ par dérision épée de parade, mauvaise épée. De stecken (v. ci-dessus) ou de Stich, pointe.

Stisse, stiche. moi. *C'est pou stisse*, littéralement c'est pour celui-ci, et par celui-ci on se désigne soi-même. V. *stici*.

Stoffé. s. m. fromage. *Mon stoffé*, fromage mou. Le nom de *stoffé* provient de ce qu'on le presse dans un panier comme la braise dans un étouffoir qui se nomme au village *stoffoi*.

Stoffi, stofire. v. a. étouffer. En ital. stofare.

Stoffoi. s. m. étouffoir.

Stok, sto. s. m. **stokie, estokie.** s. f. souche, touffe d'arbustes. All. Stock, tronc; lequel a formé le v. fr. étoc, souche morte.

Stoker, estoker. v. a. placer droit, raide ‖ raidir ‖ dresser. All. Stock, bâton, tronc. Stoquer en fr. signifie conduire au feu. En v. fr. tocher veut dire frapper avec un bâton.

Stokie. s. f. touffe.

Stol, estaul, etol. s. m. s. f. écurie et plus particulièrement établé de vaches. Lat. stabulum, all. Stall, fl. stal, bret. staul. On trouve le mot estaul dans un sermon de saint Bernard: Pelletier dit que les mots staöl, taöl, diaöl sont des bretonnisations du lat. stabulum, tabula, diabolus.

Storde. v. *étorde*.

Stoumak. s. m. estomac ‖ poitrine ‖ gorge. *Quai biau — es fiye ld a!* *Moinss qu'enne fiye a d'—, puss qu'elle lé muche.* Lat. stomachus.

Stoumakié, stoumakier, estoumakié, estoumaki. v. a. rendre stupéfait, essoufflé, oppressé ‖ peser sur l'estomac. V. *estoumaquer*.

Stouper, estouper. v. a. boucher, fermer. Fl. stoppen, all. stopfen, boucher, bourrer, armor. stoupa, stouva, boucher avec un bouchon, grec στύωη, étoupe, bas-breton stoup, lat. stupâ. *Estouper* est un v. mot fr. *Il a n' broque pou stouper tous les trau*, il a réponse à tout..

Il est des mots assez fréquents (celui-ci est du nombre) qui appartiennent à toutes les langues, à tous les patois. Ce phénomène provient d'une origine commune, c'est-à-dire de la migration des peuples. Cette migration des hommes est aussi naturelle que celle des hirondelles. Ils recherchent les lieux où ils peuvent trouver les objets nécessaires à la vie. La civilisation fait obstacle de nos jours, mais à présent encore des invasions fréquentes ont lieu en Afrique chez les peuplades barbares. Or, c'est la Tartarie qui a surtout lancé des essaims dans tous les sens, vers la Chine, vers l'Inde, vers l'Europe, et ce qui n'a pas été rare dans les temps historiques a dû être bien plus fréquent dans les temps qui ont précédé l'histoire. D'un autre côté notre patois est surtout le v. fr., le v. fr. est surtout le latin imposé à tous les peuples vaincus, non le latin de Virgile et de Cicéron, mais celui de la populace, la basse-latinité, lingua rustica, militaris. Cette langue se formait en partie chez les barbares. Les légions allaient de la Germanie ou de la Bretagne en Afrique ou en Asie, et les soldats ramassaient des mots souvent ignobles dans leurs relations avec les filles faciles de tous les pays. Enfin les légions se recrutaient avec des gaulois, des ibères, etc., qui apprenaient la langue latine, mais y introduisaient des mots de leur langage.

Stragn, strain. s. m. paille, botte de paille. *Du stragn, ain stragn.* All. Stroh, paille, Strang, corde, écheveau, Streu, litière, fr. étrain et strain, lat. stramen. *Y fai pu d'fumier qui n'a dé stragn*, il dépense au-delà de ses ressources.

Stramage. s. f. nom collectif pour désigner les diverses sortes de paille. Un fermier dira : *M' n' estramage s' n' année-ci vau mieur qué m' grain.* Lat. stramen.

Strande. v. imp. *Y stran ou y stragn, y strando ou strandoi*, il a *stran ou strandu*. serrer ‖ y avoir urgence, danger. *Y stragn à s' cu*, il a peur. Latin stringere, all. Strenge, rigueur. Le v. fr. a eu straindre, resserrer, le fr. actuel n'a plus que les composés contraindre, restreindre, astreindre.

Straner. v. a. dévorer. D'étrangler. All. Strang, corde, hart, lat. strangulare.

Qui va au bo, l' leu l'estrane.
Qui s'expose au péril, périra.

Il est vrai qu'il est si cantgé,
Qué dj'el l'arou leyé,
Pour mi dé leu strané.
(Chanson de Quintin. V. art. *fourderaine*).

Stranglau. s. m. grosse corde pour maintenir le foin sur les charriots. Il y a souvent confusion avec *stringuiau.*

Stranguion, estranguion. s. m. maladie de gorge des chiens, des
chats. *Passer s' n' estranguion,* échapper aux maladies d'enfance, avoir
surmonté les difficultés d'un commencement d'état. Fr. étranguillon,
esquinancie des chevaux. Bas-lat. stranguillio, v. fr. estranguillon, bas-
bret. straquylhon.

Strier, strii. v. a. étriller. All. strigeln ; en lat. strigilis, étrille.

Striker, estriker. v. n. quelquefois a. raidir, tendre, plus souvent
se raidir, se tendre ‖ devenir hérissé. All. strecken, tendre, étendre;
latin, strictus, part. passé du verbe stringere : stricto gladio, glaive
hors du fourreau ‖ rendre une mesure rase, racler, all. Streichholz,
racloire de mesureur (Holz signifie bois), striquer et estriquer sont fr.
mais ont d'autres significations. Ducange rapporte le mot stricare : con-
sumere, impedire. Il ajoute : Stricho, mensura annonaria à germanico
strick. Strick, strich, modius, vox germanica. Strictere : radere,
strigillare.

Strikette, estrikette. s. f. épée horizontale; parcequ'elle *estrike*
par derrière.

Strikmante. s. f. manne de brasseur. Flam. stuikmande.

Strine, estrine. s. f. étrenne. V. f. estraigne, estrine.

Striner, estriner. v. a. étrenner. V. f. estrener. *Avenez m'estriner,*
faites moi faire ma première vente.

Stringuiau. s. m. bande dont on entoure le ventre des nouveaux nés pour leur soutenir l'ombilic. Lat. stringere, fl. streng,
cordon.

Striver, estriver. v. n. soutenir, prétendre contre tout droit et
raison. V. m. fr. employé par Montaigne et autres : On ne peut s'en
tenir quoiqu'on estrive, dit Marot; streven¹, en flamand, streben,
en all. signifient s'efforcer, prétendre, tâcher, stribbelen en fl. veut dire
chicaner, bret. strif, querelle, v. fr. etrif; bret. striva, contester,

fl. stryden, all. streiten, v. scand. strida, vha stritan, lutter, combattre.

Stroder. v. n. roder (Borinage).

Strodeu. s. m. rodeur.

Stroit, te. adj. étroit. V. fr. stret, ète; bret. striza, en Vannes, strec'hein, étrecir, lat. strictus.

Stroiti. v. ratroiti.

Stron, estron. s. m. étron. Fl. stront, v. fr. estronc, bret. stronk ou strone.

Stroupia. s. m. groupe de noisettes (Fleurus). Fl. trop, nœud.

Strukié, struker. v. n. et a. blesser par contusion, foulure, luxation ‖ accrocher. *Il a strukié s' n' artoile*, il s'est foulé, luxé un orteil. Fl. struikelen, all. straucheln, v. all. struken, strùhhôn, trébucher, choper, effet pour cause, it. sdrucciolare, sortir en glissant. *Strukié* a autrefois signifié étançonner. V. *astruc*. Struik en holl., Strauch en all. signifient tige, souche, tronc. On peut interpréter tige pour étançonner, et tige, souche, pour faire choper.

Stuver. v. a. étuver. Fl. stoven, fomenter, bassiner.

Su. prép. sur, dans. *I récrit su n'ein bureau*, il est commis dans un bureau. Flandricisme.

Suair, swair, chuair, chwair. s. f. sœur. Lat. soror, gall. chwaer, goth. svistar, vba, suĕstar, all. Schwester, fl. zuster, sansc. svasr. Le mot *suer* est employé par Ville Hardouin, un des plus anciens écrivains fr. (en 1198), au moment où le fr. sortait de sa chrysalide du patois d'oil. Ce vieux mot fr. avait cela de particulier qu'il faisait à l'acc. seror. On serait disposé à admettre une double origine celtolatine; mais il faut remarquer que la langue d'oil en se formant du lat., avait conservé deux cas pour le subst., celui du sujet et celui du régime. Les finales lat. brèves qui se faisaient peu sentir furent supprimées, mais les syllabes longues et sonores furent conservées : ainsi imperator̆ (après avoir fait probablement imperatre) faisait, au moment où l'on a commencé à écrire le v. fr., impercre; mais le gén., dat., acc., abl., imperatōris, ōri, ōrem, ōre, faisaient empereor; plus tard, or devint eur, comme dans couleur, faveur, douleur. Quand les cas disparurent du v. fr., certains mots conservèrent la forme du cas direct; mais la plupart prirent celle du cas oblique qui est le plus fréquent. Un petit nombre gardèrent les deux formes comme chantre, chanteur; pâtre, pasteur. C'est la suppression des cas qui amena cette grande révolution dans la construction et imprima au fr. son principal caractère. Jusque-là, la langue d'oil avait une partie des libertés d'inversion latine; pour être compris on dut désormais suivre l'ordre logique. Le mot soror après avoir fait soreur, sereur, est devenu par contraction sœur. On peut conclure que notre mot chwair est bien l'ancien nomin.; l'influence du celt. n'a été probablement qu'une influence de prononciation. Cependant permis à chacun de douter.

Suener, suiner. v. n. suinter (Borinage). A Liége, suné. Selon Diez, suinter ne vient pas du lat. sudare (suer), mais du vha, suizan. All. schwitzen, fl. sweeten, qui signifient aussi suer; mais pour arriver à ce résultat il retranche N à suinter, et nous c'est le T que nous retranchons.

Suesse (batte enne). faire le paresseux, se reposer. Haut-all. vieux, suezen, ranimer les forces, recréer, fr. sieste; v. fr. sueis, doux, facile, lat. suavis; suéd. suæfva, dan. svaeve, isl. sveipa, all. schweben, se bercer dans l'air.

Sufizan. adv. suffissamment. D'avée —? en avez-vous assez?

Suif. s. m. suie. Il n'y a que les beaux parleurs qui disent —, le vrai montois dit souyain. La confusion a pu provenir de ce qu'en fl. roet signifie à la fois — et suie.

Suisse. s. m. confiseur. En fr. portier.

Sukade. s. f. p. sucrerie, bonbons. Holl. sukade, écorce de citron confite. Lat. succus, suc.

Suki. heurter la tête l'un contre l'autre (Charleroy). A Liége, souki. V. chuquer.

Sur. s. m. petit lait, sérosité du lait extraite du fromage. Il faut le distinguer du clair-lait. V. ce mot.

Sur, surte. adj. sur, aigre. Je le donne ici à cause de son fém.; en fl. zuer, fait zuerder au comparatif. V. seur.

Surbature, sourbature. s. f. douleur du pied assez commune chez les charbonniers qui travaillent dans l'eau. En fr. la courbature est un accablement, une lassitude avec fièvre, suite d'une grande fatigue, en dialecte de Léon (breton), sabatur, blessure aux pieds par la chaussure, en dialecte de Cornwaille (aussi breton, ne pas confondre avec la

Cornouaille ou Cornwal d'Angleterre), c'est un mal du pied des bêtes par l'humidité du lieu où elles couchent la nuit. Pelletier ne trouvant pas ce mot chez Davies le gallois, suppose qu'il n'est pas légitimement celt. et qu'il pourrait bien provenir du mot fr. sabot.

Suresse. s. f. acidité. Gall. suran, suro, acescere, acere, all. sauer, fl. zuer. vha sûr, chald., syriaq. sera, seri.

Surjé, surjet. s. m. ce que l'on donne en sus de la mesure, sur-mesure en usage pour le lait. En fr. espèce de couture.

Surnom. v. nom de famille. Le montois confond et appelle *nom* le nom de baptême.

Susulle. s. f. Ursule.

Symboline. s. f. jacinthe. V. *pulkra*.

T

T se change quelquefois en D : *eindamer*.

Tabarot. s. m. femme d'un esprit peu subtil; simple et bonne (peu usité). En fr. manteau à l'italienne comme en portait Tabarin.

Tablette. s. f. mélasse cuite coulée dans une carte ‖ extrait de réglisse.

Tache. s. f. poche (n'est usité qu'au village). All. Tasch, liég. *tah*.

Tachette. s. f. clou qui arme les souliers. Bret. tach, petit clou, gaël, tac, esp. tachon.

Tacon. s. m. pièce de lard (au village). C'est un v. mot gaulois. Afranius dit : Gallum saginatum pingui pastum taxeà. C'est de cet habit lat.: taxea que les romains affublaient ce que les celtes actuels du pays de Galles nomment tacwn. Le liégeois a le verbe *s'takëné*, s'engraisser, se crasser. V. *take*.

Tafiar, arde. s. et adj. babillard, bredouilleur. Se confond souvent avec *fafiar*. Gall. tafawd, langue, tafodiawg, avocat, bret. teaud, langue.

Tafier. v. n. babiller, bredouiller.

Tai. pron. tel. *Tai pai, tai mai, tai z'ainfan*, tel père, tel fils. TAI-JĔ, TAI-JĔ-TÉ, TAI-TĔ-TÉ, tais-toi.

Taille. s. f. 1/16 de l'aune, 46 millimètres.

Taindue. s. f. *pagnon* plat. V. *pagnon* (Jemmapes). Abréviation d'étendue, à cause de sa forme. Comp. *Wastia*.

44

Taire, TAI s' *langue*. modérer sa langue.

Take. s. f. tâche. Fl. taek, holl. taak (aa holl.=ae fl.=â fr.) ouvrage imposé, b.-lat. tasca=taxatio agraria, selon Ducange ; kymr. tasg, chose déterminée et imposée, gaël, taisg, caution. Diez tire tasca de taxa, m. lat. pour taxatio.

Take. s. f. tache, souillure. It. taccia, esp. port. tacha, bret. tachen.

Tallayette. s. f. jeu voisin de celui de *tayette*. Dé petits trous sont creusés à une distance de 3 ou 4 mètres l'un de l'autre formant carré. Chacun des joueurs y pose le bout de son bâtonnet, celui qui tient la *droite* cherche à la placer dans un des trous vacants par l'échange de position des joueurs qui a lieu comme au jeu des quatre coins. Quand on n'a plus de trou, on s'enfuit, mais si on est atteint par la *droite*, alors lancée, on doit courber le dos sous le vainqueur.

Tamain, te. adj. maint. *Tamains arsouyes, tamaintés geins.* Kymr. maint, multitude, all. manch, vha, manag, maint.

Tamison. s. m. tamis. Fl. tems, b.-lat. tamisium, bret. tamoez, racine, tamma, morceler.

Tamboureu. s. m. joueur de tambour.

Tampniau. s. m. appentis, toit de chaume supporté par des perches (Borinage).

Tampon. s. m. mercuriale, plante, mercurialis annua. Bret. tanvot, plante, simple. Pelletier dit que Davies donne le nom de tafot (langue) à plusieurs sortes de plantes || — à s' cu, coup de pied au derrière.

Tampone. s. f. ribote. Fl. tapper, cabaretier; fr. popul. ramponne, orgie, de Ramponeau, nom d'un cabaretier.

Taneu. s. m. tanneur. *Gros comme ein kié d'* —, bien repu.

Tanner. v. a. frapper fort. Arm. tan, chêne, all. Tanne, sapin, fr. tan, tanneur, etc.

Tannvar, tannevard. s. m. but pour le tir au *bersaut* || cul, derrière. On peut porter ses recherches sur le v. all. à cause de l'analogie de forme avec boulevard. On doit plutôt penser au v. fr. talvar, bas-lat. talavarius, gall. talwas, bouclier, but, cible.

Tanseulemain, tt' a seulmain. adv. seulement ; tant seulement appartient au v. fr.

Tansqu'à. prép. qnant à. *Tansqu'à mi*, quant à moi.

Tapée. s. f. grande quantité.

Tapette. s. f. jeu qui se rapproche du jeu de crosse, instrument pour jouer à ce jeu.

Tap de feu. s. f. derrière de cheminée. Taque de feu est français.

Tapfeu. s. m. briquet ‖ langue alerte.

Tapin. s. m. jeune tambour. En fr. arbre fruitier.

Tapure. s. f. tour de rein, déchirure de quelques fibres musculaires dans un violent effort ou dans une fausse position. Le mot lumbago n'a pas tout à fait la même signification.

Tassel. bondon (Charleroy). A Liége, tessel. (V. tassiau.)

Tassiau. s. m. pièce, morceau de drap, de linge qui bouche le trou à un vêtement. En fr. tassiau est un terme d'architecture, tasseau est un t. de menuis., en v. fr. tassel était une pièce d'étoffe carrée qui faisait partie du costume des femmes, en celto-bret. tacon signifie pièce, taconi, rapetasser, ital. tacconare, raccommoder les souliers. On voit dans la vie de S. Césaire, qu'il s'était commandé une paire de souliers benè tacconati, mais on ne commande pas une paire de souliers bien raccommodés. Tacconati semble signifier ici : armés de clous. V. tachette. Au reste, tacon peut bien venir de tach, de même que staga, attacher. On trouve encore le bas-lat. tassus, tassel, gall. tas, bouton de boucle et le v. fr. tassiaux, lat. taxillus, lien, attache.

Tatouille, tatouye. s. f. trouble ‖ émeute ‖ combat. En espag. tertulia signifie assemblée nombreuse. V. touyage.

Tatouiller, tatouyié, tatier (s'). v. r. se quereller ‖ se battre ‖ v. a. remuer ‖ manier. V. fr. tatoailler, chatouiller, tâter, fr. popul. tattouiller, manier salement.

Taure. s. m. taureau. En fr. jeune vache qui n'a point porté, génisse lunaire, bret. taur, tarv, taro, corn. tarô, gall. tarw, chaldéen, tor, esp. tauro, lat. taurus, v. fr. tor.

Taurier ou plus souvent **tôrier.** v. n. entrer en rut. Ne se dit que des vaches.

Taye. s. m. bisayeul. A Liége, le tayon est le trisayeul, en v. langage, le — était l'ayeul ainsi que le tayon.

Tayette. s. f. sorte de jeu dont je crois devoir donner une courte description, parcequ'il est, je pense, peu connu : Ses instruments sont ceux du jeu de droite. Il s'agit pour l'un des deux joueurs de faire entrer la droite dans un grand gagot, tandis que l'autre joueur s'y oppose en agitant au-dessus le bâtonnet. Quand le premier a réussi à opérer l'intromission, il ramasse prestement la *droite* et la jette contre le second qui s'enfuit; s'il l'atteint, il a le droit de sauter sur son dos et d'être ramené glorieusement jusqu'au *gagot*.

D'où vient ce mot *tayette?* Il semble par sa forme un dimin. du fr. taille; mais taille ne paraît pas convenir par sa signif.; à défaut de mieux, je cite le v. fl. tagghen litigari, vitiligare (Kiliaen).

Tchaptchap. s. f. nom que l'on donne (à cause de son cri) dans certains villages à une espèce de grive que dans d'autres, par l'effet d'une autre prononciation, on nomme *chapchap*.

Tché, tié. s. m. chien (Borinage). La prononciation du *tch* est fort difficile pour d'autres gosiers que ceux des borains,.

Tchire, chire. v. a. et n. chier (Borin.).

> *Eh! mée, dj'ai mau m' panse.*
> — *Va z'ein tchire ein France,*
> *Té r'veira pa Landerci*
> *Ett mau d' panse s'ra tout r'weri.*

Tchon. s. f. fille travaillant au *cliquiage* d'une *fosse*. Il serait facile d'expliquer ce mot; mais il faudrait dire des choses fort scabreuses. Lat. cunnus.

Té, tê, tée. cri pour appeler un chien.

Técheu. s. m. tisserand (Charleroy).

Téchon, tichon. s. m. morceau de vase de terre, pot fêlé, assiette ébréchée. *Enne maison qui n'a qu' dés monvais* —, une maison qui n'a qu'un misérable mobilier. Fr. têt, tesson, lat. testa.

Teimpe. adj. tôt, de bonne heure. Le mot lat. tempus n'est pas étranger à l'origine de ce mot, ou plutôt il faut la chercher dans une altération du mot fr. temps. On aura dit d'abord : *Il est co timpe* pour il est encore temps; puis on aura dit : *Pus teimpe, trop timpé*, etc. V. fr. teimpre, vite, tôt.

Teimpié, ière. adj. précoce, prématuré (Ghlin, Baudour, etc.). A Liège, *teimprou*.

Teimplie. s. f. tempe. Lat. tempora, v. fr. temple.

Teinke. s. f. tanche. V. fr. tenche, lat. tinca.

Têle. s. f. plat ou vase pour laisser reposer le lait. Fl. telloor, all. Teller, assiette; fl. tyl, v. fr. teille, terrine, vase de terre.

Tel et si fai. adj. semblable, tel, dans l'état où il se trouve || dans un piteux état, mot à mot tel et ainsi fait. On supprime quelquefois *tel et : Laïtte, avenez si faite*, Adelaïde, venez dans votre négligé, sans rien changer à votre toilette. Le v. fr. disait tout si faict.

Têlette. s. f. petite *têle*. Autrefois on entendait des colporteurs crier : *A plats telettes pou du vieux fier*, d'où le nom de *plautelettes*. V. ce mot.

Têlie. s. f. plein une *têle*.

Tem. adj. faible, mince. Les liégeois, au lieu de *tem*, disent *tenne*. Ils s'écartent moins de l'étymologie du mot qui est tenuis. Gall. tenau, irl. tanu, sansc. tana, mince ; de la racine, tan, étendre, d'où extendere.

Temps. s. m. ce mot conserve à Mons la prononciation fr.; mais dans beaucoup de villages il subit le sort ordinaire et se dit *tein*.

Sur le mot s'est construit un idiotisme wallon : *Avoi l' —, avoir el —*. Cela signifie avoir des ressources, de l'aisance, de la fortune. Si l'on ajoute *dé*, cela veut dire avoir les moyens de : *Ç' t' enne gein qu'a bé l' —. J'ai bé l' — de m'acater ein biau casaque.*

Ténache, t'nache bon. s. m. grève d'ouvriers borains.

Tendeu, taîndeu. s. m. oiseleur, parce qu'il tend des piéges, des filets.

Taindeu, cacheu, peskieu,
Tois mestiers d' gueu.

Téni, t'ni. v. a. tenir. *Ej tié, ej térai, ej térois, qué j' tiesse, tiensse, tenisse, qué nos tiesse, tiensse, tenissions, qu'i tiessle, qu'i tiette, qu'i t'nisste. Quan elle tié s' galant, elle peinse téni l' bon Dieu pa lés pieds.* Le même dicton existe à Liége : *Quan elle tin s' crotté galant, elle pinse tini l' bon Dieu po l' pie.*

Téni, t'ni bon. v. n. se mettre en grève.

Ténure. s. f. écluse.

Têr. adj. tendre. Les liégeois disent indifféremment *teinr* et *ter*. Lat. tener, gall. tyner.

Têrai, têrois (*ej*). fut. et cond. du v. *t'ni*, tenir.

Térée. s. m. tarière. A Liége, *teré*, lat. taratrum, cymr. taradr, bret. tarar, terer, grec, τερετρον, terebra, tiré de τερειν.

Terk. s. m. goudron. En holl. tecr, en all. theer, celto-breton, ter. Terk est employé en fr. de technologie, lat. therebinthus, gr. τερεβινθος.

Térot. s. f. Thérèse.

Terre à pétote. s. f. cimetière.

Terre houille. Les veines de houille du Flenu dont plusieurs s'enfoncent à des profondeurs non encore reconnues, ont cependant toujours leur extrémité ou tête à la superficie de la terre. Cette tête de veine imparfaitement minéralisée ou altérée par l'action de l'air et le mélange de substances étrangères est ce qu'on nomme, à Mons, *terre houille*. Les borennes, après avoir mouillé cette terre, la forment en boules dites *boulets de terre houille*, qui brûlent lentement sans répandre de flamme. La *terre houille* ne contenant guère que du carbone et peu ou point d'hydrogène ne produit, par la combustion, presque rien autre chose que de l'acide carbonique et cause, pour cette raison, d'assez fréquentes asphixies, elle est à la houille du Flenu ce que le charbon (de bois) est au bois.

On trouve dans quelques dict. fr. le mot teroulle. On le définit une terre légère, noire, indice du charbon de terre.

Terri, téri. s. m. t. de charb. monticule formé autour des *fosses à charbon* par l'amas des terres extraites avant d'arriver à la houille, il s'augmente ensuite des pierres tirées avec la houille et qui ne peuvent être livrées au commerce. Ces pierres sont de deux sortes : *el querière* et *el roc.* V. ces mots. Celui-ci se délite facilement et devient terrain cultivable, celle-là sert à la bâtise des maisons rustiques.

Tersauter. v. n. tressaillir. En v. fr. tressaulter.

Tertou, tertoute. ne se dit qu'au pl. et ne peut être suivi d'un subst. : *Aboulez —*, accourez tous. On ne dirait pas --- *lés hommes.* On employe souvent le pléonasme *l'tertou* et *tout tertou.* Esp. tertullia, assemblée nombreuse, v. f. tretous, trestout.

Testamenteur. s. m. exécuteur testamentaire. Ce mot appartient au v. fr.

Testicoter. v. a. et n. contrarier, contester. Fr. asticoter.

Tétée, taitai. s. m. chien (enfantin).

Tette. s. f. mamelle, sein. En fr. bout de la mamelle des bêtes. Bret. teth, esp. teta.

TI. pr. toi ‖ part. interr. *D'arai-je ti?* en aurai-je? Analogie avec *d'ara-t-i*, en aura-t-il.

Ticthaus. s. f. maison de Mons où l'on enfermait autrefois les filles de mauvaise vie. En allemand les maisons de correction s'appellent Züchthaus, c'est à dire maisons de modestie ou de discipline. Dans certaines contrées d'Allemagne, l'ü se prononce comme i ; le z se prononce toujours comme tz. Fl. tuchthuis. Il ne faut pas confondre *el ticthaus* avec le couvent des repenties. Dans la première maison se trouvaient des filles de bas-étage soumises à un travail forcé, dans la seconde se trouvaient des filles d'une condition plus élevée, qui avaient eu une faiblesse et qui étaient retenues par la volonté de leurs parents. On cherchait à leur faire prononcer des vœux religieux. L'archevêque de Cambray, inspectant un jour cette dernière maison, dit : C'est donc ici le couvent des pots fêlés; l'une des filles eut la hardiesse de répondre : pas si fêlés, Monseigneur, qu'ils ne puissent encore être à votre service.

Tierne. s. m. tertre (Borinage). A Liége, *tière*, à Namur, *tiène*, *tienne*, v. fr. tertrie, colline, tertre, toron, colline, éminence, torout, tertre, bret. tyern, élévation. On trouve dans la vie de St Kentigern, un passage important, dit Diefenbach : « Ken caput, tiern albanicè dominus latinè interpretatur, par albanice on entend la vieille langue picte, irl. tiarna, baronnet, gall. teyrn, roi. D'autre part il cite tauern dans le langage actuel du Noricum et qu'il croit originairement celtiq., gallois, twr, cumulus, gaël. torr, éminence, irl. teide, colline, bret. tun, colline, torghen, motte, butte. Ces formes diverses seraient d'accord pour exprimer l'idée de ce qui est élevé. » Il y a à Baudour un hameau nommé *El tiette, au tiette*. La géographie provinciale l'a traduit officiellement par, le tertre. Ce *tiette* doit être une prononciation locale ancienne de —.

Tiette d'houye. s. f. mauvaise tête, mot à mot, tête de houille. A Liége on dit *tiesse di hoye*.

Tignasse. s. f. tête ‖ chevelure. En fr. popul. tignasse, teignasse, tigne sont une mauvaise perruque ou une coiffe enduite d'onguent pour les teigneux.

Tigne. s. f. teigne. Bret. tiñ, tañ, écoss. teine-Dé, mot à mot, feu de Dieu. Le lat. tinea sign. bien teigne, insecte, mais non teigne, maladie de la tête dont le nom est porrigo.

Tigneu. adj. teigneux ‖ **feuye de tigneu.** s. f. tussilage, plante.

Tîle. s. m. tilleul. V. fr. En fr. écorce des jeunes tilleuls, petit tilleul.

Tille. s. f. tuile. Lat. tegula, fl. tegel.

Tilliasse, tïyace. adj. coriace. Est-ce le fl. taei, même sign. avec la terminaison de coriace?

Tilupe. s. f. tulipe.

Tinée. s. f. instrument dont se servent les brasseurs pour porter les tonneaux. A Liége, *tina, tinau,* fr. tinel, tinet, lat. tina, v. fr. tine, vase pour conserver le lait.

Tio, tiotte. adj. et s. petit; de petiot. Il diffère de *nio* ou *gnio,* en ce qu'il s'y attache une idée de gentillesse ou d'amitié.

Tique. s. f. point, moucheture. En fr. espèce d'insecte. Fl. steek, point, piqûre, tip, pointe, teeken, signe.

Tiqueter. a. pointiller ‖ moucheter. Il est curieux que tiqueté soit fr. et que *tique* et *tiqueter* ne le soient point.

Tire. s. f. espèce de robe d'enfant ‖ demande, vogue. *Es marchandise là a del —,* il y a beaucoup de demande pour cette marchandise. Fl. tier, croissance, réussite.

Tirer d'su quéqu'un. ressembler à quelqu'un. *El veint tire dessus France,* le vent se rapproche du midi. *Em cœur tire,* j'ai des tiraillements d'estomac.

Tisonner, tisner. v. n. et a. secouer la houille enflammée pour en faire tomber la cendre. En fr. tisonner, v. n. remuer les tisons sans besoin, pour s'amuser.

Tisonnier. s. m. instrument de ménage pour secouer les charbons. En fr. outil de forgeron, etc. pour attiser le feu.

Tizautte. pron. vous-autres.

Tŏdreu. adv. tout droit, à l'instant, directement.

Toise. s. f. mesure de six pieds Hain. V. *pied.*

Tŏl. s. f. table. V. fr. et bret. On dit taula en georgien.

Tŏli. v. a. priver ‖ déshériter. Du lat. tollere.

Toquer. v. n. frapper ‖ heurter. *Toquer à n' porte,* heurter à une porte. *Ça li toque d' vin s' tiette,* il sent des battements dans la tête. V. *poquer.* Esp. tocar, it. toccare.

Tordoi. s. m. moulin à l'huile. Les liégeois nomment un pressoir *stoirdeu.* V. *étorde.* Tordoir est fr. mais n'est pas au dict. de J'acad.

Toreille, toureille, toureye. s. f. séchoir, lieu où l'on sèche le grain dans les brasseries ‖ terre cuite sur laquelle on sèche, etc.

Toriyer, toreiller, torier. v. a. et n. sécher le grain germé des brasseries. Fr. torréfier, lat. torrere.

Torner. v. n. et a. tourner. Davies traduit le gallois turnio, par le lat. torno, et turn par tornus.

Torque. s. f. torche de paille, coussin que les paysannes se mettent sur la tête pour porter plus facilement leurs paniers, tortillon.

Torquette. s. f. petite torche de paille ‖ morceau ‖ un peu ‖ un moment ‖ pointe de vin. En fr. on appelle torchette de l'osier entortillé au milieu d'une hotte. On donne le nom de torquette à une certaine quantité de marée enveloppée dans la paille, ou à des feuilles de tabac roulées et bien pliées.

Tortéyon, tortiyon, tortillon. s. m. trognon. A Liége, *tourson.* En France, le tortillon est un torchon tortillé en rond, une coiffure de paysanne. Fig. fam. paysanne prise au village, bourrelet sur la tête pour porter un fardeau.

Totier, torteyer. v. n. hésiter ‖ baguenauder ‖ bégayer ‖ tourner autour. Fr. tatillonner, fréquentatif de tâter, v. f. taster, it. tastare, suéd. tasta, all. fl. tasten, lat. tactus.

Totin, totieu. s. m. qui *toteye* habituellement, tatillon.

Totom. s. m. grand verre. Lat. totum (poculum).

Toŭ. s. m. toit. *Spé tou,* toit épais (Frameries).

Tout tant qué, quan qué, tout ce que. V. fr.

Tout droŭ, to drŏ. tout droit ‖ justement ‖ il n'y a qu'un instant.

Touche. s. f. goût particulier que certains brasseurs donnent à leur bière ‖ couche de couleur. All. Tusche, t. de dessin, lavis. Petri (fremd-wörterbuch) prétend que cet all. est emprunté au fr. En fr. manière dont le peintre indique et fait sentir le caractère des objets.

Toudi. adv. toujours, malgré cela. Toudis se trouve dans le dict. de Boiste. On voit dans les vieux auteurs tousdis, tosdi, toldis et d'autres encore. *A lé feimme et lé viélé z' affaire, il a toudi à r' faire.* ‖ **È mé, toudis.** excl. — *cousenne, qué vos astez belle!* Ah! cousine, que vous êtes belle!

45

Toudroi. adv. à l'instant.

Touke. s. f. action de *touker*. v. ce mot. *Aller à l' touke*, plonger (la cuiller dans la soupe). ‖ t. de jeu de domino. pêcher ‖ Le mot prend souvent une signification obscène.

Touker. v. a. tremper, plonger. All. tauchen, tremper, tunken, saucer, mouiller, Tunke, sauce. — *al soupe*, y plonger la cuiller. — *al sauce*, y tremper son pain.

Touker au feu. l'attiser. A Liége *toki* signifie de plus l'allumer, l'alimenter.

Touke feu. s. m. t. de charb. ouvrier chargé d'attiser le feu des machines à vapeur. On serait tenté de croire à une altération de touche-feu, toque-feu; mais l'origine est german. Fl. stoken, faire du feu; tandis que celle de toucher, toquer est celt. armor. stiki pour stoki inusité, qui a d'ailleurs produit l'ital. toccare.

Toukette. s. f. mouillette, pain trempé dans la sauce, le bouillon.

Touillage, touyache. s. f. action de mêler, effet produit ‖ désordre, confusion, tumulte ‖ rixe ‖ combat. Touiller est fr. V. fr. thouiller, troubler, toeiller, remuer, fouiller.

Tounier, touni. s. m. tonnelier. De *touniau*, *tounia*. Fl. ton, all. Tonne, vha tunna, esp., port. tonel, it. tonna, lat. tina.

Toupette. s. f. faîte, cime. Gall. topp, summitas, fl. top, toppant, faîte, cime. V. *coupette*.

Tou pou l'heur, tout pour l'heure. adv. à l'instant, incontinent.

Tou rade. à l'instant. V. *rade*.

Touré, touret. s. m. tige (de chou) ‖ reposoir disposé de distance en distance dans la *fosse* aux échelles des charb. ‖ treuil d'une chèvre. En fr. instrument de tour, rouet à filer, bobine, etc. A Liége on *touwé* est un tronçon, un moignon. On dit on — d' pipe, un tuyau de pipe très-court. On peut trouver là l'origine de *touret* dans sa première signification; il est à noter que le liégeois change *au* en *é*. V. l'art. *iau*. Ils disent pourtant aussi *tour* et *tourson* pour trognon.

Tourner. v. n. et a. t. de charb. déposer le charbon sur le *dommage* ‖ labourer ‖ se cailler, se grumeler.

Tourneur, tourneu. s. m. ouvrier des houillères, mesureur.

Tourniau, cutourniau. s. m. tour de force, culbute.

Tourniole, tourniyole. s. f. vertige, tournoyement. V. fr. tourniche.

Tourpie. s. f. toupie.

Tourpiner. v. n. et a. tournailler ‖ hésiter ‖ envelopper la toupie de sa corde. V. fr. toupiner, marcher, tourner.

Toursi (s'). v. r. lutter, se prendre corps à corps (Charleroy). V. *trousser.*

Tourteau, tourtiau. s. m. pain de trouille, résidu de l'expression de la graine de colza. En fr. sorte de gâteau, t. de blason, pièce ronde.

Tousse. s. f. toux. *Sek —,* toux sèche. A Liége *toss.* Lat. tussis, all. Hust, fl. hoest.

Toussi. v. n. tousser. V. fr. toussir.

Tout. adj. n'a pas de fém. pluriel. On dit *tous lés feimmes, tous lés fiycs,* excepté pour signifier complètement : *elle étiont toutes noires.* Il a un plur. masc. : *c'étoit tou z' arsouye et tou z' aplotin.* Adverbialement on dit indifféremment : *il a tout meingé s' soupe* ou *il a meingé tout s' soupe.* Voici un refrain de chanson dont on amuse les enfants :

> *Il a meingé tout nos aveine*
> *Il n' da leyé qu' ein p' tit festu*
> *Pou stiker* (bis) *au trau d' vo cu.*

Toutanaineau, tt' anaineau, toudanaineau. tout-à-coup, tout d'un coup. On trouve dans Montaigne tout-à-un coup.

Toutoute. adv. de part en part. V. fr. tout oultre ‖ prép. — *dé,* au travers de.

Toutouye. s. f. femme qui tripote. Je l'interprète : qui *touye* tout.

Traine, traine de pourciau. s. f. traînasse, renouée, plante, polygonum aviculare.

Trainer. v. n. ramasser les gerbes dans un champ pour les mettre en *madames.* V. ce mot. — *del longue,* traînailler, languir, vivoter.

Tramuage, tranmuage. s. m. mouvement ‖ événement ‖ révolution (Borinage).

Tramuer, tranmuer. v. a. émouvoir, agiter. V. fr. sangmuer, effrayer (Froissard), tremuer, agiter, troubler.

Traque (*tou d'enne*). adv. tout d'un coup, tout d'une traite. Trac, v. fr. allure du cheval, du mulet. En fr. traque signifie action de traquer.

Trauler v. n. errer, courir çà et là, c'est du v. fr.

Trefon, terfon : *i sait l'fond éyé l'* —, il connait l'affaire à fond ; à Liége *trefond*, base, fondement.

Treuve, truève. (*ej*) indic. du v. trouver. V. fr. treuver.

Trianelle, tranelle. s. f. trèfle, en liégeois *treimblenne* ; en fr. la tremelle forme un genre de plante cryptogame.

Trianer. v. n. trembler.

Tribouler. v. n. rouler ‖ faire sonner les cloches, v. *trinqueballer*. V. fr. rouler, troubler, remuer, tribuller, agiter. S' —, s'arranger, s'accommoder : *qu'i s'triboule*, qu'il se tire d'affaire comme il pourra.

Triboulette. s. f. vase de verre dont le ventre est arrondi; chez les Liégeois c'est 1/4 de litre environ.

Tricoter. v. a. battre; tricot pour gourdin est fr.; all. stricken, tricoter (des bas). V. *triquer* dont — est le dimin.

Trie, trieu. s. m. terrain vague, v. fr. tertrie, colline, tertre, *d'mover à trie* rester en friche; armor. tirien, friche.

Trifouiller, trifouyer. v. n. fouiller ‖ remuer ‖ tripoter ; bas bret. trufuilla, brouiller une liqueur en l'agitant.

Trimer. v. n. est usité en fr. dans l'argot des gueux pour, marcher, partir, bret. tremen, passer, gall. tramwi.

Trinette. dimin. de Catherine.

Trinqueballer, trikballer. v. n. flâner, baguenauder ‖ v. a. traîner, voiturer, V. *trique balle*. En fr. trimballer signifie remuer, traîner, porter partout (fam.), trinqueballer, sonner les cloches (Rabelais).

Triolaine. s. f. embarras, tracas, tracasserie. En lorrain, c'est une traînée, une longue suite de personnes désœuvrées qui se promènent.

Tripe. s. f. p. fête à l'occasion d'un cochon tué. ‖ Sein mollasse ; tripe en fr. signifie partie d'intestin, fl. tryp, b. lat. tripa, d'où tripare, depascere, basq., gall. tripa, bret. stripen, entrailles.

Triper. v. a. donner des boudins et autres parties du cochon, v. n. faire *tripe*. V. fr. triper, danser. En langued. fa tripet, rire extraordinairement.

Tripette. s. f. estomac d'agneau coupé par languettes.

Tripote. s. f. femme, fille qui tripote volontiers.

Trique. s. f. coups de bâton. En fr. gros bâton, all. streichen, frotter, streicheln, caresser, stricken, tricoter.

Triquĕballe, trigball. s. m. petit charriot à deux roues sur lequel un ouvrier voiture des marchandises. De l'all. tragen, porter et de Ball, ballot. Nota. La voyelle radicale à de tragen se change en à dans quelques temps du verbe et alors se prononce comme e et, dans quelques cantons all., comme i. Ex. : du tràgst, tu portes. En fr. trinqueballe est une machine pour transporter les canons, v. fr. tregenier, voiturier.

Triquĕlée. s. f. foule.

Trŏ. s. m. trou. ‖ — *d'un lieu, d'ain yeu* s. m. évier, trou pratiqué dans le mur d'une maison pour l'écoulement des eaux, lorsqu'on lave les appartements. V. *aiweu*. *Trau du cu* joue un grand rôle dans les locutions et proverbes du plat langage : *Faire enne mine comme ain trau d'cu.*

> *Quand on est vieux, ain pet r'ténu*
> *Fai ain abcés au trau du cu.*

Ette tout à tro, ou *d'aller tt'à tro*, c'est être couvert de vêtements tout troués. V. fr. tro, bret. tro, tru, gall. trwy perforatio, trwyau, perforare. En lat. barbare, traugus. Ce mot b. — latin est probablement postérieur au mot celtique ; il a dû lui être emprunté. Quand dans les gaules on a abandonné les terminaisons latines, il sera resté traug ou tro que les Wallons auront conservé et les Français en auront fait trou ; peut-être disions-nous déjà *trau* il y a deux mille ans lorsque les armoricains disaient tru.

Troée. s. f. trou dans une haie, *on n'attrape mie deux cau ein yaif à l' même troée*, on ne prend pas deux fois un lièvre au même piège.

Troët, trowé, trouët. s. m. petit trou à une robe, une chemise pour y passer un cordon; œillet.

Trompetter. v. n. sonner de la trompette ‖ se moucher avec grand bruit. En fr. divulguer, prôner partout, publier à son de trompe.

Tronche. s. f. tranche ‖ portion de tronc d'arbre. En fr. pièce de bois non travaillée.

Trondĕler. v. n. rouler ‖ errer çà et là, sans but, v. fr. trauler, trôler, kymr. trôlio rouler, vha trollen, all. tröndeln, traîner, lanterner.

Trottĕmain. adv. justement, précisément, à l'instant où.

Trouille, trouye. s. f. truie ‖ femme sale; diffère de *drouille*, v. ce mot. En fr. un pain de trouille est la masse qui reste après l'extraction de l'huile de colza, ce que les montois nomment *tourtiau*. V. ce mot. V. fr. troye, truie, b. l. troga, truia, venant, selon Diez, de porcus trojanus, cochon préparé pour un grand banquet et rempli de petits animaux. Chevallet prend troga pour le fémin. de l'écoss., irl. torc, gall. twrç, bret. tourc'h, porc, le R étant transposé comme dans troubler, turbulare.

Trouiller. (S'). V. p. se vautrer, se traîner comme une *trouille*, v. a. et n. traîner : *ça trouye deins lés berdouyes*, fl. strooÿen, parsemer, répandre, rhétique, trugliar, gall. treiglaw et trôlio vautrer.

Troumchat. hirondelle (Frameries).

Troussèquin. s. m. t. de menuis., instr. pour tracer l'ouvrage. En fr. bois cintré garni sur le devant d'une selle.

Trousser. v. a. battre, frapper, v. *Toursi*.

Tt. contraction du mot tout devant une voyelle, *té vlà tt'accrui*, te voilà tout mouillé.

Ttaleur. tout-à-l'heure, it. tal hora.

Ttaseulmain, tant seulement. adv. seulement.

Ttasteur. mot à mot, tout à cette heure, adv. à présent.

Ttaulong. tout le long.

Ttavau, tout à vau. adv. partout, v. *avau. Nota.* En quelques localités on prononce deux tt dans *ttavau*, dans d'autres on n'en prononce qu'un, de même pour les trois précédents et le suivant. ‖ prep. parmi, partout sur, *il a rapanché s'soupe tout-avau li*, ses vêtements sont tout couverts de la soupe qu'il a épanchée.

Ttevosé. adv. quelquefois.

Tti, etti. dit-il; quand on rapporte une conversation, l'*etti* ou l'*ettel* revient à chaque instant.

> *V'là l'cas*
> *Tti l'avocat.*   Voilà la difficulté.
> *V'là l'nœud*
> *Tti l'souyeu.*

Tuée, twaie. s. f. taie, enveloppe d'oreiller, b. lat. tega, venant, selon Diez, non de tegere, mais de theca, gr. Θηκη, qu'il appuye du grison, teija (teigia) gaine, housse de lit.

Tumer. v. a. renverser, mettre sens-dessus-dessous (*enne telle, ain platiau*) (Borinage). V. *r'tumée*, anglo-saxon Tumban, v. all. Tumon, renverser, retourner, all. taumeln, v. fr. tuméer, faire tomber, répandre, faire des tours.

Tumette. s. f. culbute (bor.).

Turk. s. m. tuf.

Turo. turot s. m. tige, trognon de chou. V. all. turso, torso; lat. turio, fr. turion, bourgeon. Rabelais dit trou de chou. V. *touré* et *torteyon*.

Turquaise. s. f. robe de femme.

Tuter. v. n. sucer son doigt, faire le mouvement des enfants qui en dormant ont l'air de têter; ce mot est mentionné par Diez. Je traduis en entier l'art. qui le contient, pour montrer par cet ex., l'étendue des recherches du savant all. et la richesse de sa méthode.

Tetta, zitta, zizzola, cizza etc., wal. tzitzë, esp. pr. teta, fr. tette, téton v. b. it. tettare, esp. tetar, grison, tezzar, cicciar, sucer, téter; le mot est largement répandu : ags tite, mha, zitze, kymr. titten, gr.; τιτθη; mais les doubles formes romanes avec t et z, parlent en faveur de l'origine germanique; avec la mediane en place de la tenue, cat. dida, nourrice, sard. dida, ddedda, mamelle, comme kymr. didi, basq. vha deddi, patois fr. (Hainaut, champ.) tuter, sucer les pouces comme font les enfants, m. h. a, tuten, sbst tutti.

U

Ε et Ι se changent souvent en u : *jumi, jugier, prumier, chufler, caputaine, fumelle, frumer*. U peut se changer en I : *riban, himeur*.

U, uh, utte. excl. avancez. Ne s'adresse guère qu'aux chevaux. En fr. hue, huhau, hurhau signifient à droite.

Ué. s. m. œuf. Je l'écris ainsi parce qu'il se lie avec les consonnes qui précèdent : *dé z' wés*. V. fr. oëf, oé ou uef, wis, gall., armor. wi, lat. ovum.

Uesse, ueche. s. f. guêpe. Vha wessa, fl. wesp, b. lat. guespa, lat.

vespa, bret. gwespet, sing. gwespeden. Pour être régulier, dit Pelletier, il faut gwesp ou gwespen, mais ils sont hors d'usage. Le b. lat. ne semble pas formé sur le lat., mais sur le celt., puis le fr. semble formé sur le b. lat. Le montois a plutôt l'air germ. ‖ esse de charriot.

Ueye. s. m. œil (Borin.) V. fr. ueil.

Un chacun. pr. chacun; idiotisme all. : ein ieder ou lat. : unus quisque. — se disait en v. fr.

Urĕchon, irchon. s. m. hérisson. A Namur *iereson, niereson*, à Liége *ureson, urson*. V. fr. ireçon, angl. urchin, lat. ericius, bas-breton heureuchin et heureuchined.

Urée. v. *hurée.*

Urié. t. de jeu de ligne. On dit : — *avoi deu iar.* Je suppose qu'il y a là une transposition et que cela doit signifier avoir deux liards ou rien. Ce serait à peu près l'équivalent de jouer quitte ou double.

Urvessé, ée. adj. maussade, de mauvaise humeur, chagrin, contrarié.

Usance. s. f. usage. *Drap, toile d'enne bonne* —, drap, toile dont on use avec avantage.

Ut. droite. V. *It.*

V

V. Cette lettre se transforme souvent en F : *genéfe*, genièvre, *pauf*, pauvre.

Vaif. adj. et s. veuf, veuve.

Vaillant, vayan. adj. actif, laborieux.

Vain. s. m. vent ‖ s. pl. haleine. *I n' sait pu r' preinde sés* —, il ne peut plus reprendre haleine.

Les vents dont on parle à Mons sont ceux : d'Ecosse ou *Ecoche*; vent froid et pénétrant avec temps couvert annonçant la neige (ordinairement nord-ouest ou nord), de *bize* et *haute-bize* (est et nord-est) sec et très-froid l'hiver, de France, amenant les orages en été (sud), du *monvai trau, du trau à l'iau*, de St-Ghislain (ouest et sud-ouest). On dit : *l' vein est ein France* ou *ein Ecoche;* mais on dit plus souvent : *l' vein est d' sus France* ou *d' sus l'Ecoche.*

Ainsi selon le penchant naturel de l'homme, on ne connaît les vents que par leurs mauvaises qualités. On se garde bien de parler du nord-est et de l'est, qui, en été, donnent de beaux jours; ou du sud, qui, en hiver, donne des temps tièdes et doux. On ne connaît pas le zéphyr. On ne parle guère du vent que comme des hommes, pour en dire du mal.

On désigne encore les vents par les noms des portes de la ville. On dit : *l' vein est d' sus l'porte du parc* ou *d' sus l' porte d' Havré*. Quand il s'en rapproche, on dit : *tire d' sus l' porte*. Bas-bret. gwent, gall. gwint, flam. all. wind, lat. ventus, sanscrit wahanta.

Valandrer, valendrer. v. n. tourner, devenir gauche (Jemmapes). Il diffère de *baqueter* en ce que ce dernier mot représente surtout une planche dont la chaleur a fait élever les bords, tandis qu'en *valendrant*, la planche élève un côté, et, à l'autre bout, élève le côté opposé.

Valet. s. m. garçon ‖ appellation d'amitié qui n'est usitée qu'au village, comme on y dit *meskenne* en s'adressant aux petites filles. Ne pas confondre avec *varlet*. — à Liége ne signifie également que garçon. On y dit : *Inne brave bacelle ni deu nein cori après lés valets*.

Valissance. s. f. valeur. V. fr.

Valton. s. m. enfant (Frameries, Pâturages). On trouve dans le dictionnaire de Trevoux que l'on a dit familièrement s'évaltoner pour prendre des airs libres et abuser de ses forces. Cette signification reviendrait à s'émanciper, cesser d'être *valton*. V. fr. valéton, écuyer de chevalerie, dimin. de *valet*.

Vanner. v. n. se dit des poules, cailles et beaucoup de gallinacés nommés, pour ce motif, pulvérateurs, qui se frottent le derrière dans la terre en agitant les ailes et en faisant voler la poussière. C'est alors, disent nos paysans, signe de pluie. — n'a pas, que je sache, d'équivalent fr. J'ai bien lu dans un ouvrage d'histoire naturelle faire poudrette; mais les dict. donnent au mot poudrette une toute autre signif. En all. Wannenweher, mot à mot, qui agite les ailes, signifie émouchet; de l'all. Wanne, qui signifie aussi van. Fl. wayen, waeijen, éventer, lat. vannare, vanner, agiter, ital. vannare, agiter les ailes, fr. van, grosse plume des oiseaux de proie, fr. d'argot : vaner, s'en aller. A Liége *vanai*, plume de l'aile, se dit des plus grosses.

Vantrain. s. m. tablier (Charleroy). V. fr. devantier, devanteau.

Vaque. s. f. vache. V. fr. vacque ‖ cabestan ‖ espace, distance. *Tirer*

46

enne vaque arrière, tirer loin du but, fort loin. L'éloignement est relatif. On désigne peut-être ici la distance d'une longueur de vache, ou bien fl. ,wak, place, espace?

Varlé, varlet. s. m. garçon de ferme. En fr. page de l'ancienne chevalerie.

Vassia. s. m. cercueil (Charleroy). A Liége *vahai*, v. fr. vase, cercueil, lat. vas, vasculum.A Thuin *luja*. V. *lusiau*.

Vasseau, vassiau. s. m. mesure de capacité pour le sel : 38 litres, 625 ‖ mesure de capacité pour les grains : 0 h. 2669. v. *muid*, lat. vasculum.

Vau, voye. s. f. t. de charb. galerie, voie.

Vaussure. s. f. voute, souterrain. V. fr. voulsure.

Vaute. s. f. omelette. — *au lard*, omelette au lard. Goth. fodr, v. all. vuotar, pabulum, fl. voeden, nourriture, bret. voueta, alimentum.

Vautierne, voie tierne. s. f. galerie qui suit l'inclinaison des couches de houille; par opposition à *costèresse*, galerie qui suit la côte. Je me défie de la seconde forme qui me semble une francisation, elle n'est que dans la bouche des gens instruits, tandis que la première est employée par les ouvriers. *Vau* doit égaler val+*tierne*=colline, de bas en haut.

Vava (*ein*). locution pour prier, demander. —, *bayez m'ein.* —, *ein p' ti iard.* —, *faites ça pour mi.* Cette locution a dû se former comme *main* : on a dû dire d'abord *baye m'ein, va.*

Veche. s. f. vesce. Vicia faba.

Veindache, veindage, veindue, veindure. s. f. vente. *Veindage* et *veindue* ne sont pas synon. *El veindache* est opéré par le marchand. Parmi les souhaits adressés au nouvel an, à un marchand, se trouve : *Ein bon — pou l'eintertié dé s' ménache. El veindue* est la vente par officier public. Vendage et vendue sont du v. fr.

Vel ci. le, la voici.

Vel la. le, la voilà. **Lés vci, lés vla,** les voici, les voilà.

Veloper. v. a. dévider, former un peloton, un écheveau. Il est assez singulier que le fr. qui possède les composés développer, envelopper, n'ait pas le simple velopper.

Véni, v' ni. v. n. venir. *Ej vié, ej vérai, véroi, qué j' viesse, qué nos viesse, qué j' vénisse, vié.*

Ventillier, vintiyé. s. m. partie mobile à lever d'un chassis de fenêtre. Esp. ventana, fl. venster, fenêtre.

Ventisiau. s. m. venteau, vanne. A Liége *vainta*, à Charleroy *ventaille*. B. lat. venna.

Ventrière. s. f. t. de charpentier, panne, pièce qui soutient les chevrons. En fr. pièce de charpente qui soutient en travers une digue.

Venure. s. f. venue. *Mau d'—*, mal qui ne s'est pas produit par une cause extérieure, mal provenant d'une mauvaise constitution.

Verau. s. m. verrat. Lat. verres ‖ verrou. Lat. veru, broche.

Verdelot, otte. adj. verdelet, un peu vert. s. m. petit oiseau.

Verdi. s. m. vendredi. V. fr.

Verdron. s. m. fleuret démoucheté ‖ épée de canne. V. fr. Verdun, qui signifiait épée longue, mince et plate, et prenait son nom de la ville où on les fabriquait.

Verdurière. s. f. marchande de légumes. V. fr. adj. verdurier, verdurière, qui vend de la salade, des légumes.

Vereu. s. m. mélange de seigle et de froment. Fig. mélange ‖ Adj. langoureux ‖ véreux, qui a des vers, est fr.

Verge, verk. s. f. mesure agraire de Mons. 1/432 du *bonnier*. V. ce mot.

Vergeon. s. m. branche mince de bouleau dont on fait les balais.

Verguillon, vergnion. s. m. verge de fer de la perche pour le tir à l'arc.

Vérin. s. m. étau ‖ enfant très remuant qu'on ne pourrait fixer que par un —. En fr. un vérin est une vis de bois de charpente ou une machine à écrou pour enlever de grands fardeaux. B. lat. verinus.

Vériner. v. a. tourner ‖ faire entrer une vis dans un écrou ‖ Fig. se dit d'un enfant qui remue beaucoup.

Vérité (*ain — d' mon Dieu*). affirmation montoise, serment que l'on dit la vérité.

Verkin. s. m. petit verre. Chen, qui se prononce à peu près comme khen, est le diminutif que les Allemands employent d'une manière générale. Ici, c'est l'alliance d'un mot d'origine latine avec un mot germ.

Vermau. s. m. petits vers qui attaquent le blé encore jeune. *L' vermau miu vo grain, vo z' avé trop fumé* (Quaregnon).

Vermoyer. v. n. se couvrir de *vermau*.

Verrai. fut. de *vĕni. Ej vĕrai, té vĕra, i vĕra.* Condit. *ej verrŏi, té vĕroi,* je viendrai, je viendrais, etc.

Vertu, viertu. s. f. Ce mot n'est pas employé dans ses significations fr., mais il l'est, surtout au Borinage, comme il l'était en v. fr. dans la plupart des significations du mot lat. virtus : force, ardeur, courage, énergie. *C'est du carbon sans vertu,* c'est de la houille qui donne peu de chaleur. *Lés djone homme dé'mét' nant n'ont gnié d'—; c' n'est pus comme du passé,* les jeunes gens de notre temps n'ont plus d'énergie, ce n'est pas comme autrefois.

Verzéler. v. n. se tourner ‖ se remuer beaucoup ‖ babiller ‖ parler d'une manière inconséquente. En v. fr. verseller signifiait chanter alternativement par versets et par répons. Fl. vezelen, all. faseln, radoter, chuchoter. Vezelen n'a cette signification qu'au figuré, au propre il signifie effiler, de la racine vezel, fil, fibre.

Verzin. s. m. idée folle ‖ caprice subit. *Il a passé ein — pa s' tiette. Quée — est-ce qui vos preind co là?* Fl. weérzin, répugnance. Mais *—* est probablement un dérivé de *verzeler.*

Vesse (*avoi l'*). avoir peur. Venette, selon M. Scheler, dérive du fr. pop. vener, pour vesser. On dit de même populairement avoir la foire.

Vessi, vessir, v. n. vesser. En fr. vessir se dit des bulles d'air qui sortent du métal.

Veyer, veï. veiller à, surveiller. — *au grain,* être en garde, soigner bien une affaire.

Vi. adj. vieux. N'est employé que dans les villages.

Viau, via. s. m. veau ‖ giboulée. Comment a-t-on pu appliquer le mot *viau* à la giboulée? Vlaeg en fl. (prononcez vlag) signifie la même chose. Les montois ont-ils entendu et répété *vak,* puis ont-ils trouvé bon, en manière de diminutif, d'en faire *viau?*

Vidance. s. f. vase vide. En fr. vidange signifie action de se vider, état de ce qui est vide.

Vielle, double vielle. ss. ff. t. de jeu de balle.

Vier. s. m. verrat, cochon mâle. *Mener à —,* faire saillir. Fig. marier (Borinage).

Vier. s. m. ver. — et *moulon* ne sont pas synon. — s'applique aux lombrics terrestres, aux insectes qui attaquent les planches et aux vers intestinaux. *Preinde enne saqué pou les —,* prendre un vermifuge.

Moulon s'applique aux larves d'insectes, c'est la distinction de l'all.
Wurm et Made qui n'existe pas en fr. usuel.

Vieu (*vint an*). âgé de 20 ans. Germanisme. On dit de même : *six
pieds grand, perfond*, etc.

Vièzerie. vieillerie, friperie. V. fr. vièze, chose passée, usée.

Village. Ceux qui auraient compté trouver dans cet ouvrage l'étymologie des noms de tous les villages du Hainaut seront trompés dans
leur attente. Déjà l'étymologie de nos mots patois est extrêmement
difficile et ordinairement je ne l'affirme pas, je ne donne que des indi-
cations dont de plus habiles feront tel usage que de raison ; mais le
travail étymologique des noms de villages est bien autrement sca-
breux, puisqu'on n'a pas la signification du mot et qu'il faut la deviner
par quelque particularité du lieu, laquelle a quelquefois disparu. Beaucoup de nos villages, étant très-anciens, on peut soupçonner d'une
manière générale que leur nom est celtique ; mais il a été déformé en
passant par le latin, puis le radical peut s'être perdu dans les langages
néo-celtiques.

Le docte Bullet a fait un travail immense sur les noms des villages,
villes, rivières, montagnes des contrées où l'on a parlé le celtique,
c'est-à-dire d'une très-grande partie de l'Europe. On peut le consulter,
si l'on veut, sur les localités du Hainaut ; toutefois il faut le faire avec
quelque défiance, car le savant est un des celtomanes les plus aven-
tureux.

Par exception, j'ai mentionné quelques villages pour une indication
quelconque dont on pourrait peut-être tirer profit. V. par ex. *Stambruge.*

J'ai indiqué quelques différences entre le wallon des villages et celui
de Mons passim, notamment art. *w* et fin du chapitre intitulé : mots fr.
que l'on pourrait croire appartenir au patois.

Vindication. s. f. rancune. V. fr.

Viole. s. f. vielle. En fr. la viole est un instrument de musique à
4, 6 ou 7 cordes.

Viot, vio. s. m. bardane, plante ; nom employé dans les villages
autour de Mons. A Mons même on l'appelle *io io* ou *io io campion.*

Vir, vi. v. a. voir. *Vir mau ain vie*, voir de mauvais œil, avoir en
aversion. *Vir dain l'iau*, affectionner, aimer éperdument. *No veyon,
viyon, ej veyoi, viyoi, ej virai, voirai, qué j' voisse, qué j' veyisse,*

voyisse. Vir présente un singulier wallonisme : *Veyons vir si vos s' rez fran assez,* mot-à-mot, voyons voir, c'est-à-dire voyons si vous aurez l'audace. Selon Raynouard, pareil pléonasme existait dans le v. port. vejo veer, je vois, levo levar, je porte. Diez donne une explication trop longue pour être rapportée ici.

Virgue, virk. s. f. flèche de roseau. *Droi comm enn virk.* Lat. virga, v. fr. vire, flèche, dard, vireton, flèche qui tourne, vire.

Virnelle. s. f. virole, bout en métal, en corne, etc. d'une canne, d'un outil.

Visin. s. m. **visenne.** s. f. voisin, ine. *Bon —, bon matin.*

Vit de velours. massette, typha.

Vitolet. s. m. fricadelle, boulette de viande (Fleurus, Thuin).

Vivaule. adj. viable || vivant || vif (Bor.). V. fr. vivant.

Vive. v. n. vivre. *Y vitte, j'ai vi, qué j' visse.*

Vivoi. s. m. vie, santé, âme. *El génève est m' vivoi.*

Viyiette. s. f. violette. Gall. fioled. Ce gall. paraît emprunté du lat. ou plutôt du fr.

Vlà, là. voilà.

Vöie tierne. v. *vautierne.*

Voile. s. m. verre (Borin.). V. fr. voirre, lat. vitrum.

Voire. excl. de reproche qui s'adresse aux enfants. En v. fr. vraiment, — même, quand même.

Volontère. adj. productif, en parlant des arbres.

Voltié, volti. adv. volontiers. *J' el vois voltié,* je l'aime beaucoup.

Vouloi. v. a. et aux. vouloir.

Ce verbe, dans sa forme infinitive, est trop peu distant du fr. pour trouver place dans cet ouvrage. Mais il a dans d'autres temps des irrégularités différentes des irrégularités fr., et à ce titre il doit nous inspirer quelqu'intérêt. *Nos volons, Vos volez, Y veult* ou *veutté, Ej vourrai, ej vourroi, Qué j' veusse.* Les deux premières personnes du pluriel sont défectueuses et se remplacent par celles de l'imparfait : *Qué nos voulissions.*

> *Lés fiye èïé lés feux,*
> *Veutté toudis qu'on peinse à eux.*

Les feux (de certaine houille surtout) s'éteignent si on les néglige un moment.

Ein volée, ein vlà. locut. adv. mot-à-mot, en voulez-vous, en voilà, autant que vous voudrez, beaucoup.

Vouye, vauye, vōye. s. f. chemin. *Ruer ain vōye,* jeter sur la rue. *Ruer sé yar ain vauye,* dissiper sa fortune. On trouve dans les dialogues de St-Grégoire : porter en voie. On dit encore actuellement en fr. laisser en voie pour laisser sans serrer. Il est à remarquer que la locution adverbiale *en voie* qui, à Mons, ne s'emploie guère qu'avec jeter, peut dans certains villages s'isoler, alors elle forme impératif, selon le génie des langues du nord et signifie jetez : *ée — soula.* Les all. disent weg ou hinweg. Le premier, en même temps qu'il est adv., est aussi s., et alors signifie chemin, voie.

W

W. Cette lettre est une des plus caractéristiques du wallon et du v. fr., elle remplace non-seulement le **G** dur, mais encore quelquefois le **V** et d'autres lettres. Le wallon, sous ce rapport, marche de pair avec le gallois, le flamand et quelques dialectes bas-allemands, car le haut all. prononce W comme V ou à peu près.

Indépendamment du **W**, le son qu'il représente est extrêmement commun. Les anciens gaulois, forcés d'adopter la langue latine, la corrompaient de deux manières : quelquefois ils donnaient aux mots locaux la forme latine, mais quand ils adoptaient la charpente des mots latins, ils n'en accueillaient pas aussi facilement les formes et conservaient, avec amour, des sons conformes à leur rude oreille, des sons qui faisaient frémir les oreilles romaines et que Pacutius appelait : incultum transalpini sermonis horrorem. Après avoir pris aux romains certains verbes, ils chargeaient les imparfaits et les conditionnels des inflexions ois, rois et prononçaient j'aimwa, je pourrwa, ou plutôt j'aimwé, je pourrwé, car aujourd'hui l'on entend encore dire à Paris par les gens du peuple : Eh! dis donc, Françwé (François) manges-tu des pwés (pois). Ils disaient : fueil (fweil) feuille, cuer (cwair) cœur, nuef (nwef) neuf, suer (swair) sœur, roine, (rwane ou rwaine) reine (1), uef (wef) œuf, ueil (weil) œil.

Le second genre de dégradation fut le plus tardif. Il dut s'opérer surtout vers l'époque de l'extinction du celtique dans les campagnes et de l'all. francique parmi les conquérants.

Les habitants des villes et quelques-uns des principaux franks parlèrent le bas-latin; mais on peut croire qu'une grande partie des campagnes et des simples soldats franks ne l'ont jamais parlé et n'ont abandonné leur langage que quand déjà dans les villes le bas-latin était dégénéré en roman d'oïl; car les imparfaits latins en abam, abas, abat se changèrent d'abord en eve, eves, evet. Quand la masse des gens grossiers intervint, eve devint eue, oue, puis wa ou wé. D'abord j'aimeve, puis j'aimeue, j'aimoue, enfin j'aimois.

Quoi qu'il en soit, la langue française se dépouilla peu à peu de ces sons odieux; mais combien ne reste-t-il pas encore de mots en oi, oué, oin, oir, uil, de ceux comme oindre (windre), joindre (jwindre), voir (vwar), cuire (cwire), groin (growin), poil (pwoil), soin (swin), fruit (frwit), beffroi (beffrwa), tuer (twer).

- Plus les celtes étaient septentrionaux, plus ils se portaient à des excès dans leur amour du **W**. Les wallons ont une foule de mots que je ne trouve pas dans le v. fr., quoiqu'ils y aient peut-être été avant qu'il ne fut écrit : *rué* (rwé) roue, *tuée* (twaie) taie, etc. Mais ce qui passe tout, c'est le dialecte celtique du pays de Galles, où les belges jadis l'ont importé. Que l'on jette un coup d'œil sur le dictionnaire de Davies, on verra quelle place immense y occupe le **W**.

Ces remarques me paraissent mériter méditation; car elles tendent à prouver que les mots sortant le plus évidemment du latin ont eu, non pas immédiatement peut-être, mais peu après leur origine, une forte empreinte celtico-germanique et n'ont repris qu'à la longue la couleur latine. V. *suair, fouair, escor.*

Les montois sont plus réservés dans l'emploi du W qu'on ne l'est dans nos villages. A Mons par ex. on dit plus souvent *reü* que *rwé;* mais le Borinage se distingue éminemment : ainsi tous les mots qui rendent à la fin le son de l'E fermé (é ou et) se transforment en *ewe,*

---

(1) Les bas-bretons disent roué, rouanez (roi, reine).

euwe. Écoutez le cri des borennes annonçant qu'elles ont des *boulets de terre houille* à vendre, vous entendrez : *Eh ! dés bouleuwe.*

Wachoter. v. a. secouer (Charleroy). A Liége *walcoté*, agiter, baigner dans de l'eau. All. waschen, fl. wasschen, laver.

Wàfe, wauffe. s. f. gauffre. *Duré —*, gauffrette au sucre. Flam. wafel, all. Waffel, basse-lat. gafrum : *Lés prumiérés—c'est pou l's einfants.*

Wager, wagi. v. n. et a. gager (Borinage). All. et flam. wagen, risquer, hazarder, goth. vadi, v. all. witti, all. moderne Wette, pari, v. fr. waager, waaiger.

Wàgn, gāgn. s. m. gain. *Pierte et gāgn c'est marchandise*, un marchand, un joueur doit savoir perdre. V. all. uuinne, allem. moderne gewinne, fl. winst.

Wăgne. s. m. appellation injurieuse. *Laid —*, *vilain —*. Je n'ai jamais pu savoir ce que signifie proprement —. Il y a bien hoigne en v. fr., mais il signifie plaisanterie. Il y a encore oign en bret., mais il veut dire jalousie, aigreur (Pelletier). Je suppose que c'est une altération du v. fr. hargne, hargneux, méchant. V. *wink.*

Wàgner, waigner, waigni, gaigner. v. a. gagner. Fl. winnen, all. gewinnen, v. fr. waigner, gaaigner.

Wai. partic. affirm. oui. C'est une articulation très-difficile à représenter par l'écriture, pour laquelle on aurait besoin de quelqu'esprit comme en employaient les grecs. V. *ouais*. L'affirm. borenne est peut-être encore plus difficile à noter : c'est WI avec I long, souvent suivi du son de l'E, à peu près comme WIHÉE.

Waife. indic. et impér. des verbes borains *ouvri* et *ouvrer.*

Wair. adv. guère. V. fr. waires.

Wăk. s. f. charge de houille (Borin.) Fl. vracht, charge. Wague, dit le compl. du dictionnaire de l'Académie, est une ancienne mesure pour le charbon de terre dans le Hainaut.

Wak. adj. fade (Bor.). Bas-breton flacq, gwac, mou, à demi pourri, all. schwach, faible, fl. waesp, aqueux, fade, walg, dégoût, walgend, dégoûtant, week, mou, b. lat. wap, wapes, languidus, liég. *wap*, aqueux, fade.

Wale. s. perche en guise de chevron, gaule (Bor.). Goth. valuns, valus, frison walu, armor. gwalen, gall. gwialen, b. lat. waula, v. fr. waule, waulette.

47

Wallon, one. adj. ce qui appartient au *wallon*.

Wallon, one. s. habitant de la partie de la Belgique où l'on ne parle pas le flamand ‖ langue, ou plus modestement, patois que l'on y parle.

La partie non flamande de la Belgique se compose des provinces de Hainaut, de Namur, de Liége, de Luxembourg (sauf une petite partie allemande) et de la portion méridionale du Brabant.

Le Hainaut a certaines communes flamandes : Enghien, etc.

Quelquefois on comprend dans le pays *wallon* une partie du nord de la France.

Le pays *wallon* cesse entre Tubize et Lembecq, à environ une vingtaine de kilomètres au sud de Bruxelles. Sa limite s'étend à l'est et à l'ouest, en se tenant à peu près à la même latitude, vers la frontière de Prusse et vers la frontière de France. Elle atteint celle-ci au nord de Lille. Là, sa direction change, elle descend au sud-ouest, traverse le département du nord, atteint celui du Pas-de-Calais dont elle suit la ligne de séparation jusqu'à la mer, n'y laissant que deux communes flamandes d'environ 1500 habitants ; mais le département du nord englobe environ 200,000 flamands.

Voilà pour la limite septentrionale. La limite à l'est suit à peu près la frontière de la confédération germanique, laissant cependant Malmédy à la Prusse et quelques villages au Luxembourg hollandais, recevant en compensation le long du Grand-Duché, une étroite lisière de communes allemandes, parmi lesquelles la ville d'Arlon.

La limite méridionale est aussi facile à tracer si l'on veut définir la *wallonie*, partie de la Belgique qui n'est pas flamande ; alors c'est notre frontière française ; si l'on ne veut pas l'adopter, il faudra tomber dans le vague et l'indéterminé.

Le patois des environs de Maubeuge est aussi semblable que possible à celui des environs de Mons. Celui des environs de Binche, d'Ath, de Soignies (à peu près à pareille distance de Mons) me semble plus différent. Si vous pénétrez dans l'intérieur de la France, vous verrez que le changement n'est nulle part brusque, c'est par nuances que l'on arrive du pays de *Lovo* à celui de *Drouchi*, puis à l'Artois et la Picardie, puis à la Normandie.

Si dans cette direction le *wallonisme* est en progression décroissante, dans l'intérieur de notre pays il va en progression croissante, sans que jamais non plus il y ait rien de tranché, mais en manière telle toutefois que le montois ne comprend plus le namurois qu'à moitié et le liégeois pas du tout.

En définitive notre limite si nette et si tranchée au nord et à l'est, devient indécise et arbitraire si l'on pénètre en France, à moins d'englober tout le nord jusqu'à la Basse-Bretagne.

Si l'on ne sort pas des limites de la Belgique, on y comptera seize à dix-sept cent mille *wallons*.

Dans les villes, le français est plus ou moins en usage. A Liége et à Namur où la langue *wallone* (là il ne faudrait pas l'appeler patois) est en grand honneur, les hautes classes parlent le wallon si elles ne sont pas en présence d'étrangers, sauf à l'entrecouper parfois de deux ou trois phrases françaises, lorsque l'idiome local est rebelle à l'expression de certaines pensées. Cependant ce patois des hautes classes est déjà amendé, car un montois le comprend longtemps avant de comprendre celui des ouvriers et il comprend les ouvriers avant de comprendre les paysans. A Mons et dans les villes du Hainaut, les classes aisées ne parlent que le français. Les classes même de la petite bourgeoisie employent peu le patois, surtout en dehors du logis; elles font à peu près comme les petits boutiquiers de Bruxelles qui ne parlent que le flamand toute la semaine, mais qui, à la promenade, s'endimanchent, en parlant le français. Il va sans dire que ce français devient de plus en plus incorrect en descendant les étages de la société.

Il est une chose qui distingue le liégeois du montois dans les classes instruites, c'est que le liégeois peut parler correctement le français, et que cela n'arrive guère au montois qui n'est jamais sorti de chez lui. La cause en est que le langage liégeois tranche avec le français, tandis que celui de Mons en est peu éloigné et qu'il est un point où il y a confusion.

Le mot *wallon* n'est pas indigène. Gaulois et *wallon* sont deux formes du même mot. Gaulois (gallus) est la forme latine, *wallon* (walle) est la forme tudesque. Quant aux habitants du pays, ils se donnaient le nom de Kelt.

Ces mots gaulois et *wallon* en ont près d'eux une foule d'autres :

Gall, nom d'un peuple qui s'établit dans les Gaules; ils étaient proba-blement les mêmes que les celtes.

Wall, Cornwall, pays de Galles, de Cornouaille en Angleterre, où l'on parle encore un celtique à peu près identique au bas-breton, soit que ce langage ait été importé par l'invasion belge, soit qu'il fut préexistant, il semble résulter de ce qui va suivre qu'au temps de cette invasion le langage des îles britanniques différait peu de celui de la Gaule.

Gaël, peuple des montagnes d'Écosse. Le gaëlique et le cymrique sont les deux branches du celtique. Le gaëlique se subdivise lui-même en deux rameaux : l'erse, que parlent les paysans d'Irlande et qui est la langue des poëmes d'Ossian et le calédonien qui est l'idiome des montagnards écossais.

Wallis, nom que les allemands donnent au pays de Valais, pays en grande partie de langue romane.

Galatie, pays d'Asie Mineure, autrefois envahi par les gaulois.

Les allemands et les slaves nomment :

Wlachen, Walschen, les peuples de Valachie, Moldavie, Bessarabie, partie de la Hongrie parlant la langue d'or, espèce de langue romane.

Les alsaciens donnent le nom de Welsch aux français. Les allemands donnent le même nom aux italiens et aux suisses de la partie française, et les anciens allemands nommaient Walho-lant le pays des gaulois parlant le celtique. Enfin les gallois reçoivent des anglais le nom de Welsh; quant à eux, ils se donnent celui de Kymri ou Kymnri.

Je laisse de côté Galice, Galicie.

Quant à la forme du mot *wallon*, voici ce qu'on peut en dire :

Le substantif wall, importé par les francs et qui a formé les adjectifs allemands walsch, welsch, les adjectifs bas-allemands walsk, welsk a pénétré dans la langue romane sous la forme walles. Or, dans cette langue le substantif se faisait souvent en s au nominatif et en on dans tous les autres cas, comme bers, baron ; Eudes ou Odes, Odon.

Ce nom de walsk, welsk signifie, selon Diefenbach, étranger, ennemi. Il a été donné par opposition à teutsk, national (dérivé de theod, thiod peuple) nom commun que se donnaient les alamans, les franks, les lombards et que les latins traduisaient par Teutones. Thiod lui-même dérive de Tuist (fille de la terre), divinité germanique.

Je dois dire que, selon Chevallet, tous les noms cités dérivent du lat. gallus. Mais Voltaire soutient que les romains n'ont dit gallus que parce qu'ils ne pouvaient prononcer le w.

Walo, wâllot. s. m. caillot. V. *halot.*

Waloper. passer le linge à l'eau, l'agiter à la rivière pour le dépouiller de savon.

Walton. s. m. garçon (n'est usité que dans quelques villages). V. *valton.*

Wame. s. m. lieu fangeux.

Nous avons à deux lieues de Mons, dans une vallée profonde, un village nommé Wasmes, célèbre par le combat réel ou prétendu de Gilles de Chin contre le dragon. On y trouve un nom de ferme assez intéressant, c'est *l' courte à Wasmes*, dont j'aurais dû parler à l'art. *courtil.* On peut soutenir que ce *courte* n'est qu'une abréviation récente de courtil, mais on peut soutenir aussi que c'est l'antique forme autochtone. Il y a encore *courte à* Wiheries (autre village).

Wan. s. m. trou de ver de terre, trou long et étroit (Bor.). V. *dewaner.* *Wan* provient de gant ou de gaîne. Flam. want, mitaine, wan, vide, all. Wanne, vase dans lequel on agite, lat. vagina, gaîne, gall. gwan, perforatio.

Wara. s. m. botte de *wartrie.* A Liége *wâ*, botte de scigle battu. V. fr. wardelle, botte, warat, botte de fourrage, bas-lat. waratus, hardeia, warachia, equorum vel animalium pabulum.

Waranti. v. a. garantir. V. all. warên, werên. all. moderne wahren, bewahren, gall. gwarant, assertor, vindex, astipulatio.

Wardau. excl. qui vive! En all. wer da, mot à mot, qui là. Les soldats allemands disent souvent *wardau.*

Warde. s. m. garde des houillères. En all. Wächter, Warter, garde, tudesq. wardan, goth. vartja, gall. gwarchad, custodire, gwarchas, includere.

Waressaix, waréchaix, wareskaix. s. p. pâturages communaux, lande, terrain vague (Borin.). V. fr. wareschaix, waskie, pâturages entourés de fossés, b.-lat. waskium, waterscapium, saxon waeter, aqua+schap, ductus. Dans la coutume de Normandie on nommait varet une terre qui restait en jachère depuis mars jusqu'en octobre. B.-lat. wareschetum, terra novalis, lat. vervactum.

Wargla. s. m. verglas. All. wahr, vrai, Glas, verre.

Wari, weri, r' wari, r' weri. v. n. et a. guérir (Borin.). V. fr. warir, garir, goth. varjan, vha werjan, b.-lat. guarire, guerire, garire, préserver, protéger, garantir. A Mons on dit *r' gueri, ergueri.*

Warison. champ garni de ses récoltes. V. fr. varison, b. lat.

garactum. Le liégeois a *divaire*, récolte sur pied, *divairi*, récolter, *ewairi*, emblaver. Tout cela a son origine dans le goth. vasjan, vha werjan, induere, vestire. M. Grandgagnage fait cette remarque assez curieuse que le Hainaut possède une série de mots ayant la même valeur verbale, mais empruntés au lat. au lieu de l'être aux langues germ. : *avétu, avéti, avétues, avétures, avéties.*

Warlope. s. f. varlope, gros rabot. Fl. voorlooper, qui signifie en même temps avant-coureur.

Warlot (*pré à*). prairie dont le propriétaire ne pouvait faucher que la première herbe et dont le pâturage appartenait au public avec ou sans rétribution à la commune. Fl. warlen, entortiller. Mais quel rapport logique entre — et warlen. On pourrait soupçonner que cela provenait de l'usage de mettre des entraves aux bestiaux en pâturage. Il est à remarquer que ce qu'on nomme encore les grands prés s'étendaient entre Mons, Ghlin, Baudour, Jemmapes, Boussu, St-Ghislain. Ils étaient à —. C'était une immense plaine sans haies ni fossés. C'était là qu'au siècle dernier la cavalerie autrichienne faisait ses manœuvres, et même sous l'Empire qu'avait lieu par les troupes de la garnison ce qu'on appelait la *petite guerre.* On conçoit que pour pouvoir saisir facilement les bestiaux dans cette vaste étendue, les jours d'exercices, il fallait les garrotter. Cependant, malgré ces explications il est très permis de conserver des doutes et l'on peut invoquer le b. lat. warnoth, terres dont la location était doublée lorsqu'on ne payait pas à l'échéance. Ce mode était usité en Angleterre, selon Ducange auquel j'emprunte le mot.

Warni. v. a. garnir (Borin.). B. lat. guarnire, vha warnôn, protéger.

Warou (*leu*). s. m. loup-garou. V. fr. wairou. V. *leuwarou.*

Warquin. *wara* battu. La désinence quin ou plutôt chen est la forme allemande du diminutif.

Wartrie. s. f. pl. mélange de vesces, fèves, lentilles, etc. V. fr. warpois, espèce de pois ou vesce, b. lat. garrobis. — n'est peut-être que *gartërie*, ce qui doit être gardé pour l'hiver. V. *warder.*

Wastiau, wastia. s. m. gâteau. Ces mots n'habitent que des villages écartés; à Mons on dit *gatiau*. B.-bret. gwastell, gâteau, dérivé, dit Pelletier, de gwast, racine de gwastaded, plaine, dans la basse-latin. wastum, dont on a fait wastellus, gwastellus, etc., un gâteau, qui, étant tout plat, représente une plaine. V. fr. gastel, mha wastel et gastel. Comparez le mot *taindue.*

Waster. v. a. gâter (Borinage). V. fr. gaster, lat. vastare, allem. wüsten, celto-bret. gwasta, perdre, ravager, ruiner, celto-gallois gwastrassu dissipare.

Watteau, wattiau. s. m. charbon menu de médiocre qualité.

Wauflette. s. f. gauffrette.

Wayain, wayé. s. m. regain. Usité à Liége. V. r' *wain.* V. fr. waïn, gaïn. M. Scheler pense que l'on doit prendre pour étymologie le vha weida, pâture, chasse.

Wazon. s. m gazon (Borinage) ‖ Par dérision chevelure, perruque. En v. allemand wasen et waso, v. fr. waison, wason, bret. gwasell, vallée fertile en pâturages (Pelletier).

Wé. s. m. œuf. On dit *ain wé,* un abreuvoir, mais *aine wé,* un œuf, *dé z' wé.* La liaison indique qu'il vaut mieux écrire *ué.*

Wé, wai. s. m. petit étang ‖ abreuvoir pour les bestiaux. V. fr. wez, vais, b.-lat. wadrus, en b.-bret. gwaz, ruisseau, gwé ou gwef, gué, fl. wed, abreuvoir, gué, vha watan, b.-lat. guadare, watare, vado transire, lat. vadum, gué, bas-fond. A Liége *wé* signifie gué.

Weitier, veitié. v. a. regarder, épier. *Ej weite, no weition.* En all. wächter (l'à se prononce comme e). De là le fr. guetter, esp. aguaitar, épier, it. guatare, bas-lat. watare, v. fr. waiter, guetter, ouaiter, considérer, bret. gheda, guetter.

Wesprée, wespraie. s. f. veillée (Charleroy). A Liége *vespreie.* V. fr. vesprée, soirée, fin du jour, lat. vesper.

Wesse. s. f. guêpe. Je crois qu'il faut écrire *uesse,* car on dit *dé z' uesse.* V. *uesse.* Rien n'empêche de penser que c'est l'effet d'une confusion avec œstre, autre espèce de grosse mouche.

Wèye. fait au plur. zvé. œil (Borinage). V. *ueye.*

Widier, widié. v. a. et n. vuider ‖ sortir ‖ partir ‖ finir, venir à bout (Borinage). *Ein widratte, ein widronne?* est-ce bientôt fini? réussirons-nous? réussirez-vous? V. fr. wuider, widier, V. fr. vuide, lat. viduus, vacuus, holl. wijd, v. all. wit, wito.

Wilmaute. s. f. guimauve (villages vers Ath). On confond souvent la mauve et la guimauve.

Wink, wingue. appellation injurieuse au Borin. *Fin comme ein —.* *Laid —, sale —.* Mais qu'est-ce proprement qu'*ein —*? On me dit que je dois le considérer comme synon. de *los.* Voici une série de mots dont

on tirera tel parti qu'on voudra : v. fr. heingre, robuste, selon le compl.
du dict. de l'Académie, maigre, selon Chevallet. Wingner, se plaindre,
se lamenter, all. Winseln, gémir, v. fr. huigner, gronder, grogner, bas-
lat. hogrus, angl. hogn, porc. V. *hougnard* et *wagne*. Fl. winker, sorte
de crabe.

Wiot. v. *io io*.

Wiwarié, ére. adj. et s. Les liégeois disent *viwarī*. Ce mot a bien
l'apparence d'un produit adultérin du mot fr. vieux que les wallons de
l'est du Hainaut, de Namur et de Liége disent *vi* et de l'all. Waare, marchandise ou fl. waer.

Woister, woster. v. a. gâter. V. *waster* ‖ ôter (Borinage).

X

Xixi. V. *axixi*.

Y

Yaife. s. m. lièvre ‖ indic. et imp. du v. *lever* au Bor. Il est remarquable que dans le daco-roman on dise aussi en éliminant le ʟ, iepure
(lepus) et ieau (levo).

Yar. s. m. liard. s. p. argent, fortune. *Brichauder sé yar*, gaspiller
son avoir, dissiper sa fortune. Il faudrait peut-être donner au mot comme
au précédent l'ʜ aspirée, car on ne dit pas *sé z' yard*, pas plus que *dé
z' yaife*. L'observation s'applique aux mots : *yeu, yeue, yeutěnant*.

Yek. s. m. longue perche armée d'un crochet de fer dont les bateliers
se servent pour faire avancer leurs *baquets*. A Liége *hé*, crochet à fumier,
picard, hoc, crochet de tanneur, lat. hoccus.

Z

Zacinte. s. f. appentis, petit bâtiment adossé à un plus grand. Par
corruption du mot adjacent ; on a dit d'abord *à z' acinte*, que l'on a

ensuite supposé formé de *a* et de *zacinte*. *Cabinet, fournil fait à zacinte*.

Ziere. s. f. maîtresse, concubine.

Zieu. s. m. œil (Borinage). *Emm zieu* ou *zié*. On dit toujours au pluriel *zié*. Sans doute on a dit longtemps au pluriel *lé z' ié* avant de dire dès le singulier *el zié*.

Zig. s. m. t. d'argot, mauvais camarade. On dit aussi zouG. *Laid —*, t. d'injure.

Zinne. s. f. idée passagère, caprice, lubie ‖ légère ivresse. Par antiphrase de l'all. Sinn, pensée, avis, fantaisie, ou bien de von Sinnen kommen, von Sinnen seyn, être hors de son bon sens, perdre la tête. *Y li a passé n' zinne*, un caprice lui est passé par la tête. *Avoir enne zinne, avoi n' zinne*, être légèrement ivre.

Zouglon. s. m. soupir, murmure. *Y fait s' dernié zouglou*, il rend le dernier soupir. *El touniau n'a pu qu'ain zouglou à faire*, le tonneau va être vide. Fr. sanglot, lat. singultus, all. schluchzen, fl. zuchten.

SUPPLÉMENT.

C

Chou. s. m. appellation d'amitié. Sous une apparence innocente se cache un terme obscène comme dans presque toutes les appellations de l'espèce, par exemple dans *choune, chin, chegne, quinquin.* Lat. cunnus.

Corée. (addition à l'art.). V. fr. coraille, cœur, entrailles, lat. cor.

G

Galter, galĕter. v. n. jeter des cailloux. *S' —,* se battre à coups de cailloux. Ce mot, inconnu à Mons, est très-employé à Tournay par les enfants; il doit avoir la même origine que *galoche.*

M

Macard (addition à l'art.). sourd. Esp. mouco, qui a l'ouïe dure.

O

O (addition à l'art.). L'O de Drollig reçoit un accent tonique.

R

Roter. v. n. marcher, cheminer, s'avancer. Ce mot, très-employé dans le levant de la province, ne l'est à Mons que dans cette phrase : *rote, vielle arote,* marche, vieille bête, c'est-à-dire on n'épargne pas un vieux cheval, un vieux serviteur. Fr. route, rôder, etc., celto-gall. et armor. rhodio, ambulare, celto-gall. drodi, marcher, irl. ruith, courir, sanscrit rôtum, aller, racine ru (Pictet).

Parvenu au terme cet ouvrage, j'éprouve le besoin d'exprimer ma vive gratitude envers la Société des arts, des sciences et des lettres du Hainaut, qui a bien voulu lui accorder son patronage, ainsi qu'à MM. GRENIER, MARSIGNY, VANDER ELST, MICHOT et LACROIX, mes honorables confrères de la compagnie, composant la commission chargée d'examiner mon œuvre. Je prie ces deux derniers commissaires d'agréer ici mes remercîments particuliers pour le concours généreux et persévérant qu'ils ont bien voulu me prêter, afin de rendre mon travail aussi complet que possible.

LISTE DE MOTS FRANÇAIS

QUE

A

Abasourdir
Ab hoc et ab hac,
Abîmer (souiller, salir, gâter)
Abus (erreur).
Accoulins t. de briquetier.
Accroc.
Accroupir.
Adhériter, adhéritance.
Affiquet.
Affleurer t. de menuis.
Affutiau.
Agasse ou agace.
Aguigner.
Ahurir.
Albran, Halbran, petit du canard,
  du canard sauvage.
Amelette.
Amer, fiel de poisson, etc.
Amont.
Andouille.
Anfardeler (v.)
Angelot.
Aout (moisson).
Appéter.

Arigot (à tire l').
Aronde.
Asticoter, contrarier.
Atout, triomphe.
Attrape.
Ave, instant.
Avenant (à l').
Averon, folle avoine.
Aviné, adroit, éveillé.

B

Baffer, Bâfrer, Brifer.
Baguenauder, s'amuser à des fri-
  volités.
Baldaquin.
Balustre.
Bancal et Bancroche.
Baraque.
Barboter.
Barbouiller.
Barguigner.
Baroque.
Baroter.
Barotiers.
Basin.

Basset.
Bastringue.
Bataclan, Pataclan.
Battée.
Béguin.
Bellement.
Bernique.
Birouche.
Bisbille.
Biscornu.
Bisquer.
Blamuse, plaquette de Liége.
Blet, Blette, inusité au masculin.
Blétissure.
Bobèche.
Bobine.
Bobiner.
Bobo.
Bonasse.
Bondon.
Boucan.
Bouffer.
Bourde.
Bourdon.
Bourrique.
Bourriquet.
Boursouffler.
Bouter.
Boutisse, t. de maç.
Braie.
Bran.
— de Judas, éphclides, taches de
    rousseur.
Brancard.
Brandevin.
Braque.

Brelic, breloque.
Bric (de) et de broc.
Brimborion.
Brocanter.
Broque, dent courbée.
Brouille.
Bruiner.
Brûle (il).
Buée.

C

Caboche.
Caca.
Cahute.
Cagnard, paresseux, lâche.
Calandre, larve de charençon.
Cale, Caler.
Calmande.
Calotte, soufflet.
Camard.
Cambouis, vieux oing noir d'une
    roue.
Camisole.
Camus.
Canari.
Cancan.
Capendu.
Carnassière.
Casaque, Casaquin.
Castille.
Catimini (en).
Cavin.
Cense, Censier.
Chambranle.
Chantepleure.

Chenapan.
Chiper.
Chipoter.
Chiquenaude.
Chiquer, boire, manger.
Chiquet.
Cingler, frapper avec quelque chose qui plie ; se dit aussi de la pluie et du vent.
Claque.
Clenche, Clanche, loquet, partie du loquet sur laquelle on met la main pour ouvrir la porte.
Command.
Coquemar.
Cossu.
Cotte.
Courante, diarrhée.
Courbet.
Courte-pointe.
Couverte pour couverture. Vieux et popul.
Crasseux, avare.
Crever, mourir.
Crotte.
Cure (avoir), s'inquiéter, avoir soin, etc.
Cuveler.

D

Da.
Défoncer.
Dégaine, façon, manière.
Dégobiller (bas).
Dégoter.

Dégringoler.
Déguculer.
Démantibuler.
Dépenailler.
Déporter (se).
Dévaler, descendre, faire descendre.
Devanture.
Deviser.
Dia, à gauche. Il n'entend ni à dia ni à huhau.
Dodiner (se).
Dorloter.
Don don.
Doucettement.
Droguer.
Duret.

E

Ecale, coque de fruit, coquille d'œuf, écorce de noix.
Echappade, trait de burin trop prolongé. Ce mot n'est ici que par rapprochement avec celui d'escappade et pour qu'on puisse le lui comparer. V. de plus le mot échappée dans les dict. fr.
Echaudé.
Echine, Echiner.
Ecloppé.
Ecouvette, vergette.
Embrouille, confusion, complication.
Endêver.
Engaver.

49

Engin.

Engraver.

Engueuser.

Entredeux (de raie).

Entrepris.

Epinoche.

Escampette (prendre la poudre d').

Escamper.

Escappade, action d'un écolier, d'un cheval qui s'échappe.

Escarpin.

Escoup, petite pelle creuse pour vider ou mouiller le navire.

Escoupe, pelle de mineur, de chaufournier.

Eteule, Esteuble.

Etron.

F

Face, cheveux qui recouvrent les tempes.

Faltrank.

Farcer.

Farfouiller.

Fau, hêtre.

Fendant, fanfaron.

Fener, sécher le foin. Il n'a pas comme faner de significations figurées.

Fétu.

Fieu.

Fignoler.

Fil (avoir le).

Fion.

Flache, creux où l'eau séjourne.

Flanquer.

Flaque, petite mare d'eau dormante.

Flimouse, visage large, rebondi.

Foire.

Forme, siège des chantres.

Fouine, espèce de grosse belette.

Fouler, Foulure.

Fric frac.

Fricot.

Frileux.

Fût.

Futé, adroit.

G

Galant, amant.

Galopin.

Gamin.

Ganache, mâchoire inférieure du cheval. Fig. homme inepte.

Garce (bas).

Gargotte.

Gifle.

Gloriette.

Godailler.

Godiche.

Gourer.

Gonfalon, Gonfanon, bannière à fanons.

Grabuge.

Graillon (Marie).

Gribouille.

Griffer.

Gripper.

Guigner.

Guilleret.

H

Hardes.
Hart, lien de fagot.
Hase.
Hayon, tente d'étaleur.
Hen, pour faire répéter.
Hochepot.
Hongre.
Hotte.
Hottée.
Hurluberlu.

J

Jaquette.
Juteux.

K

Kermesse.

L

Lame (cheval de).
Lambin.
Lambiner.
Lamper.
Lavasse.
Lèchefrite.
Lente.
Leu (Lafontaine).
Lieu, latrines.
Limon, pièce de bois du devant d'une voiture.
Limonier, cheval de limon.

Limonière, sorte de voiture, de brancard avec deux limons.
Linteau.
Loche, petit poisson.
Longin (saint).
Loque.
Loquet.
Lourpidon.
Lubie.
Lumignon.
Lustucru.

M

Mai, coffre pour pétrir le pain.
Machin.
Mâchonner.
Mâchurer, t. d'imprim. barbouiller, noircir, salir.
Mallette, petit sac.
Malt, orge germée.
Mande, panier pour la terre de pipe. La manne est un panier grand et plat avec des anses.
Manderlette, petite mande.
Manouvrier.
Maquereau.
Marabout, coquemar.
Marie-graillon.
Marie bon bec.
Marronnier, Marron. Ces noms ne devraient peut-être désigner que l'æsculus hypocastanum et son fruit. Mais les français appellent ainsi la châtaigne de grosse espèce et le châtaignier, fagus castanea.

Marsage.

Martel en tête.

Marteler.

Massacre, mauvais ouvrier.

Matièrè, pus.

Matou, gros chat entier.

Mic mac.

Mie, point, pas.

Mijoter.

Milliasse.

Minable.

Minet, petit chat.

Minette.

Mion, Mioche, petit garçon.

Miserere. Colique de —, volvulus.

Mitan.

Miton—mitaine.

Montre (d'une boutique).

Mordicùs, adv. latin francisé.

Mortier.

Molet.

Mouffle, assemblage de poulies.

Mouver.

N

Nicodème.

Nippes.

Niquedouille.

Nitée.

Nonante. (On le note dans les dict. fr. comme inusité).

Nonanter, faire 90 points au piquet, avoir 90 ans.

Noué.

Nouille, Noudles, Nüdeln, ragout allemand de pâte, lait, beurre et fromage.

Nouure.

O

Olibrius.

Ordinaires, menstrues, règles.

Ourler.

Ourlet.

P

Pacant.

Palet.

Palette.

Panse.

Pansu.

Papegai.

Parelle.

Passe, visière.

Pastenade, panais.

Patraque.

Patres (ad).

Patrouiller, patauger, remuer de l'eau bourbeuse.

Peigner, battre.

Pékin.

Pelotter, battre.

Pelucher, pluquer, se couvrir de poils.

Pendeloque.

Persicot.

Pétrin.

Piane-piane.

Piedscente.

Picotin.

Pignon.

Piller, exciter les chiens.

Pique, haine.

Piquette.

Placard, affiche.

Plane, platane.

Plaquette.

Plinthe.

Pocher, trop charger d'encre.

Poilu.

Porcher.

Pouf.

Pouillerie.

Pouilleux.

Pouliche.

Pousse-cul.

Poussif.

Présure.

Pretentaille.

Pretontaine (courir la).

Prumier (vieux).

Pureau.

Purge.

Putassier.

Q

Quibus.

R

Rablé.

Racaille.

Radis.

Rambour, pomme de Rembour en Picardie.

Ramentevoir.

Ramon (vi.).

Ramoner.

Rasette, ratissoire.

Ratatouille.

Ravauder.

Ravaudeur.

Ravelin, demi-lune.

Ravigoter.

Rebifer.

Recorder.

Redevaler. v. n. redescendre.

Refend.

Reluquer.

Rem (ad).

Rembarrer.

Renacler.

Renarder.

Renasquer. On le cite dans les dict. comme un barbarisme.

Renifler.

Ressuer.

Retaper.

Ribambelle.

Ribotte.

Ribotteur.

Rigole.

Rincée.

Ripopé, Ripopée.

Rogome.

Roie (vi.) ligne.

Rosser.

Rossinante.

Roupie.

Roupieux, qui a souvent la roupie.
Ruer, v. a.

S

Sabouler (pop.).
Salaud, e. adj. sale. Salaude, s. f. prostituée. Peu usités.
Saligaud.
Saloperie, obscénité, ordure.
Saoul ou Soûl.
Saveter, faire mal un ouvrage, le gâter.
Savetier, mauvais ouvrier.
Scier le dos.
Scourgeon, espèce d'orge.
Semblance.
Septante.
Serenne.
Simagrée.
Soudart, vieux soldat.
Strapontin, siège mobile de carrosse.
Subrecot.
Sûr, aigre, acide.
Surelle, oseille, alleluia.

T

Tabagie.
Taloche, coup de main sur la tête (pop.).
Tape.
Taper, frapper.
Tampon.
Tapoter.

Taque du feu, plaque de fonte.
Tartine.
Taudion (pop.).
Tavelé.
Terrouille. V. dans le dict. *terre-houille*.
Tetasses.
Tignon.
Timbré.
Timonier, cheval de timon.
Tine, espèce de tonneau.
Tiqueté.
Toquer (vi.), toucher, frapper.
Toudis, toujours.
Touiller.
Tour de rein.
Tourillon.
Tournure, ruses, stratagème.
Tourniquet.
Tourte.
Toutou (enfantin).
Traversin.
Treuver (Lafontaine), trouver.
Tribouiller (vi.), remuer.
Trimer, terme de gueux, aller vite, courir, marcher.
Trique, Triquer.
Trompe, guimbarde.
Trotte.
Truc (avoir le —).

V

Vanne.
Venette.
Vied' ase.

Vieux-oing.

Violon, prison contiguë à un corps
  de garde.

Volée, coups de bâton.

Volontaire, qui ne veut faire que sa
  volonté.

Voussure.

Z

Zist et le zest (entre le —).

Tous les mots de cette liste ne se trouvent pas dans le dictionnaire de l'académie ; mais ils ont été recueillis par Boiste, Laveaux et quelques autres lexicographes.

Un des grands embarras du montois et une des grandes difficultés de ce dictionnaire résultent de la ressemblance entre le patois de Mons et le bas-langage français. Aussi ai-je sans doute mis dans le dictionnaire des mots qui auraient dû trouver place ici. De plus il est à remarquer que si la populace de Mons accepte avec avidité tous les mots du bas-langage français, celui-ci ne fait pas difficulté d'agréer des mots montois ; il y a là un échange de bons procédés, une tendance à la promiscuité.

Il n'en est pas de même du patois de nos villages ; celui-ci est plus sauvage, plus farouche ; pour lui le français, même populaire, est quelque chose d'étranger et d'étrange ; c'est un barbare ; l'alliance avec lui paraît un inceste ; on ne le comprend qu'à moitié ; on le confond avec le flamand ; mais les gens du village peuvent s'accommoder des montois surtout de ceux de la dernière classe.

J'ai beaucoup ri d'une petite aventure. Un soir, une *buresse* vient m'inviter à visiter, comme médecin, M. C..., à Jemmapes, et me dit qu'elle viendra me prendre le lendemain en retournant à sa buée. Je réplique que j'irai bien seul. « *Non fait*, me dit-elle, *y faut qué j'vausse avec; vos n' lés comperdrile gnié, pasqué cés geins-là, veyée bé, c'est dés espèces dé flamainds ; mi d'sue faite avé ieusse* (habituée à leur jargon). » M. C..., et sa famille étaient français. Elle croyait que j'aurais besoin d'elle comme interprète près d'eux, parce qu'elle avait eu d'abord beaucoup de peine à les comprendre. A la vérité, j'étais facilement compris d'elle, quoique je ne parlasse que le français et le montois, mais j'étais compris parceque je choisissais bien mes mots et mes phrases, tandis que la famille C... ne savait pas se mettre à sa portée.

Dites à nos paysans : « L'influence qu'exerce sur la moralité des prolétaires la propagation 'de l'instruction publique, » ils ne comprendront pas un seul mot; ils comprendront, si vous dites sans trop vous éloigner de leur accent : « Une plus grande quantité d'écoles corrige les pauvres. »

Ainsi on peut considérer le langage montois comme quelque chose d'intermédiaire entre le français populaire et le franc wallon du Hainaut. Le langage montois se rapproche quelquefois tellement du langage des halles qu'il y touche et se confond avec lui.

Le montois croit souvent parler français quand il ne fait que donner une forme française à son patois; par contre, quand il croit parler wallon, souvent il parle réellement le français populaire.

OUVRAGES CONSULTÉS.

AMPÈRE : *Formation de la langue française.*

LITTRÉ : *Histoire de la langue française.*

LITTRÉ : *Choix des poésies originales des Troubadours.*

BARBAZAN : *Fabliaux et Contes.*

DINAUX : *Archives historiques du nord de la France.*

FALLOT : *Recherches sur les formes grammaticales de la langue française et de ses dialectes, au 13ᵐᵉ siècle.*

DIEZ : *Grammatik der romanischen Sprachen.*

DIEZ : *Etymologisches Wörterbuch.*
Ces deux ouvrages sont ce qui a été produit de mieux sur les langues romanes et l'on est bien en droit de s'étonner que nous les devions à un allemand ; malheureusement ils ne sont pas encore traduits.

FUCHS : *Die romanischen Sprachen.*

RAYNOUARD : *Grammaire comparée des langues de l'Europe latine.*

ROQUEFORT : *Dictionnaire de la langue romane.*

MOURCIN : *Serments prêtés à Strasbourg, en 842.*

MENAGE : *Dictionnaire étymologique.*

SCHELER : *Dictionnaire d'étymologie française.*

50

BOREL : *Trésor des recherches et antiquités gauloises et françaises.*

FRANCISQUE MICHEL : *Études sur l'argot.*

DUCANGE : *Dictionnarium ad scriptores mediæ et infimæ latinitatis.*

REMACLE : *Dictionnaire wallon-français.*

CAMBRESIER : *Dictionnaire wallon-français.*

Ces deux ouvrages ont été écrits en vue des liégeois pour reformer leurs locutions vicieuses.

GRANDGAGNAGE : *Dictionnaire étymologique de la langue wallonne.*

Ce dictionnaire est surtout riche en étymologies germaniques ; malheureusement il est arrêté à la lettre O.

HENAUX : *Études historiques et littéraires sur le wallon (de Liége).*

CORDIER : *Dissertation sur la langue française, les patois et particulièrement ceux de la Meuse.*

HÉCART : *Dictionnaire rouchi-français.*

Cet ouvrage m'a été fort utile à cause de la grande analogie qui existe entre le patois de Valenciennes et le nôtre ; c'est naturel puisque nous avons fait partie de la même province.

CORBLET : *Glossaire étymologique et comparatif du patois picard.*

C'est un modèle du genre. La partie faible, il faut bien le dire, se trouve dans les étymologies germaniques. L'auteur avoue qu'il les tient d'un tiers, peut-être a-t-il mal copié, peut-être l'imprimeur a-t-il mal lu, cela me semble assez probable ; car je sais avec quelle facilité s'altèrent dans la transmission les mots que l'on ne comprend pas bien.

Corblet se sert souvent du mot belge en parlant des étymologies. Qu'il en fasse le synonime de wallon, je le veux bien ; mais ce n'est certainement pas ce qu'il veut dire. Il ne désigne pas non plus par là le flamand. Voyez par exemple son article *leu* : il y dit que ce mot est à la fois francomtois, rouchi, wallon, belge et flamand. Que veut-il donc dire ? Qu'est-ce que le belge qui n'est ni flamand, ni wallon ?

DESROUSSEAUX : *Chansons lilloises, avec vocabulaire.*

RICHARD : *Extrait d'un Dictionnaire vosgien. Mémoires de la Société des antiquaires de France.*

OBERLIN : *Essai sur le patois lorrain.*

Dictionnaire wallon, roman, celtique et tudesque, sans nom d'auteur, 1777.

SCHNAKENBOURG : *Tableau synoptique des idiomes populaires du nord de la France.*

MANUEL DE LARRAMUNDI : *Arte de la lengua bascongada. Salamanca,* 1729.

MM. HARRIET : *Grammatica escuaraz,* 1741.

ROSTRENEN (le père de) : *Dictionnaire français celtique.*
Ce dictionnaire a été écrit en vue de faciliter aux ecclésiastiques bretons leurs rapports avec leurs ouailles.

PELLETIER : *Dictionnaire celtique.*
Pelletier montre une grande réserve lorsqu'il s'agit d'affirmer la celticité des mots bretons toujours un peu suspects d'origine française. Il n'accorde la légitimité celtique qu'aux mots qu'il retrouve au pays de Galles, en Écosse ou en Irlande. Cependant on conçoit que certains vocables ont pu se perdre partout excepté en Bretagne.

BULLET : *Mémoires sur la langue celtique.*
Si Pelletier est réservé, Bullet ne l'est guère. C'est un celtomane outré. Il offre dans ses étymologies l'exagération de l'élément celtique que d'autres ont trop amoindri.

LEGONIDEC : *Dictionnaire celto-breton.*

LEGONIDEC : *Grammaire celto-bretonne.*

DAVIES : *Antiquæ linguæ britannicæ vulgò dictæ cambro-britannicæ, ab aliis wallicæ et linguæ latinæ dictionnarium,* Anno 1632.

DIEFENBACH : *Celtica.*

PICTET : *De l'analogie des langues celtiques avec le sanscrit.*

WACKERNAGEL : *Deutsches Lesebuch.*
Cet ouvrage contient les plus anciens monuments de la langue allemande à commencer par les évangiles d'Ulphilas, traduits du grec en langue gothique. Le manuscrit d'Ulphilas qu'on croit de l'an 360 se trouve à la bibliothèque d'Upsal.

SCHLÖZER : *Allgemeine nordische Geschichte* (histoire générale du nord).

GALLI : *Essai sur le nom et la langue des anciens celtes.*

Ce livre plein d'esprit et d'érudition semble tendre bien plus à établir la disparité que l'analogie des langues ; mais il ne faut pas abuser de l'esprit et de l'érudition. Qu'il dise que les flamands et les allemands ne se comprennent pas, j'en serai d'accord ; mais qu'il ne force pas les conséquences. Je ne lui pardonne pas d'avoir dit que les mots flamands bron (source), bril (lunettes), bies (jonc) n'avaient pas d'analogue en all., je lui citerai Brunn et Born pour fontaine, Brille pour lunettes, Binse pour jonc, et puis quand cela serait vrai, quand un dixième, un cinquième des mots flamands n'auraient pas d'analogues all., est-il permis d'en tirer cette conclusion que ces deux langues ne sont pas des langues sœurs ?

GLEI : *Langue et littérature des anciens franks.*

TERCIER : *Dissertation sur la langue allemande.* T. XXIV des mémoire de l'académie des inscriptions et des belles lettres.

BONAMY : *Quatre dissertations.* T. XXIV et XXXVI de la même collection.

INDEX

DE

QUELQUES ABRÉVIATIONS ET SIGNES.

Adj. . . . . adjectif.
adv. . . . . adverbe.
ags. . . . . anglo-saxon.
all . . . . allemand.
arm . . . . armoricain, bas-breton.
art. . . . . article.
b. bret. . . . . bas-breton.
b. lat. . . . . basse latinité.
brz. . . . . breizad, bas-breton.
celt . . . . celtique.
conj . . . . conjonction.
dict. de l'acad . . . . dictionnaire de l'académie.
esp. . . . . espagnol.
ex. . . . . exemple.
f. . . . . féminin.
fl. . . . . flamand.
gall . . . . gallois.

gr	grec.
it	italien.
lat.	latin.
m	masculin.
mha	moyen haut allemand.
p.	page.
pl	pluriel.
pop	populaire.
port	portugais.
prép	préposition.
pron . . . . , ...	pronom.
s.	substantif ou singulier.
t.	tome.
v.	voyez.
v. a	verbe actif.
v. all.	vieux allemand.
v. fr	vieux français.
v. h. a. ou vha	vieux-haut-allemand.
v. n	verbe neutre.
v. p	verbe passif.
v. pron	verbe pronominal.
˘ au-dessus des voyelles . . .	bref.
¯ au-dessus des voyelles . . .	long.
—	trait pour éviter la répétition d'un mot.
‖	double trait qui annonce une signification nouvelle.
=	qui signifie égale.
+	qui signifie plus.

TABLE

FIN

www.ingramcontent.com/pod-product-compliance
Lightning Source LLC
Chambersburg PA
CBHW050302030726
47505CB00003B/527